北大社·“十四五”普通高等教育本科规划教材
高等院校机械类专业“互联网+”创新规划教

煤矿采掘机械

主　编　孙月华　侯清泉
副主编　徐　鹏　王本永

内容简介

本书内容以煤矿三大固定机械为主，共分 4 章，第 1 章为采煤机械，介绍了采煤机的发展、采煤机的工作原理、采煤机的结构、采煤机的设计方法和设计实例；第 2 章为掘进机械，介绍了掘进机的发展、掘进机的工作原理、掘进机的结构、掘进机的设计方法；第 3 章为液压支架，介绍了液压支架的发展、液压支架的工作原理、液压支架的结构、液压支架的设计方法；第 4 章为典型零部件结构设计，介绍了轴类零件的设计、盘套类零件的设计、齿轮类零件的设计、装配图的设计和零部件三维设计等。本书提供了设计参考图样和常用设计参考书目，供读者设计时使用。

本书内容全面，系统性强，以实用性为主，突出矿业特色，培养目标特色鲜明，使用方便，可作为煤炭院校和其他工科院校机械设计专业的教材，也可作为煤炭相关企业设计和制造人员的参考书。

图书在版编目（CIP）数据

煤矿采掘机械 / 孙月华，侯清泉主编 . —北京：北京大学出版社，2023.5
高等院校机械类专业“互联网 +”创新规划教材
ISBN 978-7-301-33824-7

Ⅰ . ①煤…　Ⅱ . ①孙… ②侯…　Ⅲ . ①煤矿开采 – 掘进机械 – 高等学校 – 教材　Ⅳ . ① TD42

中国国家版本馆 CIP 数据核字（2023）第 041860 号

书　　名　煤矿采掘机械
　　　　　MEIKUANG CAIJUE JIXIE
著作责任者　孙月华　侯清泉　主编
策划编辑　童君鑫
责任编辑　孙　丹　童君鑫
数字编辑　蒙俞材
标准书号　ISBN 978-7-301-33824-7
出版发行　北京大学出版社
地　　址　北京市海淀区成府路 205 号　100871
网　　址　http: //www. pup. cn　新浪微博：@ 北京大学出版社
编辑部邮箱　pup6@pup. cn
总编室邮箱　zpup@pup. cn
电　　话　邮购部 010–62752015　发行部 010–62750672　编辑部 010–62750667
印 刷 者　北京溢漾印刷有限公司
经 销 者　新华书店
　　　　　787 毫米 × 1092 毫米　16 开本　18.5 印张　450 千字
　　　　　2023 年 5 月第 1 版　2023 年 5 月第 1 次印刷
定　　价　69.00 元

前　言

煤炭是我国重要能源，在今后相当长的时期内，煤炭在我国国民经济、社会发展和国家能源安全中仍然具有举足轻重的战略地位。为推动煤炭行业科学、安全、可持续发展，人才培养是关键。本书矿业特色突出，培养特色鲜明，内容精练，给出了工程实际的设计方法和设计实例，体现了工程与实践结合的教育理念。工程实践能力是应用型人才需要具备的一项重要素质，也是学生适应社会需要具备的一项重要能力。本书以培养学生工程意识、工程素质和工程实践能力为根本，以提高学生实践能力和创新能力为目标。

随着科学技术的进步，采掘机械正在向智能化、数字化方向发展，为方便学生更好地学习“机械设计”方面的内容、更好地掌握设计方法和设计步骤，培养学生机械设计的工程实践能力，编者编写了本书。本书可作为煤炭院校和其他工科院校机械设计专业学生的教材，也可作为煤炭相关企业设计和制造技术人员的参考书。

本书内容以煤矿三大固定机械为主，共分 4 章：第 1 章为采煤机械，介绍了采煤机的发展、采煤机的工作原理、采煤机的结构、采煤机的设计方法和设计实例；第 2 章为掘进机械，介绍了掘进机的发展、掘进机的工作原理、掘进机的结构、掘进机的设计方法；第 3 章为液压支架，介绍了液压支架的发展、液压支架的工作原理、液压支架的结构、液压支架的设计方法；第 4 章为典型零部件结构设计，介绍了轴类零件的设计、盘套类零件的设计、齿轮类零件的设计、装配图的设计和零部件三维设计。本书包含相关方案设计的内容，强调方案设计的重要性，可提高学生对总体方案的设计能力。根据学生对工程实际的需要，本书提供了设计参考图样和常用设计参考书目。

本书由广东科技学院孙月华、黑龙江科技大学侯清泉任主编，黑龙江科技大学徐鹏、王本永任副主编。本书具体编写分工如下：孙月华编写了第 1 章的 1.1 ～ 1.4 节，侯清泉编写了第 1 章的 1.5 节和第 4 章，徐鹏编写了第 2 章，王本永编写了第 3 章。在编写过程中，编者得到了上海创力集团股份有限公司的支持，同时参考了一些国内专著，在此对公司相关人员及图书作者表示衷心的感谢。

由于编者水平有限，书中不当之处在所难免，恳请广大读者批评指正。

编　者

2023 年 1 月

目　录

第1章 采煤机械

本章要点

阐述采煤机的发展概况与趋势，介绍滚筒式采煤机的组成、结构、分类、工作原理和工作参数，液压牵引采煤机的液压传动系统，电牵引采煤机的调速特性，采煤机的选用；阐述其他类型采煤机（刨煤机、连续采煤机）的组成、结构和工作原理，给出采煤机机械传动系统设计案例（包括总体方案设计、原理方案设计、结构方案设计、总体布局设计及主要参数确定、方案评价、采煤机主要参数的选择与计算、齿轮的计算及齿轮与轴的材料选用、齿轮几何参数与强度计算、截割部轴与轴承强度校核）和采煤机机械传动图样选编。

煤炭是我国重要能源，是国民经济和社会发展不可缺少的物质基础。我国煤炭产量自1949年以来整体呈上升趋势，2022年我国原煤产量为45.6亿吨，为我国国民经济长期持续发展作出了重要贡献。但按目前生产矿井和在建矿井能力分析，煤炭供应缺口巨大。满足国民经济当前发展和长远发展对煤炭的需求、保障能源安全、提高煤炭产业生产力水平和核心竞争力、保障煤炭供应能力是今后一段时间的重要任务。

采煤工作是在采煤工作面完成的，采煤工作面的主要工作有破煤、装煤、运煤和顶板控制。首先将煤从整体煤壁上截割成破碎的煤，其次把破碎的煤装入工作面输送机运出工作面，最后经过工作面巷道及煤矿的运输提升系统运到地面。采煤机是完成破煤和装煤的机械设备。采煤机截割破碎煤的量决定了采煤工作面的煤炭产量，也决定了产出煤炭的质量（如含矸率等）。

人们总是希望在采煤工作面生产出更多的煤炭，效率更高。因此，采煤机的技术发展一直没有停止，采煤机的截割功率越来越大，牵引力和牵引速度越来越高。随着采煤机技术的发展，煤炭产量越来越大，要求运煤的刮板输送机和顶板控制技术协调发展。在采煤机械化的发展过程中，采煤机的发展始终处于主导地位。我国采煤机技术经历了从仿制国外设备到引进国外设备和技术，再到自主产品技术研制、国际合作研制、自主技术创新等阶段，我国采煤机理论和产品从无到有，形成了具有自主知识产权的采煤机产品。

1.1 采煤机的发展概况与趋势

1. 采煤机的发展概况

采煤机的发展与采煤工作面机械化的发展密切相关。我国采煤工作面机械化经历了打眼放炮采煤（简称炮采）、普通机械化采煤（简称普采）、高档普通机械化采煤（简称高档普采）和综合机械化采煤（简称综采）四个阶段。

20 世纪 50 年代我国以炮采为主，破煤时，用煤电钻在煤壁上钻出炮眼，装入安全炸药爆破，人们用板锹把破碎的煤装入刮板输送机。为了增大爆破时的自由面面积、提高爆破效果及装煤时有平滑的底板，在靠近底板处掏槽使用截煤机。截煤机采用截盘式截割机构，牵引机构用卷绳筒和钢丝绳，主电动机两端的输出轴同时驱动截割部和牵引部。运煤采用可拆卸、搬移的刮板输送机。顶板控制采用木支柱和木顶梁。截煤机与刮板输送机之间有一排木支柱，采完一刀后拆卸刮板输送机，人工搬运到其他位置重新安装。为了减轻人工打眼和人工装煤的繁重体力劳动，1952 年 10 月，在大同矿务局永定庄矿 6 号井上引进顿巴斯 -1 型（康拜因）联合采煤机，它采用截框式截割机构（框形截盘 + 破碎杆 + 破碎盘），主电动机和牵引部不变，在截割部后面拖一个独立的刮板抛射式装煤机，将破碎的煤越过一排木支柱装入刮板输送机。这种采煤机功率小、截深大、产量低，需要专用机道，采煤后悬顶面积大，需人工跟进支护，不易控制顶板，在采煤机与刮板输送机之间有一排支柱，刮板输送机必须拆卸后人工搬运并重新安装。

20 世纪 60 年代中期我国开始发展普采。破煤和装煤工作使用浅截式单滚筒采煤机，装煤工作采用铠装式可弯曲刮板输送机，顶板控制采用摩擦式单体金属支柱和铰接顶梁。刮板输送机中部槽得到加强，采煤机可以不用专门的机道，并可骑在中部槽上行走。采煤机截深减小，采煤后裸露的顶板可以用铰接顶梁支护，采煤机、刮板输送机与煤壁之间没有支柱，可以用推移千斤顶向前推移铠装式可弯曲刮板输送机，不用拆卸后人工搬运。摩擦式单体金属支柱代替了木支柱，不仅节约了木材，而且增强了对煤层厚度变化的适应性、提高了支撑力。浅截式单滚筒采煤机采用滚筒式截割机构，螺旋滚筒同时用于破煤和装煤。牵引机构主要由摩擦绳筒和悬挂在工作面上的钢丝绳组成，靠张紧的钢丝绳和摩擦绳筒之间的摩擦力使采煤机移动。后来牵引机构改为主要由主链轮和悬挂在工作面上的牵引链（圆环链）组成，两者啮合使采煤机移动。主电动机同时驱动截割部和牵引部工作。MLQ-64 型采煤机是我国 1964 年制造的第一台浅截式单滚筒采煤机，把固定滚筒改为带摇臂可调高的螺旋滚筒后得到 MLQ-80 型采煤机。

高档普采在普采的基础上，把摩擦式单体金属支柱改为单体液压支柱。摩擦式单体金属支柱进行支撑时依靠斜铁支撑（后曾用支撑器），费时费力，初撑力达不到要求。单体液压支柱改善了摩擦式单体金属支柱的上述缺点，提高了采煤工作面的产煤量。高档普采主要采用DY–150型单滚筒采煤机。

采煤工作面的产煤量提高，使得单体液压支柱的支撑、搬运和回柱的工作量增大，矿工的劳动强度也相应增大，限制了产煤量的进一步提高，也限制了采煤机及刮板输送机技术和性能的发展。于是，我国从20世纪70年代开始研制综采设备。

综采实现了采煤工作面全部机械化生产，破煤和装煤使用双滚筒采煤机，运煤使用刮板输送机，顶板控制使用液压支架。综采的出现、完善和推广使用为采煤机械化开创了新的时代。采煤能力大幅度提高，实现了高产高效，为煤矿集约化生产创造了条件。综采的使用范围也扩大了。我国最早为综合机械化研制的采煤机是MD–150型双滚筒采煤机，其主电动机功率为150kW，牵引速度为0～6m/min，最大牵引力为160kN，最大截割高度为2.5m。1975年我国研制出MLS_3–170型双滚筒采煤机，其主电动机功率为170kW，牵引速度为0～9.33m/min，最大牵引力为200kN。以上两种采煤机都采用液压调速，牵引机构为牵引链和牵引链轮。为提高生产能力，要增大采煤机的截割功率，同时增大牵引速度和牵引力，而采用牵引链和牵引链轮的牵引机构限制了牵引力的增大。此外，在实际使用中出现了一些不安全的因素，由于悬挂在工作面全长的牵引链仍然有很大的弹性，因此往往在工作面会因弹跳造成附近人员伤亡，如果牵引链断裂，则危险更大。由于弹性变形大往往导致链轮排链不畅而引起卡链现象，弹性也使采煤机移动不稳定。因此，在20世纪70年代末出现了无链牵引。无链牵引曾经有两种形式，一种是油缸迈步式行走，另一种是轮轨啮合式行走。获得普遍推广使用的是轮轨啮合式行走机构。由此，采煤机由“链牵引”变成了“轮轨啮合式行走”。轮轨啮合式行走机构一般使用两个行走轮，使采煤机的牵引力增大，生产能力提高。最初研制的采煤机有MG300–W型采煤机和MXA–300型采煤机，其中MXA–300型采煤机采用轮轨啮合式行走机构。轮轨啮合式行走机构允许进一步增大采煤机的牵引力，但牵引力的增大和牵引速度提高要求行走功率增大，而液压调速装置的功率取决于油压和流量。油压增大使得液压件和液压系统的可靠性降低，流量增大使得液压件和液压管路的尺寸增大。同时，液压调速存在对油液的清洁度要求高、效率低、发热高、可靠性差、矿物油不耐燃等缺点。在大功率电力电子器件逐渐成熟的条件下，20世纪80年代末、90年代初我国开始研制电气调速采煤机。我国第一台电气调速采煤机是我国与波兰合作研制的MG344–PWD型采煤机，其采用非机载的变频调速装置，牵引电动机的功率为22kW。

2. 采煤机的发展趋势

自20世纪80年代以来，采煤机的结构、性能参数、可靠性都有很大改进，采煤机的功率、结构布置及牵引方式都有划时代的发展，特别是进入21世纪以来，电牵引采煤机成为主导发展方向。采煤机的发展趋势体现在以下几个方面。

（1）增大功率和提高生产能力。为了适应煤炭生产的高产高效和在不同地质条件下快速截割煤岩的需要，厚煤层采煤机、中厚煤层采煤机、薄煤层采煤机的装机功率和生

产能力都不断提高。

（2）电牵引采煤机成为主导机型。电牵引采煤机成为德国、英国、美国、日本和法国等国家的主导机型。20 世纪 90 年代以来，我国研制出多种电牵引采煤机，具有代表性的有 MG200/500-WD 型采煤机、MG250/600-WD 型采煤机、MG300/700-WD 型采煤机、MCA63-DW 型采煤机、MXA-380E 型采煤机等。

（3）增大牵引速度和牵引力，改进无链牵引机构。采煤机的牵引速度由 5 ～ 6m/min 提高到 15 ～ 23m/min，同时出现多种强度高、挠性好、使用寿命长的链轨式无链牵引机构，并且牵引力大幅度提高。

（4）机器的结构布置有新进展。机器的结构布置包括多电动机横向布置 / 纵向布置、牵引截割合一、破碎滚筒采用独立电动机等，组装和拆卸方便，便于使用与维护。

（5）截割滚筒改进。截割滚筒改进包括增大截深、采用强力截齿、高压水喷雾降尘等，出现了大截深（大于 1000m）、厚叶片、高压水流压力大于 10MPa 的高效高质滚筒。

（6）提高采区供电系统电压。20 世纪 80 年代以前，采区供电系统电压多为 1000V。近年来，出现了很多大功率采煤机，其供电电压有 2300V、3300V、4160V、5000V 等。

（7）采用微电子技术，实现机电液一体化和自动控制的智能化开采。现代采煤机一般装有功能完善的由计算机控制的数据采集系统、工况监测系统、故障诊断系统和自动控制系统。

1.2　滚筒式采煤机

滚筒式采煤机是应用广泛的采煤机械。与刨煤机相比，滚筒式采煤机具有如下优点：采高范围大，对煤层的适应性强，能截割硬煤、适应较复杂的顶底板条件，利于实现综合机械化采煤设备配套和自动控制。滚筒式采煤机具有如下特征。

（1）装机功率能满足采煤生产率要求。

（2）截割机构能适应煤层厚度变化而可靠工作，牵引机构能在工作过程中及时根据需要改变牵引速度，并实现无级调速，以适应煤炭硬度的变化。

（3）机身体积尽量小，这点对薄煤层采煤机尤为重要。

（4）可拆成多个独立的部件，以便入井和运输，也便于拆装和维修。

（5）所有电气设备都具有防爆性能，能在有爆炸危险的工作面安全工作。

（6）电动机、传动装置和牵引部等装有超负荷安全保护装置。

（7）有防滑装置，以防采煤机沿煤层自动下滑。

（8）有喷雾灭尘装置。

（9）工作稳定、可靠，操作简便，操作手把和按钮尽量集中，易维护且日常维护工作量小。

（10）能实时监测采煤机的工作状态，检测采煤机的故障，缩短维护时间。

1.2.1　滚筒式采煤机的组成、结构及分类

1. 滚筒式采煤机的组成

滚筒式采煤机种类很多，以双滚筒采煤机为主。一般滚筒式采煤机由下列部分组成。

（1）截割部。截割部包括摇臂齿轮箱、机头齿轮箱、滚筒及附件，对整体调高采煤机来说，摇臂齿轮箱和机头齿轮箱是一个整体。截割部的主要作用是落煤、碎煤和装煤。

（2）牵引部。牵引部由牵引传动装置和牵引机构组成。牵引机构是移动采煤机的执行机构，可分为链牵引和无链牵引两类。牵引部的主要作用是控制采煤机，使其按要求沿工作面移动并进行过载保护。

（3）电气系统。电气系统包括电动机及其箱体和装有电气元件的中间箱（连接筒）。电气系统的主要作用是为采煤机提供动力，并对采煤机进行过载保护及控制动作。

（4）辅助装置。辅助装置包括挡煤板、底托架、电缆拖曳装置、供水喷雾冷却装置、调高装置、调斜装置等。辅助装置的主要作用是与各主要部件一起构成完整的采煤机功能体系，以满足高效、安全采煤的要求。此外，为了实现滚筒升降、机身调斜及翻转挡煤板，采煤机上还装有辅助液压装置。

图 1.1 所示为 MG170/415-W 型滚筒式采煤机。

图 1.1　MG170/415-W 型滚筒式采煤机

2. 滚筒式采煤机的结构

图 1.2 所示为双滚筒纵向单电动机采煤机的组成。长壁回采工作面采煤机多采用水平螺旋滚筒，并且通常采用双滚筒，两个滚筒对称布置在机器两端，由摇臂 8 调高，不但具有较好的工作稳定性，对顶板和底板的起伏适应能力强，而且只要滚筒具有横向切入煤壁的能力，就可以自开工作面切口。这种采煤机的截割部多采用齿轮传动，并且为了扩大调高范围，多采用惰轮以增大摇臂 8 的长度。电动机 7 与采煤机的纵轴平行，采用单电动机传动时，穿过牵引部 4 会有一根长长的过轴，采煤机的牵引部 4 和截割部 2 通常各自独立，底托架 11 是安装各部件的基体。

采煤机的组成及参数介绍

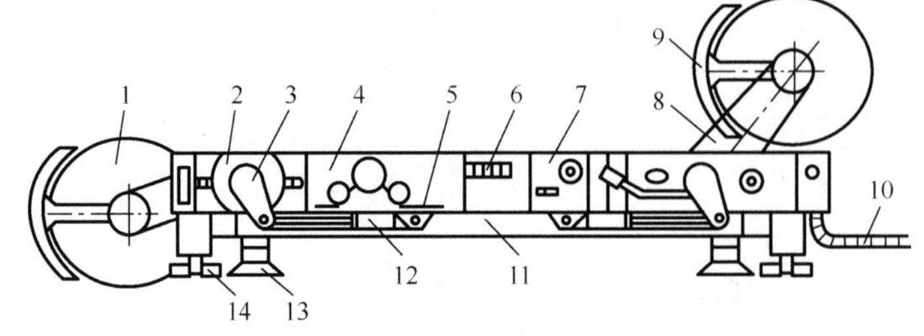

1—滚筒；2—截割部；3—调高小摇臂；4—牵引部；5—牵引链；6—电气控制箱；7—电动机；8—摇臂；9—弧形挡煤板；10—拖缆装置；11—底托架；12—调高油缸；13—煤壁侧滑靴；14—采空区侧滑靴

图 1.2　双滚筒纵向单电动机采煤机的组成

电动机 7 是采煤机的动力装置，它通过两端输出轴驱动滚筒 1 和牵引部 4。由于牵引部 4 通过主动链轮与固定在工作面两端的牵引链 5 啮合，使采煤机沿工作面移动，因此牵引部 4 是采煤机的行走机构。左、右截割部减速箱将电动机的动力经齿轮减速传递到摇臂 8 的齿轮，以驱动滚筒 1。滚筒 1 是采煤机直接落煤和装煤的机构，称为采煤机的工作机构。滚筒 1 上焊有端盘及螺旋叶片，并装有截煤用的截齿，螺旋叶片将落下的煤装入刮板输送机。为了提高螺旋滚筒的装煤效果，滚筒侧装有弧形挡煤板 9，它可以根据不同的采煤方向来回翻转 180°。底托架 11 用来固定整个采煤机，并经其下部的四个滑靴（两个煤壁侧滑靴 13 和两个采空区侧滑靴 14）使采煤机骑在刮板输送机的槽帮上。两个采空区侧滑靴 14 套在输送机的导向管上，以保证采煤机的可靠导向。底托架 11 内的调高油缸 12 和调高小摇臂 3 用来升降摇臂 8，以调整采煤机的采高。采煤机的电缆和供水管用拖缆装置 10 夹持，并由采煤机拖着在刮板输送机的电缆槽中移动。电气控制箱 6 内装有电控元件，以实现电气保护。为降低电动机和牵引部的温度并提供喷雾降尘用水，采煤机上还装有专门的供水系统和内、外喷雾系统。

3. 滚筒式采煤机的分类

国内外滚筒式采煤机的种类很多，分类方式各不相同。滚筒式采煤机的分类方式、类型、特点及适用范围见表 1-1。

表 1-1　滚筒式采煤机的分类方式、类型、特点及适用范围

分类方式	类型	特点及适用范围
按滚筒数目	单滚筒采煤机	机身较短，质量较小，自开切口性能较差，适合在煤层起伏变化不大的条件下工作
	双滚筒采煤机	调高范围大，生产效率高，可在各种煤层地质条件下工作
按煤层厚度	厚煤层采煤机	机身几何尺寸大，调高范围大，采高大于 3.5m
	中厚煤层采煤机	机身几何尺寸较大，调高范围较大，采高为 1.3 ～ 3.5m
	薄煤层采煤机	机身几何尺寸较小，调高范围小，采高小于 1.3m

续表

分类方式	类型	特点及适用范围
按调高方式	固定滚筒式采煤机	靠机身上的液压缸调高，调高范围小
	摇臂调高式采煤机	调高范围较大，挖底量大，装煤效果好
	机身摇臂调高式采煤机	机身短且窄，稳定性好，但自开切口性能差，挖底量较小，适合在煤层起伏变化小、顶板条件差等特殊地质条件下工作
按机身设置方式	骑输送机采煤机	适用范围广，装煤效果好，适用于中厚及以上煤层
	爬底板采煤机	适合在薄煤层和极薄煤层的地质条件下工作
按牵引传动方式	机械牵引采煤机	操作简单，维护和检修方便，适应性强
	液压牵引采煤机	控制和操作简单、可靠，功能齐全，适用范围广
	电牵引采煤机	控制和操作简便，传动效率高，适用于各种地质条件
按牵引工作机构	钢丝绳牵引采煤机	牵引力较小，适用于中小型矿井的普采工作面
	锚链牵引采煤机	牵引力中等，安全性较差，适用于中厚煤层工作面
	无链牵引采煤机	工作平稳、安全，结构简单，适用于倾斜煤层工作面
按牵引机构设置	内牵引采煤机	结构紧凑，操作安全
	外牵引采煤机	机身短，维护和操作方便
按使用煤层条件	缓倾斜煤层采煤机	有特殊的防滑装置，适用于倾角小于15°的煤层工作面
	倾斜煤层采煤机	牵引力较大，具有特殊设计的制动装置，与无链牵引机构相配，适用于倾角为15°～45°的倾斜煤层工作面
	急倾斜煤层采煤机	牵引力较大，具有特殊工作机构和牵引导向装置，适用于倾角大于45°的急倾斜煤层工作面

1.2.2 滚筒式采煤机的工作原理和工作参数

1. 滚筒式采煤机的工作原理

滚筒式采煤机割煤是通过螺旋滚筒上的截齿对煤壁进行切割实现的；装煤是通过滚筒螺旋叶片的螺旋面进行装载的，利用螺旋叶片的轴向推力，将从煤壁上切割的煤抛到刮板输送机溜槽内运走。

单滚筒采煤机的滚筒一般位于下端，以使滚筒割下的煤不经机身下部运走，从而减小采煤机机面（由底板到机身上表面）高度。单滚筒采煤机上行工作［图 1.3（a）］时，滚筒割顶部煤并把割下的煤装入刮板输送机，同时跟机悬挂铰接顶梁，割完工作面全长后，将弧形挡煤板翻转 180°；单滚筒采煤机下行工作［图 1.3（b）］时，滚筒割底部煤并装煤，随之推移刮板输送机。单滚筒采煤机沿工作面往返一次进一刀的采煤方法称为单向采煤法。

双滚筒采煤机工作［图 1.3（c）］时，前滚筒割顶部煤，后滚筒割底部煤。因此，双滚筒采煤机沿工作面牵引一次进一刀，返回时又进一刀，即往返一次进两刀，这种采煤方法称为双向采煤法。

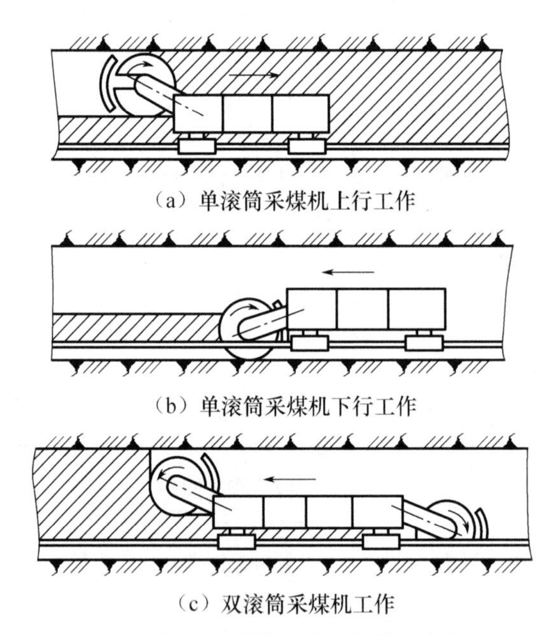
（a）单滚筒采煤机上行工作

（b）单滚筒采煤机下行工作

（c）双滚筒采煤机工作

图 1.3 采煤机的工作原理

为了将滚筒割下的煤装入刮板输送机，滚筒上螺旋叶片的螺旋方向需要与滚筒旋转方向相适应，对顺时针旋转（人站在采空区侧看）的滚筒，螺旋叶片右旋；对逆时针旋转的滚筒，螺旋叶片左旋，可总结为“左转左旋，右转右旋”。

2. 滚筒式采煤机的工作参数

工作参数决定了滚筒式采煤机的适用范围和主要技术性能，它们既是设计采煤机的主要依据，又是综采成套设备选型的依据。

（1）生产率。采煤机的工作条件不同，生产率也不同。技术手册给出的是可能的最大生产率，即理论生产率应大于实际生产率。

$$Q_t = 60HBv_q\rho \tag{1.1}$$

式中，Q_t 为理论生产率，t/h；H 为工作面平均采高，m；B 为截深，m；v_q 为采煤机割煤时的最大牵引速度，m/min；ρ 为煤的实体密度，t/m³，一般取 1.35t/m³。

实际生产率要与配套运输设备的运输能力相适应，用下式计算。

$$Q = k_1k_2Q_t \tag{1.2}$$

式中，Q 为实际生产率，t/h；k_1 为采煤机辅助工作时间（如调动机器、更换截齿、开切口、检查机器和排除故障等）折算系数，k_1=0.5～0.7；k_2 为停机时间（如处理输送机和支架的故障、处理顶底板事故等）折算系数，k_2=0.6～0.65。

（2）采高。采煤机的实际开采高度称为采高，采高的概念不同于煤层厚度。当分层开采厚煤层，有顶煤垮落或有底煤残留时，煤层厚度大于采高；当开采薄煤层时，由于截割顶板或底板，因此采高可能大于煤层厚度。考虑煤层厚度的变化、顶板下沉和浮煤等会使工作面高度减小，煤层（或分层）厚度不宜超过采煤机最大采高的90%～95%，且不宜小于采煤机最小采高的1.1～1.2倍。采高对确定采煤机整体结构有决定性影响，它既规定了采煤机适用的煤层厚度，又是选择配套支护设备时的一个重要参数。

双滚筒采煤机的采高范围主要取决于滚筒直径，也与采煤机的某些结构参数（如机身高度、摇臂长度及摆动角度范围等）有关。双滚筒采煤机的最大采高一般不超过滚筒直径的2倍。双滚筒采煤机的采高范围计算如图1.4所示。

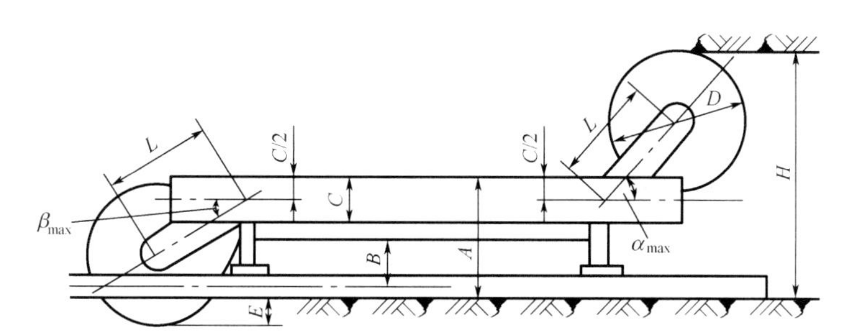

A—机身高度；B—过煤高度；C—机箱厚度；D—滚筒直径；E—挖底量；L—摇臂长度；
α_{max}—摇臂上摆最大角；β_{max}—摇臂下摆最大角；H—采高

图1.4 双滚筒采煤机的采高范围计算

最大采高

$$H_{max} = A - \frac{C}{2} + L\sin\alpha_{max} + \frac{D}{2} \tag{1.3}$$

最小采高

$$H_{min} = A - \frac{C}{2} + L\sin\alpha_{min} + \frac{D}{2} \tag{1.4}$$

最大挖底量

$$E_{max}=\frac{C}{2}+L\sin\beta_{max}+\frac{D}{2}-A \tag{1.5}$$

最小挖底量

$$E_{min}=\frac{C}{2}+L\sin\beta_{min}+\frac{D}{2}-A \tag{1.6}$$

对于直径一定的滚筒，采煤机的采高范围是一定的。如果需要在较大范围内改变采高，就必须改变滚筒直径，必要时，还需相应地改变机身高度（改变底托架的高度）、摇臂长度及摆动角度范围。选用采煤机时，为了满足采高的要求，需要合理地选择滚筒直径和机身高度，还要考虑挖底量要求（挖底量为 100 ～ 300mm）。

（3）截深。采煤机截割机构（如滚筒）每次切入煤体的深度称为截深。截深决定了工作面每次推进的步距，是决定采煤机装机功率和生产率的主要因素，也是选择配套支护设备时的一个重要参数。截深与煤层厚度、煤质硬度、顶板岩性及支架移架步距有关。开采薄煤层时，工作条件困难，采煤机牵引速度受到限制，为了保证适当的生产率，宜用较大截深采煤机；开采厚煤层时，受输送机能力、顶板冒顶、片帮条件的限制，宜用较小截深采煤机。采煤机截深应与支护设备的推移步距相适应，以便控制顶板。当用液压支架支护时，要求采煤机截深略小于液压支架移架步距（考虑片帮影响），保证采煤机每采完一个截深后，液压支架都可以推进一个步距。当用单体支柱支护顶板时，金属顶梁的长度应是采煤机截深的整倍数。滚筒式采煤机的截深一般小于 1m，多采用 0.6m，大功率采煤机可采用 0.8m。

（4）截割速度。滚筒上截齿齿尖所在圆周的切线速度称为截割速度。截割速度取决于截割部传动比、滚筒直径和滚筒转速，对采煤机的功率消耗、装煤效果、煤块度和煤尘等有直接影响。为了减少滚筒截割时产生的细煤和粉尘、增加大块煤，应降低滚筒转速。滚筒转速对滚筒截割和装载过程的影响都比较大，但是对产生粉尘和截齿使用寿命影响较大的是截割速度，截割速度为 3.5 ～ 5m/s。滚筒转速是设计截割部的一个重要参数，新型采煤机直径为 2m 的滚筒的转速为 25 ～ 40r/min，直径小于 1m 的滚筒的转速为 80r/min。截割速度可用下式计算。

$$v_j=\frac{\pi Dn}{60} \tag{1.7}$$

式中，v_j 为截割速度，m/s；D 为滚筒直径，m；n 为滚筒转速，r/min。

（5）牵引速度。采煤机截煤的运行速度称为牵引速度。采煤机截煤时，牵引速度越高，单位时间产煤量越大，但电动机的负荷和牵引力也越大。为使牵引速度与电动机负荷相适应，牵引速度应随截割阻力的变化而变化。当截割阻力减小时，应提高牵引速度，以获得较大的切割厚度，增大产煤量和煤块度；当截割阻力增大时，应降低牵引速度，以减小切割厚度，防止电动机过载，保证采煤机正常工作。为此，牵引速度应采用无级调速，至少是多级调速，并且能随截割阻力的变化自动调速。液压牵引采煤机的最大牵引速度为 6m/min，双滚筒电牵引采煤机的最大牵引速度为 16m/min，电牵引采煤机的最大牵引速度为 25m/min。选择工作牵引速度时，应考虑采煤机的负荷、生产能力及运输设备的运输能力。选择牵引速度时，还应考虑滚筒截齿的最大切削厚度。当滚筒转速和采煤机允许的截齿切削厚度一定时，可用下面公式计算采煤机允许的工作牵引速度。

$$v_q = \frac{mnt}{1000} \tag{1.8}$$

式中，v_q 为工作牵引速度，m/min；t 为采煤机允许的截齿切削厚度，mm；m 为滚筒每条截线上的截齿数；n 为滚筒转速，r/min。

（6）牵引力。牵引力是牵引部的重要参数，由外载荷决定。影响采煤机牵引力的因素有很多，如煤质、采高、牵引速度、工作面倾角、采煤机质量及摩擦系数等。由于采煤机的工作条件不稳定，因而精确计算采煤机所需牵引力既不可能又没必要。当装机功率 $P \leqslant 200$kW 时，有链牵引采煤机的牵引力 $T=(1 \sim 1.3)P$，无链牵引采煤机的牵引力 $T=(2 \sim 2.5)P$；当装机功率 $P>300$kW 时，有链牵引采煤机和无链牵引采煤机的牵引力分别为 P 和 $2P$。

牵引力与最大工作牵引速度的关系为

$$T = C + kv_{qmax} \tag{1.9}$$

式中，C 为牵引阻力的不变分量，取决于采煤机质量、倾角、摩擦系数及附加阻力状况；k 为系数，取决于煤质及压张程度，煤越硬，k 值越大；v_{qmax} 为最大工作牵引速度。

（7）装机功率。采煤机装备电动机的总功率称为装机功率。装机功率越大，采煤机可采越坚硬的煤层，生产能力越强。滚筒式采煤机的装机功率 P 包括截割消耗功率 P_j、牵引消耗功率 P_q、辅助泵站等消耗功率 P_f，即

$$P = P_j + P_q + P_f \tag{1.10}$$

1.2.3 滚筒式采煤机的截割部

滚筒式采煤机的截割部一般包括割煤滚筒、摇臂、固定减速箱等工作机构（不同机型的截割部组成不同）。割煤滚筒承担截煤和装煤任务，是采煤机截割部的主要部件。完备的割煤滚筒应满足以下要求。

截割部

（1）能适应不同的煤层和有关地质条件。

（2）能充分利用煤壁的压张效应，降低能耗，提高块煤率，减少煤尘。

（3）能装煤和自开切口。

（4）载荷分布均匀，机械效率高。

（5）结构简单，工作可靠，拆装、维修方便。

1. 螺旋滚筒

螺旋滚筒是采煤机广泛使用的截割机构，结构简单，工作可靠，但截煤块度小、煤尘较多。

（1）基本结构。螺旋滚筒的基本结构如图 1.5 所示。在螺旋叶片的顶端及端盘周边装有许多截齿，轮毂与滚筒轴固定在一起。滚筒转动时，截齿截割和剥落煤体，螺旋叶片将碎煤运至滚筒的采空侧并装入刮板输送机。在螺旋叶片和端盘齿座的旁边还装有内喷雾用的喷嘴。大多数采煤机采用焊接滚筒，一般先用厚度为 20 ～ 30mm 的 45 锰钢板或 16 锰钢板锻压成螺旋叶片，再与齿座、轮毂、筒毂等焊接。若采用铸造滚筒，则

齿座是在加工后焊到螺旋叶片上的。

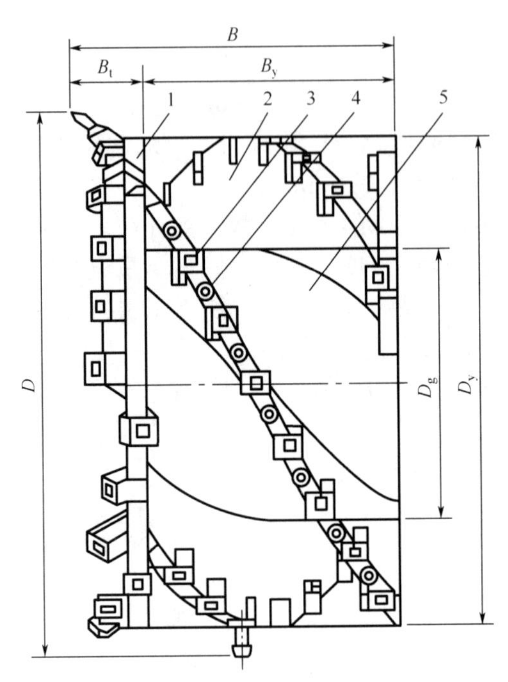

1—端盘；2—螺旋叶片；3—齿座；4—喷嘴；5—筒毂

B—滚筒宽度；B_t—端盘宽度；B_y—螺旋叶片导程；D—滚筒直径；D_g—筒毂直径；D_y—螺旋叶片直径

图 1.5　螺旋滚筒的基本结构

（2）滚筒的旋转方向。对截煤过程来说，滚筒的旋转方向有顺转和逆转两种。

① 顺转。滚筒的旋转方向与牵引方向相同，如图 1.6（a）所示。大部分煤被螺旋叶片从滚筒轮毂下面带到滚筒后面，挡煤板把煤挡住，按自然安息角 φ 堆积。

② 逆转。滚筒的旋转方向与牵引方向相反，如图 1.6（b）所示。截落的煤不断被螺旋叶片向工作面输送机推动，大部分煤按自然安息角 φ 堆积在滚筒前半部。

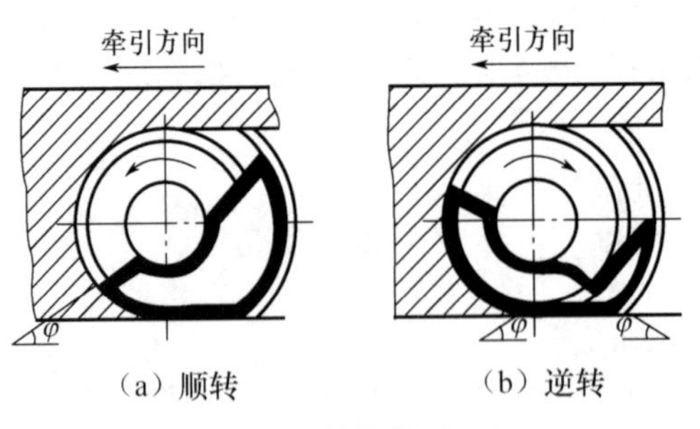

（a）顺转　　（b）逆转

图 1.6　滚筒的旋转方向

顺转时，煤在装载过程中二次破碎较严重，装煤能耗较大。采煤机后面的滚筒不仅要担负截割前滚筒未装出的煤，而且要将这些煤连同前滚筒未装出的煤一起装入输送机。为了有较好的装煤效果，一般将后滚筒的旋转方向定为向上截煤的旋转方向，而将前滚筒的运转方向定为向下截煤的旋转方向。对于单滚筒采煤机，一般在左工作面用右螺旋滚筒，在右工作面用左螺旋滚筒。

（3）滚筒与滚筒轴的连接方式。滚筒与滚筒轴的连接方式有锥形轴端与平键连接，内齿轮副与锥形盘复合连接，轴端凸缘与楔块连接，方头连接（多用于中、大功率采煤机）等。

（4）滚筒的结构参数。

① 滚筒的3个直径。滚筒的3个直径是指滚筒直径 D、螺旋叶片直径 D_y 和筒毂直径 D_g。滚筒直径是截齿齿尖的截割圆直径。采煤机的滚筒直径为0.65～2.5m。单滚筒采煤机的滚筒直径应按煤层厚度选择，一般比煤层厚度小0.1～0.2m。双滚筒采煤机按采高选择滚筒直径，其应稍大于最大采高的一半，以便一次采全高。筒毂直径 D_g 越大，滚筒内容纳碎煤的空间越小，碎煤在滚筒内循环和重复破碎的可能性越大。在满足筒毂安装轴承和传动齿轮的条件下，应保持螺旋叶片直径与筒毂直径的比适当。对于 $D>1$m 的大直径滚筒，$D_y/D_g \geqslant 2$；对于 $D<1$m 的小直径滚筒，$D_y/D_g \geqslant 2.5$。

② 滚筒宽度。滚筒宽度 B 为端盘宽度 B_t 和螺旋叶片导程 B_y 之和，其应大于或等于采煤机截深，一般为0.6～0.8m。对于较薄煤层，为了提高采煤机的生产率，滚筒宽度可取0.8～1m；对于较厚煤层，为了改善顶板的支护性能，滚筒宽度可取0.5m。

③ 螺旋升角。单头螺旋叶片及其展开形状分别如图1.7(a)和图1.7(b)所示。D_y 和 D_g 分别表示螺旋叶片的外径和内径，B_y 为螺旋叶片导程。不同直径上的螺旋升角不同，螺旋叶片的外缘升角和内缘升角分别为 α_y 和 α_g。显然，螺旋叶片的外缘升角小于内缘升角，即

$$\alpha_y\left(=\arctan\frac{B_y}{\pi D_y}\right) < \alpha_g\left(=\arctan\frac{B_y}{\pi D_g}\right)$$

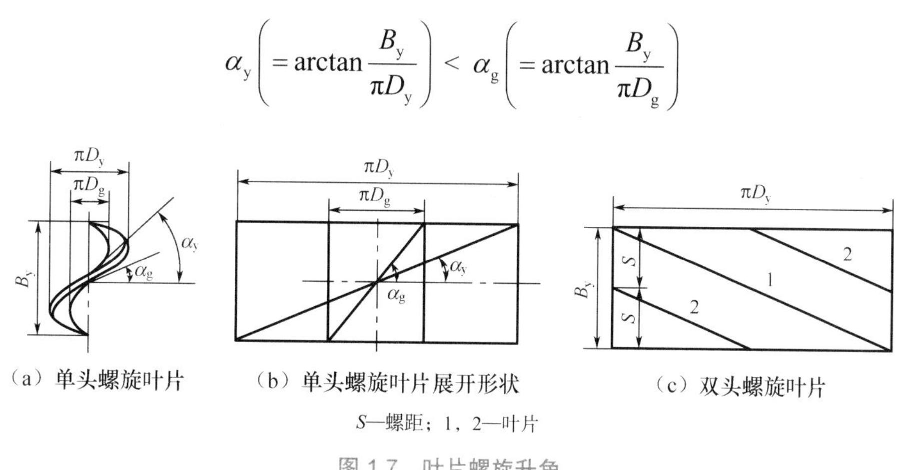

（a）单头螺旋叶片　（b）单头螺旋叶片展开形状　（c）双头螺旋叶片

S—螺距；1，2—叶片

图1.7　叶片螺旋升角

螺旋升角直接影响滚筒的装煤效果。螺旋升角较大时，采煤机的排煤能力强、装煤速度高，但螺旋升角过大会把煤抛到溜槽的采空侧；螺旋升角过小时，煤在螺旋叶片内循环，煤被重复破碎。国内外曾对螺旋升角进行过大量试验，我国一般认为，当 α=20°，$(\alpha_y+\alpha_g)/2$=30°～35°时，采煤机的装煤效果较好。对于双头螺旋叶片［图1.7（c）］，螺旋升角为

$$\alpha = \arctan\frac{nS}{\pi D_y} \tag{1.11}$$

式中，n 为螺旋叶片头数；S 为螺距。

螺旋叶片头数主要取决于截割参数的要求，$D<1250$mm 的滚筒一般用单头螺旋叶片，$1250 \leqslant D<1400$mm 的滚筒可用双头或三头螺旋叶片，$1400 \leqslant D<1600$mm 的滚筒可用三头或四头螺旋叶片。螺距应保证煤从滚筒中顺利排出，一般为 0.25 ～ 0.4m。

2. 截齿

截齿装在螺旋滚筒上，是采煤机截煤的刀具。由于煤质硬度不同、煤层所含夹矸情况不同，因此截齿截煤时的受力不同，截齿的几何形状和尺寸就应有区别，对制造用材料和工艺有不同的要求。对截齿的基本要求是强度高、耐磨性好、截割比能耗低、能适应较多煤层条件、在齿座上安装可靠且易拆装。

（1）截齿类型。采煤机使用的截齿主要有扁形截齿和镐形截齿两种。扁形截齿的刀体是沿滚筒半径方向安装的，常称为径向截齿。这种截齿适用于截割各种硬度的煤，包括坚硬煤和黏性煤，使用较多。扁形截齿的固定方式如图 1.8 所示。在图 1.8（a）中，销钉和橡胶套装在齿座侧孔内，装入截齿时靠刀体下端斜面压回销钉，对位后，销钉被橡胶套弹回刀体窝内而将截齿固定；在图 1.8（b）中，销钉和橡胶套装在刀体孔中，装入时，销钉沿斜面压入齿座孔而将截齿固定；在图 1.8（c）中，销钉和橡胶套装在齿座中，用卡环挡住销钉并防止橡胶套转动，装入时，刀体斜面压回销钉，靠销钉卡住刀体上的缺口而将截齿固定。

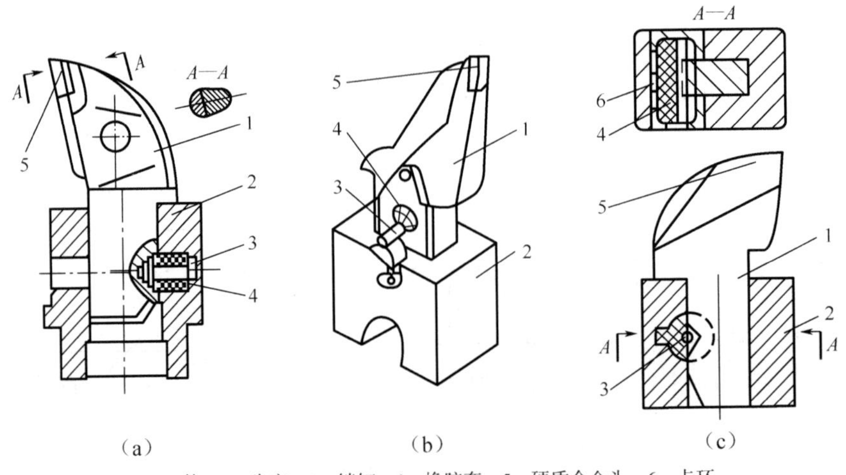

1—刀体；2—齿座；3—销钉；4—橡胶套；5—硬质合金头；6—卡环

图 1.8　扁形截齿的固定方式

因为镐形截齿的刀体安装方向接近滚筒切线，所以镐形截齿又称切向截齿。镐形截齿一般在脆性煤和节理发达的煤层中具有较好的截割性能。工作时，镐形截齿在截割阻力的作用下在齿座内回转，达到自动磨锐齿尖的效果。镐形截齿的固定方式如图 1.9 所示。镐形截齿的下部为圆柱形，上部为圆锥形（或带有扁刃）。将截齿插入齿座后，只要在尾部环槽内装入弹簧圈就能固定。

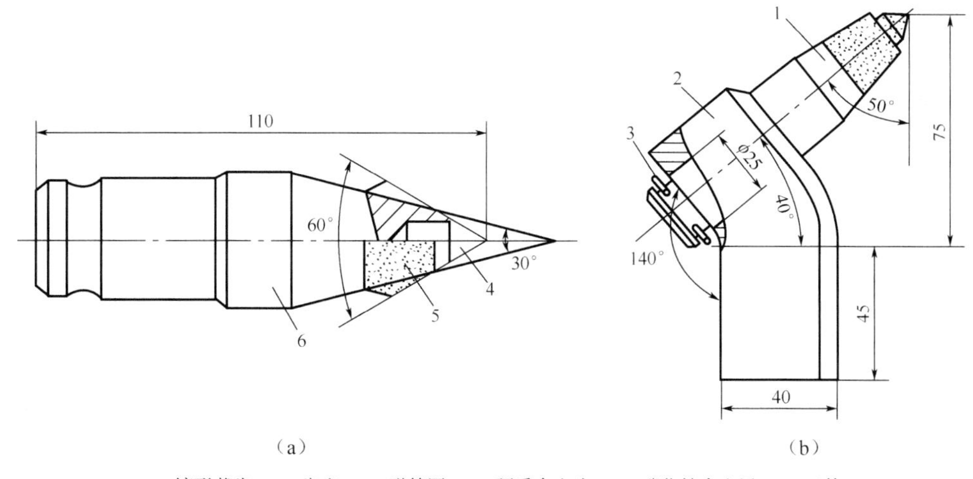

1—镐形截齿；2—齿座；3—弹簧圈；4—硬质合金头；5—碳化钨合金层；6—刀体

图 1.9 镐形截齿的固定方式

（2）截齿配置。螺旋滚筒上截齿的排列规律称为截齿配置，要求截割块煤多、煤尘少、截割比能耗低、滚筒受力较均衡、机器运行稳定。

截齿配置可用截齿配置图表示。截齿配置图表示截齿在工作机构形成表面上的坐标位置，双头螺旋滚筒截齿配置图是滚筒截齿齿尖所在圆柱面的展开图，如图 1.10 所示。图中水平线称为截线，是截齿齿尖的运动轨迹；相邻两条截线之间的距离称为截距；垂直线表示截齿的位置坐标。

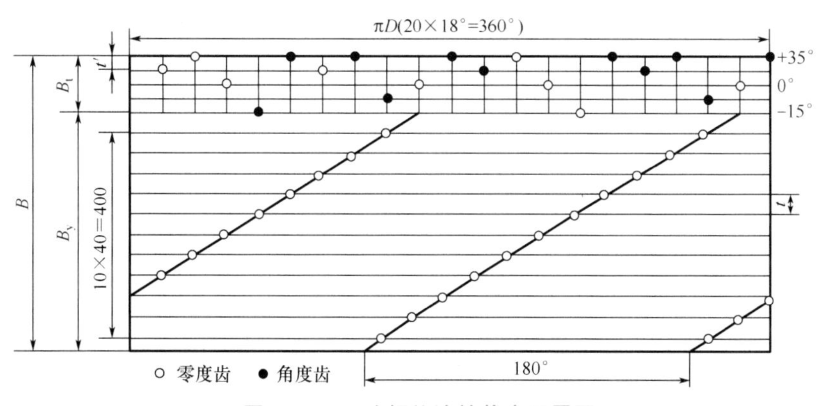

图 1.10 双头螺旋滚筒截齿配置图

螺旋滚筒上的截齿配置包括如下三部分。

① 端盘上的截齿配置。端盘贴近煤壁工作，以切出整齐的煤壁，为螺旋叶片工作开出自由面，并防止滚筒端面与煤壁摩擦。在煤壁处煤的压张程度小，并处于半封闭截割条件下，工作条件恶劣，因此端盘上截齿密度大、截距小。端盘上的截距都是靠调节齿座倾角获得的，向煤壁倾斜用“+”号，向采空区倾斜用“−”号。截齿向两侧倾斜，可以抵消作用在螺旋滚筒上的侧向力，端盘截齿的平均截距 t' 为螺旋叶片截齿平均截距 t 的一半。端盘上的截线数为 4 ～ 7，端盘每条截线上的截齿数 $m' \approx m+$（2 ～ 3）（m 为螺旋叶片上每条截线上的截齿数）；贴近煤壁截线上的截齿可以更多，以减少截齿

磨损。截齿应沿圆周方向均匀分布，以减小滚筒上的转矩脉动。端盘上的截齿一般分为 2 ～ 4 组，每组都由 0°、−5°、+35°、+20°、+35°、−15°、0°、+35°、+20°、+35° 十个齿组成。

端盘截割宽度为 70 ～ 130mm，最大倾角的截齿应伸出端面 35 ～ 50mm。

② 螺旋叶片上的截齿配置。螺旋叶片上截齿的截距 t=32 ～ 65mm，对硬性煤和韧性煤，t 可小于 32mm，若 t 太小则煤太碎，截割比能耗增大；对脆性煤，t 可大于 65mm。螺旋叶片上每条截线的截齿数 m=1 ～ 3，可根据螺旋叶片头数选取。为使滚筒上的载荷均匀，两个相邻截齿沿圆周分布的角度（或距离）应该相等。

根据每条截线上的截齿数 m 与螺旋叶片头数 z 的比值不同，截齿在螺旋叶片上的等截距配置方式可分为交错（棋盘）配置、混合配置、顺序配置三种，如图 1.11 所示。

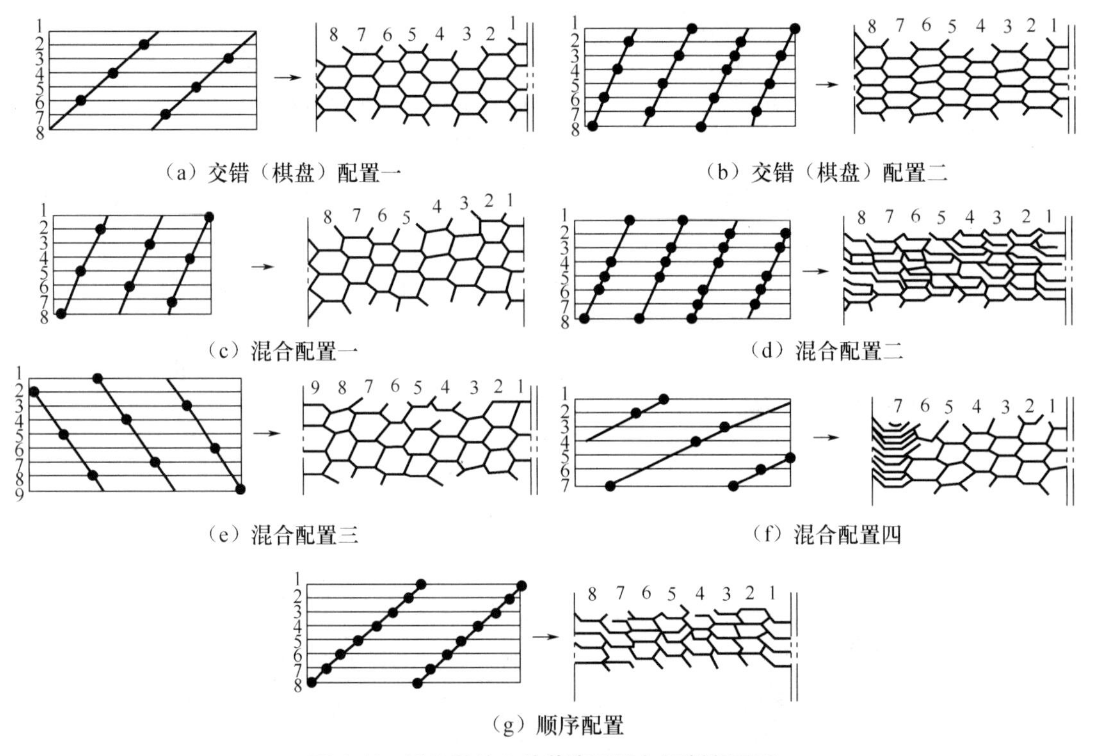

（a）交错（棋盘）配置一　（b）交错（棋盘）配置二

（c）混合配置一　（d）混合配置二

（e）混合配置三　（f）混合配置四

（g）顺序配置

图 1.11　螺旋叶片上的截齿配置与切削断面图

交错（棋盘）配置如图 1.11（a）、图 1.11（b）所示。截割煤时，每个截齿都在相邻两个截齿超前开出半个切削厚度的煤体上工作，截割条件好，截齿不受侧向力。一般双头螺旋叶片和四头螺旋叶片可采用这种配置方式。

混合配置如图 1.11（c）、图 1.11（d）、图 1.11（e）、图 1.11（f）所示。在图 1.11（d）中，叶片上每三个截齿按顺序配置组成一组，而组与组之间交错配置，其切削厚度不相等。在图 1.11（c）和图 1.11（e）中，不同螺旋叶片上的截线组成一条与螺旋叶片螺旋线方向相反的螺旋线，其切削断面接近交错配置，但有侧向力。三头螺旋叶片截割脆性煤时，可采用这种配置方式。在图 1.11（f）中，边缘截齿增加，切削厚度减小，其余截线上的截齿截出接近交错配置的断面。

顺序配置如图 1.11（g）所示。截割煤时，截齿一个跟着一个，每个截齿截割的煤体都呈单向裸露，截出的切削断面如图 1.11（g）右边所示，截齿上受到的侧向力较大。顺序配置时，$m/z=1$，螺旋叶片头数与同一截线上的截齿数相等。这种配置方式较普遍，适用于硬煤。

可以从切削断面图直观地看出每个截齿的工作顺序和切削断面形状，从而判断截齿配置的合理性。

等截距截齿沿圆周方向均匀分布，螺旋叶片的螺旋升角保持不变，装煤效果不理想。理想的截距应从煤壁向外逐渐增大，即采用不等截距，这种配置方式的截齿沿圆周均匀分布，螺旋升角由煤壁向外逐渐增大（图 1.12 中实线），装煤效果好，但螺旋叶片较难制造。在不等截距配置情况下，如果采用等螺旋升角叶片（图 1.12 中虚线），则截齿沿圆周分布不均匀，导致载荷变化较大。

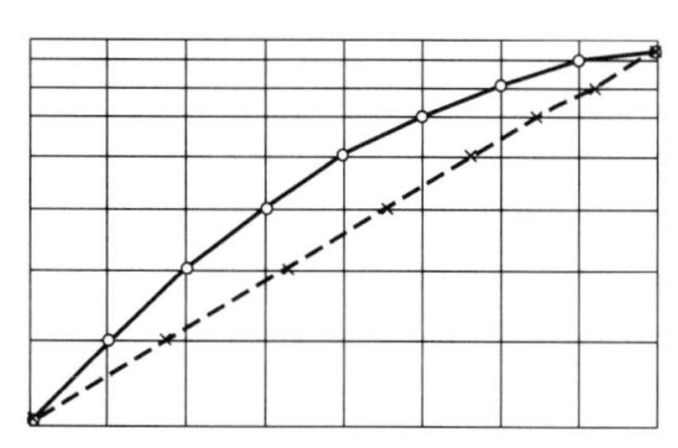

图 1.12 不等截距截齿配置

③ 端面截齿配置。当采用正切进刀法时，滚筒钻入煤壁，端盘端面需装有截齿，且有排煤口。如图 1.13 所示，端面截齿配置有阿基米德螺旋线式［图 1.13（a）］、弧线式［图 1.13（b）］、直线辐条式［图 1.13（c）］三种方式。在图 1.13（c）中，滚筒端面没有端盘，而在螺旋叶片端的辐条上装有截齿。

图 1.13 端面截齿配置

（3）截齿伸出长度。截齿在齿座上的伸出长度必须符合截割工况，以防止齿座与煤体接触而产生齿座磨损和挤煤现象，增大截割阻力。因此，截齿径向伸出长度 l_p 应大于最大煤屑厚度 h_{max}，可按下式计算。

$$l_p = kh_{max} = \frac{1000kv_{qmax}}{nm} \tag{1.12}$$

式中，k 为储备系数，径向截齿取 $k=1.3\sim1.6$，切向截齿取 $k=1.0\sim1.2$；v_{qmax} 为最大牵引速度，m/min；m 为同一截线上的截齿数；n 为滚筒转速，r/min。

（4）截齿材料。截齿材料可以是 40Cr、35CrMnSi、35SiMoV 等合金钢，经调质处理后具有足够的强度和韧性。扁形截齿的刀头镶有硬质合金核或片，镐形截齿的刀头堆焊硬质合金层。硬质合金是一种碳化钨和钴的合金。碳化钨硬度极高，耐磨性好，但质脆，承受冲击载荷的能力差。在碳化钨中加入适量的钴，可以提高硬质合金的强度和韧性，但硬度降低。截齿上的硬质合金常用 YG8C 钨钢或 YG11C 钨钢，YG8C 钨钢截齿适用于截割软煤或中硬煤，YG11C 钨钢截齿适用于截割硬煤。

（5）截齿的失效形式。截齿的失效形式有磨损、弯曲、崩合金片、掉合金层、折弯、丢失等，其中磨损是主要失效形式。截齿磨损程度主要取决于煤层及夹矸的磨蚀性，磨损后齿端与煤的接触面积增大，截割阻力急剧增大。一般规定截齿齿尖的硬质合金磨去 1.5 ～ 3mm 或与煤的接触面积大于 1cm² 时，应及时更换截齿。出现其他失效形式时，也应及时更换截齿。

3. 传动方式及传动特点

滚筒式采煤机截割部传动装置的作用是将采煤机电动机的动力传递到滚筒，以满足滚筒转速及转矩的需要；同时，传动装置要满足滚筒调高的要求，使滚筒保持适当的工作位置。由于采煤机截割部的功率消耗占装机功率的 80% ～ 90%，并且截割部承受很大的负载及冲击载荷，因此，要求截割部传动装置具有高的强度、刚度、可靠性和传动效率，以及良好的润滑性、密封性、散热条件等。

（1）传动方式。采煤机截割部大多采用齿轮传动，主要有四种传动方式，如图 1.14 所示。

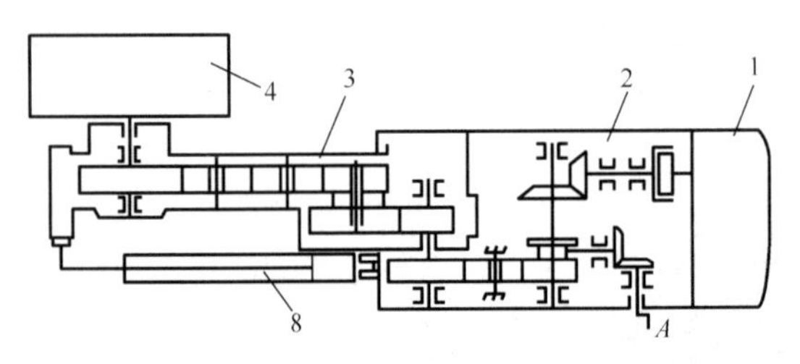

（a）电动机—机头减速箱—摇臂—滚筒

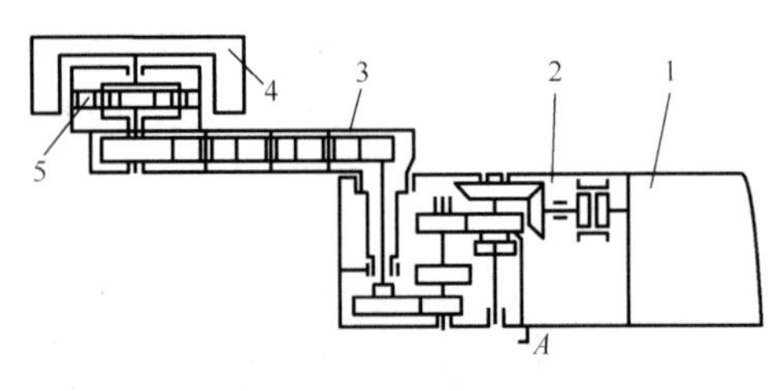

（b）电动机—机头减速箱—摇臂—行星齿轮传动—滚筒

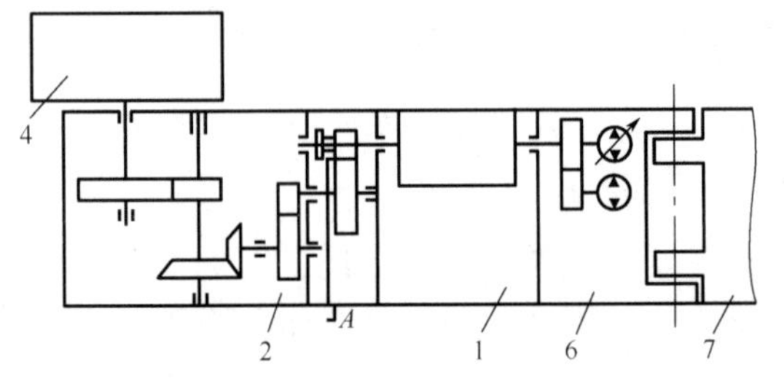

（c）电动机—机头减速箱—滚筒

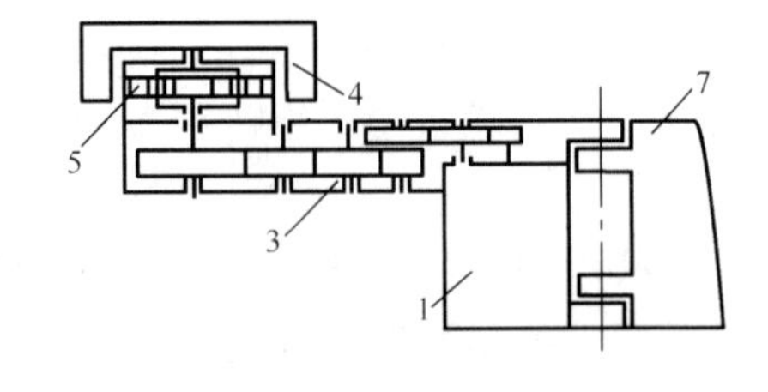

（d）电动机—摇臂—行星齿轮传动—滚筒

1—电动机；2—机头减速箱；3—摇臂；4—滚筒；5—行星齿轮传动；6—泵箱；7—机身及牵引部；8—调高油缸；*A*—离合器手把

图 1.14　采煤机截割部的传动方式

① 电动机—机头减速箱—摇臂—滚筒［图 1.14（a）］。这种传动方式的特点是传动简单，摇臂从机头减速箱端部伸出（称为端面摇臂），支承可靠，强度和刚度高；但摇臂下限位置受输送机限制，挖底量较小。

② 电动机—机头减速箱—摇臂—行星齿轮传动—滚筒［图 1.14（b）］。由于行星齿轮传动比较大，因此可使前几级传动比减小，简化系统，并使行星齿轮的齿轮模数减小，但采用行星齿轮会使滚筒筒毂尺寸增大，因此适用于在中厚以上煤层工作的大直径滚筒式采煤机，大部分中厚煤层采煤机都采用这种传动方式。因为摇臂从机头减速箱侧面伸出（称为侧面摇臂），所以可获得较大的挖底量。

以上两种传动方式都采用摇臂调高，调高性能较好；但摇臂内齿轮较多，要扩大调高范围必须增加齿轮，加长摇臂。由于滚筒受力大，摇臂及其与机头减速箱的支承较薄弱，因此只有增大支承距离才能保证摇臂的强度和刚度。

③ 电动机—机头减速箱—滚筒［图 1.14（c）］。这种传动方式取消了摇臂，靠由电动机、机头减速箱和滚筒组成的截割部调高，使齿轮减少，可获得较大的调高范围，还可缩短采煤机机身长度，有利于采煤机开切口等。

④ 电动机—摇臂—行星齿轮传动—滚筒［图 1.14（d）］。这种传动方式的电动机横向布置，电动机轴与滚筒轴平行，取消了承载大、易损坏的锥齿轮，使截割部简化。采用这种传动方式可获得较大的调高范围，并使采煤机机身长度进一步缩短。有些电牵引采煤机采用这种传动方式。

（2）传动特点。采煤机截割部的电动机多采用四级电动机，电动机转速 n_d=1460 ～ 1475r/min，滚筒转速 n=20 ～ 50r/min，因此截割部总传动比 $i=n_d/n$=30 ～ 75，一般取 30 ～ 50；采煤机电动机轴心与滚筒轴心垂直时，传动装置中必须装有圆锥齿轮，为减小传递转矩、便于加工，圆锥齿轮一般安装在高速级（第一级或第二级），并采用弧齿锥齿轮，安装两个锥齿轮时，两轮的轴向力可将两轮推开，以增大齿侧间隙，避免轮齿楔紧而造成损坏。弧齿锥齿轮的轴向力方向取决于齿轮转向及螺旋线方向。由于采煤机电动机除驱动截割部外，还驱动牵引部，因此需要在截割部传动系统中设置离合器，使采煤机在调动工作或检修时将滚筒与电动机脱开，离合器一般安装在高速级，以减小尺寸和便于操纵。为适应不同煤质要求，滚筒有两种以上转速，截割部应有变速齿轮（常利用离合器手把变速）；没有变速齿轮时，应至少设置配对变换齿轮，以获得两种以上转速。为加长摇臂、扩大调高范围，摇臂内常装有一串惰轮，截割部齿轮增加。由于行星齿轮传动为多齿啮合，传动比大，效率高，可减小齿轮模数，因此末级齿轮采用行星齿轮传动可简化前几级齿轮传动。因采煤机承受的冲击载荷较大，为保护传动件，在有些采煤机的传动系统中设置安全剪切销（一般放在高速级齿轮），当外载荷达到 3 倍额定载荷时，剪切销被剪断，滚筒停止工作。

4. 截割部减速箱

采煤机截割部一般包括机头减速箱和摇臂减速箱，但并非所有采煤机都包括这两部分。

（1）机头减速箱。MG-300 型液压牵引采煤机的截割部机头减速箱如图 1.15 所示。在机头减速箱的箱体中，主传动轴承孔、离合器安装孔、放油孔、放气孔、加油孔与底托架的定位孔、螺栓孔等的位置都是上下对称的，组装机头减速箱时，箱体没有左右之分，可以翻转 180° 使用，但组装好的左右机头减速箱不能互换。

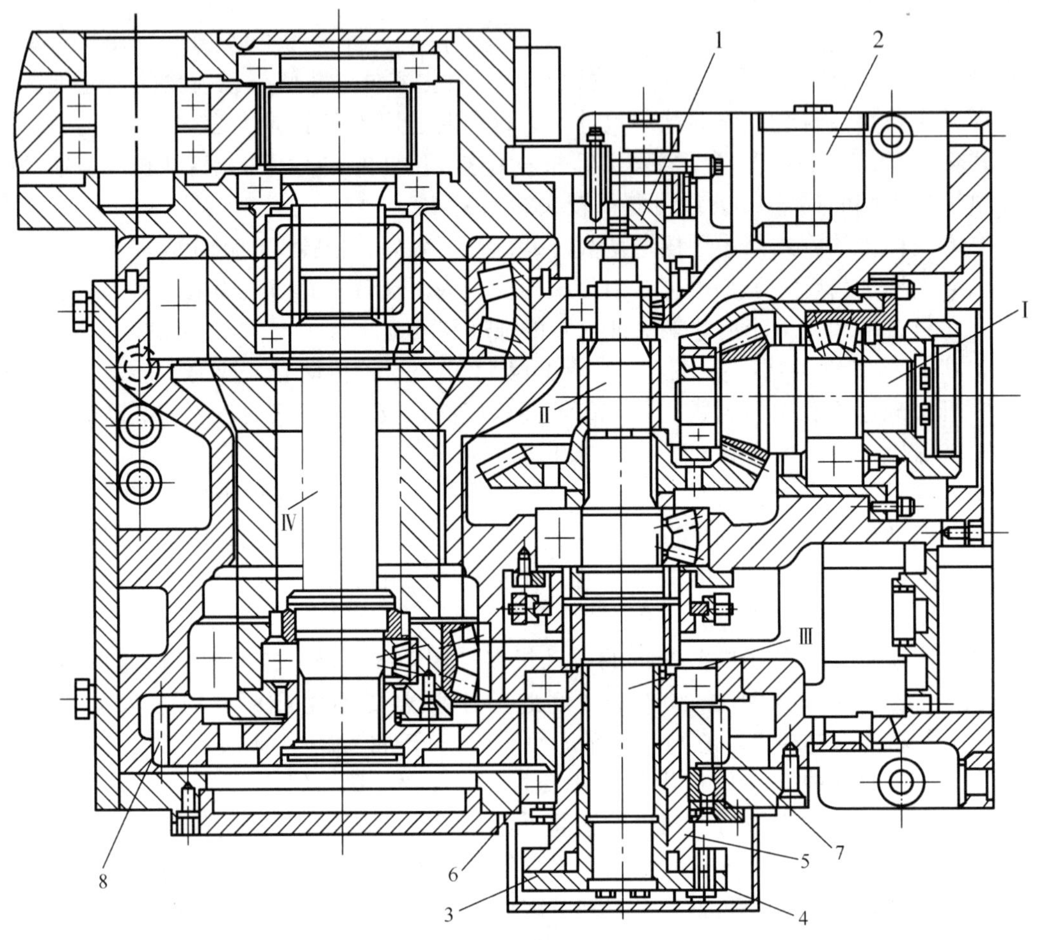

1—润滑泵；2—冷却泵；3—过载保护套；4—过载剪切销；5—轴套；6—轴承；7，8—齿轮；

Ⅰ，Ⅱ，Ⅲ，Ⅳ—轴

图 1.15　MG-300 型液压牵引采煤机的截割部机头减速箱

Ⅰ轴：锥齿轮轴Ⅰ装入轴承杯，由 3613 轴承及 7524 轴承（两个）支撑，联轴节压紧 7524 轴承的内圈。采用这种结构可使锥齿轮处于两个支座的中间，改变受力状态。轴承杯上开有缺口，使小锥齿轮外露，确保大、小锥齿轮啮合。3613 轴承只承受径向力，而 7524 轴承不仅承受径向力，还承受轴向力，左轴承受拉，右轴承受推，依靠调整垫来调整两轴承的轴向间隙，保持为 0.08 ～ 0.15mm。

Ⅱ轴：大锥齿轮通过矩形花键安装在轴上，轴由 3613 轴承和 3622 轴承支撑在箱体内。3613 轴承只承受径向力，而 3622 轴承承受径向力和轴向力。锥齿轮副的间隙保持为 0.3 ～ 0.4mm，由左、右垫片调整。轴的上端安装一对直齿圆柱齿轮（m=3，z_1=37，z_2=15）来驱动润滑泵。轴的下端为渐开线花键，并有花键滑套。花键上的滑环嵌入拨叉的拨块，滑环通过平键及挡圈与花键套固定。当拨叉拨动时，花键套向下或向上移动，使Ⅱ轴与Ⅲ轴脱开或啮合，以达到离合的目的。

Ⅲ轴：Ⅲ轴下端是剪切盘，上端是渐开线花键轴。花键与过载保护套 3 连接，中间部分装入轴套 5，轴套与齿轮 7 由花键连接，两端靠 42232 轴承及 42140 轴承分别支承在箱体和大盖板上。过载保护套及轴套之间装有过载剪切销 4。电动机动力靠齿轮离合器传到Ⅲ轴，先经过载保护套、过载剪切销传给轴套，再由轴套与花键连接的齿轮传给Ⅳ轴。当滚筒过载严重时，过载剪切销剪断，从而保护电动机及传动部件。过载保护装置位于采空区侧箱体外，42232 轴承及 42140 轴承的轴向间隙保持为 0.2 ～ 1.3mm。

Ⅳ轴：Ⅳ轴 32226 轴承和 3524 轴承支撑在摇臂内，下端齿轮通过矩形花键与轴连接；上端为渐开线花键，其上有花键套。该轴组件要在摇臂与固定减速箱连接后装入。

（2）摇臂减速箱。MG-300 型液压牵引采煤机摇臂减速箱如图 1.16 所示。采用弯摇臂整体结构的摇臂套，有利于装煤。摇臂壳外焊有水套层，以冷却摇臂。左、右摇臂不能互换。动力由机头减速箱的Ⅳ轴传给摇臂齿轮，而轴齿轮由 42230 轴承和 42528 轴承支承在摇臂壳体上。装配时，应保持轴承端面间隙为 0.15 ～ 0.20mm。动力经惰轮 3、4、5、6 传到大齿轮 7 及行星传动装置 9 来驱动滚筒。大齿轮 7 由两个 32236 轴承分别通过轴承套及大端盖固定在摇臂壳上，应保持两个轴承端面间隙为 0.15 ～ 0.20mm。行星齿轮传动装置的中心轮是浮动结构，它通过中心轮花键侧隙来保证浮动。行星齿轮装置内的齿圈及轴承架用 16 根 M24 螺栓及 6 根 $\phi30$ 圆柱销紧固在摇臂减速箱上。

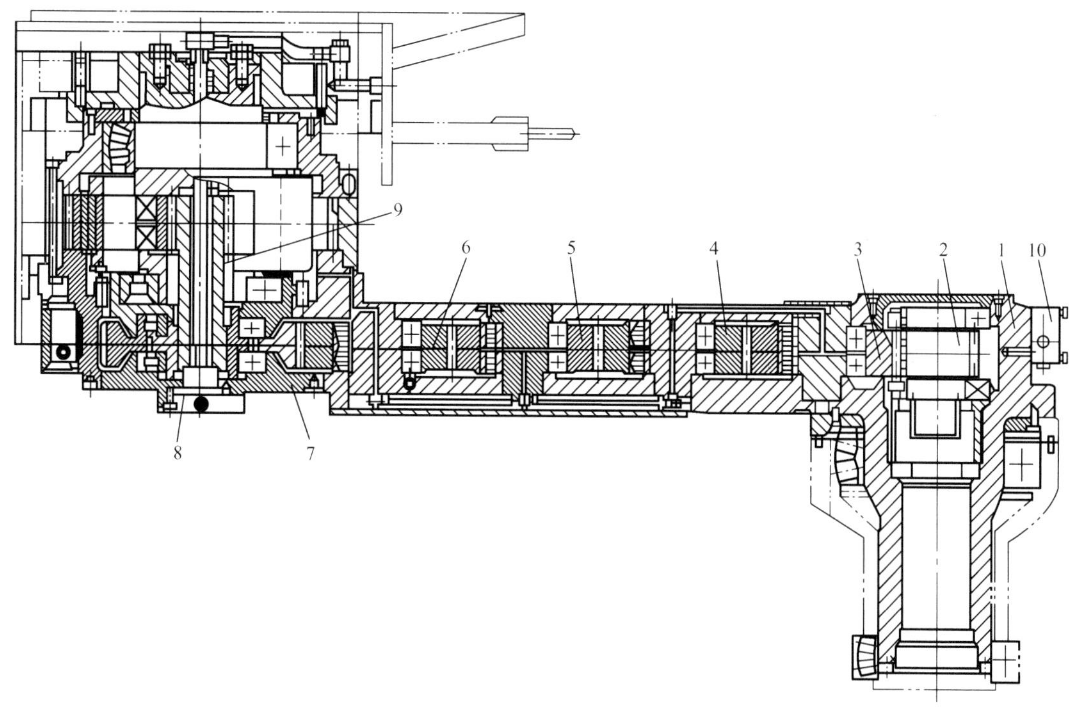

1—壳体；2—轴齿轮；3，4，5，6—惰轮；7—大齿轮；8—内、外喷雾装置；9—行星传动装置；10—转向阀

图 1.16　MG-300 型液压牵引采煤机摇臂减速箱

5. 截割部的润滑

采煤机截割部因传递功率大而发热严重，其壳体温度可达100℃，因此，截割部的润滑十分重要。

（1）机头减速箱的润滑。减速箱的常用润滑方法是飞溅润滑，即将一部分传动零件浸入油池，靠它们向其他零件供油和溅油；同时，油被甩到箱壁上以利散热，并使轴承获得必要的飞溅润滑。油面在同一水平位置或接近同一水平位置时，飞溅润滑有良好效果。飞溅润滑的优点如下：润滑强度高，工作零件散热快，不需要润滑设备，对润滑油中的杂质和黏度降低不敏感。由于采煤机经常在倾斜状态下工作，因此必须保证自然润滑。在倾斜状态下，由于润滑油积聚在低处，高处传动零件润滑不好，因此采煤机的油池不能太大，或人为地将油池分隔成多个独立的小油池，以保证自然润滑。如果各传动零件的水平位置相差太大，具有低速齿轮副，则采用强迫润滑，由润滑泵供油，吸油口必须保证在最低允许水平位置时浸在油中。强迫润滑能保证高处、远处的传动零件得到润滑；但油的黏度要大，并且应设置监测装置，以保证各润滑点供油。

（2）摇臂减速箱的润滑。摇臂内传动零件的润滑比较特殊。割顶煤时，滚筒上升，摇臂端部齿轮得不到润滑；割底煤时，滚筒下降，润滑油集中在摇臂端部。因此，常规定滚筒割顶煤一段时间后，先停止牵引，将摇臂下降，以润滑端部齿轮，再继续上升工作。在实际使用过程中，可采用图1.17所示的截割部润滑系统实现连续润滑。摇臂润滑泵5专供摇臂减速箱传动件的润滑。当摇臂上举时，润滑油都流到摇臂减速箱，靠机头减速箱端，机动换向阀4处于Ⅱ位置，摇臂中的润滑油经摇臂下部吸油口3、机动换向阀4进入摇臂润滑泵5，排出的油经管道流到摇臂中的润滑齿轮和轴承。当摇臂下落到水平位置或下倾22°时，机动换向阀4的阀芯被安装在摇臂上的一个凸轮打到Ⅰ位置，此时集中到摇臂中远离机头减速箱端的油液经滚筒端的吸油口1、机动换向阀4进入油泵，再流到摇臂减速箱靠机头减速箱端，保证了摇臂在上举和下落工作时，其传动件都能得到充分润滑。图1.17中的摇臂润滑泵5和油冷却泵6靠机头减速箱中Ⅱ轴的齿轮带动。

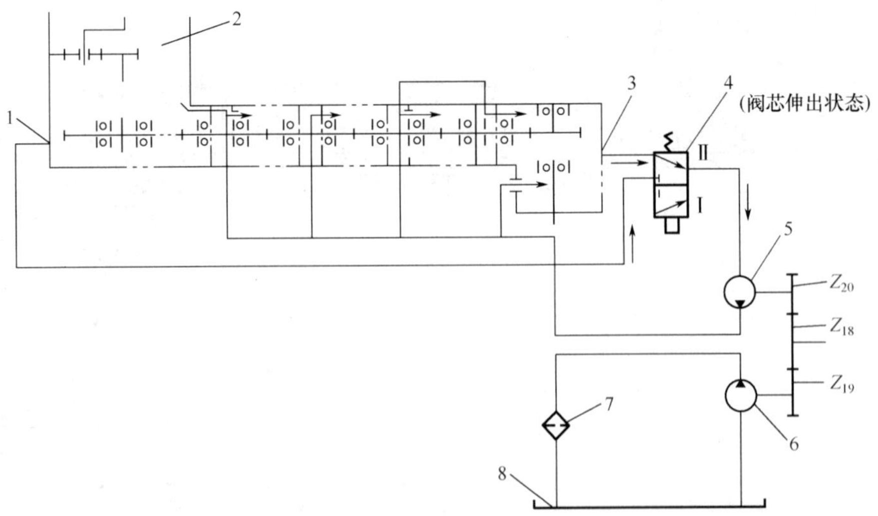

1、3—吸油口；2—摇臂；4—机动换向阀；5—摇臂润滑泵；6—油冷却泵；7—冷却器；8—减速箱油池

图 1.17 截割部润滑系统

1.2.4 滚筒式采煤机的牵引部

牵引部是采煤机的重要组成部件，它不但负责采煤机工作时的移动和非工作时的调动，而且牵引速度直接影响工作机构的效率和质量，对整机的生产能力和工作性能有很大影响。牵引部由传动装置和牵引机构两部分组成。传动装置的重要功能是进行能量转换，即将电动机的电能转换成传动主链轮或驱动轮的机械能。传动装置装在采煤机上的为内牵引，装在采煤工作面两端的为外牵引。绝大部分采煤机采用内牵引，仅在薄煤层中，为了缩短机身长度采用外牵引。牵引机构是协助采煤机沿工作面行走的装置。随着高产高效工作面的出现以及采煤机功率和牵引力的增大，为使工作面更加安全、可靠，无链牵引机构逐渐取代有链牵引。对牵引部的要求体现在以下几个方面。

（1）传动比大。在液压传动或机械传动的牵引部中，因为采煤机牵引速度为 v=0 ～ 10m/min，所以传动装置的总传动比约为 300。如果采用可调速的电动机，则传动比减小。

（2）牵引力大。随着工作面生产能力的提高，采煤机必须具有很大的牵引力。为了提高牵引力，常采用双牵引方式，即液压泵同时向两个液压马达供油，但牵引速度下降；而在电牵引采煤机中无此问题，牵引力最大为 1050kN。

（3）能实现无级调速。采煤机割煤时，外载荷不断变化，要求牵引速度随着截割载荷的变化而变化，在液压牵引采煤机中，通过控制变量泵的流量实现；在电牵引采煤机中，通过控制牵引电动机的转速实现。

（4）能实现正反向牵引和停止牵引。液压牵引采煤机采用单电动机驱动，即截割和牵引用一台电动机，牵引方向的改变或停止牵引可通过液压泵供油方向的改变或停止供油实现。电牵引采煤机采用多电动机驱动，截割电动机和牵引电动机是分开的，易实现牵引部正反向牵引和停止牵引。

（5）有完善可靠的安全保护。液压牵引采煤机主要根据电动机的负荷变化和牵引阻力实现自动调速或过载回零（停止牵引），有些液压牵引采煤机中还设有故障监测和诊断装置。电牵引采煤机主要通过对牵引电动机的控制来保证牵引部的安全可靠运行。

（6）操作方便。牵引部应有手动操作装置、离机操作装置及自动调速装置等。

（7）零部件应具有高的强度和可靠性。虽然牵引部只消耗采煤机装机功率的 10% ～ 15%，但因为牵引速度低、牵引力大、零部件受力大，所以必须具有足够的强度和可靠性。

1. 牵引机构

（1）链牵引机构。虽然采煤机的装机功率不断增大，对牵引机构的要求越来越高，而且链牵引本身存在断链、卡链、反链敲缸等缺点，但链牵引作为一种牵引机构仍广泛应用。链牵引机构包括牵引链、链轮、链接头和紧链装置等。链牵引的工作原理如图 1.18 所示。牵引链 3 与牵引部传动装置的主动链轮 1 啮合，并绕过导向链轮 2 与紧链装置 4 连接，两个紧链装置分别固定在工作面刮板输送机的机头和机尾上。紧链装置的作用是使牵引链具有一定的初拉力，使吐链顺利。当主动链轮逆时针旋转时，牵引链从右段绕入，此时左段链为松边，其拉力为 p_1，右段链为紧边，其拉力为 p_2，作用于采

煤机的牵引力 $p=p_2-p_1$，采煤机克服阻力向右移动；反之，当主动轮顺时针旋转时，采煤机向左移动。根据链轮安装位置的不同，链轮牵引可分为立链轮牵引和平链轮牵引，其工作原理相同。

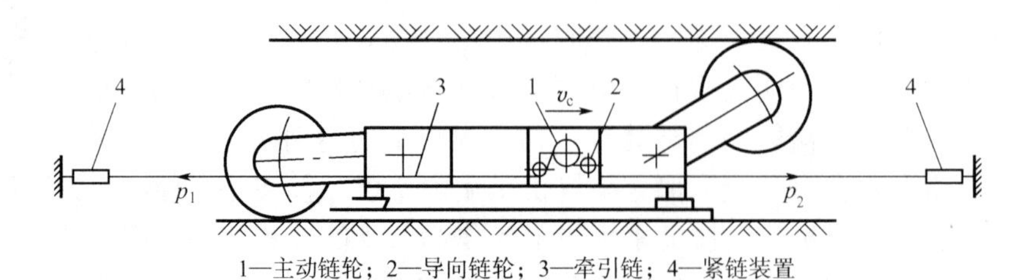

1—主动链轮；2—导向链轮；3—牵引链；4—紧链装置

图 1.18　链牵引的工作原理

牵引链采用高强度（C 级或 D 级）矿用圆环链（图 1.19），它由 23MnCrNiMo 优质钢棒料压弯成型后焊接而成。采煤机常用的牵引链为 ϕ22mm × 86mm 圆环链。

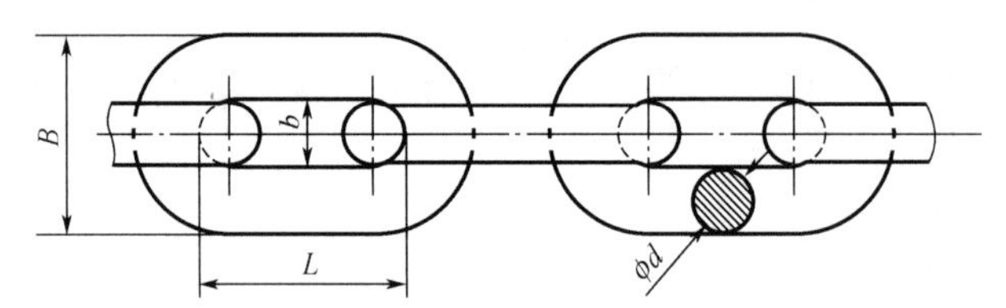

B—圆环链外宽；b—圆环链内宽；L—圆环链节距；ϕd—圆环链直径

图 1.19　矿用圆环链

圆环链一般为由奇数个链环组成的链段，便于运输。使用时，用圆环链接头（图 1.20）将这些链段连成所需的长度。图 1.20 所示圆环链接头由两个半圆环 1 侧向扣合而成，先用限位块 2 横向推入并卡紧，再用弹性销 3 紧固。圆环链接头破断拉力大，在我国应用广泛。此外，还有锯齿式链接头、插销式链接头、卡块式链接头等。

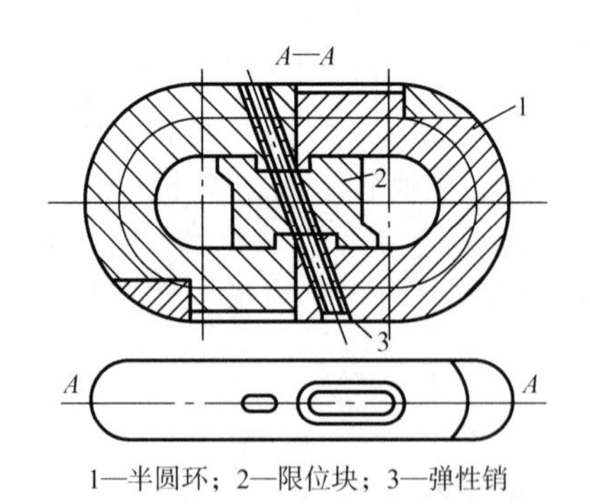

1—半圆环；2—限位块；3—弹性销

图 1.20　圆环链接头

链轮结构及其啮合关系如图 1.21 所示。链轮形状比较特殊，链轮通常由 35CrMnSi 钢制成。圆环链缠绕到链轮上，平环链棒料中心所在的圆称为节圆（直径为 D_0），各中心点的连线在节圆内构成一个内接多边形。若链轮齿数为 z，则内接多边形边数为 $2z$，边长分别为 $t+d$ 和 $t-d$。链轮旋转一圈，绕入的圆环链长度为 $z(t+d)+z(t-d)=2zt$，链牵引采煤机的牵引速度为

$$v_q = \frac{2ztn_s}{1000} \tag{1.13}$$

式中，v_q 为牵引速度，m/min；z 为链轮齿数；t 为圆环链节距，mm；n_s 为链轮转速，r/min。

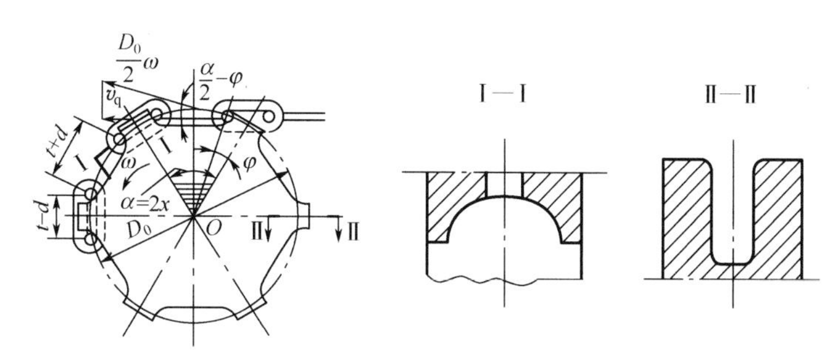

φ—圆环链与链轮的接触角；α—链轮两凸槽夹角；t—圆环链节距；d—圆环链直径；D_0—链轮分度圆直径

图 1.21　链轮结构及其啮合关系

链牵引的缺点是牵引速度不均匀，从而导致采煤机负载不平稳。牵引速度的变化规律如图 1.22 所示，齿越少，牵引速度波动越大。主动链轮的齿数为 5 ～ 8。

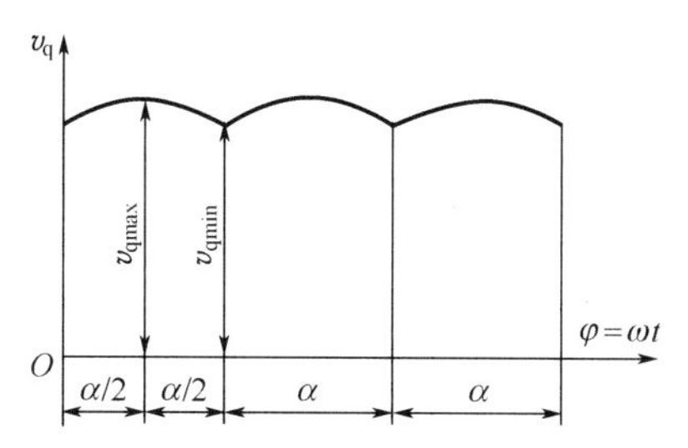

图 1.22　牵引速度的变化规律

通常牵引链通过紧链装置固定在输送机两端。紧链装置产生的初拉力可使牵引链拉紧，并缓和因紧边链转移到松边时弹性收缩而增大紧边张力。液压紧链器［图 1.23（a）］是利用支架泵站的乳化液工作的。高压液经截止阀 4、减压阀 5、单向阀 6 进入紧链缸 3，使连接在活塞杆端的导向轮 2 伸出而张紧牵引链，其预紧力是活塞推力的一半。将紧边液压缸活塞全部收缩，松边液压缸使牵引链达到预紧力［图 1.23（b）］。紧边因拉力大而有很大的弹性伸长量，随着机器向右移动，紧边的弹性伸长量逐渐转向松边，使松边拉力大于预紧力，一旦拉力大到使液压缸内的压力超过安全阀 7 的调定压力，安全阀就开启，从而使松边链保持恒定的初拉力 p_0。

$$p_0 = \frac{1}{2} p_a \times \frac{\pi}{4} D^2 \tag{1.14}$$

式中　p_a 为安全阀调定压力，Pa；D 为液压缸直径，m。

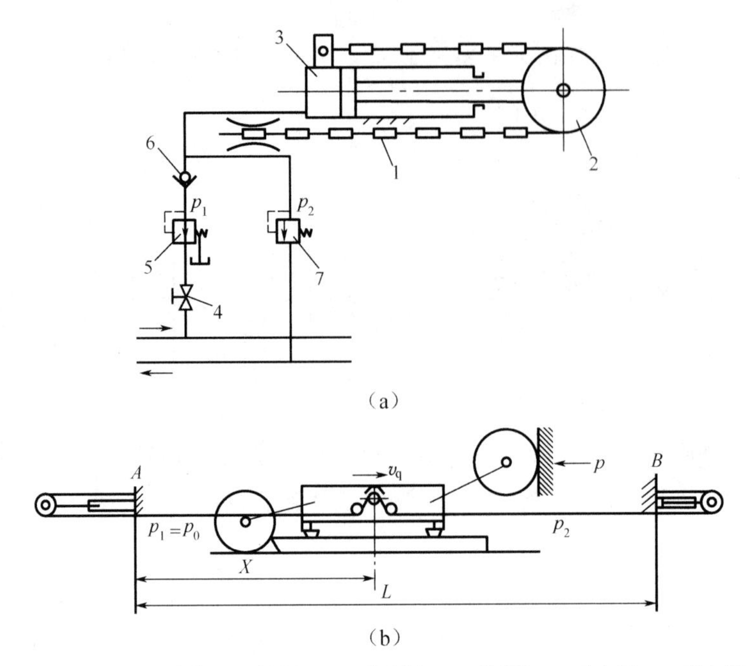

1—牵引链；2—导向轮；3—紧链缸；4—截止阀；5—减压阀；6—单向阀；7—安全阀

p_0—初拉力；p_1—松边拉力；p_2—紧边拉力；L—刮板输送机长度；x—输送机端与牵引链轮的距离

图 1.23　液压紧链器的工作原理

调节安全阀压力 p_a，可使初拉力达到 30 ～ 60kN。

液压紧链器的优点是松边拉力恒为常数（$p_1=p_0$），从而紧边拉力（$p_2=p_0+p$）也能维持较稳定的数值。

（2）无链牵引机构。随着采煤机向大功率、重型化和大倾角方向发展，链牵引机构已不能满足需要。从 20 世纪 70 年代开始，链牵引逐渐减少，无链牵引得到了很大发展。

无链牵引机构取消了固定在工作面两端的牵引链，以采煤机牵引部的驱动轮或再经中间轮与铺设在刮板输送机槽帮上的齿轨啮合，使采煤机沿工作面移动。无链牵引机构的结构形式很多，主要有以下四种。

① 齿轮—销轨型无链牵引机构（图 1.24）。齿轮—销轨型无链牵引机构是以采煤机牵引部的驱动齿轮经中间齿轨轮与铺设在刮板输送机上的圆柱销排式齿轨（销轨）啮合，使采煤机移动。驱动轮的齿形为圆弧曲线，中间轮为摆线齿轮。销轨由圆柱销（直径为 55mm）与两侧厚钢板焊成节段（销节距为 125mm），每节销轨长度是刮板输送机中部槽长度的一半，销轨接口与溜槽接口相互错开。当相邻溜槽的偏转角为 α 时，相邻齿轨的偏转角只有 $\alpha/2$，以保证齿轮和销轨啮合，如图 1.25 所示。MXA-300 型采煤机和 EDW-300-L 型采煤机采用这种无链牵引机构。

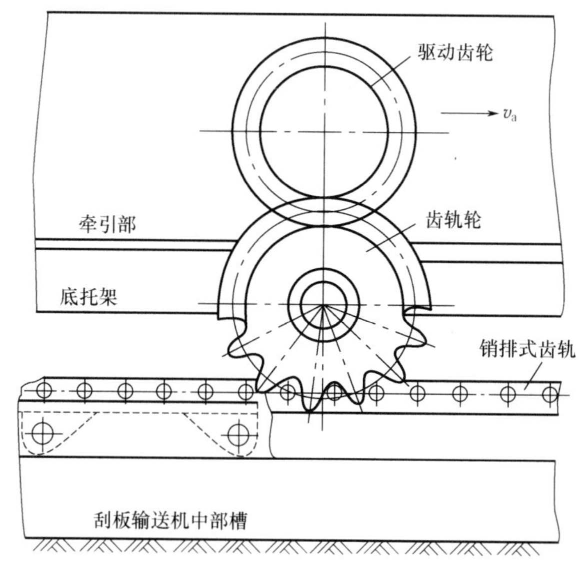

图 1.24 齿轮—销轨型无链牵引机构

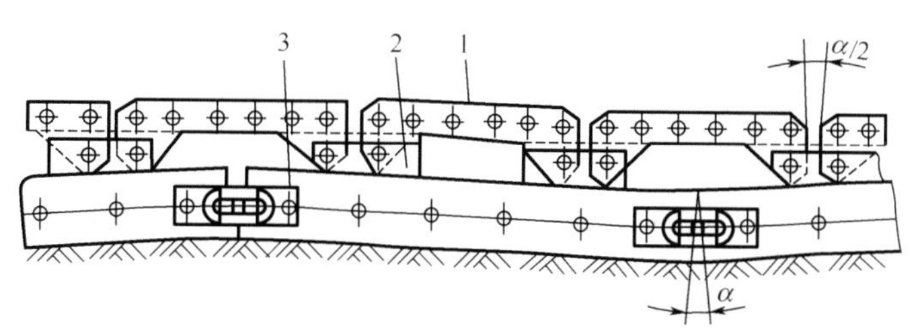

1—销轨；2—销轨座；3—刮板输送机溜槽；α—溜槽偏转角

图 1.25 销轨及其安装

② 滚轮—齿轨型无链牵引机构（图 1.26）。滚轮—齿轨型无链牵引机构由装在底托架内的两个牵引传动箱分别驱动两个滚轮（销轮），滚轮与固定在刮板输送机上的齿条式齿轨啮合，使采煤机移动。滚轮由 5 个直径为 100mm 的圆柱销组成。由于牵引部主泵经两个液压马达分别驱动牵引传动箱，因此，该机构是一种无链双牵引机构。其牵引力大，可在大倾角煤层工作。MG-300 型采煤机和 AM-500 型采煤机都采用这种机构。

无链牵引机构

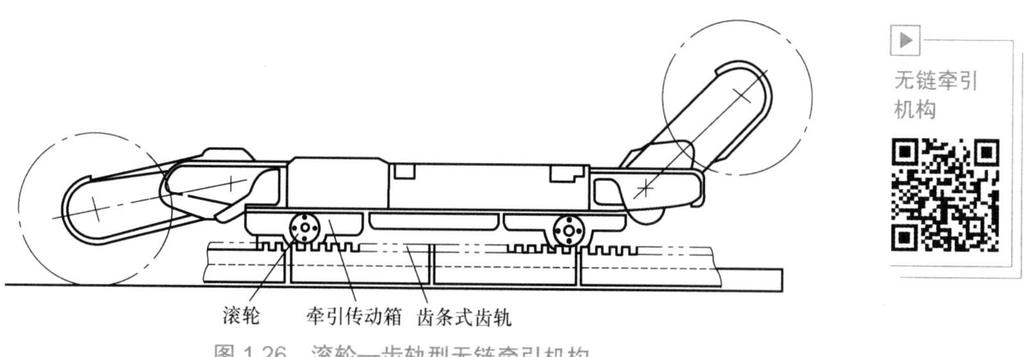

图 1.26 滚轮—齿轨型无链牵引机构

③ 链轮—链轨型无链牵引机构（图 1.27）。链轮—链轨型无链牵引机构由传动装置 1 的驱动链轮 2 与铺设在刮板输送机采空侧挡板 5 内的圆环链 3 啮合，使采煤机移动。与链轮同轴的导向滚轮 6 支撑在链轨架 4 上以导向。底托架 7 两侧用卡板卡在刮板输送机相应槽内定位。这种牵引机构采用挠性好的圆环链做齿轨，允许刮板输送机溜槽在垂直面内偏转 6°、在水平面偏转 1.5° 而仍能正常啮合，适合在底板起伏大且有断层的煤层上工作，是一种有发展前途的无链牵引机构，已用于 EDIW–300L 型采煤机等。

④ 复合齿轮齿条型无链牵引机构（图 1.28）。复合齿轮齿条型无链牵引机构在牵引部 1 的出轴上装一套双四齿交错齿轮 2，以驱动装在底托架上的双六齿交错齿轮 3，后者与固定在刮板输送机煤壁侧的交错齿条 4 啮合，使采煤机移动。这种无链牵引机构齿部粗壮、强度高、使用寿命长，交错齿轮啮合运行平稳，齿轮端面相互靠紧，起横向定位和导向作用。齿条间用螺栓连接，其下部由扣钩连接，以适应刮板输送机垂直偏转和水平偏转。英国 BJD 系列采煤机采用这种无链牵引机构。

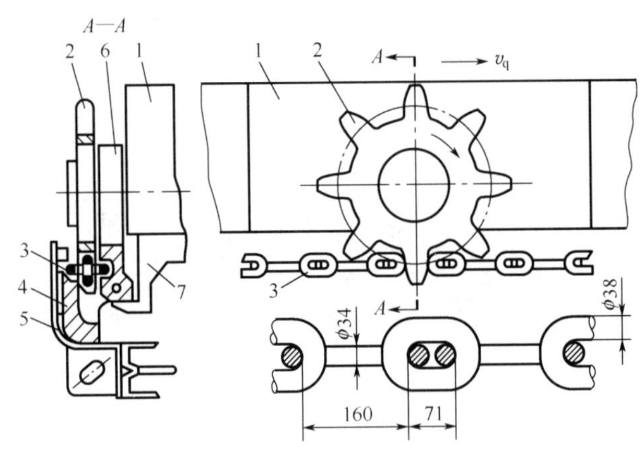

1—传动装置；2—驱动链轮；3—圆环链；4—链轨架；5—侧挡板；6—导向滚轮；7—底托架；v_q—牵引速度

图 1.27　链轮—链轨型无链牵引机构

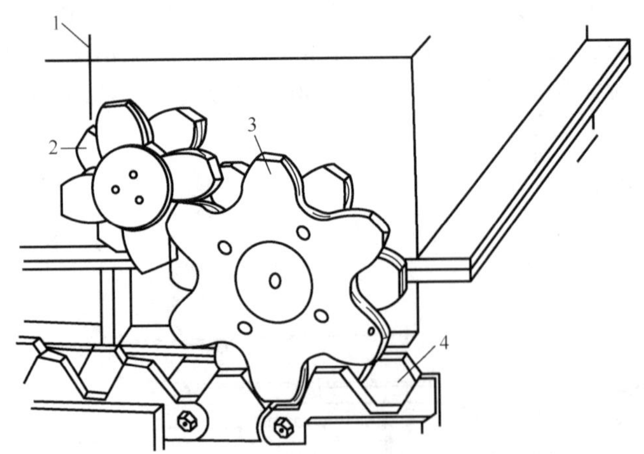

1—牵引部；2—双四齿交错齿轮；3—双六齿交错齿轮；4—交错齿条

图 1.28　复合齿轮齿条型无链牵引机构

无链牵引具有以下优点：采煤机移动平稳，振动小，故障率降低，使用寿命延长；可采用多级牵引，使牵引力提高到600kN，实现在大倾角（最大为54°）条件下工作（但应有可靠的制动器）；多台采煤机可同时在工作面工作，提高了产量；避免发生断链事故，提高了安全性。

无链牵引的缺点如下：对输送机的弯曲和起伏不平要求高，输送机的弯曲段较长（约为15m），对煤层地质条件变化的适应性差。此外，无链牵引机构使机道宽度增大约100mm，增大了支架的控顶距离。

2. 牵引部传动装置的类型

牵引部传动装置将采煤机电动机的动力传到主动链轮或驱动轮并实现调速。

牵引部传动装置按传动形式分为机械牵引、液压牵引和电牵引，具体分类如图1.29所示。

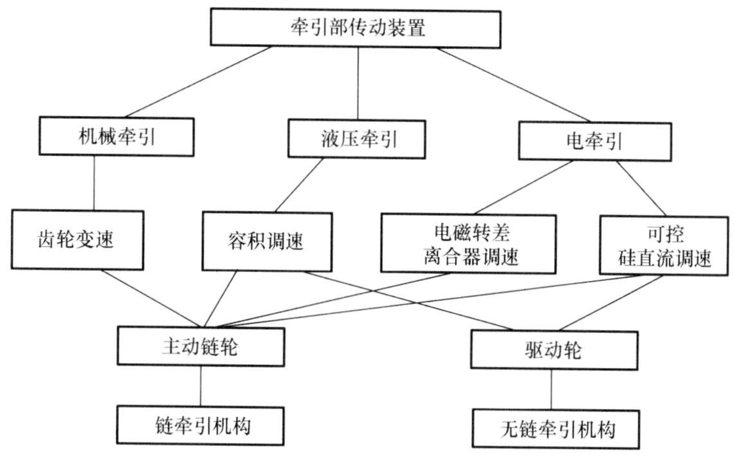

图1.29 牵引部传动装置分类

（1）机械牵引。机械牵引是全部采用机械传动装置的牵引方式。其特点是工作可靠，但只能有级调速，结构复杂，已很少采用。

（2）液压牵引。液压牵引是利用液压传动来驱动的牵引方式。液压传动的牵引部可以实现无级调速，变速、换向和停机等操作比较方便，保护系统比较完善，并且能根据负载变化自动调节牵引速度。液压牵引传动装置由泵、马达和阀等液压元件组成，将压力油供给液压马达。从马达到驱动轮采用机械传动。马达的种类如图1.30所示。

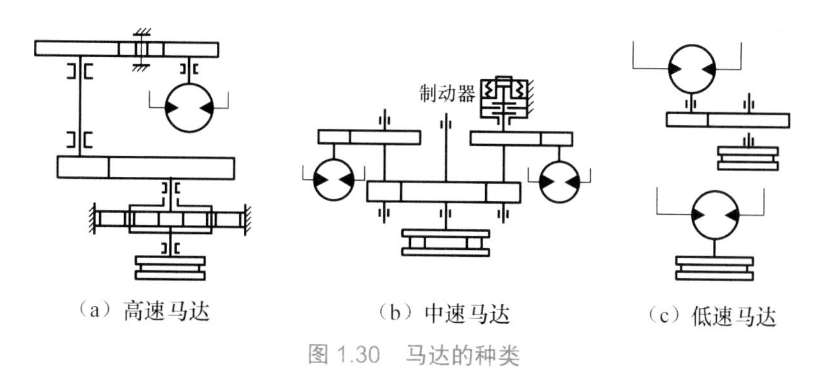

（a）高速马达　（b）中速马达　（c）低速马达

图1.30 马达的种类

高速马达［图 1.30（a）］的转速为 1500 ～ 2000r/min，其结构形式往往与主泵相同，但马达是定量的。高速马达要经较大传动比的齿轮减速带动链轮，但因传动易布置，故使用较多。

中速马达［图 1.30（b）］常采用行星转子式摆线马达，其额定转速为 160 ～ 320r/min。中速马达需经一定减速带动驱动滚轮。其传动比不大，尺寸较小，可用于无链双牵引传动，可以根据需要把传动装置装在底托架上。图 1.30 中的制动器停机时靠弹簧力制动，防止机器下滑。

低速马达［图 1.30（c）］常采用径向多作用柱塞式马达，出轴转速为 0 ～ 40r/min。低速马达可经一级减速或直接带动主动链轮。低速马达装置较简单，但径向尺寸大，且存在反链敲缸问题。我国生产的 DY-150 型采煤机、MD-150 型采煤机都采用低速马达。

（3）电牵引。电牵引是对专门驱动牵引部的电动机调速以调节速度的牵引方式。

1.2.5　滚筒式采煤机的辅助装置

采煤机的辅助装置包括调高和调斜装置、挡煤板、底托架、破碎装置、防滑装置、喷雾降尘与冷却系统、拖缆装置等。采煤机的使用条件和要求不同，采用的辅助装置不同。

1. 调高和调斜装置

为适应煤层厚度的变化，在煤层高度范围内上下调整滚筒的位置称为调高。为了使滚筒适应底板沿煤层走向起伏不平的情况，调整采煤机机身绕其纵轴摆动称为调斜。调斜通常由调整底托架下靠采空区侧的两个支撑滑靴上的液压缸实现。

采煤机调高有摇臂调高和机身调高两种，都是依靠液压缸实现滚筒位置改变的。采用摇臂调高时，大多将调高千斤顶 1 装在底托架内［图 1.31（a）］，通过小摇臂 2 与摇臂轴 3 使大摇臂 4 升降，也可将调高千斤顶 1 装在端部［图 1.31（b）］或截割部机头减速箱内［图 1.31（c）］；采用机身调高时，调高千斤顶 1 有安装在机身上部（图 1.32）的，也有安装在机身下部的。

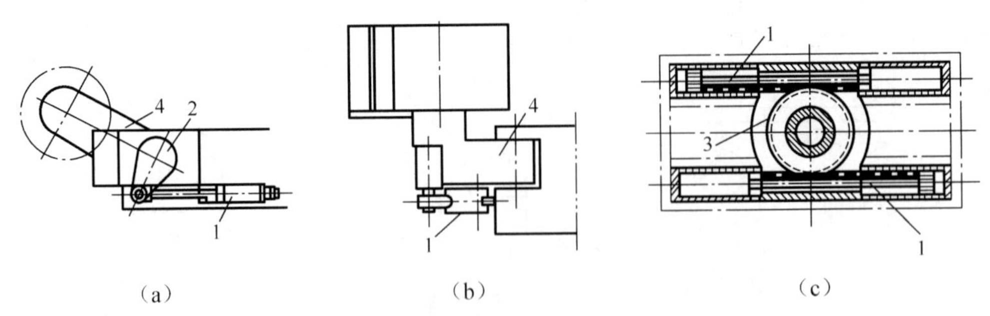

1—调高千斤顶；2—小摇臂；3—摇臂轴；4—大摇臂

图 1.31　摇臂调高

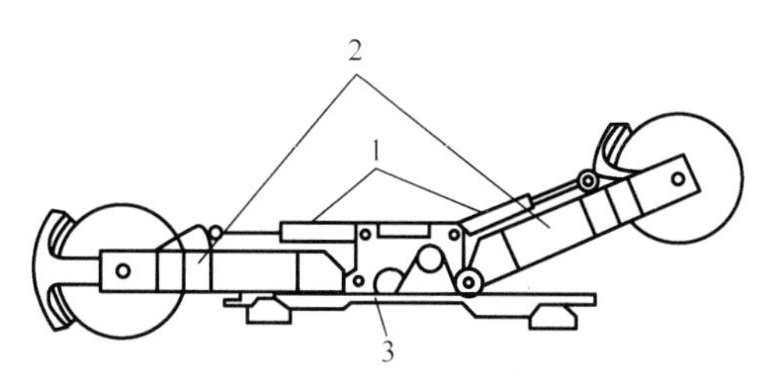

1—调高千斤顶；2—机身；3—托架

图 1.32 机身调高

调高液压系统如图 1.33 所示。调高泵 2 经滤油器 1 吸油，操纵换向阀 3，通过双向液压锁 4 使调高千斤顶 5 升降。双向液压锁 4 用来锁紧调高千斤顶活塞的两腔，使滚筒保持在所需位置。安全阀 6 的作用是保护调高液压系统。

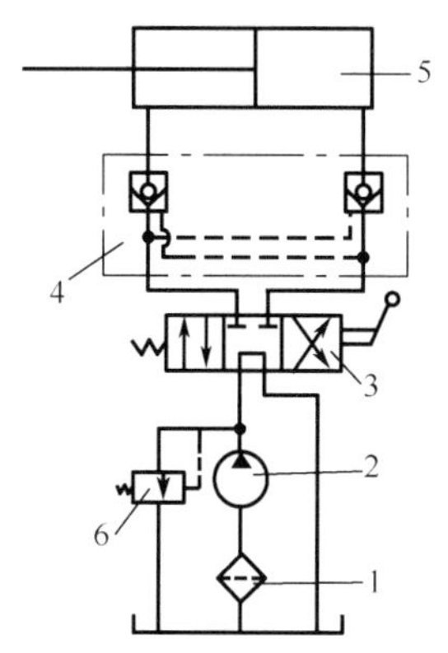

1—滤油器；2—调高泵；3—换向阀；4—双向液压锁；5—调高千斤顶；6—安全阀

图 1.33 调高液压系统

2. 挡煤板

挡煤板与螺旋滚筒配合可提高装煤效果、减少煤尘。采煤机工作时，挡煤板总是与截齿有一定距离，紧靠滚筒后面，根据机器的牵引方向不同，需转换至滚筒的另一侧。挡煤板有门式挡煤板和弧形挡煤板（图 1.34）两种。门式挡煤板为平板状，不可翻转，但可绕垂直轴折叠成与机身平行的形状，早期的滚筒采煤机使用过门式挡煤板。弧形挡煤板为圆弧形，可绕滚筒轴线翻转 180°，有专用翻转机构和无翻转机构两种翻转方法，应用广泛。

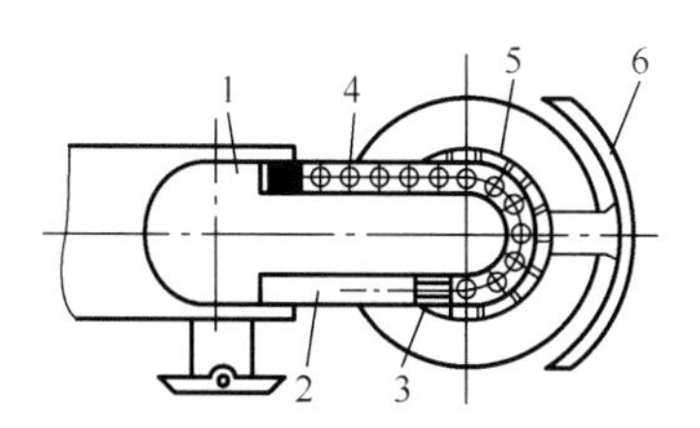

1—摇臂；2—液压油缸；3—活塞；4—滚子链；5—连接块；6—弧形挡煤板

图 1.34 弧形挡煤板

弧形挡煤板6安装在摇臂1上，翻转时，可利用装在摇臂采空区侧的两个液压油缸2挡煤。液压油缸2的活塞3与滚子链4相连，带动连接块5，连接块5通过离合装置与弧形挡煤板6的轮毂相连。翻转后，离合装置脱开。有些大功率采煤机去掉了挡煤板。

3. 底托架

底托架是连接滚筒采煤机机身和工作面输送机的组件，由托架、导向滑靴、支撑滑靴等组成。电动机、截割部和行走部组装后固定在底托架上，通过其下部的四个滑靴（分别安装在前、后、左、右）骑在工作面输送机上并滑行。靠采空区侧的两个滑靴称为导向滑靴，套装在工作面输送机中部槽的导轨或无链牵引的行走轨上，防止机器运行时掉道。靠煤壁侧的滑靴称为支撑滑靴，用来支撑采煤机并起导向作用，有滑动式支撑滑靴和滚轮式支撑滑靴两种。底托架与工作面输送机中部槽之间需有足够的空间，以便煤流顺利通过。有的滚筒采煤机（主要是薄煤层采煤机）机身通过导向滑靴和支撑滑靴直接骑在工作面输送机上，以增大机身下的过煤空间。

4. 破碎装置

破碎装置用来破碎将要进入机身下的大块煤，安装在迎着煤流的机身端部，由破碎滚筒及其传动装置组成，有由截割部减速箱带动和由专用电动机传动两种驱动方式。

5. 防滑装置

防滑装置用于煤层倾角大于机器自滑坡度（规定为15°）的工作面。在行走机构意外损坏或机器停车无制动保护的情况下，为防止机器失速下滑而引起人身和设备重大事故，需采取安全保护措施。防滑装置分为插棍式防滑装置、抱轨式防滑装置、安全绞车式防滑装置和制动器式防滑装置四种。

（1）插棍式防滑装置。在滚筒采煤机底托架下铰接一根倾斜向下的插棍，当机器下滑时，插棍插在输送机刮板链的刮板上，使机器以与刮板链相等的速度向下滑行，若及时停止输送机，则采煤机也制动。插棍式防滑装置仅适用于中、小型采煤机。

（2）抱轨式防滑装置。在滚筒采煤机导向滑靴附近安装抱闸，采煤机下滑时抱住导向轨（管）。由于抱闸安装位置工作条件差，影响工作可靠性，因此未获推广。

（3）安全绞车式防滑装置。在滚筒采煤机的上方固定一根安全钢丝绳，配以专用的安全绞车，安全绞车固定在工作面回风巷内，并以与采煤机相等的速度拉紧钢丝绳，当采煤机下滑时，安全绞车制动。安全绞车式防滑装置在中、小型滚筒采煤机上使用较多。

（4）制动器式防滑装置。制动器式防滑装置用于无链牵引滚筒采煤机。当两套行走驱动装置中的一套意外损坏时，另一套由制动器制动。

6. 喷雾降尘与冷却系统

随着机械化程度的提高和生产率的增大，采煤机工作时产生的煤尘量急剧增大，井下空气污染成为不可忽视的重要问题。采煤工作面降尘的方法有喷雾降尘、泡沫灭尘、吸尘器捕尘三种，其中喷雾降尘最常用。

喷雾降尘的原理是用喷嘴把压力水高度扩散，使其雾化，形成包围尘源的水幕（喷雾）以拦截飞扬的粉尘，从而使其沉降。

喷雾降尘装置的配置方式有外喷雾和内喷雾两大类。《煤矿安全规程》中规定采煤机作业时，应当使用内、外喷雾装置。喷嘴在滚筒以外部位的喷雾方式，称为外喷雾。喷嘴在滚筒上的喷雾方式，称为内喷雾。外喷雾一般把喷嘴安装在机身两端和摇臂上，使喷出的水雾覆盖滚筒的出煤口和粉尘扬起的部位，也可在适当部位安装引射式喷雾器以提高雾化程度。内喷雾喷嘴将压力水直接喷射在截割区和截齿上，将粉尘消除在刚刚生成尚未飞扬起来之前，降尘效率较高，耗水量小，但供水管通过滚筒轴和滚筒，需要可靠的回转密封，且喷嘴容易堵塞和损坏。内喷雾除具有抑制粉尘功能外，还具有冲淡煤气、冷却截齿、湿润煤层和防止截割火花等作用。

喷雾降尘包括输送水系统和降尘器配置系统两部分。输送水系统按使用水压分为低压（0.5 ～ 2MPa）喷雾系统、中高压（8 ～ 10MPa）喷雾系统和高压（15 ～ 20MPa）喷雾系统。低压喷雾系统结构简单，装备和维护费用较低，但降尘效果稍差。中高压喷雾系统和高压喷雾系统的装备和维护费用高，但降尘效果较好（一般比低压喷雾系统的降尘效率高 50% ～ 80%），适用于现代化程度高的采煤机。采煤机喷雾降尘和冷却系统如图 1.35 所示，供水由喷雾泵站顺槽钢管、工作面拖移软管接入，经截止阀、过滤器及水分配器分配到 4 路：1 路和 4 路供左、右截割部内、外喷雾；2 路供牵引部冷却及外喷雾；3 路供电动机冷却及外喷雾。

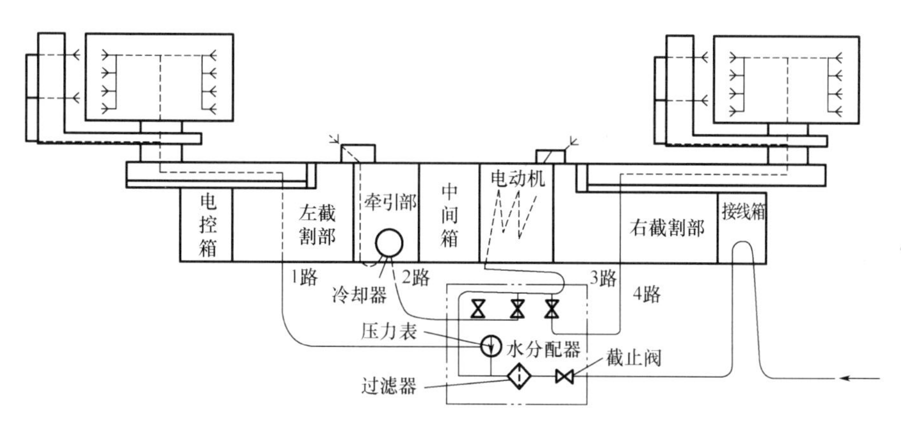

图 1.35 采煤机喷雾降尘和冷却系统

喷嘴安装在滚筒的截齿附近或直接安装在截齿上，配置形式有一个截齿配一个喷嘴（“一齿一嘴”）和多个截齿配一个喷嘴（“多齿一嘴”）两类，多数滚筒采用“一齿一嘴”的配置形式。喷射方向有对着齿面喷射和两齿间径向喷射两种，也有采取对着截齿齿背喷射的发展趋势。目前普遍使用低压喷雾，水压为 1.5MPa；喷水量取决于开采煤层赋存状况、煤质、采煤工艺、通风条件等，每吨煤的喷水量为 15 ～ 25L。

喷嘴的结构形式很多，采煤机常用喷嘴的结构如图 1.36 所示。图 1.36（a）所示为平射型喷嘴，由于受到直槽的约束，因此喷雾断面呈扁平的矩形；图 1.36（b）所示为旋涡型喷嘴，由于装有双头螺旋槽的旋轮，因此喷雾具有旋转力，喷雾断面为圆形；图 1.36（c）所示为冲击型喷嘴，压力水进入喷嘴后分成两路，分别从喷嘴内梯形槽的两端相向流入，在喷嘴中央碰撞后，从正方形小口喷出，由于受到孔外梯形槽的约束，因此喷雾断面呈矩形；图 1.36（d）所示为引射型喷嘴，从喷嘴中心孔喷出的高速水流把喷嘴周围的空气经引风孔吸入喷嘴，水汽混合的结果使喷雾效果得到改善。

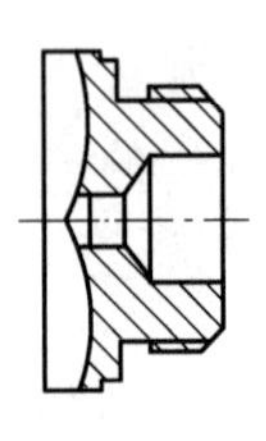
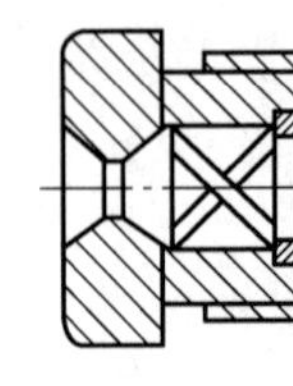
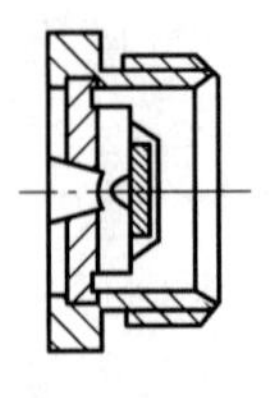
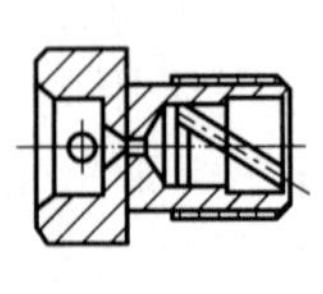

(a) 平射型喷嘴　(b) 旋涡型喷嘴　(c) 冲击型喷嘴　(d) 引射型喷嘴

图 1.36　采煤机常用喷嘴的结构

7. 拖缆装置

采煤机沿工作面行走时，拖缆装置（图 1.37）拖动电缆和水管以不间断地为采煤机提供电源和水源。

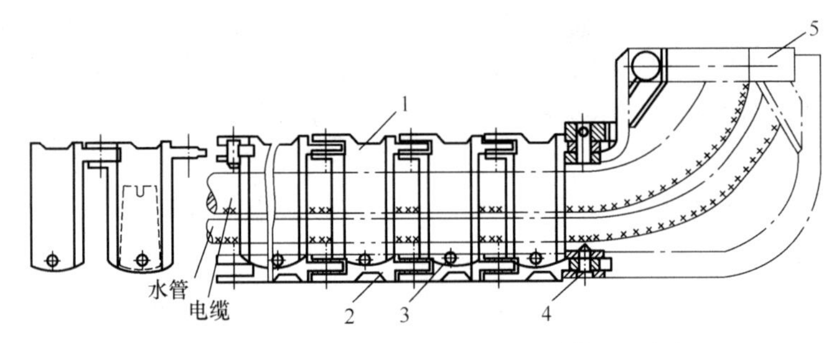

1—框形链环；2—板式链；3—挡销；4—销轴；5—弯头

图 1.37　拖缆装置

拖缆装置的主要功能如下。

（1）使电缆心线不受拉力、不过度折弯，以免折断。

（2）使采煤机引入口处的电缆不致承受异常拉力而拔脱，或发生拔脱时可自动切断电源，防止发生失爆事故。

（3）避免由大块矸石和煤块砸碰及机械损伤引起电缆心线折断或破坏外层橡胶而失去防爆性。

（4）夹持降尘水管。电缆夹由框形链环 1 用铆钉连接而成，各段之间用销轴 4 连接。框形链环朝采空区侧是开口的，电缆和水管从开口处放入，并用挡销 3 挡住。拖缆装置的一端用一个可回转的弯头 5 固定在采煤机的电气接线箱上。为了改善靠近采煤机机身的一段拖缆装置的受力情况，其开口处一边装有一条节距相等的板式链 2，使框形链环不致发生侧向弯曲或扭绞。

为了使拖动部分的长度最小，电缆和水管进入采煤机工作面后，先固定铺设在工作面输送机的采空区侧，直至工作面中部，再进入电缆槽内来回拖动。

1.2.6　液压牵引采煤机的液压传动系统

液压牵引采煤机的液压传动系统包括牵引液压系统和调高液压系统，图 1.38 所示为 6MG200-W 型采煤机的液压传动系统。

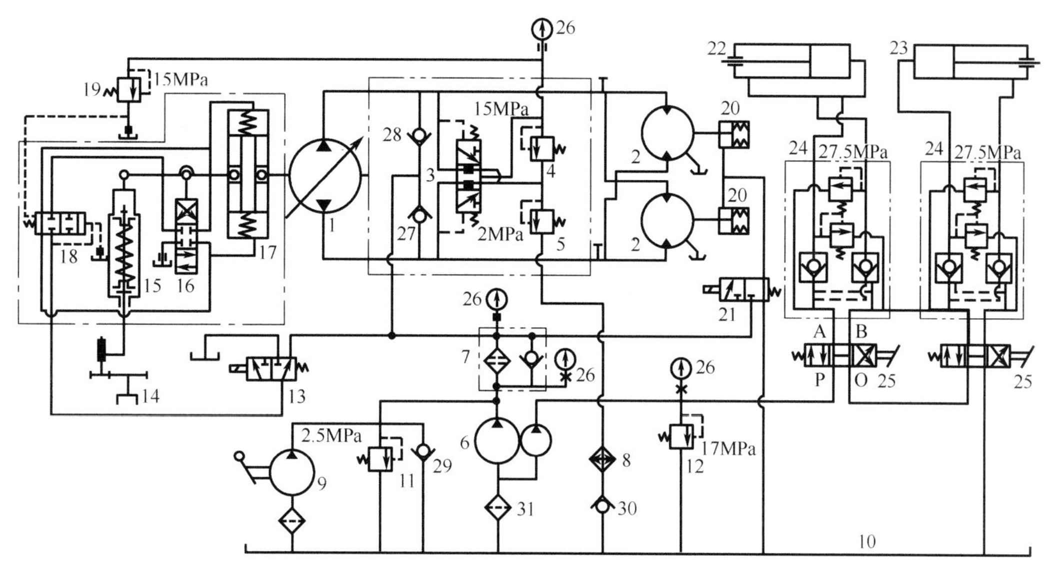

1—主油泵；2—液压马达；3—梭形阀；4—高压安全阀；5—背压阀；6—补油泵（双联齿轮泵）；7—精滤油器；8—冷却器；9—手动泵；10—油池；11，12—溢流阀；13，21—电磁阀；14—调速手把；15—调速套；16—伺服阀；17—变量油缸；18—失压控制阀；19—压力调速阀；20—制动油缸；22，23—左、右调高油缸；24—液压锁；25—手动换向阀；26—压力表；27，28，29，30—单向阀；31—粗滤油器

图1.38 6MG200-W型采煤机的液压传动系统

1. 牵引液压系统

牵引液压系统由主回路系统、调速换向系统和保护系统等组成。

（1）主回路系统。主回路系统由主回路与补油和热交换回路组成。

主回路（图1.39）是由两只并联的液压马达2和主油泵1组成的闭式系统，主油泵工作时排出的动力油使两个液压马达旋转，液压马达排出的油供主油泵吸入，从而形成闭合循环回路。液压马达的转向和转速是通过改变主油泵的缸体方向及角度实现的。

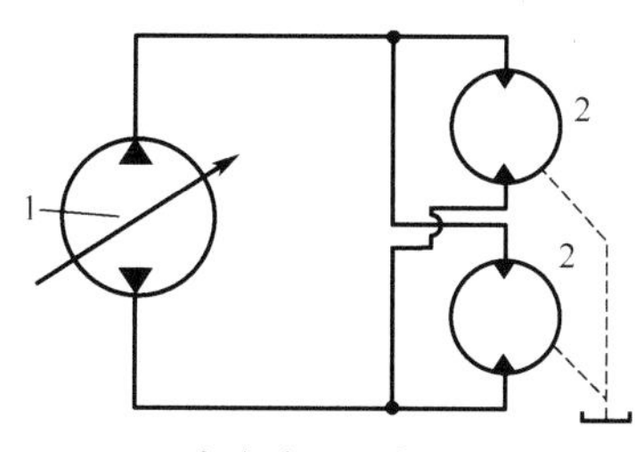

1—主油泵；2—液压马达

图1.39 主回路

补油和热交换回路在主回路中，受压力油的作用，各液压元件均有外泄漏损失。因此，当液压马达排出的油量小于油泵所需的吸入量时，无法建立背压，主油泵产生吸空现象，系统产生振动和声响，不仅会影响液压传动系统的正常工作，而且会缩短液压元件的使用寿命。此外，受液压损失和机械摩擦发热的影响，系统中有限的油液温度不断升高，油液黏度下降，内外泄漏损失增加，并加速油液变质，使得液压系统工作条件恶化。因此，需设置补油和热交换回路，如图1.40所示（图注同图1.38）。

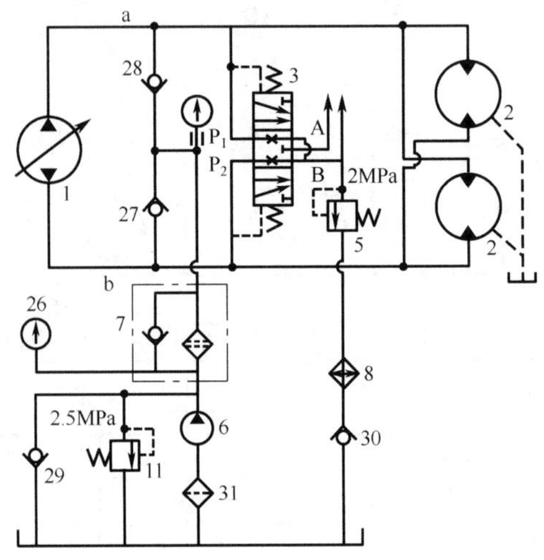

图 1.40　补油和热交换回路

补油和热交换回路所需补充的油液由补油泵 6（双联齿轮泵）经粗滤油器 31 从油池 10 吸取，再经精滤油器 7，单向阀 27 或单向阀 28 进入主回路的低压油路。补油泵 6 为单向工作泵，不允许反转，试运转时，若发生因电动机接线有误而瞬时反转，则补油泵 6 出口处的单向阀 29 吸油以防吸空。溢流阀 11 限制补油泵 6 的出口压力，其调定压力为 2.5MPa。

热交换是通过梭形阀 3 和低压溢流阀（背压阀）5 实现的。梭形阀 3 是一个三位五通液控换向阀，当主油路 a 为高压油路时，梭形阀 3 在压力油的作用下使阀芯向下动作，接通 P_1 液压 A 和 P_2 液压 B，来自补油泵 6 的低压油经单向阀 27 进入低压回路 b，替换出液压马达排出的部分热油，被替换的热油经梭形阀 3 的通道 P_2 液压 B、背压阀 5、冷却器 8 和单向阀 30 流回油池 10。背压阀 5 的调定压力为 2MPa。

梭形阀阀芯的节流孔（三角槽式节流孔）用于产生一定的压差，在调速手把给速时（主油泵缸体有摆角）使梭形阀立即动作，保证系统的热交换可靠进行，同时防止梭形阀动作时的换向冲击。冷却器后面的单向阀用于交换冷却时防止油液倒流。

（2）调速换向系统。调速换向系统是用来调节牵引速度和改变牵引方向的，如图 1.41 所示（图注同图 1.38）。补油泵 6 的高压油经精滤油器 7、电磁阀 13 进入失压控制阀 18，失压控制阀 18 为液控换向阀，阀芯工作在右位，高压油进入伺服阀 16。操作调速手把 14，使其正转或反转，通过齿轮副和螺旋副将动力传递给调速套 15，使调速套 15 上下移动，其位移和方向取决于调速手把 14 转过的角度和旋转方向。假设调速套 15 上移一定距离，经杠杆传动，即杠杆绕其与活塞的铰接点向上摆动一定角度，带动伺服阀 16 的阀芯向上产生一定位移，使其工作在下阀位。变量油缸 17 的上腔与高压油路接通，下腔与低压油路接通，使活塞向下移动，继而驱动主油泵 1 按变量油缸 17 活塞移动的对应方向摆动。主油泵摆动的角度越大，排量越大，液压马达 2 的转速越高，采煤机的牵引速度越高。当然，在变量油缸 17 的活塞向下移动的过程中，经杠杆传动，即杠杆绕其与调速套 15 的铰接点向下摆动，带动伺服阀 16 的阀芯向下移动，使伺服阀 16 的阀芯回到中位，变量油缸 17 的上、下活塞腔关闭，活塞不再下移，即静止不动，主油泵 1 也不再摆动，采煤机在该牵引速度下运行。如果再操作调速手把14，则仍然使调速套15向上产生一定位移，采煤机的牵引速度增大一定值，工作原理同上。

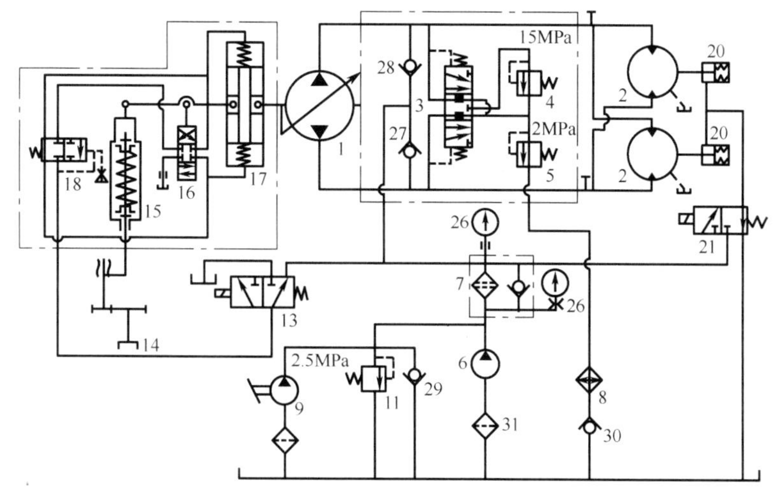

图1.41 调速换向系统

（3）保护系统。保护系统包括高压保护回路、低压保护回路、主油泵自动回零及电动机功率保护等。

采煤机工作时，经常会因堵卡而使牵引阻力突然增大，液压系统的工作压力随之急剧上升。为此，系统中设置了高压保护回路，以限制系统的最高压力，保护液压元件。高压保护回路如图1.42所示（图注同图1.38），它是依靠高压安全阀4和压力调压阀19的双重保护实现的，两个阀的调定压力均为15MPa。当系统压力达到15MPa时，高压安全阀4开启，高压油经背压阀5等流入油池，采煤机牵引降度速低。压力调压阀19溢出的液压油进入调速机构的失压控制阀18的左腔，迫使该阀强行复位，即工作在左阀位，切断进入伺服阀16的控制压力油。此时，变量油缸17的上下腔连通，其活塞在弹簧力的作用下复位，主油泵缸体摆角减小，采煤机牵引速度下降，直至停止牵引。

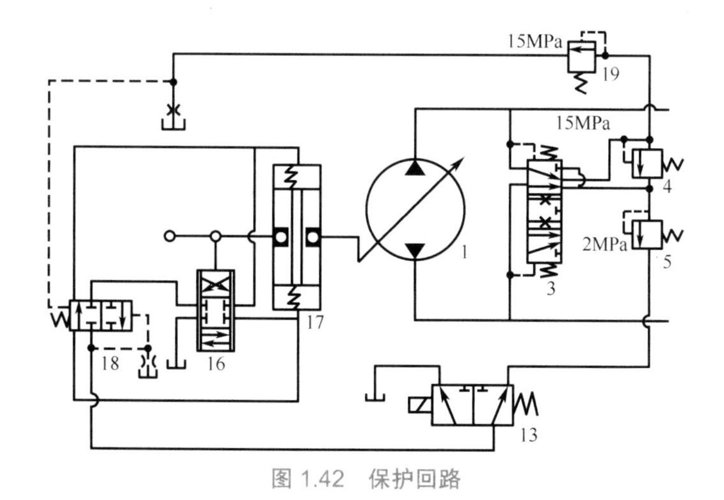

图1.42 保护回路

低压保护又称失压保护，其作用是限制系统最低背压，低压保护回路如图1.42所示。当系统背压下降到 1.5MPa 时，失压控制阀 18 动作，阀芯在弹簧力的作用下复位。此时，进入伺服阀 16 的控制压力油被切断，变量油缸 17 的上下腔连通，调速油缸活塞在弹簧力的作用下复位，油泵摆角减小至零，采煤机停止牵引。

采煤机电动机的功率主要消耗于滚筒割煤、装煤过程，当遇到较硬煤层或牵引速度过快时，截割功率增大，电动机可能会出现功率超载现象，损坏电动机和机械零件，应采用功率控制器保护电动机。当电动机超载时，牵引速度减小至零，以减少电动机功率消耗；当截割阻力减小时，牵引速度自动增大，直到原来选定的牵引速度。

如图 1.42 所示，电动机功率保护是通过电磁阀 13 和调速机构实现的。当电动机功率处于满载和欠载工况时，电磁阀 13 不通电，处于右工作位置，采煤机正常牵引；当电动机功率超载时，功率控制器发出信号，电磁阀 13 通电，处于左工作位置，控制压力油被切断，失压控制阀 18 处于失压状态，其阀芯在弹簧力的作用下强行复位，变量油缸 17 的上下腔连通，在弹簧力的作用下强行复位，主油泵 1 的缸体摆角减小至零，采煤机牵引速度减小至零。电动机负载减小后，电磁阀再次断电，重新回到正常工作位置。由于调速手把没有回到零位，因此采煤机重新恢复到原先调定的牵引速度。

（4）充油排气。在闭式系统中，如存在空气，则运行时会产生振动和声响，从而影响液压元件的使用寿命。一般在新安装、检修清洗、更换滤油器滤芯或机器较长时间不工作的情况下，系统存在空气。因此，在泵箱上设置充油排气用的手动泵 9，操作时，用手动泵充油至低压表值为 0.2 ～ 0.3MPa，同时松开泵箱主回路上的放气螺栓，如有液压油流出（无气泡溢出），则说明系统内空气基本排净。

2. 调高液压系统

调高液压系统如图 1.38 所示，主要由调高泵，左、右调高油缸，手动换向阀等组成。

调高泵为双联齿轮泵后泵（单向运转），工作压力由溢流阀 12 调定为 17MPa，当电动机因接线有误而反转时，可通过换向阀从油池直接吸油，防止由吸空造成损坏。

左、右摇臂的升降分别由左、右换向阀控制，由于两个换向阀串联供油，因此不能同时操作。左、右摇臂升降的原理相同，图 1.38 示位置为换向阀处于零位，当左换向阀手把向里推时，调高泵供给的压力油经 P—B 通路、油缸上的液控单向阀进入调高油缸的左腔，油缸右腔的油液经液控单向阀、换向阀 A—O 通路，通过换向阀进入油池，调高油缸活塞杆内缩，左摇臂下降；当左换向阀手把向外拉时，P—A 通路和 O—B 通路分别导通，压力油进入调高油缸的右腔，左腔的油液流回油池，此时调高油缸活塞杆外伸，左摇臂上升。

调高油缸上设置了由两个液控单向阀和两个高压溢流阀组成的液力锁，它能使调高油缸左、右两腔的油液随时封闭，使摇臂停留在任意工作位置。当将换向阀手把向外拉（或向里推）时，压力油经 P—A（或 P—B）通路，推开左（或右）单向阀的同时，打开右（或左）单向阀，使回路畅通，摇臂上升（或下降）。当换向阀处于零位时，压力油被短路，两个换向阀均关闭，进出油也随之封闭，摇臂停留在所需位置。两个高压溢流阀分别与油缸的前、后腔连通，调定压力均为 27.5MPa。当油缸某腔内的油压达到或超过该值时，与其相关的溢流阀溢油卸载，防止造成液压或机械上的损坏。

1.2.7 电牵引采煤机的调速特性

采煤机在割煤过程中，一边靠自身的牵引系统沿着刮板输送机行走，一边驱动割煤滚筒完成落煤和向刮板输送机装煤的任务。为了提高采煤机割煤的产量和效率，一方面要求增大采煤机的截割功率、牵引力和牵引速度，另一方面要求采煤机具有良好的自动调节特性，以适应在生产过程中不同工况的要求，充分发挥采煤机的生产能力。

1. 采煤机的牵引特性

采煤机的牵引特性是指牵引力、牵引功率、截割功率与牵引速度的关系。

（1）恒牵引力特性。采煤机在割煤过程中，由牵引系统驱动向前行走时，其产生的行走动力应克服行走阻力。行走阻力包括采煤机与输送机之间的摩擦阻力、采煤机在倾斜的输送机上由自身质量产生的下滑力和滚筒割煤时的截割阻力（其中截割阻力所占比率很大）。在实际生产过程中，行走阻力不是恒定的。摩擦阻力随输送机的表面状况、铺设质量、弯曲程度和煤炭堆积情况的不同而不同；下滑力随输送机的倾角不同而不同；截割阻力随煤层的硬度、夹矸的硬度和厚度、滚筒的截高和截深、采煤机的牵引速度等的不同而不同。所以，采煤机的实际行走阻力随时都在变化，但无论如何变化，都不能超过采煤机的牵引能力。对于采煤机的牵引系统，只允许牵引力在一定范围内变化，允许最大牵引力的包络线就是该采煤机的牵引特性。采煤机的牵引特性曲线如图 1.43 所示。

采煤机的牵引特性一般按牵引速度范围分为两段，$0 \sim v_j$ 为截割时的牵引速度，v_j 为截割时的最大牵引速度；$0 \sim v_m$ 为调动速度，v_m 为最大调动速度。为了充分利用采煤机的强度资源，要求牵引系统在采煤机割煤过程中，其牵引速度在 $0 \sim v_j$ 内变化，允许最大牵引力是恒定的，称为恒牵引力特性。在恒牵引力特性区段，牵引功率与牵引速度成正比，在 v_j 点时牵引功率达到最大值。采煤机调动时，要求牵引速度较高，但此时没有截割阻力，所需牵引力较小，为了充分利用牵引电动机的功率，在 $v_j \sim v_m$ 速度区段应具有恒功率特性。

综上所述，要求采煤机牵引系统的最大输出具有图 1.43 所示的特性，该特性由截割速度和调动速度组成，在采煤机运行的任何时刻，其牵引力和牵引速度都不能超过图示曲线的范围。

（2）四象限牵引特性。采煤机在生产过程中需要两个方向运行，以一个方向的速度为正，以相反方向的速度为负。一般情况下，采煤机在牵引力的作用下前进，而当采煤机沿倾斜工作面向下坡调动时，下滑力的作用方向与运行方向相同。如果输送机倾斜角度大于某个值（自锁摩擦角），下滑力的绝对值可能大于摩擦阻力，则滚筒不与煤壁和底板接触，采煤机可能自行下滑，如果没有有效的制动力，下滑速度将越来越高，就会发生重大事故。在这种情况下，要求牵引系统提供与采煤机运行方向相反的制动力，使采煤机按工作要求速度安全下放。

综上所述，采煤机的牵引系统除要求两个方向牵引外，还要做到既提供与采煤机运行方向一致的牵引力，又提供与采煤机运行方向相反的制动力，即具有四象限牵引特性。采煤机的四象限牵引特性曲线如图 1.44 所示。

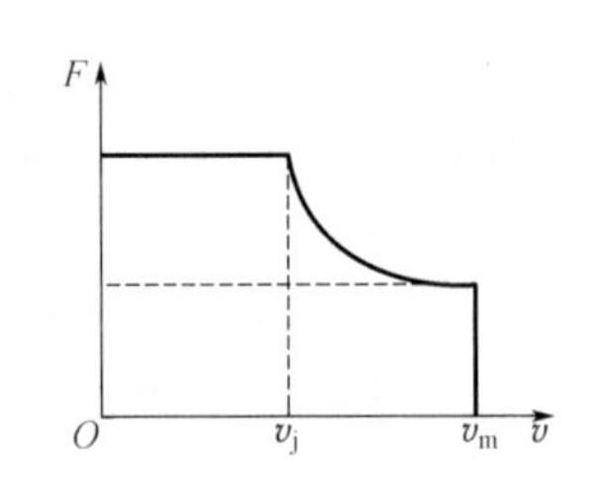

F—索引力；v—牵引速度；v_j—截割时的最大牵引速度；v_m—最大调动速度

图 1.43　采煤机的牵引特性曲线

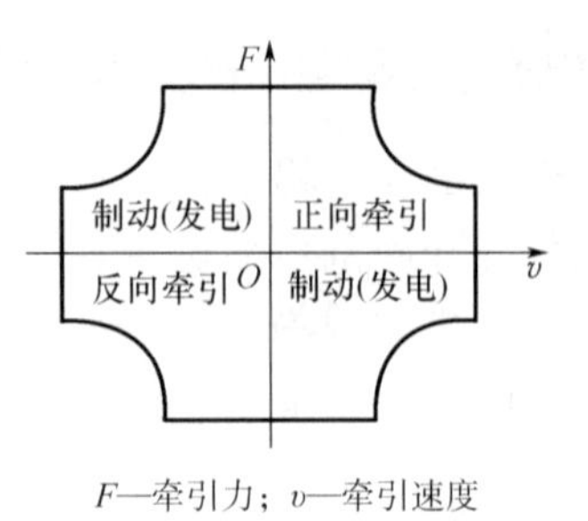

F—牵引力；v—牵引速度

图 1.44　采煤机的四象限牵引特性曲线

（3）恒功率调节特性。采煤机截割电动机的负载与煤层硬度、煤层夹矸厚度、夹矸硬度、采高、截深及牵引速度等因素有关。除牵引速度外，其他因素都是由自然条件决定的，不能人为控制。但这些因素对截割电动机负载的影响都可通过调节牵引速度来补偿。

在采煤机割煤过程中，牵引速度越高，生产率越高，截割电动机的负载越重；反之，牵引速度越低，截割电动机的负载越轻。如果牵引速度过高，就可能使截割电动机过载。在生产过程中，既要充分发挥采煤机的生产能力，又要保证截割电动机的安全，使截割电动机保持满载且不过载，要根据截割电动机的负载情况随时调节牵引速度。当截割电动机负载过重时，降低牵引速度；当截割电动机负载过轻时，提高牵引速度。采煤机的牵引系统具有自动调节牵引速度，使截割电动机在额定状态下工作的能力，这种能力称为恒功率调节特性。

2. 直流电牵引采煤机的牵引调速特性

（1）直流他励电动机的牵引调速特性。直流他励电动机配备合适的控制电源，能很好地满足采煤机对牵引系统牵引特性的要求，具有理想的性能。下面简单介绍直流电动机的调速性能。

① 直流他励电动机调速方案。直流他励电动机接线图如图 1.45（a）所示。

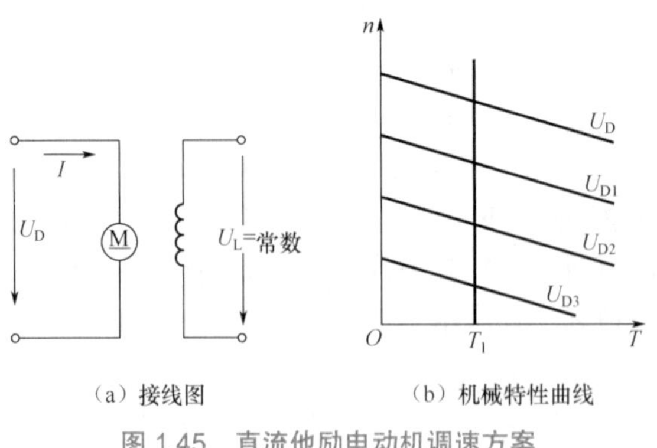

（a）接线图　　（b）机械特性曲线

图 1.45　直流他励电动机调速方案

直流他励电动机的机械特性方程式为

$$n = \frac{U_D}{C_e\Phi} - \frac{R}{C_eC_T\Phi^2}T \tag{1.15}$$

式中，U_D 为电枢回路电压，V；R 为电枢回路电阻，Ω；Φ 为电动机磁通，Wb；C_e 为动势常数；C_T 为转矩常数；T 为电磁转矩，N・m。

式（1.15）也是直流他励电动机的调速公式，改变电枢回路电阻 R、电枢回路电压 U_D 及电动机磁通 Φ 中的任一个参数，都可以改变电动机的机械特性，从而对电动机进行调速。对于采煤机，不采用改变电枢回路附加电阻的方法调速，以避免电阻发热，而只采用改变电枢回路电压 U_D、电动机磁通 Φ 的调速方案。

② 改变电枢回路电压调速。从式（1.15）可知，当改变电枢回路电压 U_D（其他参数不变）时，理想空载转速 n_0 也改变，而机械特性的斜率 k_m 不变，n'_0 为实际空载转速，机械特性方程为

$$n = \frac{U_D}{C_e\Phi} - \frac{R}{C_eC_T\Phi^2}T = n'_0 - k_mT \tag{1.16}$$

电动机的机械特性曲线是以 U_D 为参数的平行直线，如图 1.45（b）所示。由此可知，在整个调速范围内均有较大的硬度，在允许的转速变化率范围内可以获得较低的稳定转速，该调速方法的调速范围较宽，一般为 10 ～ 12。如采用反馈或稳速控制系统，则调速范围可达几千。

改变电枢回路电压调速属于恒转矩调速，在空载或负载转矩时也能得到稳定转速，电压正反向变化，使电动机平滑地启动并工作在四个象限，能实现回馈制动，效率较高，配备各种调节器后，可组成性能指标较高的调速系统。但由于电枢回路电压的最大值不能超过电动机的额定电压，因此电动机输出的最大转速受到限制。

③ 改变电动机磁通调速。在电动机励磁回路中，用专门的励磁调节器控制励磁电压（图 1.46），可以改变励磁电流和磁通。此时，保持电动机的电枢电压为额定值，因为

$$n = \frac{U_D}{C_e\Phi} - \frac{R}{C_eC_T\Phi^2}T = \frac{U_D}{C_e\Phi} - \frac{R}{C_e\Phi}I$$

所以，理想空载转速与电动机磁通成反比，即减小磁通时，理想空载转速增大；机械特性曲线斜率与电动机磁通的平方成正比，即随着磁通减弱，机械特性曲线斜率急剧增大。此时，$n\text{–}f(T)$ 曲线与 $n\text{–}f(I)$ 曲线如图 1.47 所示。

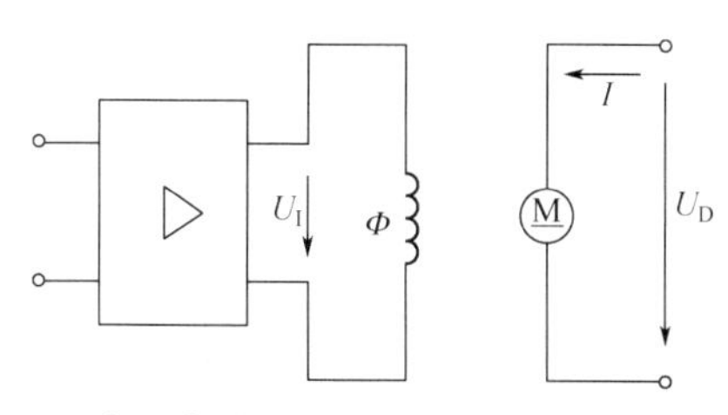

图 1.46　直流电动机改变电动机磁通的调速接线图

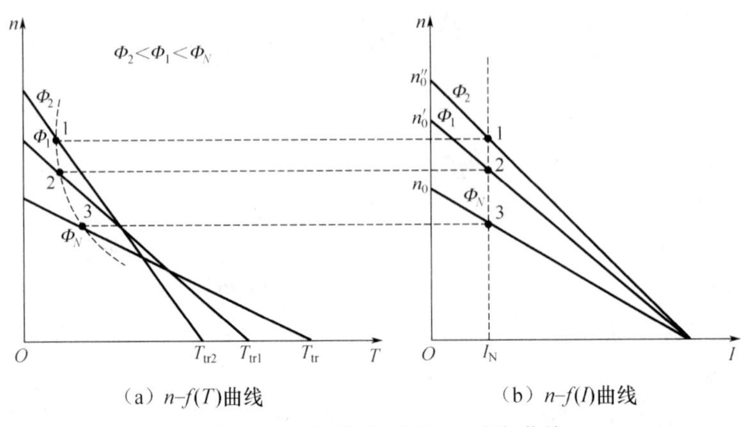

（a）$n–f(T)$曲线　　（b）$n–f(I)$曲线

图 1.47　$n–f(T)$ 曲线与 $n–f(I)$ 曲线

在调速过程中，为使电动机容量得到充分利用，应该使电枢电流一直保持为额定电流 I_N，如图 1.47 (b) 中垂直虚线所示。此时，电动机磁通与转速成双曲线关系 $\Phi \propto 1/n$，即 $T \propto 1/n$。

如图 1.47(a) 中用虚线表示的双曲线所示，电动机在虚线左边各点工作时负载不足，没有充分利用容量；电动机在虚线右边各点工作时过载，不能长期运行，改变电动机磁通调速适合恒功率负载，实现恒功率调速。

采用调节励磁调速时，在高速状态下，由于电枢电流去磁作用增大，转速特性变得不稳定，换向性能下降，因此采用改变电动机磁通调速的范围是有限的。无换向极电动机的调速范围为基速的 1.5 倍，有换向极电动机的调速范围为基速的 3 ～ 4 倍，有补偿绕组电动机的调速范围为基速的 4 ～ 5 倍。

④ 调压、调磁、调速。为了扩大调速范围，除了对采煤机调压、调速外，还可采用弱磁调速。要求将调压和调磁结合起来，并且在两者的分界线（基速）上实现自动切换。图 1.48 所示为调压与调磁时的调速特性曲线。

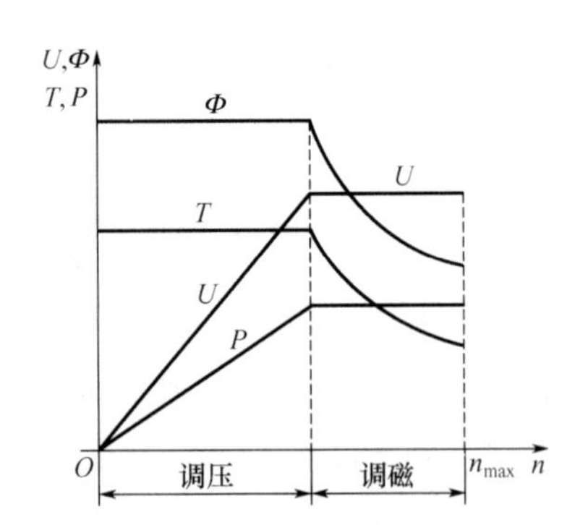

图 1.48　调压与调磁时的调速特性曲线

在基速以下，电动机调速是用恒磁调压实现的，励磁电流给定值恒定不变，电枢电压最大可调到电动机的额定电压；在基速以上，电动机调速是用恒压调磁实现的，可以满足采煤机牵引特性的要求。

（2）直流串励电动机的牵引调速特性。直流串励电动机接线图如图 1.49 所示。直流串励电动机的励磁绕组与电枢绕组串联，励磁电流就是电枢电流。电动机磁通随电枢电流的变化而变化。

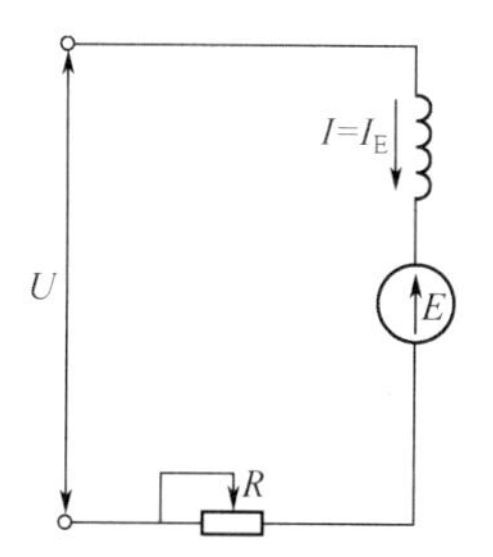

图 1.49 直流串励电动机接线图

直流串励电动机的机械特性方程仍用式（1.15）表示，根据串联励磁的特点，式中磁通 Φ 是电枢电流的函数。由于电机磁路饱和，电机磁通与电枢电流的关系不能用准确的方程表示，因此不能求出准确的机械特性方程。为便于计算和应用，电机制造企业应提供具体的试验曲线，包括机械特性曲线 $n\text{–}f(T)$ 与转矩电流关系曲线 $n\text{–}f(I)$。图 1.50 所示为直流串励电动机的通用机械特性曲线。

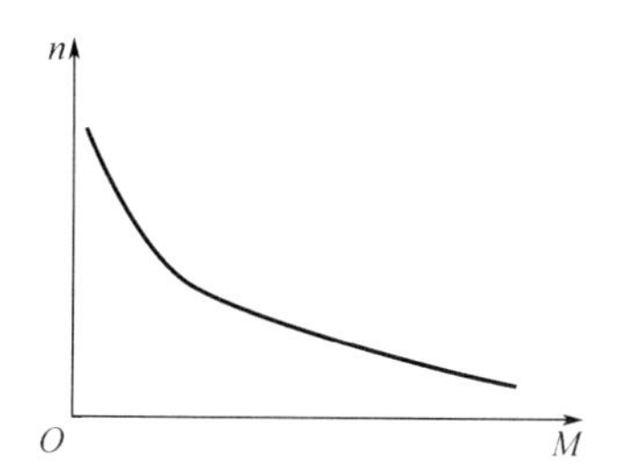

图 1.50 直流串励电动机的通用机械特性曲线

由图 1.50 可看出，直流串励电动机的机械特性属于软特性，即当负载 M 变化时，转速有较大变化，这是由电动机磁通随电枢电流变化造成的。当电动机负载转矩增大时，转速迅速下降，电动机的输出功率变化不大，电动机不易因负载转矩增大而过载；反之，当负载减小时，电动机转速上升，有利于提高生产效率。

在采煤机牵引系统中应用直流串励电动机，需要人为控制转速，即要求电动机具有好的调速特性。由式（1.15）可知，改变电动机转速有如下方法：电枢回路串附加电阻、降低供电电压、磁场并联分路电阻、电枢并联电阻等。在采煤机上，采用改变供电电压的方法调节直流串励电动机的转速。当降低电压时，可得到直流串励电动机的一组向下平移的机械特性曲线，如图 1.51所示。

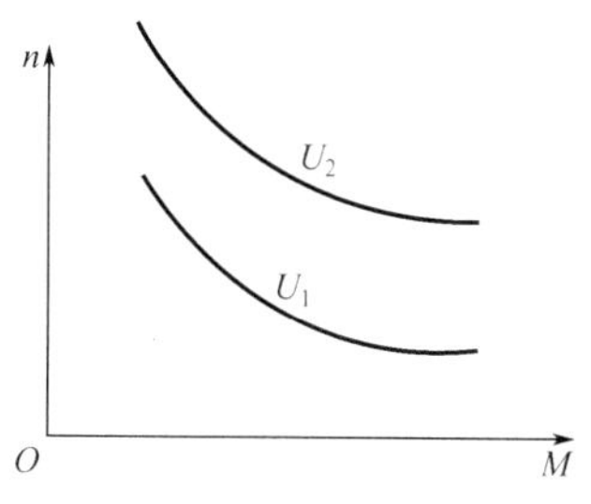

图 1.51 直流串励电动机降压时的机械特性曲线

3. 交流变频电牵引的基本原理

交流异步电动机的转速公式为

$$n = n_1(1-s) = \frac{60f_1}{p}(1-s) \tag{1.17}$$

式中，n 为异步电动机转速，r/min；n_1 为同步转速，r/min；f_1 为定子频率，Hz；p 为磁极对数；s 为转差率。

由式（1.17）可知，交流异步电动机有三种基本调速方式：改变磁极对数 p、调节转差率 s、改变定子频率 f_1。

改变异步电动机绕组的磁极对数，从而改变电动机同步转速调速称为变极调速，主要用于笼型异步电动机。这种调速方式为有级调速，在采煤机上应用较少。在转子外电路上接入可变电阻来改变异步电动机机械特性曲线的斜率是改变绕线式异步电动机转差率的一种调速方式，效率低，不好解决电阻散热，未在采煤机上应用。绕线转子异步电动机改变转差率调速的另一种方式是串级调速，也未在采煤机上应用。随着电力电子器件、微电子技术、电动机和控制理论的发展，交流笼型异步电动机的变频调速有了很大发展。采用变频调速的电牵引采煤机应用广泛，且发展前景广阔。下面简单介绍变频调速。

对异步电动机调速时，要求主磁通（气隙磁通）保持额定值不变，如何使气隙磁通保持恒定值呢？

由电动机理论知道，异步电动机的气隙磁通是由定子、转子合成磁动势产生的，且三相异步电动机定子每相绕组电动势的有效值

$$E_1 = 4.44 f_1 N_1 \Phi_m \tag{1.18}$$

式中，E_1 为定子每相绕组电动势的有效值，V；f_1 为定子频率，Hz；N_1 为定子相绕组有效匝数；Φ_m 为气隙磁通量，Wb。

由式（1.18）可知，Φ_m 是由 E_1 和 f_1 共同决定的（N_1 为定值），如果对 E_1 和 f_1 进行适当的控制，就可以使 Φ_m 保持额定值不变。下面分两种情况说明：基频以下的恒磁变频调速和基频以上的弱磁变频调速。

基频以下的恒磁变频调速考虑从基频（电动机的额定频率 f_{1N}）向下调速的情况。为了保证电动机的带负载能力，要保持气隙磁通量 Φ_m 不变，从而要求在降低供电频率的同时，降低感应电动势，保持 E_1/f_1 为常数。这种控制又称恒磁通变频调速，属于恒转矩调速方式。

由于很难直接检测和直接控制 E_1，因此，当 E_1 和 f_1 的值较大时，定子漏阻抗压降较小，可忽略不计，$U_1 \approx E_1$，即 U_1/f_1 为常数。这就是恒压频比控制方式，是近似的恒磁通控制方式。当频率较低时，U_1 和 E_1 都较小，定子漏阻抗压降（主要是定子电阻压降）不能忽略，可以人为地适当提高定子电压，以补偿定子电阻压降的影响，使气隙磁通量 Φ_m 基本保持不变。恒压频比控制特性曲线如图 1.52 所示，曲线 1 为 $U_1/f_1=C$ 时的电压与频率的关系，曲线 2 为有电压补偿（近似认为 $E_1/f_1=C$）时的电压与频率的关系。实际上，U_1 与 f_1 的函数关系并不简单地如曲线 2 所示。在变频器中，U_1 与 f_1 的函数关系有很多种，可以根据负载性质和运行状况选择。

基频以上的弱磁变频调速考虑由基频开始向上调速的情况，是近似的恒功率调速方式。频率由额定值 f_{1N} 向上增大，但电压 U_1 受额定电压 U_{1N} 的限制不能升高，只能保持 $U_1=U_{1N}$，使气隙磁通量 Φ_m 随着 f_1 的增大而减小。

综合上述两种情况，异步电动机变频调速的控制特性曲线如图 1.53 所示。

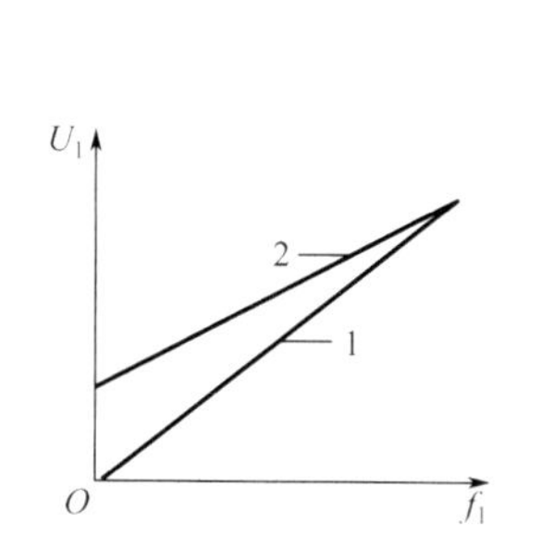

图 1.52　恒压频比控制特性曲线

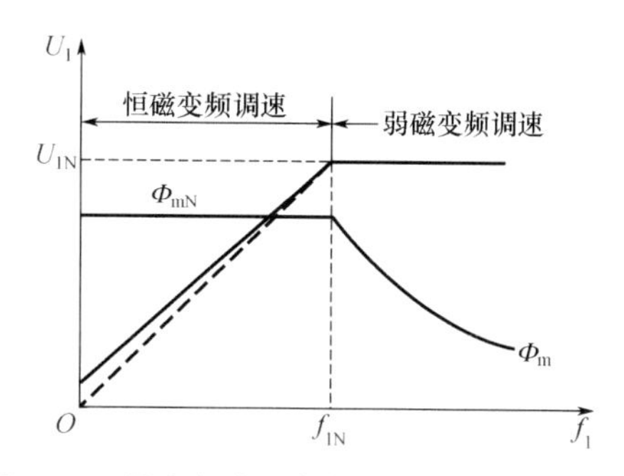

图 1.53　异步电动机变频调速的控制特性曲线

由上面的讨论可知，异步电动机的变频调速必须按照一定的规律同时改变定子电压和定子频率，即必须通过变频装置获得电压、频率均可调节的供电电源，实现可变电压和可变频率（Variable Voltage and Variable Frequency，VVVF）调速控制，可使用变频器。

使用变频器对异步电动机进行调速控制的机械特性曲线如图 1.54 所示。图 1.54（a）所示为在 $U_1/f_1=C$ 的情况下得到的机械特性曲线，在低速区，受定子电阻压降的影响，机械特性曲线向左移动，这是由于主磁通减小；图 1.54（b）所示为采用定子电压补偿的机械特性曲线；图 1.54（c）所示为采用端电压补偿的 U_1 与 f_1 的函数关系。

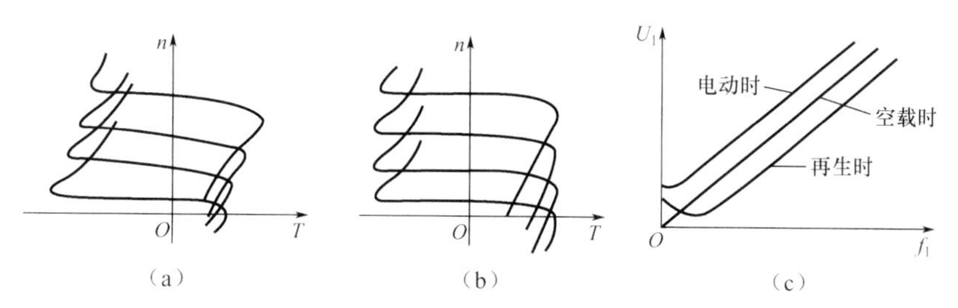

图 1.54　使用变频器对异步电动机进行调速控制的机械特性曲线

变频器分为交—交变频器和交—直—交变频器。交—交变频器，又称直接式变频器，可将工频交流电转换成频率、电压均可控制的交流电；交—直—交变频器，又称间接式变频器，先把工频交流电通过整流器转换成直流电，再把直流电转换成频率、电压均可控制的交流电。电牵引采煤机上应用的基本是交—直—交变频器。交—直—交变频器（以下简称变频器）的基本构成如图 1.55 所示。

电网侧的变流器是整流器，它的作用是把三相（也可以是单相）交流电整流成直流电。

负载侧的变流器为逆变器，其常见结构形式是利用六个半导体主开关器件组成的三相桥式逆变电路，通过有规律地控制逆变器中主开关器件的通断，输出任意频率的三相交流电。

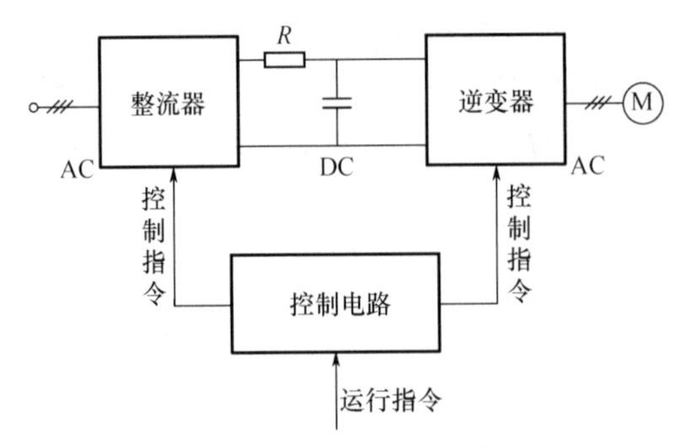

图 1.55　变频器的基本构成

由于逆变器的负载为异步电动机，属于感性负载，无论电动机处于电动还是发电制动状态，其功率因数都不为 1，因此，在中间直流环节和电动机之间总有无功功率的转换。因为这种无功能量要靠中间直流环节的储能元件（电容器或电抗器）缓冲，所以常称中间直流环节为中间直流储能环节。

控制电路由运算电路，检测电路，控制信号的输入电路、输出电路和驱动电路等构成，其主要任务是完成对逆变器的开关控制、对整流器的电压控制以及各种保护功能等。控制电路的控制方法有模拟控制和数字控制。高性能的变频器采用微型计算机进行数字控制，采用尽可能简单的硬件电路，主要靠软件完成各种功能。由于软件具有灵活性，因此数字控制通常具备模拟控制不具备的功能。

1.2.8　采煤机的选用

综合机械化采煤设备自问世以来，在采煤发达国家得到普遍推广使用。发展高产、高效矿井，最大限度地提高矿井经济效益成为煤炭企业的主要发展方向，也是衡量一个国家煤炭工业发达程度的重要标志。组成综合机械化采煤工作面的采煤机、输送机和液压支架有严格的配套要求，以实现高产、高效。图 1.56 所示为采煤工作面“三机”配套尺寸，对采煤机结构影响较大。机体高度 h_1 限制电动机的功率。过煤高度 h_2 限制输送机的装满程度和大块煤的通过能力，一般为 200 ～ 450mm。过机高度 h_3 不得小于 100mm，以便驾驶人观察顶板起伏、煤层厚度变化等情况。机体高度和过煤高度取决于采煤机机型。

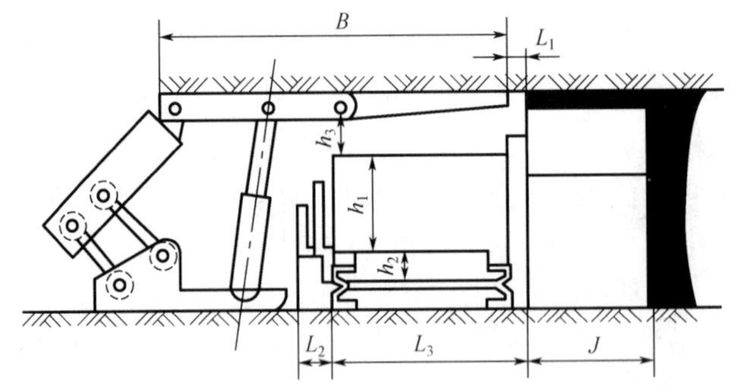

h_1—机体高度；h_2—过煤高度；h_3—过机高度；B—顶梁长度；
L_1—梁端距；L_2—推移步距；L_3—输送机中部槽宽度；J—截深

图 1.56　采煤工作面“三机”配套尺寸

1. 根据煤坚硬度选型

我国用普氏系数 f 作为反映煤体坚固程度的指标。采煤机适合开采普氏系数 $f<4$ 的缓倾斜及急倾斜煤层。对 $f=1.8\sim2.5$ 的中硬煤层，可采用中等功率采煤机；对黏性煤及 $f=2.5\sim4$ 的中硬以上煤层，应采用大功率采煤机。

由于普氏系数 f 只反映煤体破碎的难易程度，不能完全反映采煤机滚筒截齿的受力，因此有些国家用截割阻抗 A 表示煤体抗机械破碎的能力。截割阻抗 A 可反映煤岩的力学特征。根据煤层厚度和截割阻抗，按表1-2选取装机功率。当采煤机牵引速度或生产率更大时，装机功率可按比例增大。对硬煤或极硬煤，装机功率可按表中值的两倍左右选取。

表1-2 采煤机装机功率推荐值

截割阻抗 A/(kN/m)	煤层厚度/m			
	0.5～0.7	0.7～1.2	1.2～2.0	2.0～3.5
<120	100	100～120	120～200	200～250
120～240	125	135～150	150～250	250～350
>240	150	150～200	300～350	

2. 根据煤层厚度选型

采煤机的最小截割高度、最大截割高度、过煤高度、过机高度等都取决于煤层厚度。煤层厚度分为以下四类。

（1）极薄煤层。当煤层厚度小于0.8m，最小截割高度为0.65～0.8m时，只能采用爬底板采煤机。

（2）薄煤层。当煤层厚度为0.8～1.3m，最小截割高度为0.75～0.9m时，可选用骑槽式采煤机。

（3）中厚煤层。当煤层厚度为1.3～3.5m时，开采这类煤层的采煤机的技术比较成熟，可根据煤的坚硬度等选择中等功率或大功率采煤机。

（4）厚煤层。当煤层厚度大于3.5m时，由于出现大采高液压支架及采煤、运输设备，因此厚煤层一次采全高综采工作面可取得较好的经济效益。适用于大采高的采煤机应具有调斜功能，以适应大采高综采工作面地质及开采条件的变化。此外，由于落煤块度较大，因此采煤机和输送机应有大块煤破碎装置，以保证正常工作。

分层开采时，采高应控制为2.5～3.5m，以获得较好的经济效益，可按中厚煤层条件并根据分层开采的特点选用采煤机。

当采用厚煤层放顶煤综采工艺时，在长度大于60m的长壁放顶煤工作面，采煤机选型与一般长壁工作面相同。

3. 根据煤层倾角选型

煤层按倾角分为近水平煤层（<8°）、缓倾斜煤层（8°～25°）、中斜煤层（25°～45°）和急斜煤层（>45°）。

骑溜槽或以溜槽支撑导向的爬底板采煤机在倾角较大的情况下，还应考虑防滑问题。当煤层倾角大于 10° 时，需设置防滑装置。普遍采用的防滑装置是固定在工作面回风巷内的液压安全绞车。当采煤机由下向上截割时，液压安全绞车除了防止采煤机下滑，还起到辅助牵引的作用；当采煤机由上向下截割时，液压安全绞车的液压电动机产生阻止采煤机下滑的阻力矩，一旦采煤机下滑超速，限速装置就切断电源，液压安全绞车自动抱闸。一般来说，液压安全绞车的牵引力应大于 100kN。

4. 根据顶底板性质选型

顶底板性质主要影响顶板控制方法和支护设备的选择。选择采煤机时，应同时考虑支护设备的选择。例如，对于不稳定顶板，控顶距应当尽量小，应选用窄机身采煤机和能超前支护的液压支架；底板松软时，不宜选用拖钩刨煤机、底板支撑式爬底板采煤机和混合支撑式爬底板采煤机，而应选用靠输送机支撑和导向的滑行刨煤机、悬臂支撑式爬底板采煤机、骑溜槽工作的滚筒采煤机和对底板接触比压小的液压支架。

1.3 其他类型采煤机

1.3.1 刨煤机

刨煤机

刨煤机是一种以刨头为工作机构，采用刨削方式落煤的浅截式采煤机械。刨煤机与液压支架配套使用，可实现全工作面的综合机械化。刨煤机具有截深小（不大于 120mm），牵引速度高（一般为 20 ～ 40m/min，快速刨时大于 120m/min），结构简单，块煤率高，能充分利用矿压等特点。刨煤机按刨刀对煤的作用力性质分为动力刨煤机和静力刨煤机。动力刨煤机是为解决硬煤开采设计的，它的特点是刨刀本身带有产生冲击的振动器，刨刀以冲击力破碎煤。由于其结构复杂、能源输送困难，因此发展缓慢。静力刨煤机与动力刨煤机的根本区别是刨头本身不带动力。拖钩式刨煤机、刮斗式刨煤机和滑行式刨煤机都属于静力刨煤机。

拖钩式刨煤机的刨链位于输送机采空区侧，刨头设有插在中部槽底部的掌板，刨刀可看成一个钩子，刨链拖动刨头时，增强了刨头对煤壁的楔入作用，故称拖钩式刨煤机。

刮斗式刨煤机是在刮斗上装刨刀，除了刨煤，还利用刮斗运煤。它适用于煤质松软、底板较硬且较平整的极薄煤层。

滑行式刨煤机是在拖钩式刨煤机的基础上发展起来的，刨头无掌板，在导轨上滑行，牵引速度高。滑行式刨煤机由于克服了拖钩刨摩擦阻力大的缺点，因此刨煤动力大，能刨硬煤，发展较快。

为了提高刨煤效率，刨煤机的牵引速度有了很大提高，出现了许多种快速刨煤机，速度是相对输送机链速而言的，一般为输送机链速的 1 ～ 2 倍。为了装满输送机，最大限度地发挥输送机的能力，刨速与输送机链速的最佳比值为 3 : 1，除拖钩式刨煤机外，滑行式刨煤机也是快速刨煤机。

1. 拖钩式刨煤机

拖钩式刨煤机的基本组成如图 1.57 所示。在输送机 5 的机头和机尾槽靠采空区侧分别安装一套由 40kW 电动机、液压联轴器和减速器组成的煤刨驱动装置 4，其固定在煤刨 6 上的牵引链 1 上，拖动煤刨在工作面上往返移动。

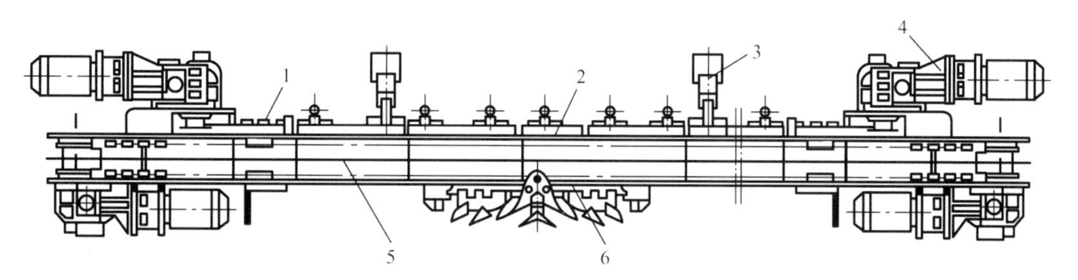

1—牵引链；2—导链架；3—推进油缸；4—煤刨驱动装置；5—输送机；6—煤刨

图 1.57　拖钩式刨煤机的基本组成

刨煤机牵引链在煤壁侧，称为前部牵引；刨煤机牵引链在采空区侧，称为后部牵引。与前部牵引相比，后部牵引的优点如下：牵引链的牵引对刨刀产生一个切入煤壁的力，可以提高刨刀的切削性能；牵引链检修方便；缩小了输送机与煤壁的距离，提高了装煤效果；刨头的稳定性较好。后部牵引的缺点是牵引阻力较大，牵引链使用寿命较短，这两个缺点对提高刨速和刨硬煤都是不利的。

拖钩式刨煤机的掌板如图 1.58 所示，为了保持煤刨工作时的稳定性，把掌板 2 压在输送机中部槽 3 下面。掌板钩住输送机中部槽靠采空区侧，以引导煤刨沿着输送机中部槽 3 运行。牵引链 4 挂在掌板的两端。为了更好地适应底板的起伏，掌板 2 由三段铰接而成。较长的煤刨可由更多段掌板铰接而成，以减小每段掌板的长度。

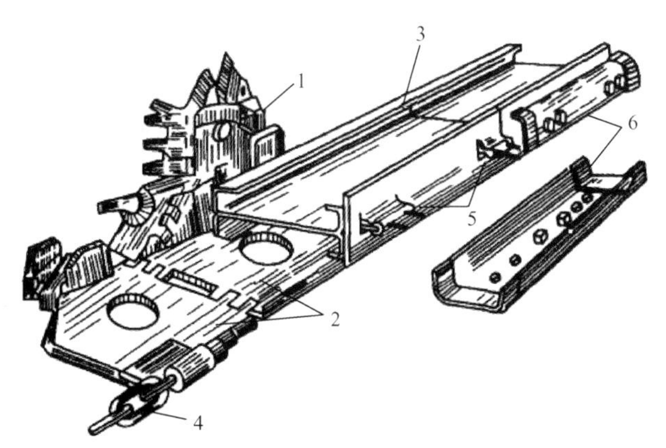

1—刨头；2—掌板；3—输送机中部槽；4—牵引链；5—导链架；6—保护罩

图 1.58　拖钩式刨煤机的掌板

刨头是刨煤机的工作机构，由刨体、回转刀座、刨刀和掌板等组成，如图 1.59 所示。

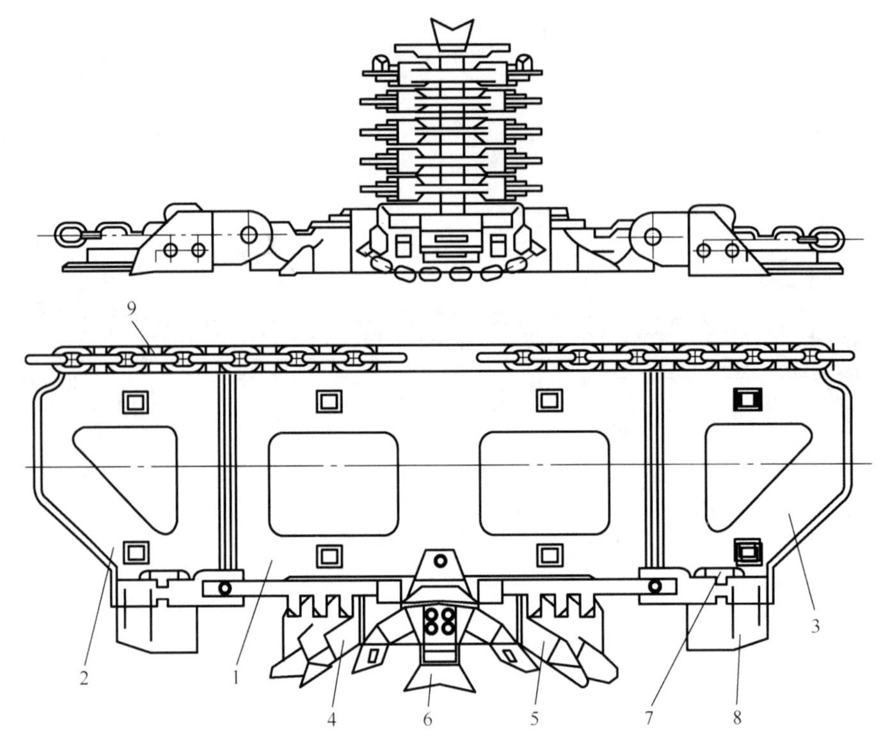

1—刨体；2，3—左、右掌板；4，5—回转刀架；6—预割刀；7—导向块；8—限位块；9—卡链块

图 1.59　刨头的组成

在刨体的回转刀座上装有底刀、预割刀、腰刀和顶刀。

底刀刨煤层底部的煤，底刀受力最大，最易磨损，使用 1 ～ 2 个班就需要更换。底刀的安装和磨损情况对刨头的稳定性影响较大，当底刀角度（与煤层底板的夹角）小或磨钝时会飘刀；当底刀角度大时会啃底。当出现飘刀和啃底现象时，要及时检查底刀，用底刀的调整机构调整底刀角度，或者更换磨损的底刀。底刀的调整机构是一个偏心轴，旋转偏心轴使凸块顶起底刀，以调整底刀角度。

预割刀的截深最大，起预先掏槽的作用，以增大煤的自由面面积，减小底刀和腰刀的切削阻力。预割刀安装在刨体下部，比底刀超前 40m，在运行过程中负荷很大，易磨损或折断。

腰刀装在加高块的回转刀座上，大部分煤用腰刀刨。回转刀座可左右转动，使不工作边的刨刀让开煤壁，即让刀，以减少刨刀磨损。

顶刀装在刨体上部，起剥落顶煤和避免刨刀架磨损的作用。用加高块调节顶刀的高度，以适应煤层厚度的变化。

在左、右掌板上还装有限位块、导向块和清底刀。限位块用来限制刨刀的截深。在刨煤机链轮和接合套筒之间装有保险销，过载时可剪断保险销。

2. 滑行式刨煤机

拖钩式刨煤机只有约 1/3 的装机功率用于刨煤和装煤，其余被摩擦消耗掉，使中部槽和煤刨磨损较快，并且当底板不够坚硬时，煤刨容易使底板破碎而陷入底板。

滑行式刨煤机的刨煤方式与拖钩式刨煤机相同，但刨头的滑行装置比较特殊，大大减小了摩擦阻力，提高了刨煤机的有效功率。

滑行式刨煤机的结构如图 1.60 所示。

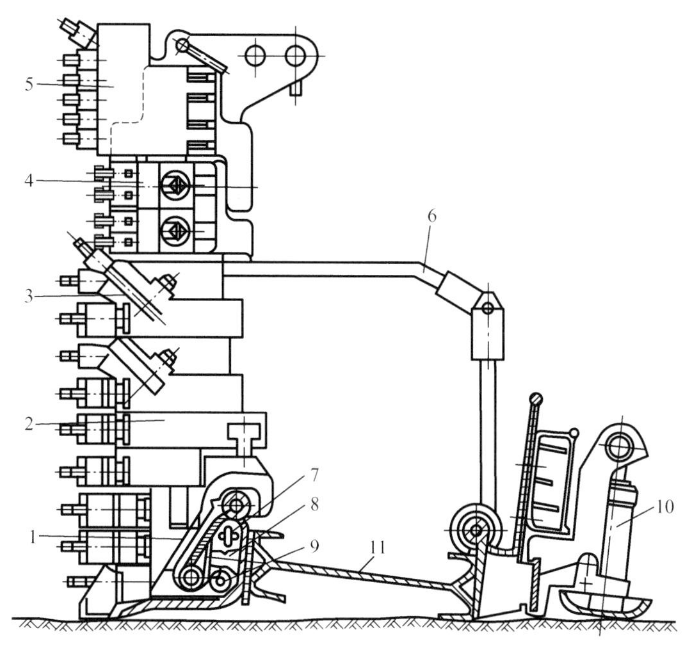

1—滑行架；2、3—加高架；4—中间加高块；5—顶刀座；6—平衡架；7—空回链；8—导链块；9—牵引链；10—抬高千斤顶；11—输送机

图 1.60 滑行式刨煤机的结构

在输送机 11 的靠煤壁侧的中部槽帮上装有滑行架 1，其长度与中部槽相等。在滑行架 1 上有两根导向管，刨头沿着两根导向管滑动。滑行架 1 兼有刨头导向、装煤、刨链导向、护链和限制刨深等作用。为了使刨头工作稳定，在刨头上加装平衡架 6，其沿着输送机 11 采空区侧的导向管滑动。

滑行式刨煤机的方向除了用与拖钩刨类似的偏心轴调整底刀的位置，还用抬高千斤顶控制。当煤层局部发生变化时，控制抬高千斤顶 10 的缩回和伸出，使输送机 11 及滑行架 1 处于水平、上倾和下倾位置。刨头的结构如图 1.61 所示。

刨头的基体由滑橇 1 组成，用链子把左、右两个滑橇连起来。底刀座 2 可在扇形体上摆动，用偏心轴调整底刨刀的位置来决定截深和刨削水平。在滑橇的外端装有装煤底刀 15 和肩块 14，负责滑行式刨煤机的装煤工作。顶刀座 6 可用加高块和调整刀头长度来调整刨头高度。

滑行式刨煤机使刨煤机发展到一个新的阶段，它不仅能增大刨深、提高刨速、刨较硬的煤，而且能适应松软、不平的底板。由于滑行式刨煤机的适应性较强，结构比较简单，因此稳定性有了很大的改善。

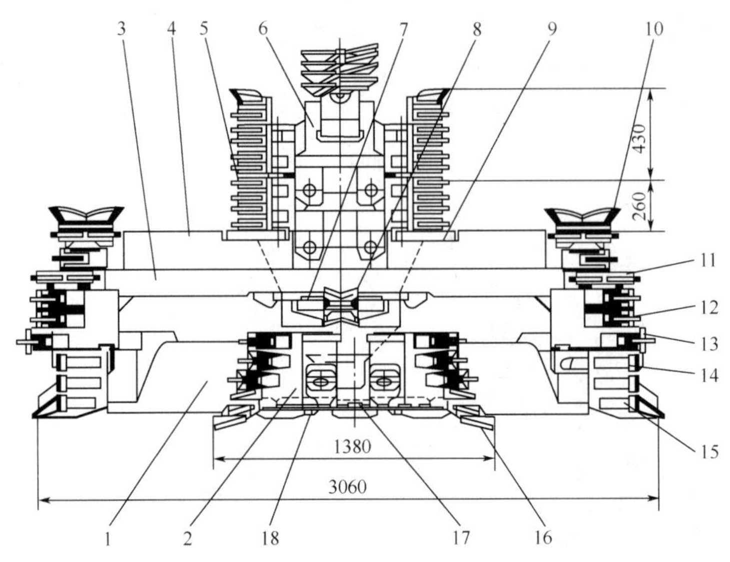

1—滑橇；2—底刀座；3—加高架；4—加高梁；5—中间加高块；6—顶刀座；7—辅助回转刀座；8—双向掏槽刀；9—平衡架；10—上回转刀座；11—加高架上的刀座；12—腰刀；13—掏槽刀；14—肩块；15—装煤底刀；16—底刀；17—刨链连接块；18—带夹紧块的特殊链链节

图 1.61 刨头的结构

1.3.2 连续采煤机

1. 连续采煤机的工作原理

连续采煤机的工作原理与滚筒式采煤机的工作原理基本相同，仅工作方式略有差异。连续采煤机的工作机构是横置在机体前方的截割滚筒。截割滚筒（有的还装有同步运动的截割链）上装有按一定规律排列的镐形截齿。在每个作业循环的开始，截割机构的升降液压缸都将截割滚筒举至要截割的高度。在行走履带向前推进的过程中，旋转的截割滚筒切入一定深度的煤层，称为截槽深度。行走履带停止推进，用升降液压缸使截割滚筒向下运动至底板，切割出宽度等于截割滚筒长度、厚度等于截槽深度的弧形条带煤体，这就是一个循环作业切割下来的煤体。连续采煤机的工作原理如图 1.62 所示。

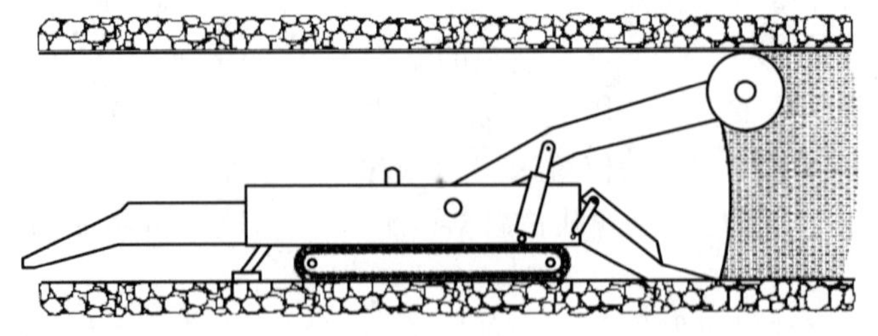

图 1.62 连续采煤机的工作原理

2. 连续采煤机的作业循环

连续采煤机的作业循环方式与滚筒采煤机的作业循环方式不同。大多连续采煤机的截割滚筒长度为3.3m，由于截割臂只能上下运动而不能左右摆动，因此一次只能截割3.3m的宽度。连续采煤机作业循环的具体步骤如下。

（1）铲装板处于停放或飘浮位置，截割臂处于半举升状态。向前移动机器至工作面与端头煤壁接触，再举升截割臂至需要的高度，打开喷雾水阀，启动截割机构电动机及湿式除尘器风扇电动机。

（2）降下稳定靴，增强机器的稳定性，启动机器并向工作面前端掏槽392～558mm（具体掏槽量根据截割煤的性质而定），操纵多路换向阀控制手柄，使截割滚筒向下截割整个工作面的高度。

（3）升起稳定靴，使截割滚筒沿底板截割，机器后退约490mm，以修整底板。

（4）升起截割臂至顶部，沿顶板截割，机器前进以修整顶板，至切入煤壁掏槽深392～588mm，再向下截割工作面高度的一半。

（5）将机器的截割滚筒从掏槽的位置向后退出，并将输送机机尾放置于梭行矿车的输送机上面，启动机器装载机构的电动机，向前移动装载截割的物料，装载后降下稳定靴，继续对剩下的工作面端头煤壁进行截割装载。梭行矿车装满后，关闭装载机构电动机，升起稳定靴并倒车，用截割滚筒整平底板，然后升起截割臂至适当高度，准备进行下一个作业循环。

经过上述五个步骤的截割操作后，总切槽长度约为6m，该工序称为切槽工序。随后连续采煤机后退至巷道的另一侧，仍按照上面步骤截割剩余煤垛，该工序称为采垛工序。截割长度为6m和宽度小于或等于6.6m的巷道后，调动连续采煤机到另一个巷道进行作业。同时，将锚杆钻机调入截割完的巷道进行钻孔及锚杆支护，完成连续采煤机的一个完整作业循环。

在连续采煤机的作业过程中，两台梭行矿车（或运煤车）不停地往返于机器与给料破碎机，不断地运走连续采煤机截割的煤。

（6）有时截割完成宽度小于或等于6.6m的巷道后，向另一个巷道调动机器时，还要完成巷道的拐弯截割工序。

3. 连续采煤机的基本组成和结构特点

（1）基本组成。以12CM18-10D型连续采煤机为例，说明连续采煤机的基本组成，如图1.63所示，主要有截割机构、装载机构、履带行走机构、液压系统、电控系统、冷却喷雾除尘系统及安全保护装置等。

（2）结构特点。连续采煤机按截割煤层厚度可分为薄连续采煤机、中连续采煤机、厚连续采煤机三种，按截割煤的硬度可分为中等坚硬连续采煤机、坚硬连续采煤机和特坚硬连续采煤机三种。它们的共同特点如下：多电动机独立驱动；采用横轴式截割滚筒；截割滚筒的截齿布置较简单，截线距离较大；增强了截割硬煤和夹矸的能力；装运机构的传动布置定型化，输送机链条结构标准化；采用启动扭矩高的直流串激电动机驱动行走履带机构；主要传动系统多采用电动机驱动；液压系统采用齿轮油泵、多液压缸开式系统；机器的自动控制装置、自动检测装置、安全装置较完善。

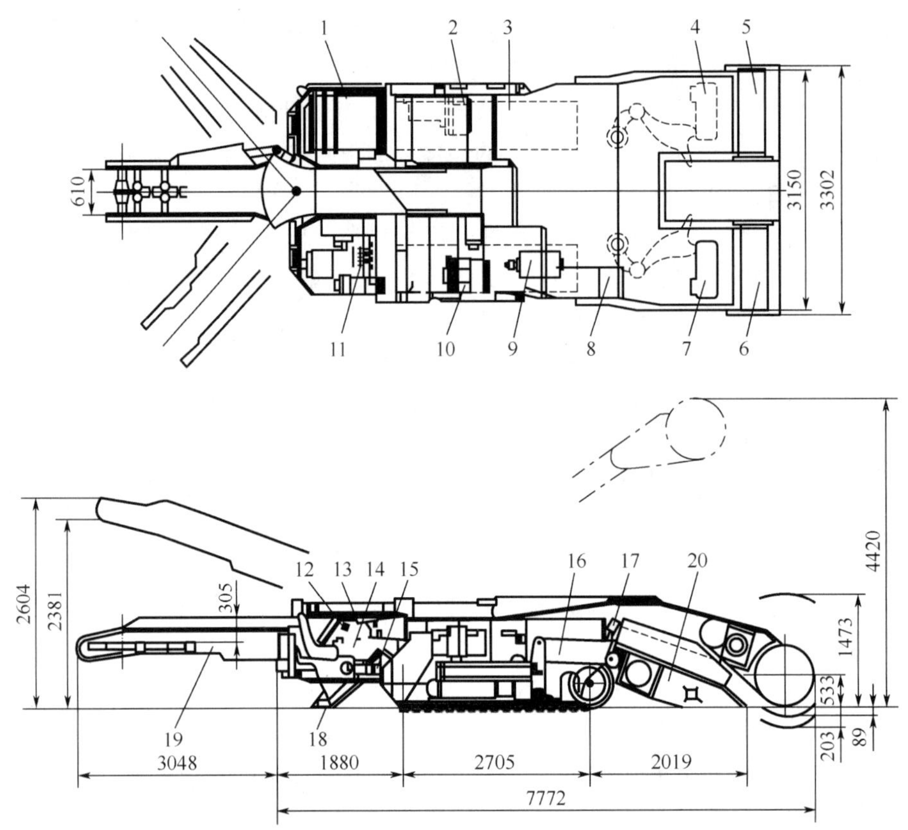

1—电控箱；2—左行走履带电动机；3—左行走履带；4—左截割滚筒电动机；5—左截割滚筒；6—右截割滚筒；7—右截割滚筒电动机；8—装载机构电动机；9—液压泵和电动机；10—右行走履带电动机；11—操作把手；12—行走部控制器；13—主控站；14—输送机升降液压缸；15—主断路器；16—截割臂升降液压缸；17—装载机构升降液压缸；18—稳定液压缸；19—运输机构；20—装载机构

图 1.63　12CMI8-10D 型连续采煤机的基本组成

1.4　采煤机机械传动系统设计案例

1.4.1　概述

采煤机设计包括总体方案设计、原理方案设计、结构方案设计、总体布局设计及主要参数确定、方案评价。

机械传动系统设计方案的质量对机械产品的工作性能和轮廓尺寸有很大影响。设计机械传动系统时，需遵循如下原则。

（1）机械传动系统应满足机器生产过程和工艺动作的要求。

（2）机械传动系统应力求简单，并尽可能采用最合理的传动级数，以减小传动装置的轮廓尺寸及提高传动系统的运动精度和效率。

（3）当机器需长期连续运转或功率较大时，应选用高效率的机械传动系统。

（4）在机械传动系统中，确定各种传动的顺序时，应充分考虑各种传动的特点和适用条件。

（5）当机械传动系统只进行减速、增速或变速，对尺寸、结构没有特殊要求时，可将机械传动装置做成独立部件。

（6）当工作机构对机械传动系统有特殊要求（如结构应特别紧凑或运动方式需要特殊变换）时，通常将机械传动系统与工作机构做成一个整体，或将整体传动系统装于机体中，成为机器不可分割的一部分。

机械传动系统设计是机器总体方案设计的重要组成部分。完成原动机选型和执行机构运动设计后，机械传动系统的设计步骤如下。

（1）确定机械传动系统的总传动比。在机械传动系统中，输入轴转速 n_r 相当于原动机的输出转速，输出轴转速 n_c 相当于执行机构的输入转速。因而，根据原动机和执行机构的性能参数确定机械传动系统的总传动比

$$i = \frac{n_r}{n_c} \tag{1.19}$$

（2）选择和拟定机械传动系统的设计方案和总体布置。根据原动机的机械特性及执行机构的功能要求、结构要求、空间位置和总传动比等，选择机械传动系统所需的传动类型，并拟定从原动机到执行机构的机械传动系统的设计方案和总体布置。有时还需进行技术经济分析和方案比较，以确定最佳设计方案。

（3）分配总传动比。根据机械传动系统的设计方案，把总传动比分配到各级传动上，并要求各级传动结构紧凑、承载能力强、工作可靠、加工成本低、传动效率高。对于串联结构的传动链，总传动比等于各级传动比的连乘积。

（4）确定机械传动系统的性能参数。除了需要确定机械传动系统的转速、效率和转矩等性能参数外，还应对传动链的各环节进行运动设计计算、动力计算和振动计算等，这些均是评价机械传动系统方案质量的重要指标，也是各级传动强度设计的依据。

（5）确定机械传动装置的主要几何尺寸。通过各级传动的强度设计和几何计算，确定基本参数和主要几何尺寸（如齿轮传动的中心距、齿数、模数及齿宽等），并绘制机械传动系统简图。

1.4.2 总体方案设计

任何机械都是由若干机构、部件和零件组成的系统，采煤机也是一个机械系统。在设计机械系统时，第一个环节是总体方案设计，总体方案设计是指从全局的角度、以系统的观点进行的有关整体方面的设计，包括系统原理方案的构思、结构方案设计、总体布局与环境设计、主要参数及技术指标的确定、总体方案的评价与决策等内容。

总体方案设计为具体设计规定了总的基本原理、原则和布局，指导具体设计的进行，而具体设计是对总体方案设计的具体化，不断完善总体方案设计，二者相辅相成。因此，在工程设计、测试和试制的中期或后期，总体方案设计人员仍有大量工作，只有把总体观点贯穿于产品开发的全过程，才能保证设计成功。

1. 机械设计的一般过程

机械是人类完成各种设想的执行者，机械的创造过程也是机械的设计过程。机械设计的任务量不同，设计过程的繁简程度不同，但大致都要经过表 1-3 中的五个阶段。

表 1-3 机械设计的一般过程

阶 段	内 容	应完成的工作
产品规划	（1）由上级根据产品发展规划和市场需要，提出设计任务。 （2）进行可行性研究。 （3）编制设计任务书。 （4）系统计划，制订系统开发计划	（1）提出可行性报告。 （2）编制设计任务书。 （3）制订系统开发计划
总体方案设计	（1）根据设计任务，提出若干可行方案。 （2）进行分析、评价、决策，确定最佳方案	提出最佳方案和机构运动简图（必要时进行试验研究）
技术设计	（1）绘制总装配图、部件装配图、零件工作图。 （2）绘制各种技术文件	（1）提出整个设备的标注齐全的全套图纸。 （2）提出各种技术文件和说明书
试制试验	通过试制、试验发现问题，并进行改进	（1）提出试制、试验报告。 （2）提出改进措施
产品跟踪	设备投产后，根据用户的意见、生产中发现的问题以及市场的变化做相应改进和更新设计	搜集问题，发现问题，改进设计

2. 机械系统的总体方案设计

机械系统的总体方案设计是一项极富创造性的活动，要求设计者善于运用已有知识和实践经验，广泛搜集、了解国内外的有关信息（如查阅文献、专利、标准，与有关人员交流等），充分发挥创造性思维和想象力，灵活应用各种设计方法和技巧，设计出新颖、灵巧、高效的机械系统。

机械系统的总体方案设计步骤如下。

（1）原理方案设计。根据生产或市场需要，制定机械系统的总功能，通过功能分析得到分功能，求出分功能的解，拟定实现分功能的工作原理和技术手段，综合为原理方案。

（2）结构方案设计。根据原理方案，确定功能载体的组合方式。

（3）总体布局设计及主要参数确定。根据原理方案及结构方案，确定各零部件之间的相对位置及联系尺寸、运动和动力的传递方式及主要技术参数。

（4）方案评价。对众多方案进行比较，选出最佳方案。

1.4.3 原理方案设计

设计机械产品时，首先应根据使用要求、技术条件及工作环境等，明确提出机械所要达到的总功能；其次通过功能分析得到系统的分功能，拟定实现这些分功能的工作原理及技术手段（功能载体）；最后设计出机械系统的原理方案。

1. 功能描述

功能是对某个产品的特定工作能力的形象化描述。可以根据抽象与具体的关系进行功能抽象，如将水泵的功能描述为“抽水—取水—输送液体”，这是一步步抽象的过程。功能抽象化有助于产生新的思路。

系统工程学用黑箱（Black Box）法描述功能，如图1.64所示。它表示待求机械系统的输入、输出以及与环境的关联情况，其中未求得的机械系统用黑箱表示，黑箱的作用是将输入的物料、能量和信息转换为输出的物料、能量和信息，同时伴随一定的伴生输入和伴生输出。物料的转换表示将毛坯、半成品转换成成品，有时转换可以是单纯地移动位置；能量的转换表示将其他形式的能量转换成机械能或将机械能转换成其他形式的能量，以及利用机械能完成移动、物料变形等；信息的转换表示物理量的测量和显示、控制信号的传递等。

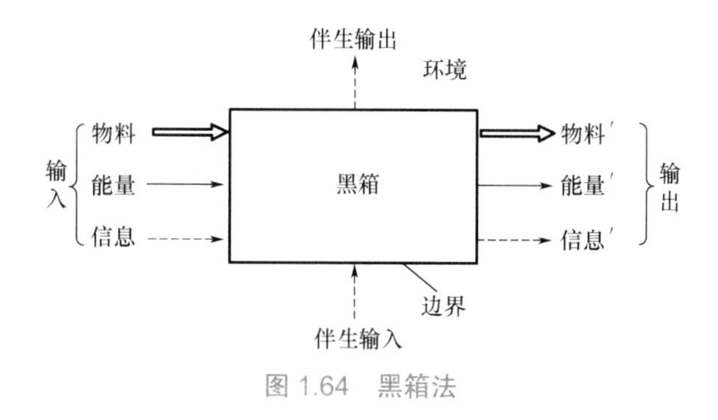

图1.64 黑箱法

黑箱输入量、输出量表达得越具体，求解的可能性越大。

2. 功能分解

为了更好地寻求机械系统工作原理方案，可以将机械系统的总功能分解为比较简单的分功能。功能分解可使每个分功能的输入量和输出量关系都更明确，易求得各分功能的工作原理解。总功能的分解方法有如下两种：①按解决问题的因果关系或手段目的关系分解；②按机械产品工艺动作过程的顺序分解。

3. 功能求解

功能求解是原理方案设计中的重要搜索阶段，可以先应用科学原理构思技术原理，从而进行功能求解；再按技术原理组织功能结构，在一定条件下作用于加工对象，成为技术分系统，实现分功能。

同一种技术原理可以实现多种功能，同一种功能可以用不同的技术原理实现。如果辅以工程技术人员长期积累的经验，就能很好地找出各功能的实现方案。

例如输送液体原理方案分析，对于生产中常见的“输送液体”功能，可以探索各种物理效应和工作原理，得到多种解法。

（1）负压效应。

① 利用压力 p 与容积 V 的关系（pV= 常数），增大容积空间形成负压，吸入液体；

减小容积空间形成高压，输出液体。所有容积泵（如柱塞泵、偏心转子泵等）都应用该原理，最简单的例子是图 1.65 所示的波纹管水泵，拉、压塑料波纹管 1 可改变容积，液体从单向阀 2 吸入，从单向阀 3 压出，水头高度大于 3m。

② 利用流速与压力的关系，即文丘里管原理，如图 1.66 所示，使流体（液体或气体）流经变截面文丘里管，在狭窄处流速增大，形成负压，流体可从小孔 M 抽入文丘里管，当流速为 600 ～ 700m/s 时，水头高度为 5 ～ 6m。

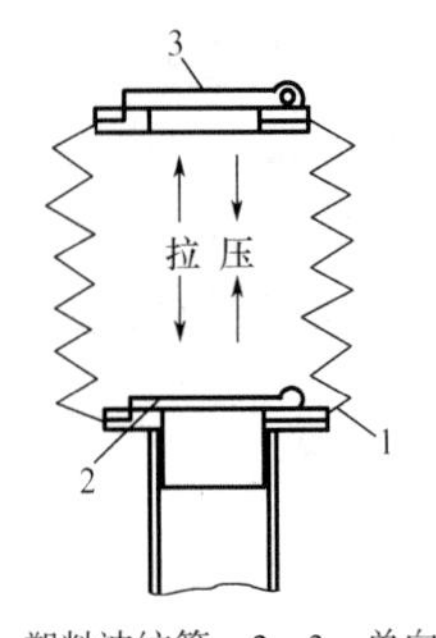

1—塑料波纹管；2，3—单向阀

图 1.65　波纹管水泵

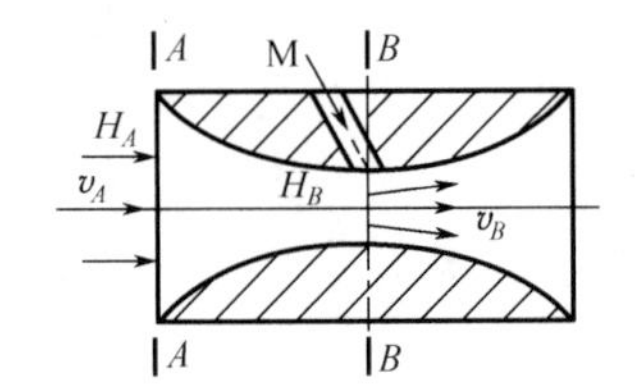

H_A—A—A 断面水头；H_B—B—B 断面水头；
v_A—A—A 断面流速；v_B—B—B 断面流速

图 1.66　文丘里管原理

（2）惯性力效应。

① 利用离心惯性力将水压出，一般离心泵都应用该原理。

② 利用往复运动的惯性力，如图 1.67 所示，将管 1 置于水中，在 *A*、*B* 方向往复运动，水通过单向阀 2 和单向阀 3 由管 4 流出。

③ 虹吸原理。图 1.68 所示为吸液器原理。将软管 1插入盛液桶 2，反举吸液器缸套，使活塞到达 *A* 位置，放下缸套，使其高度比液面低，活塞由 *A* 位置落至 *B* 位置，上部形成真空，盛液桶中的液体在大气压的作用下进入软管，到达吸液器底部流出，形成虹吸流。

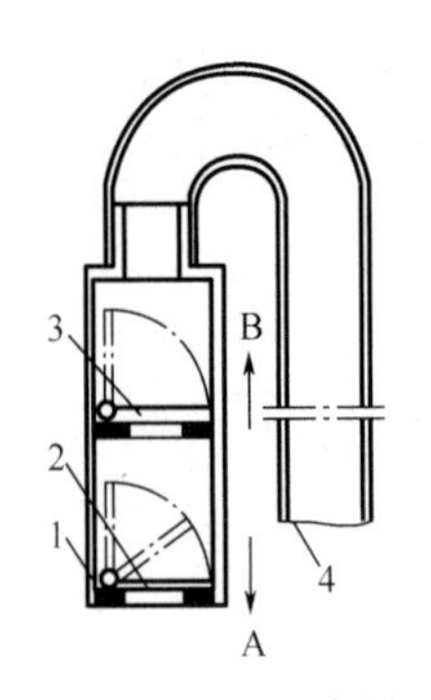

1，4—管；2，3—单向阀

图 1.67　惯性泵

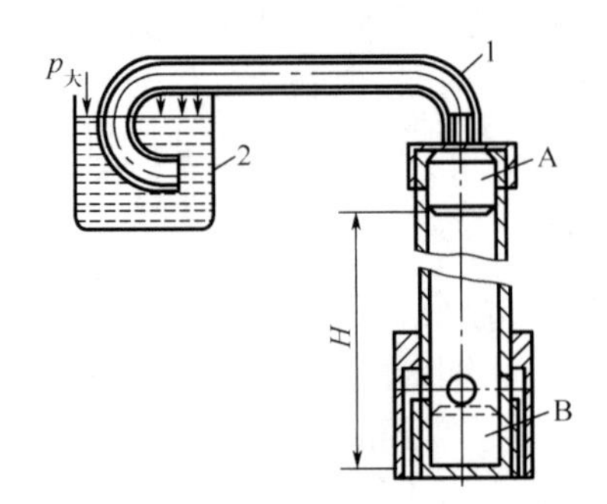

1—软管；2—盛液桶；*A*—活塞最高位置；*B*—活塞最低位置；
H—吸液高度

图 1.68　吸液器原理

（3）毛细管效应。

毛细管效应如图 1.69 所示，高性能的轻质热管为两端封闭的封闭管，衬里为多层金属丝网，管内封装液体。液体在高温端吸热蒸发，蒸汽至低温端放热。冷凝后的液体因毛细管效应通过衬里流回热端。这种热管可用于制造人造卫星和冻土层输油管保温等。

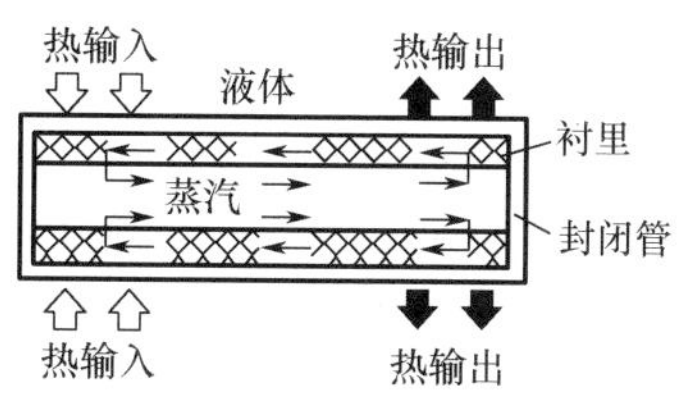

图 1.69　毛细管效应

1.4.4　结构方案设计

机械系统的原理方案仅表示功能载体的组合，但相同的功能载体可以有不同的组合，得到的产品不但可能有不同的形状和尺寸，而且可能影响整体性能。

结构方案设计主要依据确定的原理方案，给出具体的结构图，以体现所要求的功能。结构方案设计涉及材料、工艺、精度、设计计算方法、实验与检测技术、机械制图等，是一项综合性工作。

为了设计出最佳结构方案，即在保证实现产品的预期功能的前提下，最大限度地降低成本，延长使用寿命，确保产品、操作者或使用者及环境的安全等，掌握及运用设计的基本原则和原理非常重要。

1. 结构方案设计的基本原则

进行结构方案设计时，应遵循以下基本原则。

（1）明确。

明确是指应在结构方案中明确体现产品设计中要考虑的问题。

① 功能明确。所选结构应达到预期的功能，每个分功能都应有确定的结构来分担，既不能遗漏，又不能重复。例如，装有斜齿轮的轴选用径向轴承，遗漏了轴向力的作用。又如，在图 1.70（a）中，传递扭矩的是键还是圆锥面、零件的轴向定位是轴的台阶还是圆锥面都不明确，这是一种功能不明确的结构；在图 1.70（b）中，两种功能都由圆锥面承担，功能明确，结构较好。

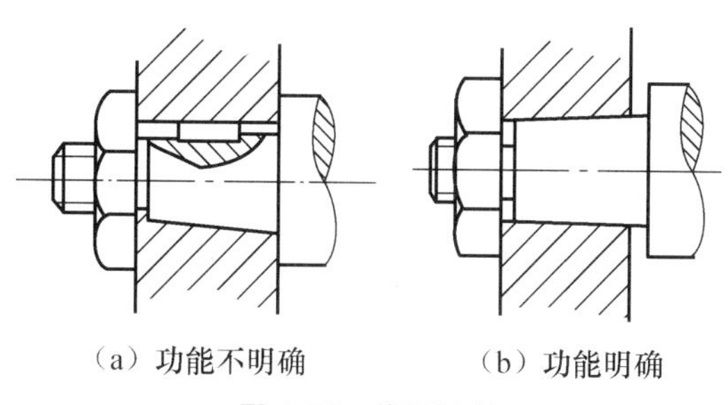

（a）功能不明确　　（b）功能明确

图 1.70　锥面连接

② 工作原理明确。所选结构的工作原理明确，从而可靠地实现能量流（力流）、物料流和信号流的转换和传导。图 1.71 所示为两种轴向定位方案。

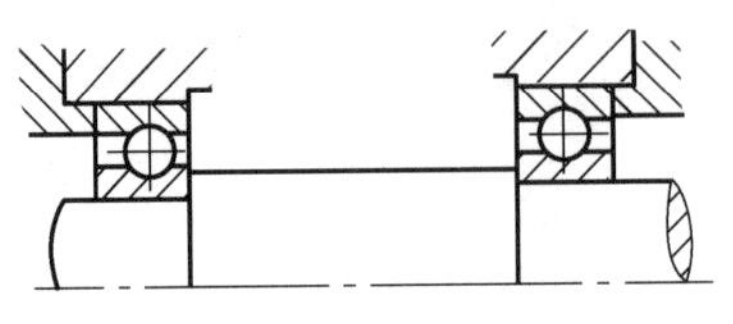
（a）两端固定方案

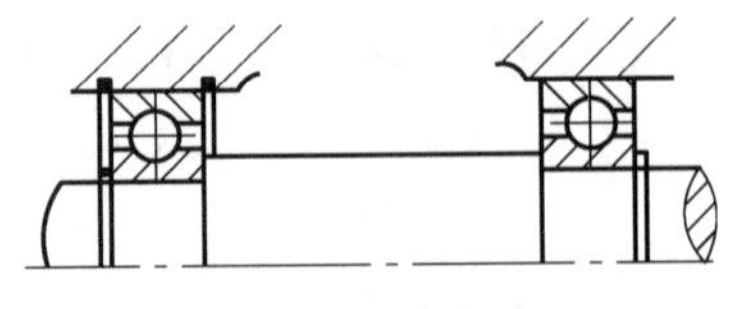
（b）一端固定方案

图 1.71　两种轴向定位方案

图 1.71（a）所示为两端固定方案，当轴受热伸长时，轴承的轴向载荷为轴承的预紧力与受热伸长产生的附加载荷之和，是不明确的。若伸长超出轴承间隙允许的范围，则会破坏轴承的正常工作状态。

图 1.71（b）所示为一端固定方案，左端轴承内外环均固定，既确定了轴的轴向位置，又可承受一定的轴向力。右端轴承外环未固定，当工作时轴受热膨胀，右轴承可以随轴的右部移动且基本保持轴承的正常工作条件，故该方案对于轴的轴向位置及轴承正常负荷来说工作原理明确。

③ 使用工况及应力状态明确。材料选择和尺寸计算要根据载荷情况进行，不应盲目采取双重保险措施。例如，轮毂与轴连接时，若采用过盈配合，则平键只起周向定位作用，不能按承受载荷确定平键的尺寸。

④ 其他。与结构设计有关的其他方面都应在图样或技术文件中明确体现，如制造、检验、运输、安装调试、使用及保养等的要求。

（2）简单。

简单是指整机、零部件的结构在满足总功能的前提下，力求结构形状简单、零部件少等，不但降低了产品的制造成本，而且提高了产品工作的可靠性。例如，由于由平面、圆柱面、圆锥面、球面或其他对称形状构成的零件容易加工、检验，因此，可用较少的工时获得较高的精度，以确保功能实现。另外，上述规则形体便于计算，不但节省计算时间和试验费用，而且计算结果接近实际，提高了零件的工作可靠性。

（3）安全可靠。

安全可靠是指机器安全和为了保证安全可靠而采取技术措施。

安全技术可分为直接安全技术、间接安全技术和提示性安全技术。

① 直接安全技术：在结构设计中充分满足安全可靠要求，保证在使用过程中不出现危险。其主要遵循下列三个原理。

a. 安全存在原理。组成技术系统的各零件与部件之间的连接在规定载荷和时间内完全处于安全状态，应做到构件中的受力、使用时间和使用环境清楚；计算理论和方法、材料经过验证可靠；试验负荷高于工作负荷；严格限制使用时间和范围。

b. 有限损坏原理。在使用过程中，当出现功能干扰或零件断裂时，主要部件或整机不会遭到破坏，要求失效的零件易查找和更换，或者能被另一个零件代替，即采用安全销、安全阀和易损件等。例如，对可能松脱的零件进行限位，不使其脱落而造成机器事故。图 1.72（a）所示为螺钉松脱后落入机器，不能正常工作；图 1.72（b）所示为螺钉松脱时受到限位，不落入机器。

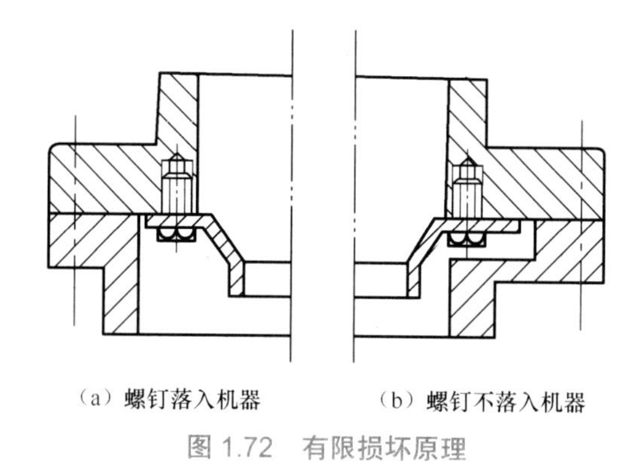

（a）螺钉落入机器　　（b）螺钉不落入机器

图 1.72 有限损坏原理

c. 冗余配置原理。当技术系统发生故障或失效时，会发生人身安全或重大设备事故，为了提高可靠性，常采用重复的设备系统。例如，飞机发动机的双驱动、三驱动和副油箱，压力容器中的两个安全阀等，一旦主功能失效，就启动备用装置。

② 间接安全技术：通过防护系统和防护装置使技术系统安全可靠。防护系统应能防止机器在超负荷下工作，可自动脱险。例如，液压系统、气动系统中的安全阀，电路系统中的熔丝，机床中的安全离合器等都是在设备出现危险或超负荷时，自行脱离危险状态。

③ 提示性安全技术：在事故出现前发出报警和信号，提示人们注意，如使用提示灯、警铃等。

2. 结构方案设计的基本原理

在结构方案设计中，常应用如下基本原理。

（1）任务分配原理。

根据要求的分功能合理选择载体，即选择零件以承担相应功能。

任务分配：功能与载体之间关系确定。

分配有以下三种可能。

① 一个载体承担一种功能：功能与载体一一对应，便于做到明确、可靠，以及实现结构优化及准确计算。

载荷分担是指将一个较大的或复合的载荷分流到不同零件或同一零件的不同部位，以降低应力、减小形变量。

在图 1.73（a）中，轴外伸端长度尽量小，以减小轴承载荷，使结构紧凑。在图 1.73（b）中，皮带轮所受的力作用在两个轴承中间，可以减小轴承载荷。

② 一个载体承担多种功能：功能集中于一个载体，可以减少零件、减轻质量、降低成本。不同功能任务分配如下。

a. 在同一零件中，可在不同位置采用不同材料分别承担不同功能。例如，蜗轮采用青铜齿圈与铸铁轮体的组合。

b. 同一零件采用相同材料时，可在不同部位进行不同的热处理以承担不同功能。例如，轴径表层淬火以增强耐磨性，而中间调质以保证较好的韧性，提高疲劳强度。

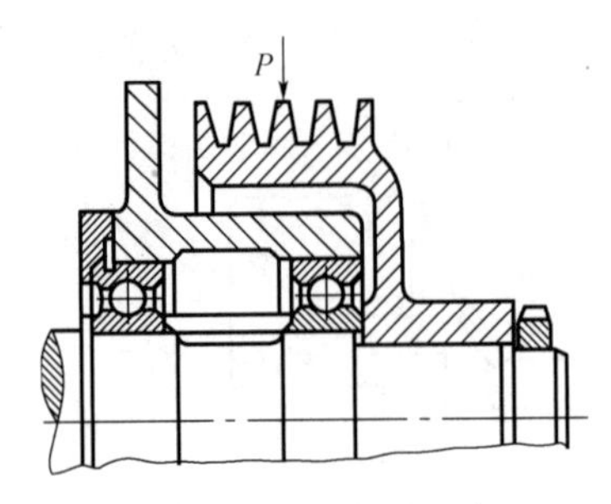

（a）减小了轴外伸端长度

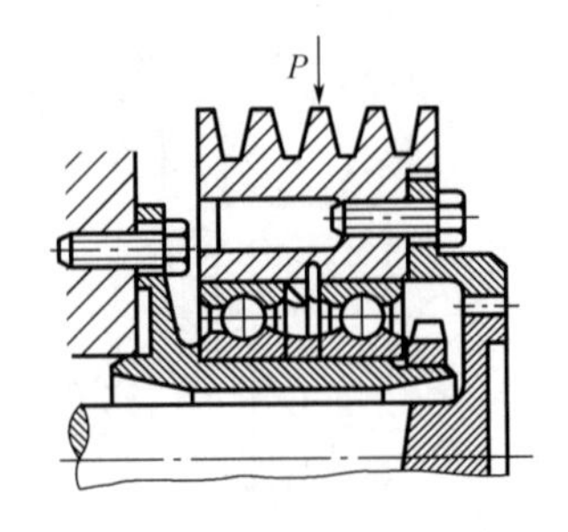

（b）皮带轮受力作用于两轴承中间

P—带轮所受的力

图 1.73　减小轴承负荷的结构

③ 多个载体承担一种功能：多个载体承担同一功能，可以减轻零件负荷，延长零件使用寿命。当功率和尺寸达到一定限度时，需要把同一功能分配给若干功能相同的构件。例如，当只靠螺栓预紧产生的摩擦力传递横向载荷时，螺栓尺寸过大，可通过增加抗剪元件（如销、套筒和端面键等）来分担横向载荷。

（2）自补偿原理。

系统元件通过本身结构或系统中的配置关系，在工作过程中产生加强功能或避免失效的作用，称为自补偿（或自助）。在自补偿结构中，工作总效应由初始效应和辅助效应组成。初始效应在结构中产生，能保证系统正常工作；辅助效应往往在系统工作过程中出现的力或压力的作用下使功能加强。

自补偿原理的应用形式有自加强、自平衡和自保护三种。

① 自加强：当辅助效应与初始效应的作用方向相同时，系统的总效应加强。例如，图 1.74 所示为偏心夹紧机构，当在偏心轮手柄上加一个初始力 F_1 时，受偏心的作用获得一个初始夹紧力 F。工作时，工件 1 受到力 F_2，该力使工件 1 与偏心轮 2 之间产生使偏心轮顺时针转动的趋势，由于该趋势与力 F_1 的作用方向相同，因此有增大夹紧力 F 的作用，且随着力 F_2 的增大而增大，从而使得夹紧可靠。当上述趋势与力 F_1 的作用方向相反时，辅助效应恰好削弱初始效应，是不合理的。

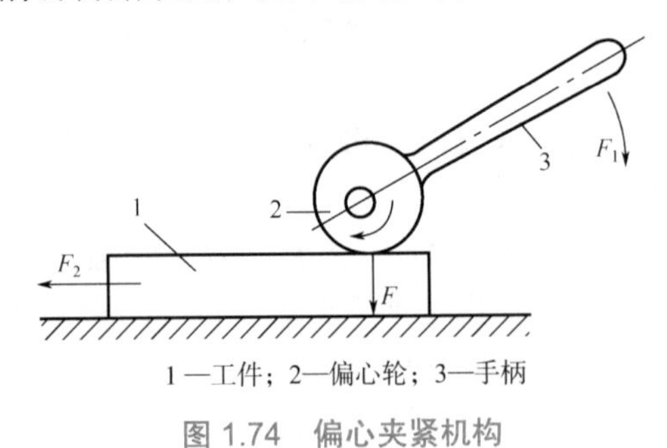

1—工件；2—偏心轮；3—手柄

图 1.74　偏心夹紧机构

② 自平衡：在工作状态下，辅助效应与初始效应相反，形成有利的平衡状态，以提高性能或克服不利的影响，称为应力平衡。

a. 载荷抵消：在结构上将无用的力或有用的力的不利作用全部抵消或局部抵消。

b. 预加载荷：构件在工作前被施加一定的载荷，工作时，载荷应力与预应力的方向相反而部分抵消。

③ 自保护：在超载或不安全的条件下，结构元器件产生保护效应，使系统免于受损。例如，当带传动过载时，通过打滑实现自保护。

（3）力传递原理。

机械结构设计要完成物料、能量和信息的转换，力是能量的基本形式。结构方案设计的主要任务是完成力的形成、传递、分解、合成、改变和转换。力在构件中的传递形成力线，这些力线汇成力流。力流在构件中不会中断，任一条力线都不会消失，而是从一处传入，从另一处传出。在若干构件形成的结构中，力流可以穿过，也可以封闭。由于力流倾向于沿最短路线传递，因此在最短路线附近力流密集，形成高应力区，其他部位力流稀疏，甚至没有力流通过。从应力角度讲，材料未能充分利用。因此，应尽可能按力流最短路线设计零件的形状，以便材料得到有效利用。

例如，图 1.75 所示为轴与毂连接的两种情况。在图 1.75（a）中，轴与毂的变形方向相反，力流急剧转弯，应力沿轴向分布不均匀，A 处应力过大；在图 1.75（b）中，力流过渡平缓，应力分布较均匀。

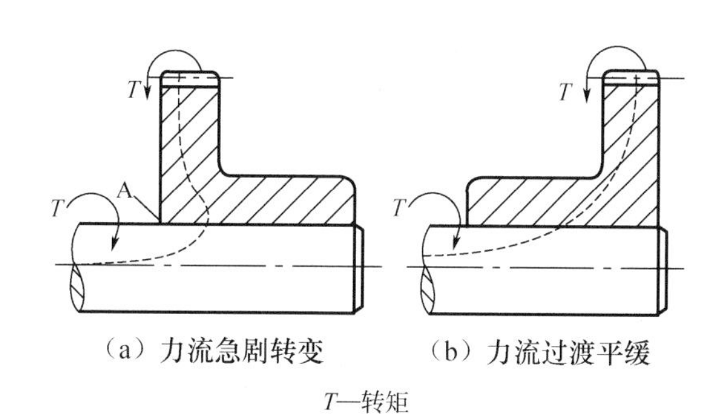

（a）力流急剧转变　（b）力流过渡平缓

T—转矩

图 1.75　轴与毂连接的两种情况

（4）变形协调原理。

变形协调是指使连接的两个零件在外载荷作用下产生相同方向的变形，使两者间的相对变形小、应力变化小，从而减小集中应力。

（5）力平衡原理。

机器工作时，常产生一些无用的力（或称无功力），如惯性力、斜齿轮的轴向力等，不但增大了轴、轴承等零件的负荷，降低了其精度和使用寿命，而且降低了机器的传动效率。

力平衡是指采取结构措施（采用平衡元件、采取对称布置等）部分或全部平衡掉无功力，以减轻或消除不良影响。例如，图 1.76（a）所示为非对称布置的两级齿轮减速器，在力的作用下，轴弯曲使齿轮倾斜，轮齿沿齿宽方向的载荷分布不同。若采用图 1.76（b）所示的对称布置方式，可避免上述缺点，但结构复杂。

（6）等强度原理。

等强度是指对于同一个零件来说，各处应力相等、使用寿命相同。按等强度原理设计的结构受力合理，材料得到充分利用，减轻了质量，降低了成本。例如，图 1.77 所示为不同强度的悬臂梁结构。图 1.77（a）中强度不相等，强度差。图 1.77（b）中加横筋后强度仍不相等。图 1.77（c）和图 1.77（d）加三角筋后强度趋于相等，由于铸铁抗压强度比抗拉强度高，因此图 1.77（c）所示结构能更充分地利用材料。

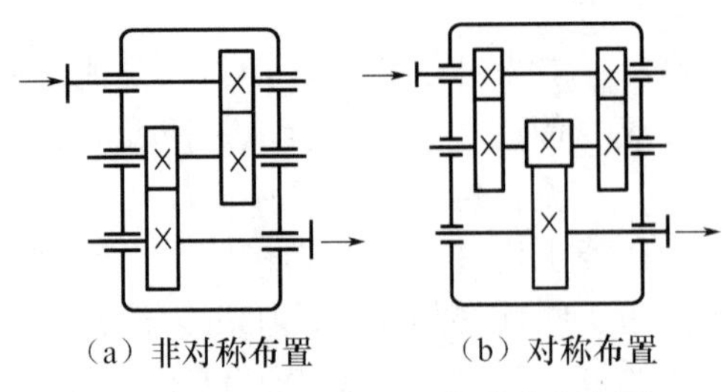

（a）非对称布置　（b）对称布置

图 1.76　两级齿轮减速器的齿轮布置

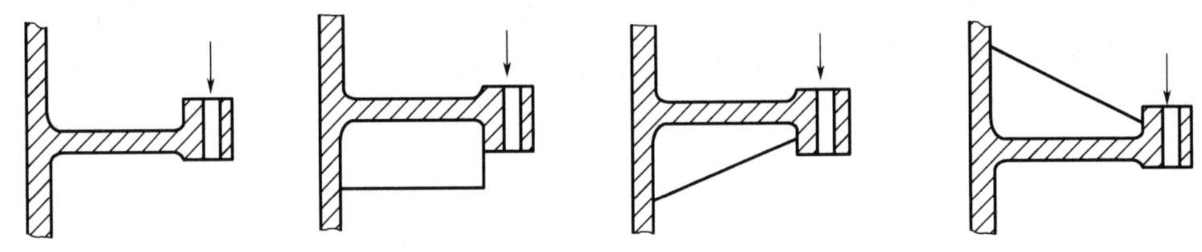

（a）强度不相等，强度差　（b）强度不相等　（c）适用于铸铁的等强度结构　（d）适用于钢的等强度结构

图 1.77　不同强度的悬臂梁结构

（7）稳定性原理。

稳定性原理是指出现干扰使系统状态发生变化时，产生一种与干扰作用相反、使系统恢复稳定状态的效应。

① 力学稳定性问题是由干扰力产生不稳定状态。例如，图 1.78 所示为活塞导向的稳定性，当活塞倾斜时，气缸力和作用在活塞杆上的力对活塞的状态有不同影响。在图 1.78（a）中，力的作用使活塞倾斜加剧，为不稳定状态；在图 1.78（b）中，力的作用使活塞有恢复到垂直位置的倾向，为稳定状态。

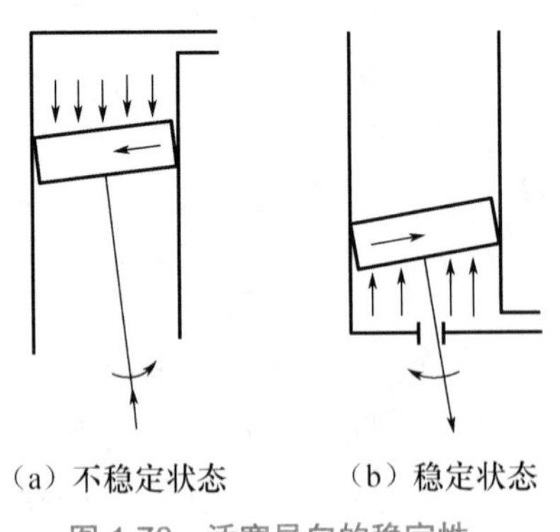

（a）不稳定状态　（b）稳定状态

图 1.78　活塞导向的稳定性

② 热稳定性问题是由热变形产生的干扰。在结构方案设计中，应采取措施，消除热稳定性问题。

1.4.5 总体布局设计及主要参数确定

总体布局设计及主要参数确定是机械系统设计的主要任务，也是进行系统技术设计的依据，对机械的性能、尺寸、外形、质量及生产成本有重大影响。进行总体布局设计时，必须在保证实现确定方案的基础上，尽可能充分考虑与人—机—环境、加工装配、运行管理等外部系统的联系，使机械系统与外部系统协调、适应，力求设计完善。

1. 总体布局设计

机器的有关零部件在整机中相对空间位置的合理配置称为总体布局。

总体布局设计是指按工艺要求及功能结构确定机器所需的运动或动作，确定机器的组成部件及其相对位置关系，同时确定操纵、控制机构在机器中的配置。进行总体布局时，一般先布置执行系统，再布置传动系统、操纵系统及支承形式等，通常从粗到细、从简到繁多次确定。

（1）总体布局设计的基本要求。

① 保证工艺过程的连续性。

保证工艺过程的连续性是总体布局的最基本要求。对于工作条件恶劣和工况复杂的机械，还应考虑运动零部件惯性力、弹性变形、过载变形、热变形、磨损、制造误差及装配误差等因素的影响，确保前、后作业工序的连续性，能量流、物料流和信息流的流动途径合理，各零部件间的相对运动不发生干涉。

② 注重整体的平衡性。

进行总体布局时，应力求降低质心高度，尽量对称布置，减小偏置。由于整机质心位置直接影响机械的载荷分配、纵向稳定性、横向稳定性、操纵性及附着性等，因此，进行总体布局时，必须验算各零部件和整机的质心位置，控制质心的偏移量。

有些机械在完成不同作业或工况改变时，整机质心位置可能改变，根据起重量的不同而不同，必然存在偏置问题，若质心偏置过大，则会有倾覆的危险。因此，进行总体布局时，应留有放置配重的位置。

③ 保证精度、刚度，提高抗振性及热稳定性。

为了保证加工工件的精度及性能指标，精密机械必须具有一定的几何精度、传动精度和动态精度。因此，进行总体布局时，应使运动和动力的传递尽量简洁，以简化和缩短传动链，提高机械的传动精度。

当机械刚度不足及抗振性不好时，机械将不能正常工作，或动态精度降低。因此，进行总体布局时，应重视提高机械的刚度和抗振能力，减小振动的不利影响。

④ 结构紧凑，操作、维修方便。

结构紧凑可以节省空间，有利于安装调试，如将电动机、传动部件、操纵控制部件等安装在支承大件内部，可以利用机械的内部空间；用立式布置代替卧式布置，可减小占地面积。

在保证系统总功能的前提下，应力求操作方便、舒适，以改善操作者的劳动条件，减少操作时的体力及脑力消耗；同时应考虑安装、维修的方便性，如易损件需经常更换，应做到装拆方便。

⑤ 充分考虑产品系列化和发展。

设计机械产品时，不仅要注意解决当前存在的问题，还要考虑今后进行产品系列化设计的可能性及产品更新换代的适应性。

设计机械产品时，应尽可能提高产品的标准化因数和重复因数，以提高产品的标准化程度。产品系列化是指对产品的主要参数、尺寸、型式、基本结构等作出合理的安排与规划，形成并合理地简化产品的品种规格，实现零部件最大限度的通用化，在只增加少数专用零部件的情况下，发展变型产品或实现产品的更新换代。因此，产品系列化可以有效提高产品标准化程度。

产品系列化设计的重要内容（如主要参数、尺寸、型式、基本结构的标准化、规格化、模块化）都与总体布置密切相关。

⑥ 造型合理、实用、美观。

为保证机械产品有较高的美学水平和较强的整体形状的和谐性，应重视合理造型，运用科学原理和艺术手段，通过一定的技术和工艺实现。造型的基本原则是合理、实用、美观。

机械产品投入市场后，给人们的第一印象是外形和色彩，它是机械的功能、结构、工艺、材料和外观形象的综合表现，是科学与艺术的结合。只有机械产品的外形、色彩和表观特征符合美学原则，并适应销售地区的时尚，才能够受到用户的喜爱。为此，进行总体布局时，应使各零部件的组合匀称、协调，符合一定的比例关系，前、后、左、右的轻重关系要对称、和谐，有稳定感和安全感。外形轮廓最好由直线或光滑的曲线构成，有整体感。

（2）总体布局的基本形式。

按形状、尺寸、数量、位置、顺序五个基本方面进行综合，可以得出总体布局的类型。

① 按主要工作机构的空间几何位置，总体布局可分为平面式、空间式等。

② 按主要工作机构的相对位置，总体布局可分为前置式、中置式、后置式等。

③ 按主要工作机构的运动轨迹，总体布局可分为回转式、直线式、振动式等。

④ 按机架或机壳的形式，总体布局可分为整体式、组合式等。

滚筒式采煤机的总体布局方式有以下两种。

① 电动机沿轴向（纵向）布置。有链牵引采煤机的总体布局方式如图 1.79 所示，无链牵引采煤机的总体布局方式如图 1.80 所示。

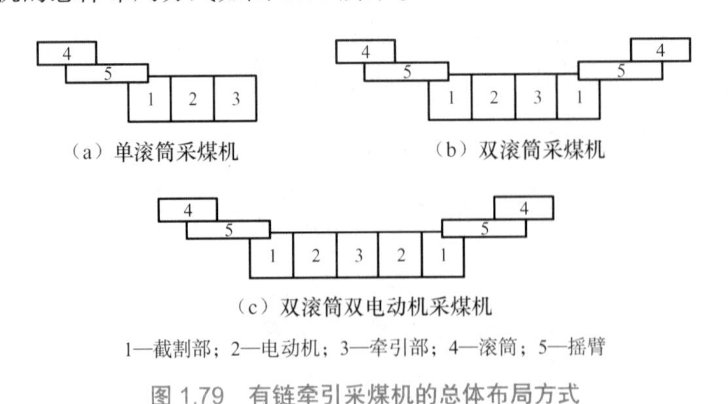

1—截割部；2—电动机；3—牵引部；4—滚筒；5—摇臂

图 1.79 有链牵引采煤机的总体布局方式

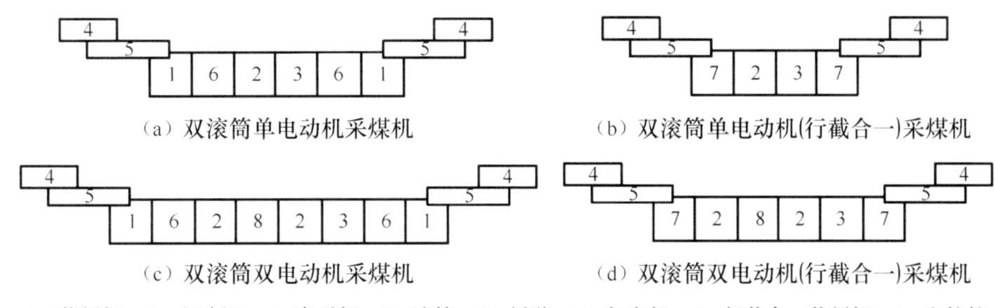

（a）双滚筒单电动机采煤机　（b）双滚筒单电动机(行截合一)采煤机

（c）双滚筒双电动机采煤机　（d）双滚筒双电动机(行截合一)采煤机

1—截割部；2—电动机；3—牵引部；4—滚筒；5—摇臂；6—行走部；7—行截合一截割部；8—电控箱

图 1.80　无链牵引采煤机的总体布局方式

② 多电动机横向布置。多电动机采煤机的总体布局方式如图 1.81 所示。

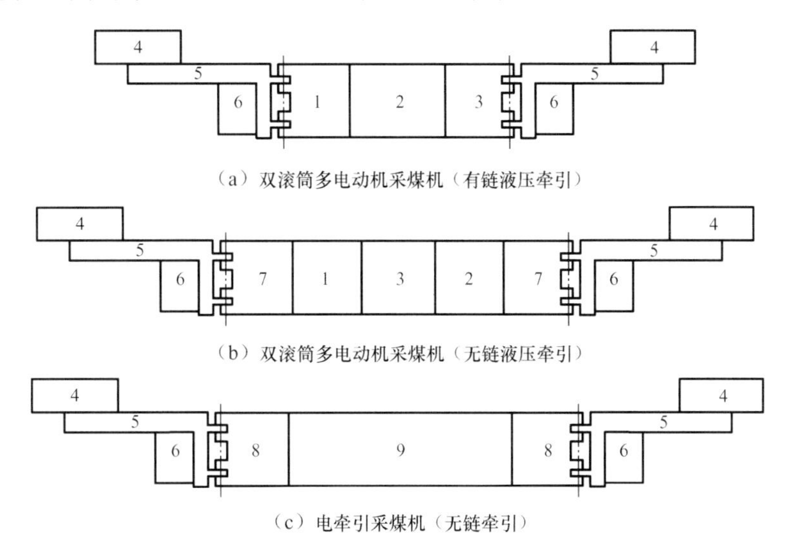

（a）双滚筒多电动机采煤机（有链液压牵引）

（b）双滚筒多电动机采煤机（无链液压牵引）

（c）电牵引采煤机（无链牵引）

1—电控箱；2—牵引部电动机；3—牵引部；4—滚筒；5—摇臂；6—截割部电动机；
7—行走部；8—行牵合一牵引部；9—变频调速及电控箱

图 1.81　多电机采煤机的总体布局方式

2. 主要参数确定

主要参数包括运动参数、动力参数、尺寸参数、质量参数、技术经济参数。

（1）运动参数。

运动参数是指执行构件的工作速度 n（或移动速度 v）及变速范围（也称调速范围）R 等，如机床主轴、工作台、刀架的运动速度，移动机械的行驶速度，连续作业机械的生产节拍等。

执行构件的工作速度一般应根据作业对象的工艺过程要求、工作条件及生产率等因素确定。一般而言，执行构件的工作速度越高，生产率越高，经济效益越好，但会使工作机构及系统的振动、噪声、温度、能耗等增大，零部件的制造、安装精度及润滑、密封等要求提高，应在综合考虑上述影响因素后，由分析计算或经验确定，必要时经试验确定。除少数专用机械只需在某个特定速度下工作外，一般机械需多种工作速度。作业范围越广，通用性越强，工作速度的变化范围越大。

（2）动力参数。

动力参数是指技术系统的承载力和动力源的功率，如工作机的运动阻力、破碎力、成形力和挖掘力等，电动机、内燃机的功率及其机械特性。

动力参数是机械中各零部件计算承载能力以确定尺寸参数的依据，其准确性既影响技术系统工作性能，又影响经济性。

（3）尺寸参数。

尺寸参数是指影响机械性能的主要结构尺寸和作业位置尺寸，包括总体轮廓尺寸（总长度、总宽度、总高度），特性尺寸（加工范围、中心高度），工作装置的尺寸，最大工作行程，表示主要零部件之间位置关系的安装连接尺寸，以及其他关键尺寸（如钢绳直径、曲轴半径、车轮直径等）。

① 尺寸参数的具体内容应根据技术系统的实际工作情况而定。

② 尺寸参数一般依据设计任务书中的原始数据、方案设计时的总体布局图，与同类机械类比或通过分析计算确定，必要时经试验确定。

③ 确定的尺寸参数应符合 GB/T 321—2005《优先数和优先数系》的规定。

（4）质量参数。

质量参数包括整机质量、部件质量、重心位置等。自重与载重之比及生产能力与自重之比能够反映整机的品质，重心位置能够反映整机的稳定性及支承力分布。

（5）技术经济参数。

技术经济参数，又称性能指标，是描述基本功能的参数，是评价技术系统性能的主要依据，也是设计应达到的基本要求。技术经济参数包括生产率、加工质量、成本等。

1.4.6 方案评价

由于可采取不同的工作原理实现机械功能，而且同一工作原理可有不同实施方案，因此需要对拟定的机械系统方案进行评价，以便选出最佳方案。

进行方案评价时，应坚持客观性、可比性、合理性及整体性等原则。

1. 评价指标

对某方案进行科学的评价，先确定目标并作为评价的依据，再针对评价目标给予定性或定量的评价。机械系统方案评价的指标应由所设计机械的具体要求确定，一般说来，有如下六个评价指标。

（1）机械功能的实现质量。拟定方案时，所有方案都基本能满足机械的功能要求，然而各方案在实现功能的质量上有差别，如工作的精确性、稳定性、适应性和扩展性等。

（2）机械的工作性能。机械在满足功能要求的条件下，还应具有良好的工作性能，如运转的平稳性、传力性能及承载能力等。

（3）机械的动力性能。例如冲击、振动、噪声及耐磨性等。

（4）机械的经济性。经济性包含设计工作量、制造成本、维修难易程度及能耗等，应考虑设计、制造、使用及维护等全周期的经济性。

（5）机械结构的合理性。机械结构的合理性包括结构的复杂程度、尺寸及质量等。

（6）社会性。例如宜人性、合法性等。

2. 评价方法

方案的评价方法很多，下面仅介绍使用较简便的专家记分评价法。

进行记分评价时，首先应建立评价质量指标体系，即根据评价对象的特点，确定衡量各方案的指标。例如对彩色电视机阴极金属片冲制机来说，可用增力性能、急回性能、传力性能、承载能力等作为评价指标。其次，为每个指标确定评分的分值，分值根据所设计机械的具体要求和各指标的重要程度确定，各指标分值的和应为 100 分。再次，专家评分一般采用五级相对评分制，即用 0、0.25、0.5、0.75、1 分别表示方案在某指标方面为很差、差、一般、较好、很好。最后，计算各方案得分，对各专家对某方案某指标的评分进行平均，再乘以该指标的分值，得到该方案在该指标上的得分，将各指标的得分相加，即得该方案的总分。根据各方案的总分进行排序，选出最佳方案。

1.4.7　采煤机主要参数的选择与计算

下面以 MG500/1180–WD 型采煤机为例，进行采煤机传动系统设计。

1. 主要参数选择

（1）装机功率：$P_z = 2P_j + 2P_q + P_t$。

式中，P_z 为采煤机总装机功率，kW，$P_z = 2\times500 + 2\times75 + 30 = 1180\text{kW}$；$P_j$ 为截割部电动机功率，kW，$P_j = 500\text{kW}$；P_q 为牵引部电机功率，kW，$P_q = 75\text{kW}$；P_t 为调高泵电动机功率，kW，$P_t = 30\text{kW}$。

（2）整机质量：$Q_z = 55000\text{kg}$。

（3）机面高：$H_0 = 1390\text{mm}$。

（4）摇臂摆动中心高度：$H_1 = H_0 - 155 = 1390 - 155 = 1235\text{mm}$。

（5）摇臂摆角：$\alpha_{上} = 37.78°$，$\alpha_{下} = 15.75°$。

（6）摇臂长度：$L = 2586\text{mm}$。

（7）配套滚筒直径：1.8m、2.0m。

2. 主要参数计算

（1）最大采高（表 1-4）。

$$H_{max} = H_1 + L\sin\alpha_{上} + D/2$$

表 1-4　最大采高

滚筒直径 D/mm	1800	2000
最大采高 H_{max}/mm	3719.3	3819.3

（2）卧底量（表 1-5）。

$$H_w = H_1 - L\sin\alpha_{下} - D/2$$

表 1-5　卧底量

滚筒直径 D/mm	1800	2000
卧底量 H_w/mm	367	467

（3）最大牵引速度。

$$v=\frac{np}{i}Z$$

式中，n 为牵引电动机转速，r/min，$n=1476\text{r/min}$；i 为牵引、行走总传动比，$i_1=288.84$，$i_2=236.983$，$i_3=197.569$；p 为行走轮节距，m，$p=0.126\text{m}$；Z 为行走轮齿数，$Z=13$。

$$v_1=\frac{1476\times0.126\times13}{288.84}\approx8.37\text{m/min}$$

$$v_2=\frac{1476\times0.126\times13}{236.983}\approx10.20\text{m/min}$$

$$v_3=\frac{1476\times0.126\times13}{197.569}\approx12.24\text{m/min}$$

（4）最大牵引力。

$$F=\frac{4Tn\pi\eta}{1000v}$$

式中，F 为最大牵引力，kN；T 为牵引电动机的输出扭矩，N • m，$T=\frac{9550\times75}{1476}\approx485.26\text{N}\cdot\text{m}$；$\eta$ 为牵引、行走传动效率，$\eta=0.9$；v 为牵引速度，m/s。

（5）滚筒转速和截割速度。

① 滚筒转速。

改变一轴、二轴的齿轮，可以实现如下三种转速：

$$n_{g1}=\frac{n_i}{i_1}，\ n_{g2}=\frac{n_i}{i_2}，\ n_{g3}=\frac{n_i}{i_3}$$

式中，n_i 为截割电动机转速，r/min，$n_i=1488\text{r/min}$；i 为截割部总传动比，$i_1=36.522$，$i_2=42.176$，$i_3=48.913$。

$$n_{g1}=\frac{1488}{48.913}\approx30.42\text{r/min}$$

$$n_{g2}=\frac{1488}{42.176}\approx35.28\text{r/min}$$

$$n_{g3}=\frac{1488}{36.522}\approx40.74\text{r/min}$$

② 滚筒截割速度。

$$v_j=\frac{\pi Dn_g}{60\times1000}$$

式中，n_g 为滚筒转速，r/min；D 为滚筒直径，m。

MG500/1180-WD 型采煤机截割速度参见表 1-6。

表 1-6　MG500/1180-WD 型采煤机截割速度

滚筒直径 /m	滚筒转速 /（r/min）	截割速度 /（m/s）
1.8	30.36	2.86
	35.21	3.32
	40.66	3.83
2.0	30.36	3.18
	35.21	3.69
	40.66	4.26

（6）调高泵电动机需要功率。

$$Q = V_q n_t \eta_v$$

$$P = Q\Delta p / 60\eta$$

式中，P 为调高泵电动机需要功率，kW；Q 为调高泵流量，L/min，$Q = V_q n_t \eta_v / 1000$；$V_q$ 为调高泵排量，mL/r，V_p=38mL/r；n_t 为调高泵转速，r/min，$n_t = 1470$r/min；Δp 为最高设定压力差，MPa，$\Delta p = 20$MPa；η_v 为调高泵容积效率，$\eta_v = 0.98$；η 为调高泵总效率，$\eta = 0.95$。

$$Q = V_q n_t \eta_v / 1000 = \frac{38 \times 1470 \times 0.98}{1000} \approx 54.74\text{L/min}$$

$$P = Q\ \Delta p / 60\eta = \frac{54.74 \times 20}{60 \times 0.95} \approx 19.21\text{kW} < 30\text{kW}$$

所选调高泵电动机功率小于 30kW，能够满足使用要求。

（7）调高油缸推力。

$$F_t = \Delta p_t \frac{\pi d^2}{4}$$

式中，F_t 为调高油缸推力，kN；Δp_t 为油缸活塞两侧额定压力差，MPa，$\Delta p = 18$MPa；d 为油缸活塞直径，m，$d = 0.22$m。

$$F_t = 18 \times 10^6 \times \frac{3.14 \times 0.22^2}{4} = 683892\text{N} \approx 683.89\text{kN}$$

1.4.8 齿轮的计算载荷及齿轮与轴的材料选用

1. 计算载荷

（1）截割部的计算载荷均以 500kW，滚筒的输出转速为 30.36r/min 进行强度验算。

载荷的计算公式如下：

$$T_j = 9550\frac{P_j}{n_g}\eta \tag{1.20}$$

式中，T_j 为扭矩，N • m；P_j 为电动机的额定输出功率，kW；n_g 为轴的转速，r/min；η_j 为机械传动效率。

截割电动机的额定功率 $P_j = 500\text{kW}$，额定转速 $n_j = 1488\text{r/min}$。每级减速的传动效率都取 η=0.98，行星机构的传动效率取 η=0.97。

（2）牵引传动部的计算载荷以 75kW，牵引部输出转速为 7.38r/min 进行强度验算。

按式（1.18）计算，其中 P_q=75kW，n_q=1476r/min。每级减速的传动效率都取 η=0.98，行星机构的传动效率取 η=0.97。

2. 齿轮精度要求

圆柱齿轮精度要求：8—7—7。

行星减速器齿轮精度要求：8—7—7（内齿圈 8—7—7）。

3. 齿轮材料及热处理

MG500/1180-WD 型采煤机齿轮材料及热处理后要求的轮齿硬度见表 1-7。

表 1-7 MG500/1180-WD 型采煤机齿轮材料及热处理后要求的轮齿硬度

钢号	热处理	齿面硬度	芯部硬度
20CrMnTi	渗碳淬火	58 ~ 62HRC	36 ~ 42HRC
18Cr2Ni4WA	渗碳淬火	58 ~ 62HRC	36 ~ 42HRC
18CrMnNiMo	渗碳淬火	58 ~ 62HRC	30 ~ 36HRC
42CrMo	调质氮化	≥550HV	

1.4.9 齿轮几何参数与强度计算

1. 传动参数

（1）MG500/1180-WD 型采煤机牵引部传动参数见表 1-8，传动图如图 1.82所示。

（2）MG500/1180-WD 型采煤机截割部传动参数见表 1-9，传动图如图 1.83所示。

表 1-8 MG500/1180-WD 型采煤机牵引部传动参数

项目	第一级		第二级			第三级			第四级			行走部	
	Ⅰ轴	Ⅱ轴	Ⅲ轴		Ⅳ轴	Ⅴ轴			Ⅵ轴			驱动轮轴	行走轮轴
	z_1	z_2	z_3	z_4	z_5	z_6	z_7	z_8	z_9	z_{10}	z_{11}	z_{12}	z_{13}
齿数 z	22	57	32	46	79	15	25	66	16	21	60	9	13
模数 m	5					6			7			40.1	
传动比 i	2.591		2.469			5.4			4.75			1.444	
转速 n/(r/min)	1476	569.68	396.302		230.758	42.7333			8.996				6.228
扭矩 T/(N·m)	485.264	1232.13	1735.76		2921.36	15302.1			70504.47				91655.7

P=75kW，$n_{电}$=1476r/min，η_1=98%，η_2=97%

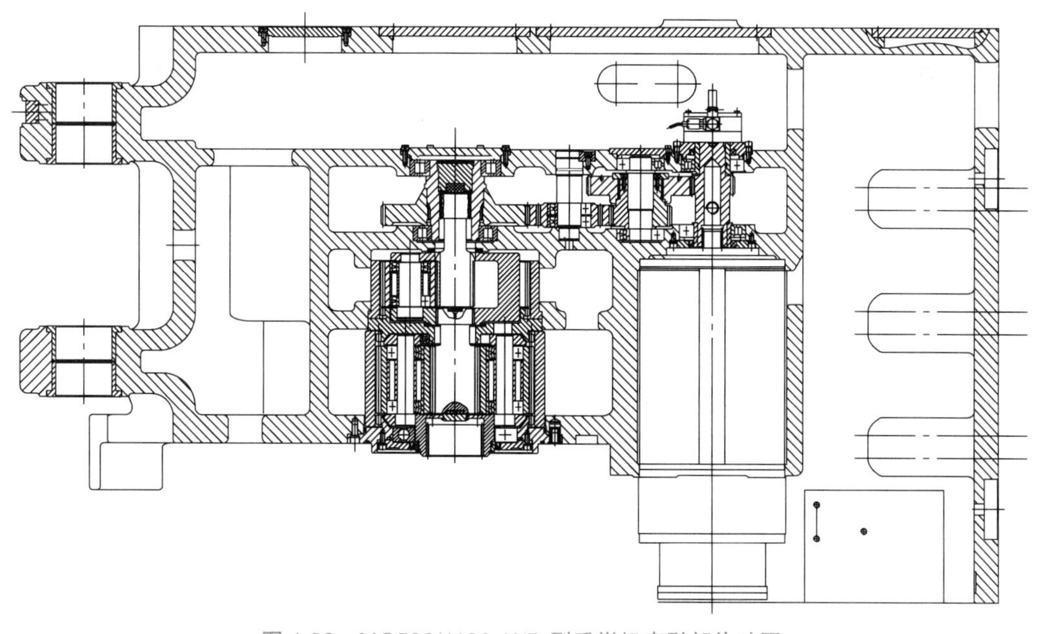

图 1.82 MG500/1180-WD 型采煤机牵引部传动图

表 1-9　MG500/1180-WD 型采煤机截割部传动参数

项目	第一级			第二级		第三级				第四级		
	Ⅰ轴	Ⅱ轴	Ⅲ轴		Ⅳ轴		Ⅴ轴	Ⅵ轴	Ⅶ轴	Ⅷ轴		
	z_1	z_2	z_3	z_4	z_5	z_6	z_7	z_8	z_9	z_{10}	z_{11}	z_{12}
齿数 z	23	42	40	21	47	21	40	40	47	18	25	70
模数 m	7			8		10				10		
传动比 i	1.739			2.238		2.238				4.89		
转速 n/（r/min）	1488	814.86		855.6	382.29		200.7	200.7	170.81	34.94		
扭矩 T/（N·m）	3209	5742.7		5359.9	11756		21944.5	21505.6	24763.7	117435		
P=500kW，$n_{电}$=1488r/min，η_1=98%，η_2=97%												

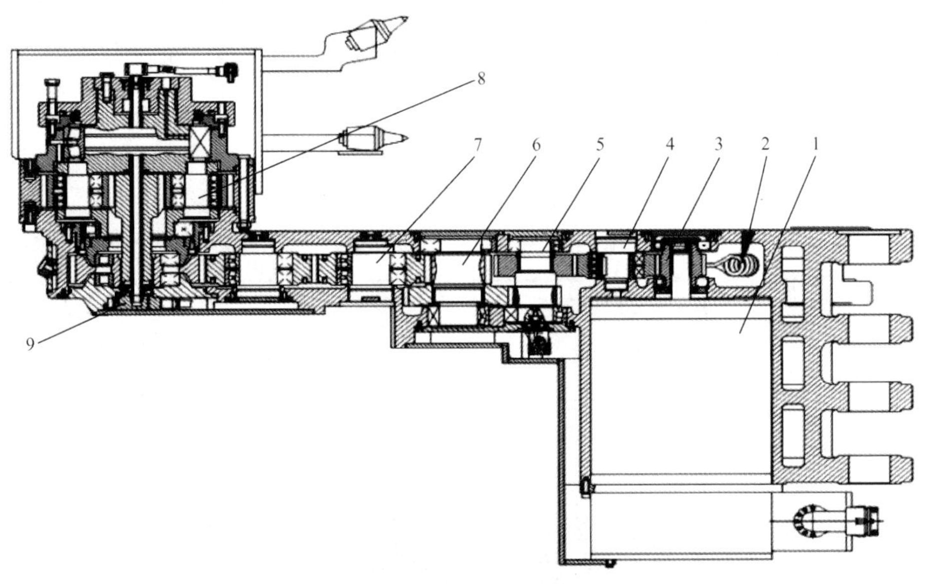

1—电动机；2—冷却器；3—Ⅰ轴；4—Ⅱ轴；5—Ⅲ轴；6—Ⅳ轴；7—Ⅴ轴；8—行星机构；9—喷雾系统

图 1.83　MG500/1180-WD 型采煤机截割部传动图

2. 圆柱齿轮几何参数计算

（1）MG500/1180-WD 型采煤机截割部圆柱齿轮几何参数见表 1-10。

（2）MG500/1180-WD 型采煤机截割部行星齿轮几何参数见表 1-11。

3. 圆柱齿轮强度计算

（1）MG500/1180-WD 型采煤机截割部圆柱齿轮接触强度验算见表 1-12。

（2）MG500/1180-WD 型采煤机截割部圆柱齿轮齿根弯曲强度验算见表 1-13。

（3）MG500/1180-WD 型采煤机截割部行星齿轮接触强度验算见表 1-14。

（4）MG500/1180-WD 型采煤机截割部行星齿轮齿根弯曲强度验算见表 1-15。

表 1-10 MG500/1180-WD 型采煤机截割部圆柱齿轮几何参数

序号	计算项目	符号	计算公式	第一级			第二级		第三级		
				z_1	z_2	z_3	z_4	z_5	z_6	z_7/z_8	z_9
1	齿数	z		23	42	40	21	47	21	40	47
2	模数	m		7			8		10		
3	齿顶高系数	h_a^*		1							
4	顶隙系数	c^*		0.25							
5	齿形角	α		20°							
6	变位系数	x		0.6	0.7	0.7	0.6	0.7	0.654	0.809	0.898
7	齿宽	b		95			85		125		
8	理论中心距	a	$a_{AC}=m(z_A+z_C)/2$ $a_{CB}=m(z_B-z_C)/2$	227.5		287		272		305	435
9	啮合角	α'	$\mathrm{inv}\alpha'_{AC}=2(x_A+x_C)\tan\alpha/(z_A+z_C)+\mathrm{inv}\alpha$	24.864°		24.28°		24.69°		25.612°	24.79°
10	中心距变动系数	y	$y=\dfrac{z_2+z_1}{z}\left(\dfrac{\cos\alpha}{\cos\alpha'}-1\right)$	1.16		1.27		1.165		1.605	1.526
11	齿高变动系数	Δy	$\Delta y=(x_2+x_1)-y$	−0.14	−0.14	−0.134	−0.135	−0.135	−0.18	−0.18	3.319
12	实际中心距	a'	$a'=a+ym$	235.62		295.86		281.32		317.84	450.26
13	分度圆直径	d	$d=mz$	161	294	280	168	376	210	400	400
14	节圆直径	d'	$d'_A=d_A\cos\alpha/\cos\alpha'_{AC}$	166.75	304.49	288.65	173.75	388.88	218.84	416.86/414.03	486.49
15	齿顶圆直径	d_a	$d_{aA}=d_A+2(h_a^*+x_A-\Delta y_{AC})m$	181.441	315.84	301.93	191.43	401.03	239.49	432.59	504.34
16	齿根圆直径	d_f	$d_{fA}=d_A-2(h_a^*+c^*-x_A)m$	151.9	286.3	272.3	157.6	367.2	198.08	391.18	462.96
17	全齿高	h	$h=(2h_a^*+c^*-\Delta y)m$	14.77	14.81	14.81	16.92		20.71		17.17
18	基圆直径	d_b	$d_b=d\cos\alpha$	151.29	276.27	263.11	157.87	353.32	197.34	375.88	441.66
19	齿顶圆压力角	α_a	$\alpha_a=\arccos d_b/d_a$	33.51°	28.991°	29.37°	34.35°	28.23°	34.52°	29.67°	28.87°
20	重合系数	ε	$\varepsilon_{AC}=[z_A(\tan\alpha_{aA}-\tan\alpha_{AC}')+z_C(\tan\alpha_{aC}-\tan\alpha_{AC}')]/2\pi$	1.33	1.4		1.33		1.27		1.35
21	分度圆齿厚	s	$s=\pi m/2+2xm\tan\alpha$	14.04	14.56	14.56	16.04	16.64	20.44	12.59/21.59	22.24
22	公法线长度	W	$W=m\cos\alpha[\pi(k-0.5)+z\,\mathrm{inv}\alpha+2x\tan\alpha]$	77.46	121.13	120.93	88.3	162.61	110.74	173.5	204.61

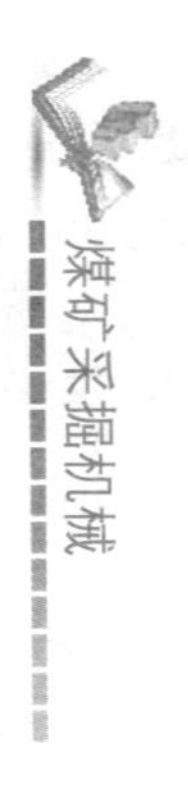

表 1-11 MG500/1180-WD 型采煤机截割部行星齿轮几何参数

序号	计算项目	符号	计算公式	数据		
				太阳轮 A	行星轮 C	内齿圈 B
1	齿数	z		18	25	70
2	模数	m		10		
3	齿顶高系数	h_a^*		1		
4	顶隙系数	c^*		0.4		
5	齿形角	α		20°		
6	变位系数	x		0.456	0.3	0
7	齿宽	b		145		
8	理论中心距	a	$a_{AC}=m(z_A+z_C)/2$ $a_{CB}=m(z_B-z_C)/2$	215	225	
9	啮合角	α'	$\mathrm{inv}\alpha'_{AC}=2(x_A+x_C)\tan\alpha/(z_A+z_C)+\mathrm{inv}\alpha$ $\mathrm{inv}\alpha'_{CB}=2(x_B-x_C)\tan\alpha/(z_B-z_C)+\mathrm{inv}\alpha$	24.384°	17.61°	
10	实际中心距	a'	$a'=a+ym$	221.821		
11	分度圆直径	d	$d=mz$	180	250	700
12	节圆直径	d'	$d'_A=d_A\cos\alpha/\cos\alpha'_{AC}$ $d'_C=d_C\cos\alpha/\cos\alpha'_{AC}$ $d'_C=d_C\cos\alpha/\cos\alpha'_{CB}$ $d'_B=d_B\cos\alpha/\cos\alpha'_{CB}$	169.14	234.92	657.78

续表

序号	计算项目	符号	计算公式	数据		
				太阳轮 A	行星轮 C	内齿圈 B
13	齿顶圆直径	d_a	$d_{aA}=d_A+2(h_a^*+x_A-\Delta y_{AC})m$ $d_{aC}=d_C+2(h_a^*+x_C-\Delta y_{AC})m$ $d_{aB}=2a'_{BC}+d_{fC}+2c^*m$	207.6744	274.5144	682.72
14	齿根圆直径	d_f	$d_{fA}=d_A-2(h_a^*+c^*-x_A)m$ $d_{fC}=d_C-2(h_a^*+c^*-x_C)m$ $d_{fB}=2a'_{oB}+d_{ao}$，a'_{oB} 为插齿啮合中心距，d_{ao} 为插刀齿顶圆直径	164.12	231	725
15	全齿高	h	$h_A=0.5(d_{aA}-d_{fA})$， $h_C=0.5(d_{aC}-d_{fC})$，$h_B=0.5(d_{fB}-d_{aB})$	18.99	17.88	15.71
16	基圆直径	d_b	$d_b=d\cos\alpha$	169.14	234.92	657.785
17	齿顶圆压力角	α_a	$\alpha_a=\arccos d_b/d_a$	35.45°	31.16°	15.53°
18	重合系数	ε	$\varepsilon_{AC}=[z_A(\tan\alpha_{aA}-\tan\alpha_{AC}')+z_C(\tan\alpha_{aC}-\tan\alpha_{AC}')]/2\pi$ $\varepsilon_{CB}=[z_C(\tan\alpha_{aC}-\tan\alpha_{CB}')-z_B(\tan\alpha_{aB}-\tan\alpha_{CB}')]/2\pi$	1.342		1.6416
19	分度圆齿厚	s	$s=\pi m/2+2xm\tan\alpha$	18.99	17.88	15.71
20	测齿数	K	$K=z\arccos[z\cos\alpha/z+2x]/180°+0.5$	3	4	8
21	公法线长度	W	$W=m\cos\alpha[\pi(k-0.5)+z\mathrm{inv}\alpha+2x\tan\alpha]$	79.44	108.88	231.21

表 1-12　MG500/1180-WD 型采煤机截割部圆柱齿轮接触强度验算

序号	计算项目	符号	计算公式	第一级			第二级		第三级		
				z_1	z_2	z_3	z_4	z_5	z_6	z_7	z_8
1	齿数	z		23	42	40	21	47	21	40	47
2	齿数比	u		1.739			2.238		2.238		
3	模数	m		7			8		10		
4	齿宽	b		95			85		125		
5	分度圆直径	d		161	294	280	168	376	210	400	470
6	端面内分度圆上名义切向力 /N	F_t	$F_t=2000T/d$	39859.25			63808.3		111961.9		109722.5
7	使用系数	K_A		1.25			1.25		1.25		
8	动载系数	K_V		1.115			1.101		1.071		
9	齿向载荷分布系数	$K_{H\beta}$	$K_{H\beta}=1+0.5F_{\beta y}C_\gamma/W_m$	1.294		1.334	1.21		1.178		1.186
10	齿间载荷分布系数	$K_{H\alpha}$	$K_{H\alpha}=\varepsilon_\gamma[0.9+0.4C_\gamma(f_{pb}-y_\alpha)b/F_{tH}]/2$	1.1			1.1		1.1		
11	节点区域系数	Z_H	$Z_H=\sqrt{2\cos\beta_t\cdot\cos\alpha_t'/\cos^2\alpha_t\cdot\sin\alpha_t'}$	2.211			2.22		2.174		2.214
12	弹性系数	Z_E		189.8			189.8		189.8		
13	重合度系数	Z_ε	$Z_\varepsilon=\sqrt{(4-\varepsilon\alpha)/3}$	0.88		0.87	0.89		0.88		0.87
14	螺旋角系数	Z_β	$Z_\beta=\sqrt{\cos\beta}$	1			1		1		
15	计算接触应力 /（N/mm^2）	σ_H	$\sigma_H=Z_HZ_EZ_\varepsilon Z_\beta\sqrt{F_t(u+1)K_AK_VK_{H\alpha}/d_1bu}$	961.123		792.746	1200.075		1180.623		848.207

续表

序号	计算项目	符号	计算公式	第一级			第二级		第三级		
				z_1	z_2	z_3	z_4	z_5	z_6	z_7	z_8
16	接触疲劳极限 /（N/mm^2）	σ_{Hlim}		1500			1500		1500		
17	最小安全系数	S_{Hmin}		1			1		1		
18	寿命系数	Z_N	$Z_N=(10^9/N_L)^{0.057}$（$10^7<N_L<10^9$）	0.867		0.876	0.89		0.913		0.931
19	润滑剂系数	Z_L	$Z_L=C_{ZL}+4(1-C_{ZL})/(1.2+80/U_{50})^2$	1.02			1.02		1.02		
20	速度系数	Z_V	$Z_V=C_{ZV}+2(1.0-C_{ZV})/\sqrt{0.8+32/v}$	1.006			0.998		0.978		
21	粗糙度系数	Z_R	$Z_R=(3/R_{Z100})^{CZR}$	1.137		1.144	1.149		1.146		1.15
22	工作硬化系数	Z_W		1			1		1		
23	尺寸系数	Z_X		1			1		1		
24	许用接触应力 /（N/mm^2）	σ_{HP}	$\sigma_{HP}=\sigma_{Hlim}Z_NZ_LZ_VZ_RZ_WZ_X/S_{Hmin}$	1517.291		1542.48	1561.464		1565.618		1602.056
25	计算安全系数	S_H	$S_H=\sigma_{HP}/\sigma_H$	1.58		1.59	1.3		1.33		1.89

表 1-13　MG500/1180-WD 型采煤机截割部圆柱齿轮齿根弯曲强度验算

序号	计算项目	符号	计算公式	第一级			第二级		第三级		
				z_1	z_2	z_3	z_4	z_5	z_6	z_7	z_8
1	齿数	z		23	42	40	21	47	21	40	47
2	模数	m		7			8			10	
3	齿宽	b		95			85				125
4	变位系数	x		0.6	0.7	0.7	0.6	0.7	0.654	0.809	0.898
5	端面内分度圆上名义切向力 /N	F_t	$F_t=2000T/d$	39859.24			63808.3		111961.9	109722.5	
6	使用系数	K_A		1.25							
7	动载系数	K_V		1.15			1.101		1.071		
8	齿向载荷分布系数	$K_{F\beta}$	$K_{F\beta}=(K_{H\beta})^N$	1.244	1.276		1.155		1.147	1.154	
9	齿间载荷分布系数	$K_{F\alpha}$	$K_{F\alpha}=K_{H\alpha}$	1			1		1		
10	齿形系数	$Y_{F\alpha}$		1.91	1.85	1.86	1.921	1.857	1.833	1.77	1.753
11	应力修正系数	$Y_{S\alpha}$		1.912	1.985	1.98	1.9	1.988	1.943	2.023	2.036
12	重合度系数	Y_ε	$Y_\varepsilon=0.25+0.75/\varepsilon_\alpha$	0.813	0.784		0.813		0.84	0.804	
13	螺旋角系数	Y_β	$Y_\beta=1-\varepsilon_\beta\beta/120°$	1			1		1		
14	计算齿根应力 / (N/mm^2)	σ_F	$\sigma_F=F_tY_FY_SY_\varepsilon Y_\beta K_AK_VK_{F\beta}K_{F\alpha}/bm_n$	317.2	316.52	307.32	442.607		411.47		390.41
15	齿根弯曲疲劳极限 / (N/mm^2)	σ_{Flim}		400							

续表

序号	计算项目	符号	计算公式	第一级			第二级		第三级		
				z_1	z_2	z_3	z_4	z_5	z_6	z_7	z_8
16	最小安全系数	S_{Fmin}		1							
17	相对齿根圆角敏感系数	$Y_{\delta relT}$		1.003	1.005	1.005	1.003	1.005	1.003	1.005	1.005
18	相对齿根表面状况系数	Y_{RrelT}	$Y_{RrelT}=1.674-0.529(R_Z+1)^{0.1}$	1.092							
19	应力修正系数	Y_{st}		2							
20	尺寸系数	Y_X	$Y_X=1.05-0.01m_n$ ($5mm<m_n\leqslant 30mm$)	0.98			0.97		0.95		
21	寿命系数	Y_{NT}	$Y_{NT}=1$ ($N_L>3\times 10^6$)	0.867	0.877	0.876	0.876	0.89	0.89	0.902	0.905
22	许用齿根应力/(N/mm²)	σ_{FP}	$\sigma_{FP}=\sigma_{Flim}Y_{ST}Y_{NT}Y_{\delta relT}Y_{RrelT}Y_X/S_{Fmin}$	742.263	750.824	753.53	742.31		738.63		763.53
23	计算安全系数	S_F	$S_F=\sigma_{FP}/\sigma_F$	2.415	2.37	2.452	1.68	2.49	1.8		1.96

表 1-14　MG500/1180-WD 型采煤机截割部行星齿轮接触强度验算

序号	计算项目	符号	计算公式	第四级		
				z_9	z_{10}	z_{11}
1	齿数	z		18	25	70
2	模数	m		10		
3	齿宽	b		145		
4	分度圆直径	d		180	250	700
5	端面内分度圆上名义切向力 /N	F_t	$F_t=2000T/d$	79106.26		
6	使用系数	K_A		1.25		
7	动载系数	K_V		1.05		
8	齿向载荷分布系数	$K_{H\beta}$	$K_{H\beta}=1+(K_{H\beta0}-1)K_{HW}K_{He}$	1.232	1.347	
9	齿间载荷分布系数	$K_{H\alpha}$	$K_{H\alpha}=\varepsilon_\gamma[0.9+0.4C_\gamma(f_{pb}-y_\alpha)b/F_{tH}]/2$	1		
10	行星轮间载荷不均衡系数	K_{HP}		1.1		
11	节点区域系数	Z_H	$Z_H=\sqrt{2\cos\beta_t\cos\alpha_t'/\cos^2\alpha_t\sin\alpha_t'}$	2.235	2.495	
12	弹性系数	Z_E		189.8		
13	重合度系数	Z_ε	$Z_\varepsilon=\sqrt{(4-\varepsilon\alpha)/3}$	0.941	0.828	
14	螺旋角系数	Z_β	$Z_\beta=\sqrt{\cos\beta}$	1		

续表

序号	计算项目	符号	计算公式	第四级		
				z_9	z_{10}	z_{11}
15	计算接触应力 /（N/mm²）	σ_H	$\sigma_H=Z_H Z_E Z_\varepsilon Z_\beta \sqrt{F_t(u+1)K_A K_V K_{H\beta} K_{H\alpha} / d_1 bu}$	1157.823		897.211
16	接触疲劳极限 /（N/mm²）	σ_{Hlim}		1650	1500	1500
17	最小安全系数	S_{Hmin}		1.12		
18	寿命系数	Z_N		0.903	0.893	0.951
19	润滑剂系数	Z_L	$Z_L=C_{ZL}+4(1-C_{ZL})/(1.2+80/U_{50})^2$	1.02		
20	速度系数	Z_V	$Z_V=C_{ZV}+2(1.0-C_{ZV})/\sqrt{0.8+32/v}$	0.958		0.954
21	粗糙度系数	Z_R	$Z_R=(3/R_{Z100})^{CZR}$	1.135		1.136
22	工作硬化系数	Z_W		1		
23	尺寸系数	Z_X		1		
24	许用接触应力 /（N/mm²）	σ_{HP}	$\sigma_{HP}=\sigma_{Hlim}Z_N Z_L Z_V Z_R Z_W Z_X/S_{Hmin}$	1519.534	1205.683	1407.929
25	计算安全系数	S_H	$S_H=\sigma_{HP}/\sigma_H$	1.312	1.343	2.63

表 1-15　MG500/1180-WD 型采煤机截割部行星齿轮齿根弯曲强度验算

序号	计算项目	符号	计算公式	第四级		
				z_{10}	z_{11}	z_{12}
1	齿数	z		18	25	70
2	模数	m			10	
3	齿宽	b			145	
4	变位系数	x		0.456	0.3	0
5	端面内分度圆上名义切向力 /N	F_t	$F_t=2000T/d$	79106.26		79106.26
6	使用系数	K_A			1.25	
7	动载系数	K_V			1.05	
8	齿向载荷分布系数	$K_{F\beta}$	$K_{F\beta}=1+(K_{F\beta0}-1)K_{Fw}K_{Fe}$	1.192		1.284
9	齿间载荷分布系数	$K_{F\alpha}$	$K_{F\alpha}=K_{H\alpha}$		1	
10	齿形系数	$Y_{F\alpha}$		2.25	2.296/2.762	2.063
11	应力修正系数	$Y_{S\alpha}$		1.719	1.694/1.54	2.46
12	重合度系数	Y_ε	$Y_\varepsilon=0.25+0.75/\varepsilon_\alpha$	0.809		0.636
13	螺旋角系数	Y_β	$Y_\beta=1-\varepsilon_\beta\beta/120°$		1	
14	计算齿根应力 /（N/mm²）	σ_F	$\sigma_F=F_tY_FY_SY_\varepsilon Y_\beta K_AK_VK_{F\beta}K_{F\alpha}/bm_n$	267.07	248.71	296.76
15	齿根弯曲疲劳极限 /（N/mm²）	σ_{Flim}		400	400	350
16	最小安全系数	S_{Fmin}			1.12	
17	相对齿根圆角敏感系数	$Y_{\delta relT}$		0.998	0.997	1.028
18	相对齿根表面状况系数	Y_{RrelT}	$Y_{RrelT}=1.674-0.529(R_Z+1)^{0.1}$		1.092	
19	应力修正系数	Y_{st}			2	
20	尺寸系数	Y_X	$Y_X=1.05-0.01m_n$（$5mm<m_n\leqslant30mm$）		0.95	
21	寿命系数	Y_{NT}	$Y_{NT}=1$（$N_L>3\times10^6$）	0.884	0.878	0.915
22	许用齿根应力 /（N/mm²）	σ_{FP}	$\sigma_{FP}=\sigma_{Flim}Y_{ST}Y_{NT}Y_{\delta relT}Y_{RrelT}Y_X/S_{Fmin}$	688.14	733.68	33.68
23	计算安全系数	S_F	$S_F=\sigma_{FP}/\sigma_F$	2.58	2.95	2.47

1.4.10 截割部轴与轴承强度校核

1. Ⅰ轴的轴承寿命计算

（1）截割部Ⅰ轴的受力分析（图 1.84）。

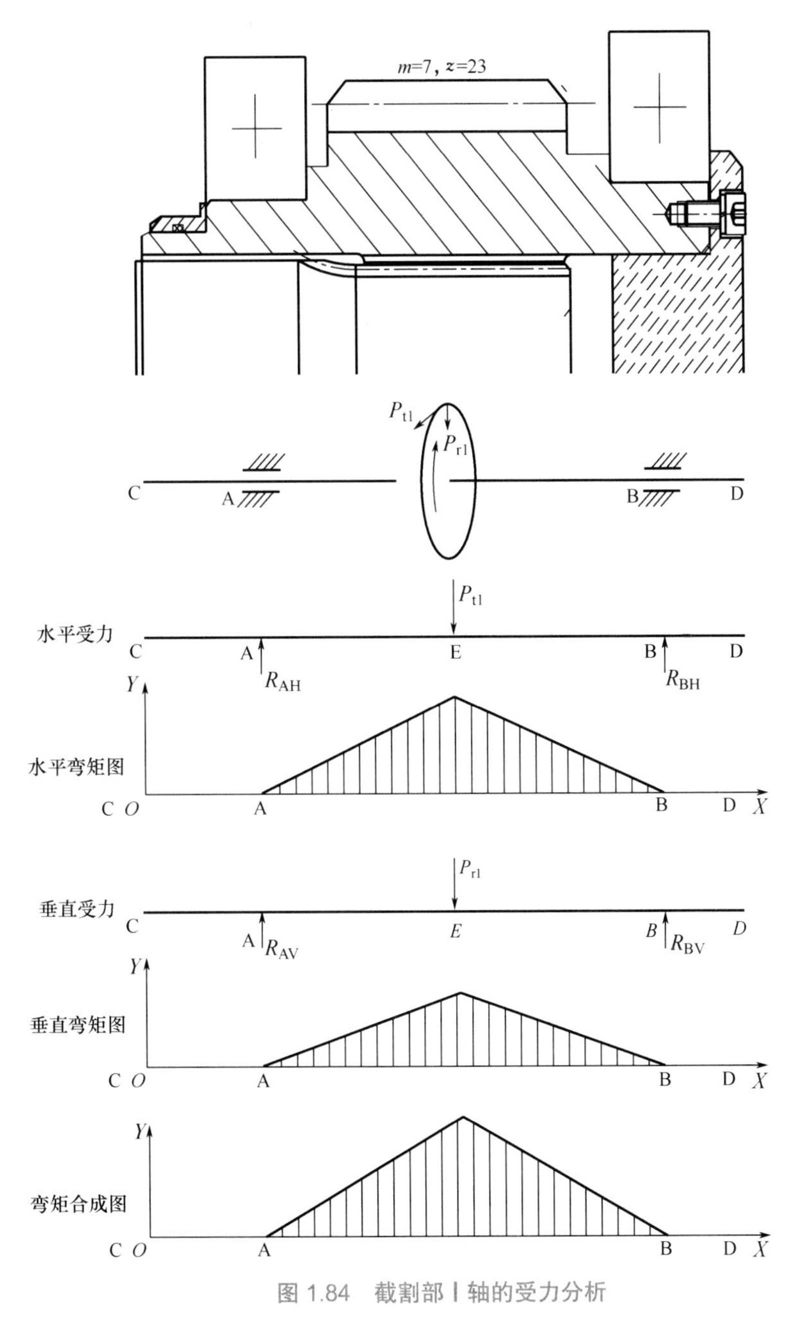

图 1.84 截割部Ⅰ轴的受力分析

① 传动件作用在轴上的力：输入扭矩 T_1=3209N • m

齿轮对Ⅰ轴的作用力

$$P_{t1}=\frac{2000T_1}{d_1'}=\frac{2000\times 3209}{161}\approx 39863.4\text{N}$$

$$P_{r1}=P_{t1}\tan\alpha'=39863.4\times 0.364\approx 14509.1\text{N}$$

② 求支座反力。

a. 水平面的反力。

$$R_{BH}=\frac{P_{t1}\times a}{b+a}=\frac{39863.4\times 85}{75+85}\approx 21177.4\text{N}$$

$$R_{AH}=P_{t1}-R_{BH}=39863.4-21177.4=18686\text{N}$$

b. 垂直面的反力。

$$R_{BV}=\frac{P_{r1}\times a}{b+a}=\frac{14509.1\times 85}{75+85}\approx 7708\text{N}$$

$$R_{AV}=P_{r1}-R_{BV}=14509.1-7708=6801.1\text{N}$$

c. 合成反力。

$$R_A=\sqrt{R_{AV}^2+R_{AH}^2}=\sqrt{6801.1^2+18686^2}=19885.2\text{N}$$

$$R_B=\sqrt{R_{BV}^2+R_{BH}^2}=\sqrt{7708^2+21177.4^2}=22536.5\text{N}$$

d. E 截面弯矩。

$$M_{EH}=R_{AH}a=18686\times 0.085=1588.31\text{N}\cdot\text{m}$$

$$M_{EV}=R_{AV}a=6801.1\times 0.085\approx 578.09\text{N}\cdot\text{m}$$

e. 总的弯矩。

$$M_E=\sqrt{(M_{AH})^2+(M_{EV})^2}=\sqrt{1588.31^2+578.09^2}\approx 1690.24\text{N}\cdot\text{m}$$

f. 轴径验算。

$$d=21.68\sqrt[3]{\frac{\sqrt{M_E^2+(\psi T)^2}}{\sigma_{-1p}}}\times\frac{1}{\sqrt[3]{1-\alpha^4}}=21.68\times\sqrt[3]{\frac{\sqrt{1690.24^2}}{90}}\times\frac{1}{\sqrt[3]{1-\left(\frac{81}{161}\right)^4}}\approx 56.37<161$$

主要的轴和批量生产的轴通常采用安全系数法进行校核，包括疲劳强度安全系数校核和静强度安全系数校核。

设计的轴径满足要求。

（2）轴承寿命计算。

A 点选用：FAG NUP224E 轴承，$C_r=335000\text{N}$，$n=1488\text{r/min}$

$$L_h=\frac{10^6}{60n}\times\left(\frac{C_r}{P}\right)^{\varepsilon}=\frac{10^6}{60\times 1488}\times\left(\frac{335000}{1.5\times 19885.2}\right)^{\frac{10}{3}}\approx 35535\text{h}$$

B 点选用：FAG NJ222E 轴承，$C_r=290000\text{N}$，$n=1488\text{r/min}$

$$L_h=\frac{10^6}{60n}\times\left(\frac{C_r}{P}\right)^{\varepsilon}=\frac{10^6}{60\times 1488}\times\left(\frac{290000}{1.5\times 22536.5}\right)^{\frac{10}{3}}\approx 14476\text{h}$$

2. Ⅱ轴的轴承寿命计算

（1）轴的受力分析。

① 传动件作用在轴上的力：输入扭矩 T_2=5742.7N·m

$$P_{t2}=\frac{2000T_2}{d_2'}=\frac{2000\times5742.7}{294}\approx39065.99\text{N}$$

$$P_{r2}=P_{t2}\tan\alpha'=39065.99\times\tan20^\circ\approx14218.86\text{N}$$

水平方向：相互抵消，只有圆周力。

垂直方向：

$$P_V=P_{r2}+P'_{r2}=2\times14218.86\approx28437.72\text{N}$$

② 求支座反力。

由两个轴承支承在轴上 A、B 两点

$$R_A=R_B=\frac{P_V}{2}=\frac{28437.72}{2}=14218.86\text{N}$$

（2）轴承寿命计算。

A、B 两点均选用 SKF 23026EAS.M 轴承，$C_r=430000\text{N}$，$n=814.86\text{r/min}$，计算得 $h_L=451639\text{h}$。

3. Ⅲ轴的受力分析（图 1.85）

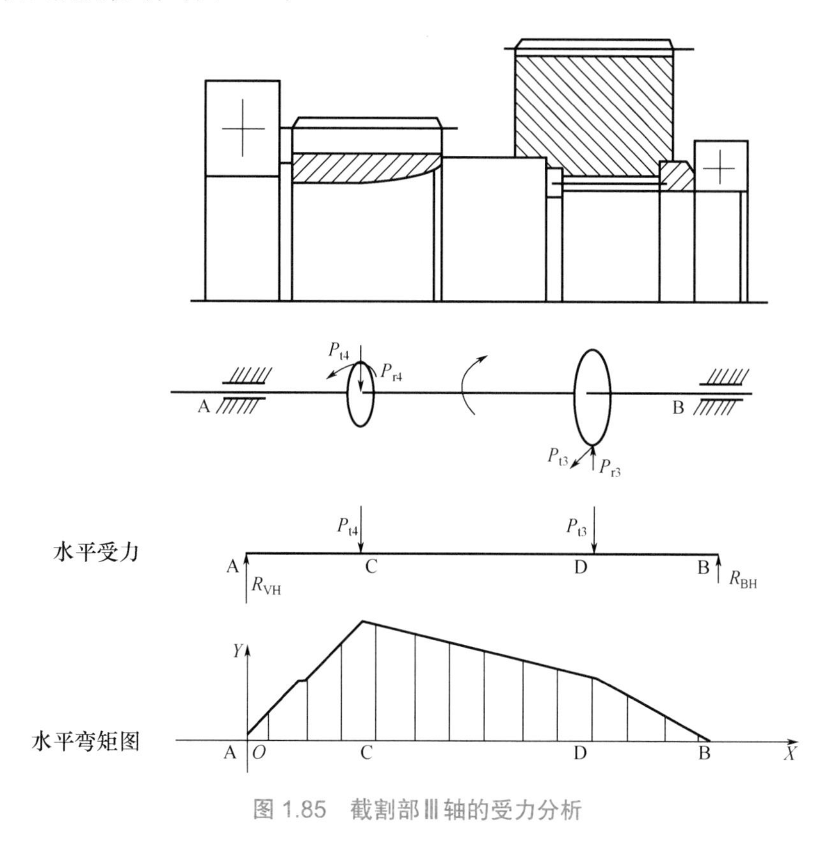

图 1.85　截割部Ⅲ轴的受力分析

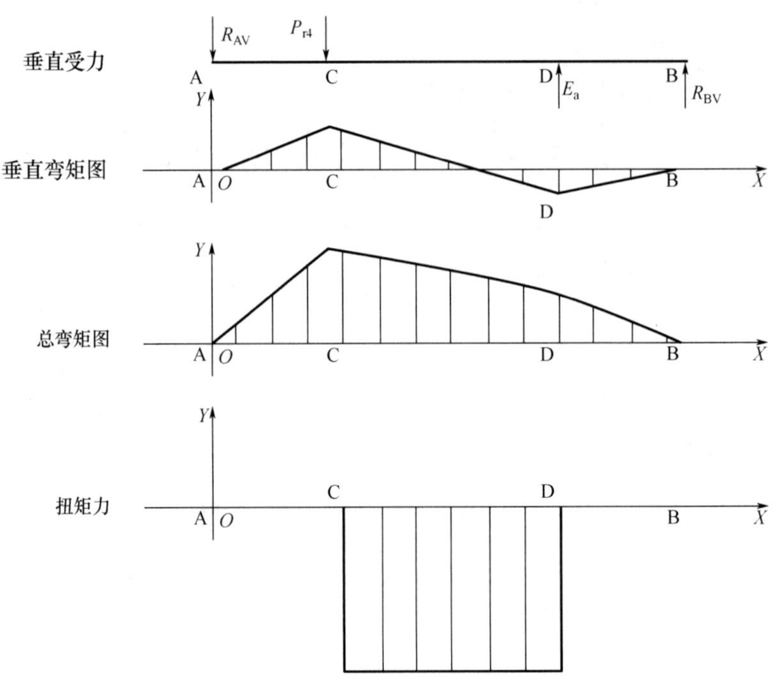

图 1.85　截割部Ⅲ轴的受力分析（续）

（1）传动件作用在轴上的力：

输入扭矩 $T_3 = 5359.9\text{N}\cdot\text{m}$，$P_{t4} = \dfrac{2000T_3}{d_4} = \dfrac{2000\times5359.9}{168} \approx 63808.3\text{N}$

$$P_{r4} = P_{t4}\tan\alpha = 63808.3\times\tan20° \approx 23224.3\text{N}$$

不考虑效率损失：

$$P_{t3} = P_{t2} = 39065.99\text{N}$$

$$P_{r3} = P_{r2} = 14218.86\text{N}$$

（2）求支座反力。

① 水平面的反力。

$$R_{BH} = \frac{P_{t3}\times(a+b)+P_{t4}\times a}{a+b+c} = \frac{39065.99\times(86+134)+86\times63808.3}{301} \approx 46784.16\text{N}$$

$$R_{AH} = -R_{BH}+P_{t3}+P_{t4} = -46784.16+39065.99+63808.3 = 56090.13\text{N}$$

② 垂直面的反力。

$$R_{BV} = \frac{P_{r4}\times a-P_{r3}\times(b+a)}{a+b+c} = \frac{23224.3\times86-14218.86\times220}{301} \approx -3757\text{N}$$

$$R_{AV} = R_{BV}-P_{r4}+P_{r3} = -3757-23224.3+14218.86 = -12762.44\text{N}$$

③ 合成反力。

$$R_A = \sqrt{R_{AV}^2+R_{AH}^2} = \sqrt{12762.44^2+56090.13^2} \approx 57523.76\text{N}$$

$$R_B = \sqrt{R_{BV}^2 + R_{BH}^2} = \sqrt{3757^2 + 46784.16^2} \approx 46934.77\text{N}$$

④ 水平面弯矩。

$$M_{CH} = R_{AH} \times a = 56090.13 \times 0.086 \approx 4823.75\text{N} \cdot \text{m}$$

$$M_{DH} = R_{BH} \times c = 46784.16 \times 0.081 \approx 3789.52\text{N} \cdot \text{m}$$

⑤ 垂直面弯矩。

$$M_{CV} = R_{AV} \times a = -12762.44 \times 0.086 \approx -1097.57\text{N} \cdot \text{m}$$

$$M_{DV} = R_{BV} \times c = -3757 \times 0.081 \approx -304.32\text{N} \cdot \text{m}$$

⑥ 合成弯矩。

$$M_C = \sqrt{M_{CH}^2 + M_{CV}^2} = \sqrt{(4823.75)^2 + (-1097.57)^2} \approx 4947.04\text{N} \cdot \text{m}$$

$$M_D = \sqrt{M_{DH}^2 + M_{DV}^2} = \sqrt{(3789.52)^2 + (-304.32)^2} \approx 3801.72\text{N} \cdot \text{m}$$

⑦ 轴的扭矩。

$$T_3 = 5359.9\text{N} \cdot \text{m}$$

⑧ 轴颈校核。

$$d = 21.68 \times \sqrt[3]{\frac{\sqrt{M_C^2 + (\psi T)^2}}{\sigma_{-1p}}} = 21.68 \times \sqrt[3]{\frac{\sqrt{(4947.04)^2 + (0.3 \times 5359.9)^2}}{90}} \approx 83.82 < 168$$

轴颈满足要求。

（3）轴承寿命计算。

A 点选用：SKF 22220E 轴承，$C_r = 560000\text{N}$，$n = 855.6\text{r/min}$

$$L_h = \frac{10^6}{60n} \times \left(\frac{C_r}{P}\right)^{\varepsilon} = \frac{10^6}{60 \times 855.6} \times \left(\frac{560000}{1.5 \times 57523.76}\right)^{\frac{10}{3}} \approx 9332.6\text{h}$$

B 点选用：FAG NJ2226E 轴承，$C_r = 530000\text{N}$，$n = 855.6\text{r/min}$

$$L_h = \frac{10^6}{60n} \times \left(\frac{C_r}{P}\right)^{\varepsilon} = \frac{10^6}{60 \times 855.6} \times \left(\frac{530000}{1.5 \times 46934.77}\right)^{\frac{10}{3}} \approx 15228.4\text{h}$$

4. Ⅳ轴的轴承寿命计算

（1）Ⅳ轴的受力分析（图 1.86）。

传动件作用在轴上的力。

输入扭矩 $T_4 = 11756\text{N} \cdot \text{m}$

$$P_{t6} = \frac{2000T_4}{d_6} = \frac{2000 \times 11756}{210} \approx 111961.9\text{N}$$

$$P_{r6} = P_{t6} \tan\alpha = 111961.9 \times \tan 20° \approx 40750.8\text{N}$$

不考虑效率损失：

$$P_{t5} = P_{t4} = 63808.3\text{N}$$

$$P_{r5} = P_{r4} = 23224.3N$$

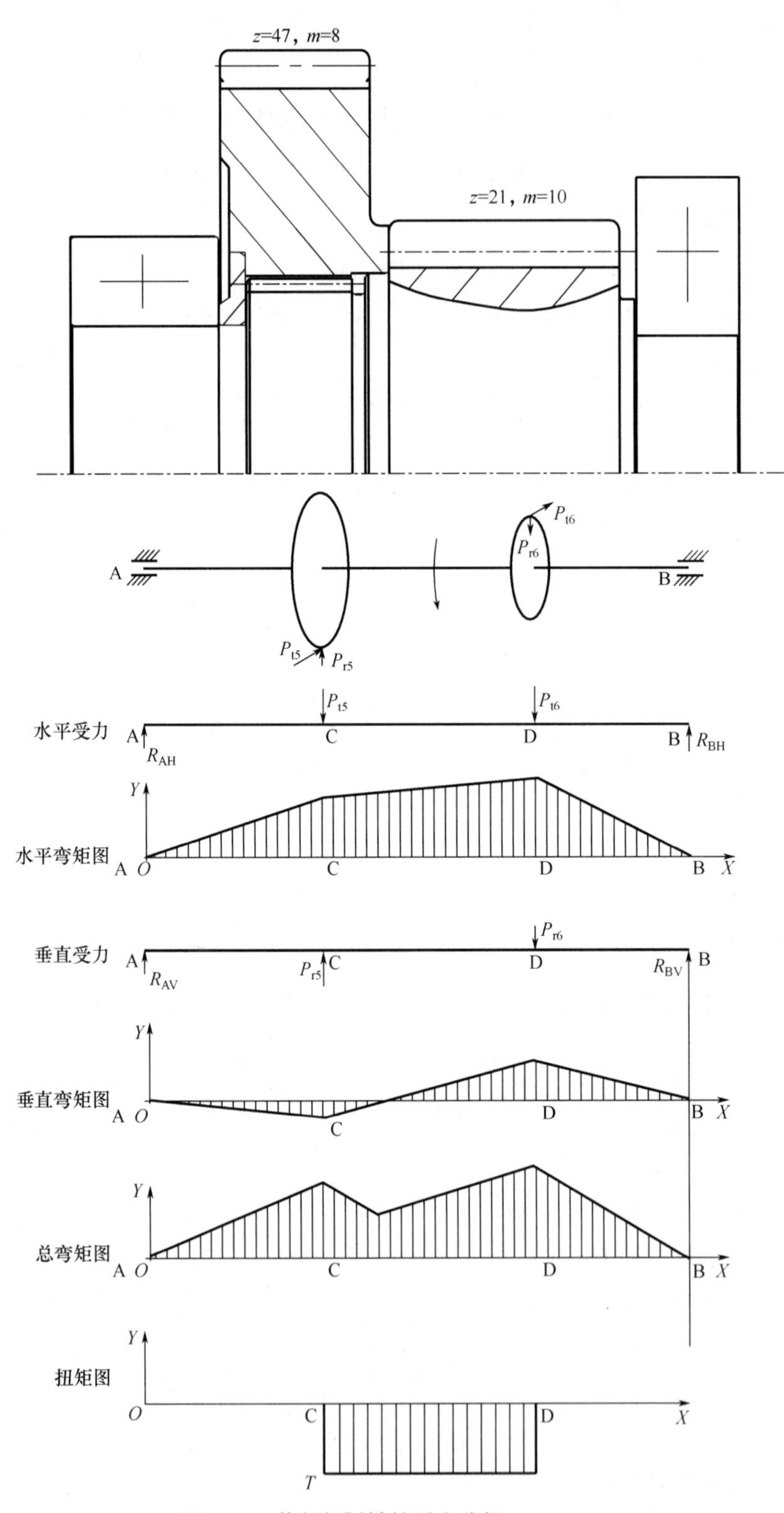

图 1.86　截割部Ⅳ轴的受力分析

（2）求支座反力。

① 水平面的反力。

$$R_{BH}=\frac{P_{t6}\times(a+b)+P_{t5}\times a}{a+b+c}=\frac{111961.9\times(101+118)+63808.3\times 101}{305}\approx 101522.28\text{N}$$

$$R_{AH}=P_{t5}+P_{t6}-R_{BH}=111961.9+63808.3-101522.28=74247.92\text{N}$$

② 垂直面的反力。

$$R_{BV}=\frac{P_{r6}\times(b+a)-P_{r5}\times a}{a+b+c}=\frac{40750.8\times 219-23224.3\times 101}{305}\approx 21569.74\text{N}$$

$$R_{AV}=P_{r6}-R_{BV}-P_{r5}=40750.8-21569.74-23224.3=-4043.24\text{N}$$

③ 合成反力。

$$R_A=\sqrt{R_{AH}^2+R_{AV}^2}=\sqrt{74247.92^2+(-4043.24)^2}\approx 74357.9\text{N}$$

$$R_B=\sqrt{R_{BH}^2+R_{BV}^2}=\sqrt{101522.28^2+21569.74^2}\approx 103788.4\text{N}$$

④ 水平面弯矩。

$$M_{CH}=R_{AH}\times a=74247.92\times 0.101\approx 7499.04\text{N}\cdot\text{m}$$

$$M_{DH}=R_{BH}\times c=101522.28\times 0.086\approx 8730.92\text{N}\cdot\text{m}$$

⑤ 垂直面弯矩。

$$M_{CV}=R_{AV}\times a=-4043.24\times 0.101\approx -408.37\text{N}\cdot\text{m}$$

$$M_{DV}=R_{BV}\times c=21569.74\times 0.086\approx 1855\text{N}\cdot\text{m}$$

⑥ 合成弯矩。

$$M_C=\sqrt{M_{CH}^2+M_{CV}^2}=\sqrt{7499.04^2+(-408.37)^2}\approx 7510.15\text{N}\cdot\text{m}$$

$$M_D=\sqrt{M_{DH}^2+M_{DV}^2}=\sqrt{8730.92^2+1855^2}\approx 8925.8\text{N}\cdot\text{m}$$

⑦ 轴的扭矩。

$$T_4=11756\text{N}\cdot\text{m}$$

⑧ 轴颈校核。

$$d=21.68\times\sqrt[3]{\frac{\sqrt{M_D^2+(\psi T)^2}}{\sigma_{-1p}}}=21.68\times\sqrt[3]{\frac{\sqrt{8925.8^2+(0.3\times 11756)^2}}{90}}\approx 102.8<210$$

轴颈满足要求。

（3）轴承寿命计算。

A 点选用：FAG（SKF）NJ326E 轴承，

$$L_h=\frac{10^6}{60n}\times\left(\frac{C_r}{P}\right)^{\varepsilon}=\frac{10^6}{60\times 382.29}\times\left(\frac{610000}{1.5\times 74357.9}\right)^{\frac{10}{3}}\approx 12564.9\text{h}$$

B点选用：SKF 24128ES/C3 轴承，

$$L_h = \frac{10^6}{60n} \times \left(\frac{C_r}{P}\right)^{\varepsilon} = \frac{10^6}{60 \times 382.29} \times \left(\frac{780000}{1.5 \times 103788.4}\right)^{\frac{10}{3}} \approx 9382.2\text{h}$$

5. V 轴的轴承寿命计算

（1）V 轴的受力分析。

① 传动件作用在轴上的力。

输入扭矩 $T_5 = 21944.5\text{N} \cdot \text{m}$

$$P_{t7} = \frac{2000T_5}{d_7} = \frac{2000 \times 21944.5}{400} \approx 109722.5\text{N}$$

$$P_{r7} = P_{t7} \tan\alpha = 109722.5 \times \tan 20° \approx 39935.7\text{N}$$

水平方向：相互抵消，只有圆周力。

垂直方向：

$$P_V = 2P_{r7} = 2 \times 39935.7 = 79871.4\text{N}$$

② 求支座反力。

由两个轴承支承在轴上 A、B 两点：

$$R_A = R_B = \frac{P_V}{2} = \frac{79871.4}{2} = 39935.7\text{N}$$

（2）轴承寿命计算。

A、B 两点均选用 SKF 22228CC/WW33 轴承，

$$L_h = \frac{10^6}{60n} \times \left(\frac{C_r}{P}\right)^{\varepsilon} = \frac{10^6}{60 \times 200.7} \times \left(\frac{710000}{1.5 \times 39935.7}\right)^{\frac{10}{3}} \approx 315249\text{h}$$

6. Ⅵ轴的轴承寿命计算

（1）Ⅵ轴的受力分析。

① 传动件作用在轴上的力。

输入扭矩 $T_6 = 21505.6\text{N} \cdot \text{m}$

$$P_{t8} = \frac{2000T_6}{d_8} = \frac{2000 \times 21505.6}{400} = 107528\text{N}$$

$$P_{r8} = P_{t8} \tan\alpha = 107528 \times \tan 20° \approx 39136.99\text{N}$$

水平方向：相互抵消，只有圆周力。

垂直方向：

$$P_V = 2P_{r8} = 2 \times 39136.99 = 78273.98\text{N}$$

② 求支座反力。

由两个轴承支承在轴上 A、B 两点：

$$R_A = R_B = \frac{P_V}{2} = \frac{78273.98}{2} = 39136.99\text{N}$$

（2）轴承寿命计算。

A、B两点均选用 SKF 22228CC/W33 轴承，

$$L_h = \frac{10^6}{60n} \times \left(\frac{C_r}{P}\right)^{\varepsilon} = \frac{10^6}{60 \times 200.7} \times \left(\frac{710000}{1.5 \times 39136.99}\right)^{\frac{10}{3}} \approx 337209.9\text{h}$$

7. Ⅶ轴的轴承寿命计算

（1）Ⅶ轴的受力分析。

① 传动件作用在轴上的力。

输入扭矩 $T_7 = 24763.7\text{N}\cdot\text{m}$

$$P_{t9} = \frac{2000T_7}{d_9} = \frac{2000 \times 24763.7}{470} \approx 105377.45\text{N}$$

$$P_{r9} = P_{t9}\tan\alpha = 105377.45 \times \tan 20° = 38354.26\text{N}$$

② 求支座反力。

由两个轴承支承在轴上 A、B 两点：

$$R_{AH} = R_{BH} = \frac{P_{t9}}{2} = \frac{105377.45}{2} = 52688.725\text{N}$$

$$R_{AV} = R_{BV} = \frac{P_{r9}}{2} = \frac{38354.25}{2} = 19177.125\text{N}$$

$$R_A = R_B = \sqrt{R_{AH}^2 + R_{AV}^2} = \sqrt{52688.725^2 + 19177.125^2} \approx 56070.17\text{N}$$

（2）轴承寿命计算：

A、B 两点均选用 FAG NJ236E 轴承，

$$L_h = \frac{10^6}{60n} \times \left(\frac{C_r}{P}\right)^{\varepsilon} = \frac{10^6}{60 \times 170.81} \times \left(\frac{610000}{1.5 \times 56070.17}\right)^{\frac{10}{3}} \approx 72059.5\text{h}$$

（3）渐开线花键强度验算。

挤压强度 $P = \dfrac{2T}{\psi zhlD_m} \leqslant [p]$

$T = 24763.7\text{N}\cdot\text{m}$，$\Psi = 0.75$，$z = 40$，$h = 3\text{mm}$，$l = 99\text{mm}$，$D_m = 120\text{mm}$，$[p] = 100\sim140\text{MPa}$

$$P = \frac{2 \times 24763.7 \times 1000}{0.75 \times 40 \times 3 \times 99 \times 120} \approx 46.32\text{MPa} < [p]$$

行星齿轮强度校核同前（略）。

1.5　采煤机机械传动图样选编

采煤机机械传动图样选编如图 1.87 至图 1.93 所示。

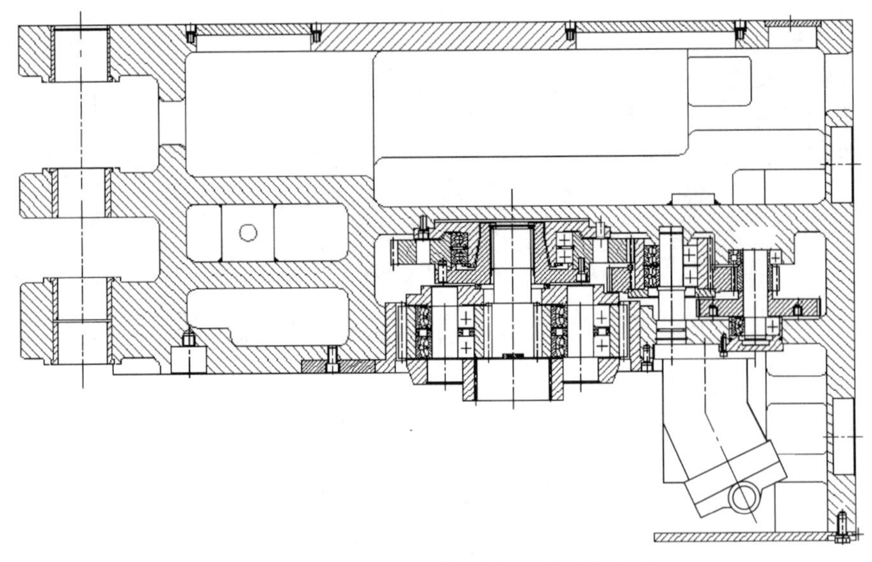

图 1.87　MG150/375 型采煤机牵引部传动系统

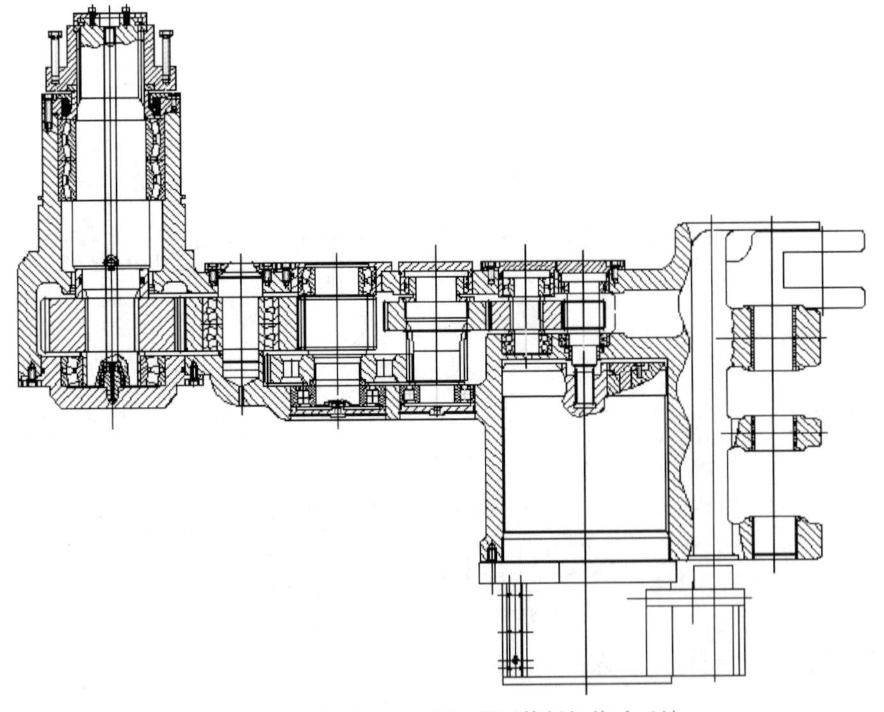

图 1.88　MG132/315 型采煤机截割部传动系统

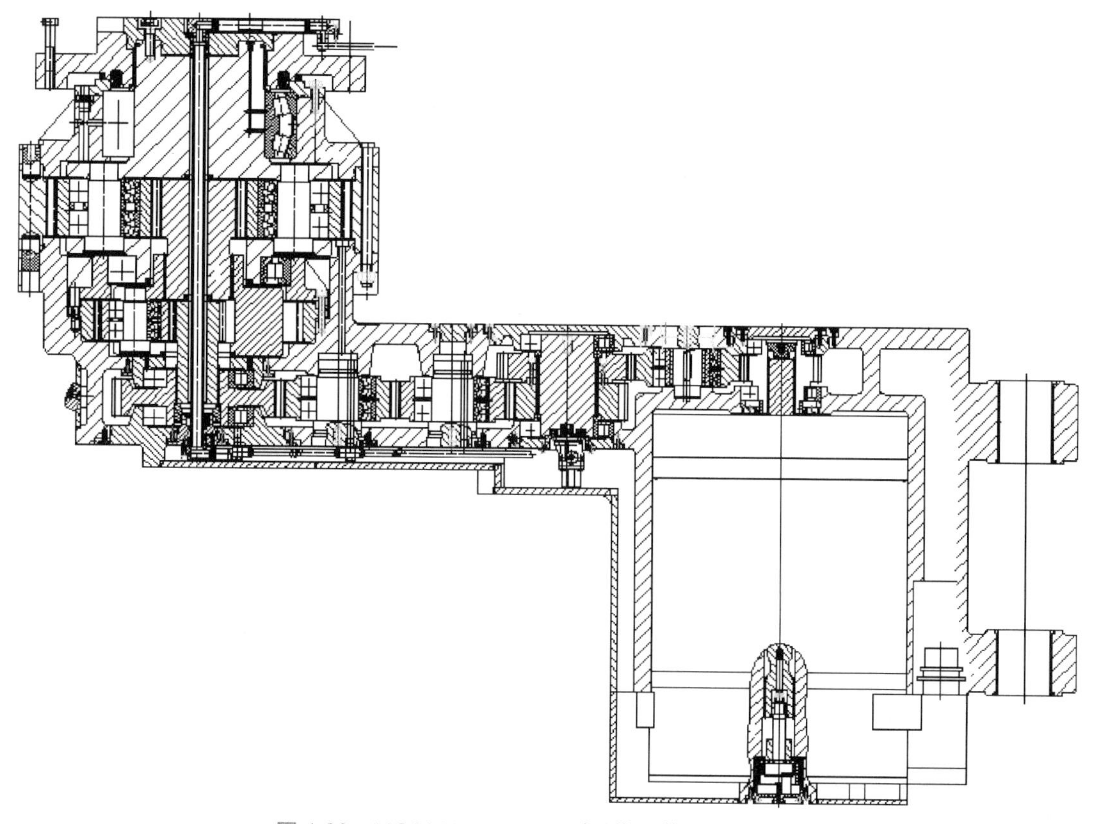

图 1.89　MG800/2040-WD 型采煤机截割部传动系统

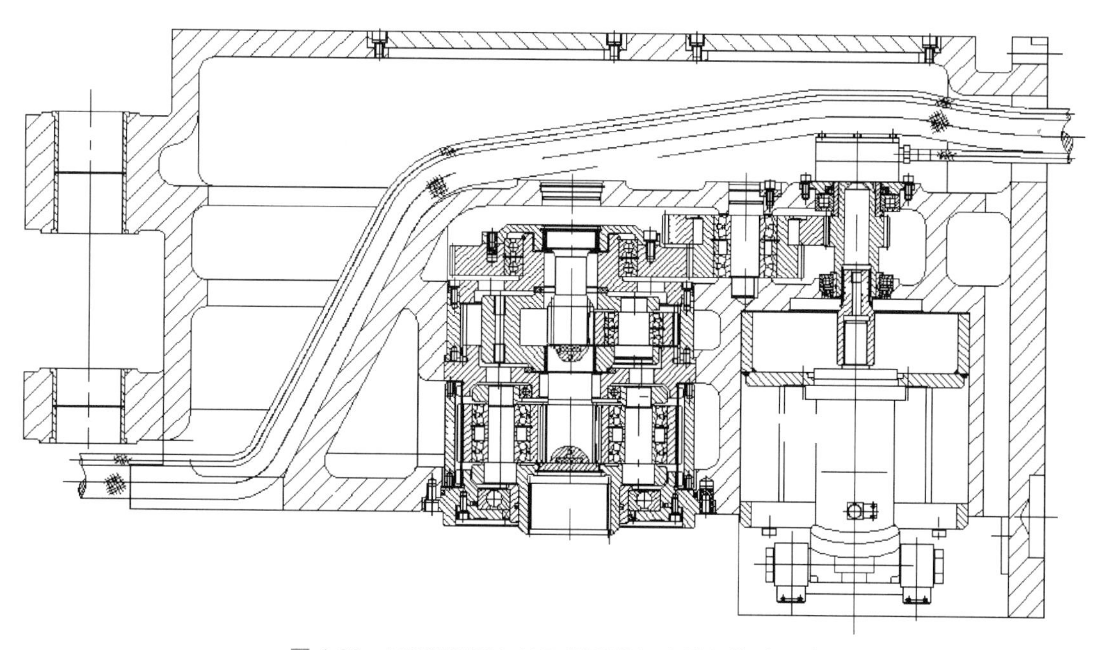

图 1.90　MG250/591-WD 型采煤机牵引部传动系统

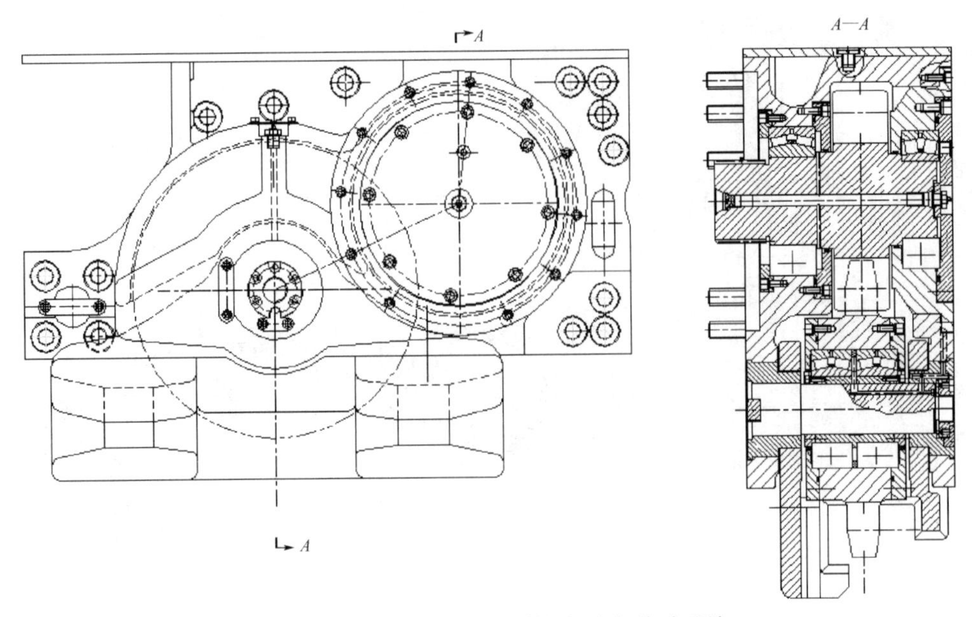

图 1.91　MG300/701 型采煤机行走部传动系统

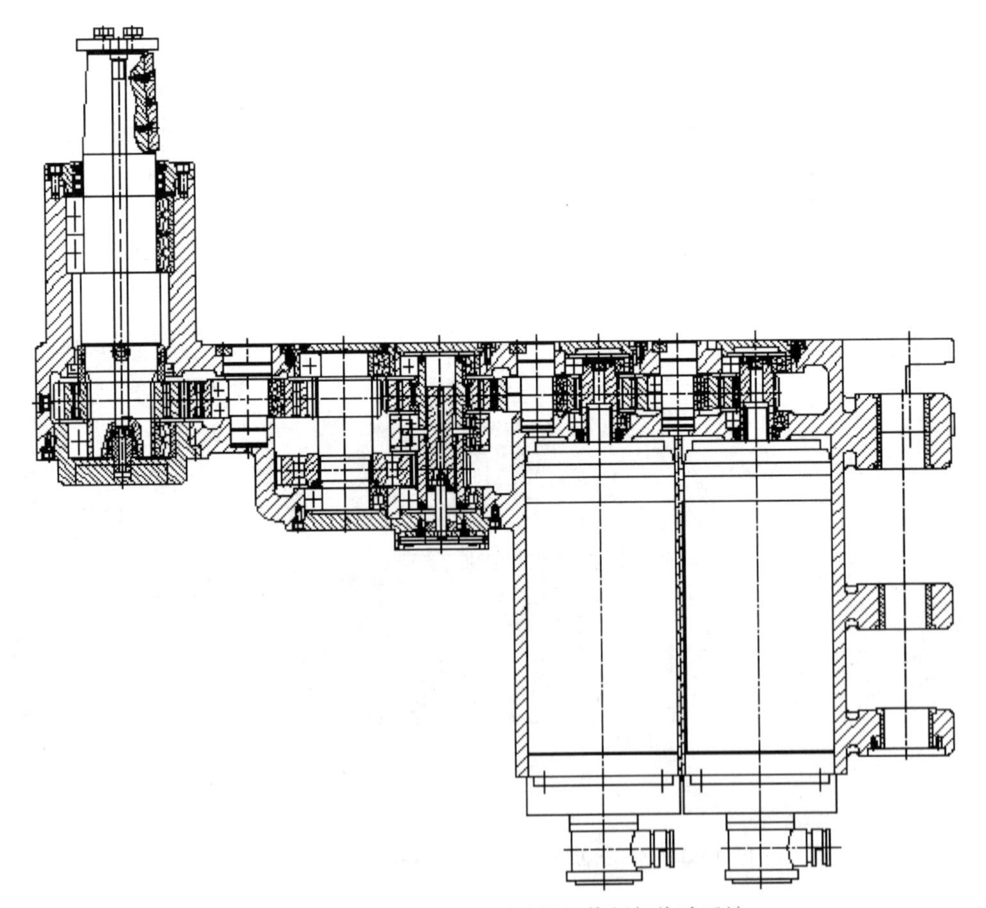

图 1.92　MG2×40/102 型采煤机截割部传动系统

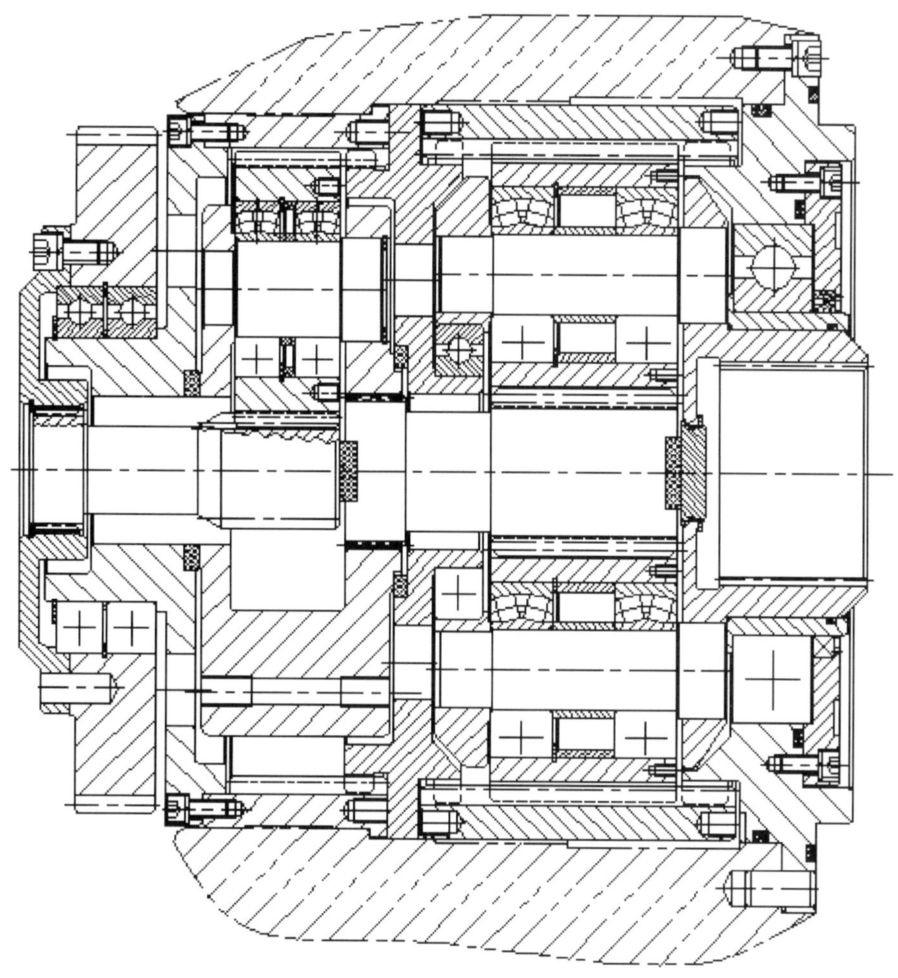

图 1.93　MG400/920-WD 型采煤机牵引部行星机构

思　考　题

1. 简述滚筒式采煤机的主要组成和工作原理。
2. 简述采煤机的分类方法。
3. 对螺旋滚筒的设计要求有哪些?
4. 简述螺旋滚筒的主要结构和参数，其转向和旋向分别有什么要求?
5. 确定螺旋滚筒直径和宽度的主要依据是什么?
6. 简述影响螺旋滚筒装载性能的因素。
7. 说明采煤机截割部传动装置的类型和特点。
8. 简述 MG500/1180-WD 型采煤机截割部和行走部的传动系统。
9. 采煤机截割部传动系统的设计原则是什么?
10. 简述对采煤机行走部的性能要求。

11. 采煤机牵引机构有哪些类型？各有什么特点？
12. 简述确定液压调速采煤机液压主回路参数的步骤。
13. 拖钩刨煤机和滑行刨煤机的主要区别是什么？
14. 简述连续采煤机的基本组成。
15. 简述连续采煤机结构的基本特点。
16. 试设计一个采煤机截割部传动系统结构。

第2章 掘进机械

本章主要介绍典型悬臂式掘进机（AM50型掘进机、S100型掘进机、ELMB型掘进机、EBJ-160型掘进机）的组成、结构、工作原理，悬臂式掘进机部件（截割头、工作机构、回转台、装载机构、行走机构）的设计；全断面巷道掘进机的盘形滚刀破岩机理、总体结构、刀盘的类型及结构，钻孔机械（气腿式凿岩机、液压凿岩机、电动凿岩机、凿岩台车）的总体结构和工作原理，装载机械（耙斗装载机、铲斗装载机、蟹爪装载机、立爪装载机、蟹立爪装载机、钻装机）的组成、结构和工作过程。

2.1 掘进机的发展现状

2.1.1 部分断面掘进机的发展现状

1. 国外掘进机的发展现状

19世纪70年代，英国为修建海底隧道，生产制造了第一台掘进机。美国在20世纪30年代研发了悬臂式掘进机，并应用于采矿业。此后，英国、德国、日本等国家相继投入大量人力、物力、财力，开发和研制掘进机。

国外先进掘进机广泛用于掘进普氏系数f≤8的半煤岩采煤巷道，并扩大到岩巷。重型掘进机不移位截割断面面积为35～42m^2，多数掘进机能在纵向±16°、横向8°的斜坡上工作，截割功率为300kW，质量大于100t，切割岩石的普氏系数f=12。

国内外新推出的掘进机可以实现推进方向和断面监控、电动机功率自动调节、离机遥控操作、工况监测和故障诊断等机电一体化功能，机电一体化是掘进机的发展趋势。掘进机主机可以配套机载锚杆钻臂系统、支护系统及除尘系统等，掘进机多功能一体化也是发展趋势。近年来，掘进机向综合机组方向发展，并显示出卓越的高产、高效功能，发展日新月异。

2. 国内掘进机的发展现状

我国掘进机研究始于20世纪60年代，主要经历了引进、消化吸收和自主研制三个阶段。20世纪90年代以来是我国掘进机的自主研发阶段，也是我国掘进机发展较快的一个阶段，我国中型掘进机发展日趋成熟，出现大量重型掘进机，掘进机的设计与加工制造水平比较先进，能够独立研制截割硬度小于80MPa、质量约为60t、截割功率为160～220kW的重型掘进机，并且具备根据矿井条件实现个性化设计的能力，形成多个系列产品。经过多年发展，我国建立MT/T 238.3—2006《悬臂式掘进机　第3部分：通用技术条件》等完备的掘进机整机及零部件的研制标准和相应的检验条件。

3. 近期国内掘进机技术研究的进展

（1）轻型掘进机。

轻型掘进机质量小于25t，主要用于煤岩硬度小于40MPa的煤巷掘进，以EBZ50TY、EBZ5等机型为主。新一代轻型掘进机除截割机构外，其余部件均采用液压驱动，电控系统采用可编程逻辑控制器（Programmable Logic Controller，PLC），可靠性大大提高。但由于轻型掘进机截割功率小、质量小、效率低，使用范围受到限制，年产量逐步下降，因此主要用于掘进中小煤矿的煤巷。

（2）中型掘进机。

中型掘进机是我国井下应用较多的掘进机。中型掘进机质量小于50t，主要用于掘进煤岩硬度小于60MPa的煤巷及半煤岩，以EBJ-120TP、EBZ150等机型为主，具有机身高度小、重心低、结构紧凑、可靠性高、操作简单和维护方便等特点。

中型掘进机解决了零部件可靠性、截割稳定性和控制系统安全性等关键问题，大幅度提高了国产掘进机的破岩能力和整机性能。新型中型掘进机的研制成功，奠定了国产掘进机在我国掘进机研制领域的主导地位，逐步结束了半煤岩巷掘进机依赖进口的历史。

（3）重型掘进机。

“十五”计划后期，重型掘进机的应用在国内大中型煤矿中得到快速推广，重型掘进机质量小于80t，主要用于掘进煤岩硬度小于80MPa的半煤岩巷，以BZ160TY、EBZ220、EBZ00、EBZ200H等机型为主。重型掘进机实现了双速截割技术、恒功率变量液压技术及PLC模拟量控制技术等关键技术的创新。这些关键技术极大地推动了国内重型掘进机研制技术的发展。随后，国内陆续推出多种重型掘进机，基本实现了重型掘进机国产化。

（4）超重型掘进机。

我国超重型掘进机的研制尚处起步阶段，但发展迅速，已取得一些研究成果，多家公司研制出质量为80～125t、截割功率为260～318kW的超重型掘进机，并开始井下工业性试验，以EBH315、EBH300、FBZ300、EBZ260等机型为主。超重型掘进机主要用于岩巷掘进，其研究重点包括确定超重型岩巷掘进机合理技术参数和整机稳定性，高性能截齿和硬岩截割头设计，冲击重载工况下大功率、小体积截割减速器设计，小块硬岩物料装运机构设计，掘进机自动控制技术及智能故障诊断技术，等等。

（5）机载集成技术。

① 掘进机机载锚钻系统。掘进机机载锚钻系统通过掘进及锚杆支护装备的一体化设计，实现了掘进与支护的交叉作业。掘进机机载锚钻系统主要分为滑轨式机载锚钻机、跨骑式机载锚钻机和机身式机载锚钻机三种。滑轨式机载锚钻机结构简单，工作时可以将钻臂收缩到掘进机机身后部，对掘进机整机性能和掘进机驾驶人的操作影响较小，但工作效率较低。跨骑式机载锚钻机结构复杂，质量大。机身式机载锚钻机结构最简单，但由于钻臂系统直接安装于掘进机悬臂上，因此对掘进机整机性能有较大影响，驾驶人视线也被严重阻挡。掘进机机载锚钻系统无法解决掘进与支护同步作业，无法有效地提高单机成巷速度，且对掘进机整机性能有一定影响，降低了掘进效率，因此尚处于试验阶段，无法推广使用。掘进机机载锚钻系统的主要参数如下：钻孔硬度小于或等于80MPa，钻箱扭矩为200～320N·m，钻进速度为0～8m/min，钻孔直径为20～40mm。

② 掘进机自动控制系统。掘进机自动控制系统是掘进机推进方向监控、全功能遥控、智能监测、预报型故障诊断、记忆截割、数据远程传输等系统的总称。掘进机全功能遥控技术成熟，但其他自动控制技术尚处于研究的起步阶段。

2.1.2 全断面掘进机的发展现状

1. 国外全断面掘进机的发展现状

（1）对复杂地质条件的适应性越来越强。

① 能在硬岩中掘进。由于主机功率、推力及盘形滚刀直径增大，因此掘进机能在岩石抗压强度为300MPa的花岗岩、片麻岩、硬石英岩中掘进。

② 能在涌水量较大的条件下掘进。例如掘进奥地利Amlach隧道时，在巷道出口排水量约为2150m³/h的情况下，掘进机平均日进尺为40m，需要把混凝土预制块铺设在巷道底拱，以保持流水畅通，避免电动机被水淹没。

③ 能顺利通过破碎带和断层。例如奥地利伊尔鲍公司的全断面掘进机在意大利地质条件恶劣的铁路隧道中掘进时，采用锚杆钢筋网及混凝土综合措施在刀盘前进行支护，必要时，可在掘进工作面后15m处补充锚杆、钢筋网及喷混凝土。在困难的情况下，掘进机先后退几米，由人工开挖一小段顶部导坑，再用掘进机开挖下台阶，通过断层。

（2）使用寿命长，可连续完成多个工程。

例如美国贾瓦公司的MK-12型掘进机，在阿尔卑斯山区陆续掘进5条隧洞共36km后，状态完好。

（3）提高可靠性。

TNL 公司向罗宾斯 – 马克海姆合资公司订购 11 台掘进机时，除要求掘进机掘进速度达 6m/h、保证每月掘进 1000m 外，还提出配置两套液压设备、两套主电动机、两套水泵、两套过滤器等要求，以便当一套设备出故障时使用另一套设备，提高主机的可靠性。

（4）增大盘形滚刀直径。

随着轴承制造工艺的改进及刀圈材质性能的提高，增大滚刀直径可明显提高滚刀的承载能力。研究结果表明：采用直径为 432 ～ 445mm 的盘形滚刀，可以使刀间距增大到 229m，刀具的切深增大到 44.5mm，提高掘进速度。

（5）新技术、新结构、新机型。

① 方向控制系统。掘进机宜掘直道，对掘进弯道的适应性较差。完善了方向控制系统后，掘进机能实现弯道掘进。例如欧洲核子研究组织（European Organization for Nuclear Research，CERN）在瑞士日内瓦建设了一个大型正电子碰撞器，其主体工程是一个直径为 8.4m 的环形巷道，巷道掘进断面直径为 4.5m，成巷内径为 3.8m，整个巷道任一处的实际断面中心偏离理论位置都不得大于 80mm。在掘进过程中，其采用英国 ZED 控制系统，掘出的巷道位置精度平均偏差仅为 30mm，保证每日掘进 22.3 ～ 28.2m。

② 推力自动控制系统和监测。例如为 MK–12 型掘进机安装推力自动控制系统后，其可在很短的时间内控制和调整推力，与扭矩达到最佳匹配，保证了较高的掘进效率并防止电动机超负荷运转。另外，其可通过相应仪表监测电动机的电流、机器的切入速度，并将数据传输到地面工作室。

③ 高压水射流辅助盘形滚刀破岩。1977 年德国培森掘进技术研究所建造出高压水射流辅助切割试验台，并将高压水嘴装在德马克 6.5m 直径掘进机的中心刀和边刀上，经井下试验测定推力减小 10%，且可减少刀具。

④ 加设辅助截割头。为德马克公司的掘进机加设辅助截割头后，其可以一次开挖拱形断面巷道，提高了掘进机的适应能力和掘进断面的利用率。

⑤ 布依格掘进机。布依格掘进机是法国布依格集团研制的全断面掘进机。机头部装有三四个铰接摇臂，每个摇臂端部都装有一把滚刀，掘进时，依靠这些滚刀破岩，可大大减小推力。因为主机质量小、长度小，所以允许掘进转弯半径小，拆装和运输方便。

（6）双护盾掘进机获得迅速推广。

（7）正在研制三护盾掘进机。

此外，掘进机配套系统（通风、排水、运渣、送料）不断完善，并推广连续皮带运碴系统。

2. 国内全断面掘进机的发展现状

20 世纪 90 年代，我国停止煤矿全断面岩巷掘进机的发展；随着我国经济建设，20 世纪作为主体能源的煤炭的开采量逐步提升，大同塔山主平硐设计长度为 3.5km，需要引进全断面岩巷掘进机及配套产品施工。内蒙古东胜煤田新街矿区的初期开发规划为

6井8500万吨，煤层埋深超过700m，主斜井长度超过6km；神东矿区7m大采高工作面，需要运输7m大采高液压支架和采煤机等大型设备，要求主平硐直径大于5m。随着我国全断面岩巷掘进机引进设备施工工艺水平和设计制造能力的提高，2011年神华集团有限责任公司和中国铁建重工集团有限公司合作开发长距离、大坡度、深埋层斜井掘进机，巷道掘进机和立井掘进机。2013年我国首台煤矿斜井专用全断面岩巷掘进机研制成功，其直径为7.62m，长度为238m，质量大于1200t，装机功率为3800kW，设计月进尺为600m，集斜井施工开挖、衬砌、出碴、运输、通风、排水等功能于一体，创新集成了土压平衡盾构机和全断面硬岩掘进机两种设备的功能，具有盾构和专用掘进两种模式，可通过快速转换模式，穿越软岩、硬岩和复合地层等复杂地层，满足在坡度为6°的下坡条件下，管片和施工物料的快速运输。随后多家公司开始研制煤矿全断面岩巷掘进机，2013年中国煤炭科工集团上海研究院与中信集团合作研发出世界首台直径为5m的敞开式无轨运输硬岩掘进机，为全断面岩巷掘进机国产化迈出重要一步。2018年中国铁建重工集团有限公司为神东补连塔煤矿辅运平硐开发了ZTT7635型斜井单护盾全断面岩巷掘进机；北方重工集团开发了首台立井煤矿全断面岩巷掘进机——QJYC045M型掘进机；辽宁通用重型机械股份有限公司开发了“神盾一号”——KSZ-2600型全断面岩巷掘进机；中国煤炭科工集团沈阳研究院有限公司研制了ZDG1500型矿用智能化顶管掘进装备；在国家高技术研究发展计划（863计划）的支持下，北京中煤矿山工程有限公司开发了首台矿山竖井掘进机——MSJ5.8/1.6D型掘进机。

总之，我国盾构掘进机技术通过多年发展，仅上海市就生产了100多台掘进机（其中包括小口径的顶管掘进机)，建造了超过100km的各种隧道，其技术水平已基本能够满足城市建设的需要。同时，很多技术具有我国自主知识产权。

2.1.3 掘进机的发展趋势

1. 国内悬臂式掘进机的发展趋势

国内掘进机的主要发展趋势如下。

（1）适用范围不断扩大，掘进机截割硬度与截割断面不断增大，扩展了掘进机的适用范围。

（2）自动控制技术发展迅速，主要表现为推进方向监控、全功能遥控、智能监测、预报型故障诊断、记忆截割、数据远程传输等。

（3）不断探索新的截割技术，尤其是全岩巷岩石截割技术。

（4）多功能一体化，即掘进机主机集成机载锚钻系统、机载临时支护系统、机载除尘系统等，通过集成多功能达到提高单机成巷速度和安全生产的目的。

（5）工作可靠性不断提高。

（6）掘进装备的综合配套能力增强。

（7）研究试验手段更加完善。

2. 国内急需解决的掘进机关键技术

国内掘进机急需解决如下关键技术。

（1）要积极开展掘进机的基础试验和研究，建立适合我国煤矿地质条件的截割载荷谱，形成完整的设计依据，并开展动力学仿真分析计算，提高掘进机的可靠性，延长其使用寿命。

（2）要以掘进机基础元件为重点，开展特重型、大功率、快速掘进等核心技术研发工作，延长轴承、密封、电气元件、液压元部件等基础件的使用寿命，提高掘进机的经济截割硬度，完善全功能遥控、智能监测、预报型故障诊断、断面监视、记忆截割、数据远程传输等机电一体化功能，逐步向掘进工作面自动化和无人方向发展。

（3）要积极开展机载锚杆钻臂系统、临时支护系统及除尘系统的多功能集成技术研究，通过集成多功能达到提高单机成巷速度和安全生产的目的。

（4）要开展复杂条件下巷道综合除尘系统的研究工作，改变传统的喷雾除尘方式，显著改善掘进巷道的作业环境，维护工人的身心健康。

3. 全断面巷道掘进机的发展趋势

（1）绿色化设计成为全断面掘进机的发展主流。

（2）全断面掘进机趋于微型化和超大型化。

（3）全断面掘进机的截面形状多样，除了圆形截面外，还可设计成三角形截面、矩形截面等。

2.2　典型悬臂式掘进机

掘进机截割

随着回采工作面机械化程度的提高，回采速度大大提高，巷道掘进和回采工作面的准备工作必须加快。掘进机破落煤岩、装载运输、喷雾灭尘等工序同时进行是提高掘进速度的一种有效措施。掘进机工作时，行走机构启动，使机器靠近工作面，截割头接触煤壁时停止前进，截割头启动并摆动到工作面左下角，在伸缩缸的作用下钻入煤壁。当截割头轴向推进到伸缩缸的最大行程时，截割头水平摆动到巷道的右端，使截割头向上摆动截割头直径距离后向左摆动，如此循环工作，形成所需断面。截割头在初始位置应先选择软岩截割，有了自由面后截割硬岩。截割头左右摆动是连续破煤必不可少的条件。破落的煤块被装入装载机构，通过皮带运输机械、矿车或其他运输系统运输。

2.2.1　AM50型掘进机

AM50型掘进机（图2.1）的截割功率大，经济截割煤岩时的普氏系数$f \leq 6$；采用横向截割头，工作稳定性好；结构紧凑，总体布置合理，质量适当；井下拆装方便，维修容易，操作简单。AM50型掘进机的机械传动系统如图2.2所示，各部分结构分别如图2.3至图2.11所示，液压传动系统如图2.12所示。

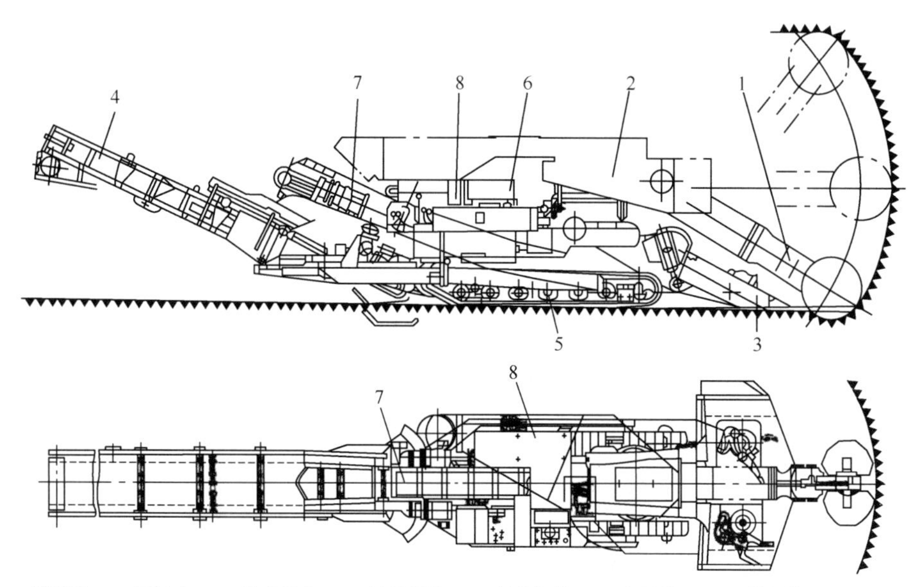

1—截割臂；2—回转台；3—装载机构；4—转载机构；5—行走机构；6—电控箱；7—运输机构；8—液压系统

图 2.1　AM50 型掘进机

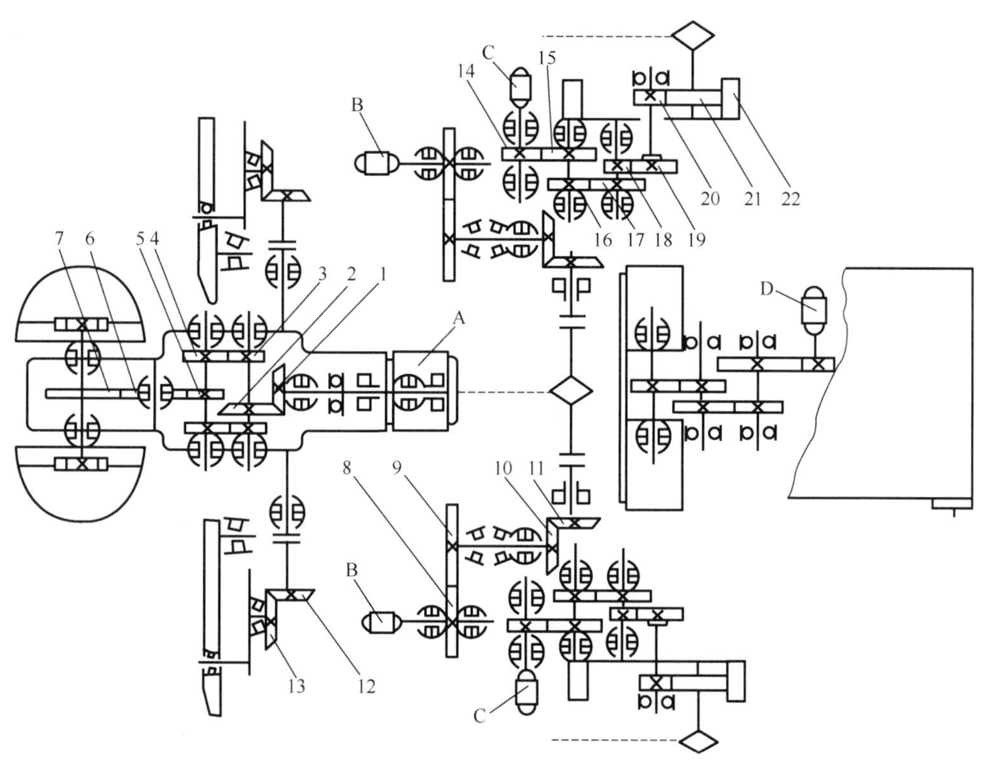

1，2，10，11，12，13—弧齿锥齿轮；3，4，8，9—斜齿圆柱齿轮；5，6，7，14，15，16，17，18，19—直齿圆柱齿轮；20—太阳轮；21—行星轮；22—行星机构内齿轮；A—截割电动机；B，D—装载电动机；C—行走电动机

图 2.2　AM50 型掘进机的机械传动系统

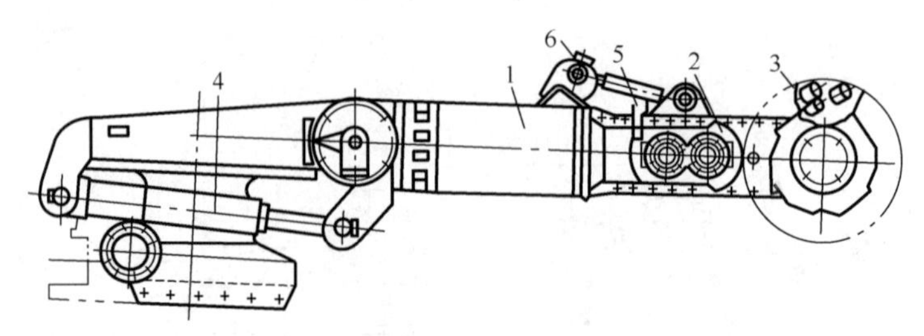

1—电动机；2—减速器；3—截割头；4—回转机构；5—喷雾降尘装置；6—托梁器

图 2.3　AM50 型掘进机的截割机构

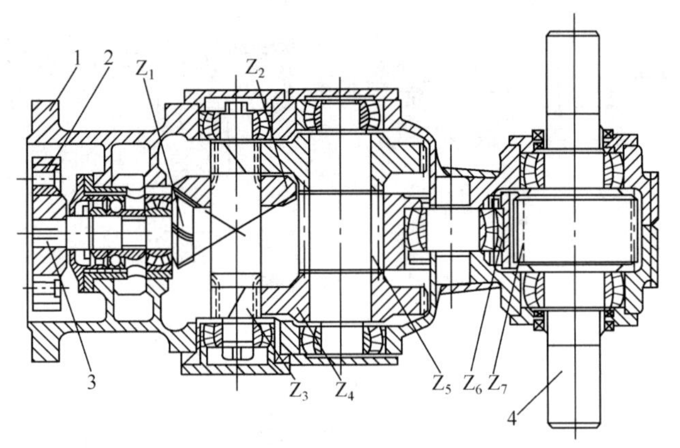

1—减速器箱体；2—弹性联轴器；3—输入轴；4—输出轴

Z_1，Z_2—第一级锥齿轮；Z_3，Z_4—第二级斜齿轮；Z_5，Z_6，Z_7—第三级圆柱齿轮

图 2.4　AM50 型掘进机的截割减速器

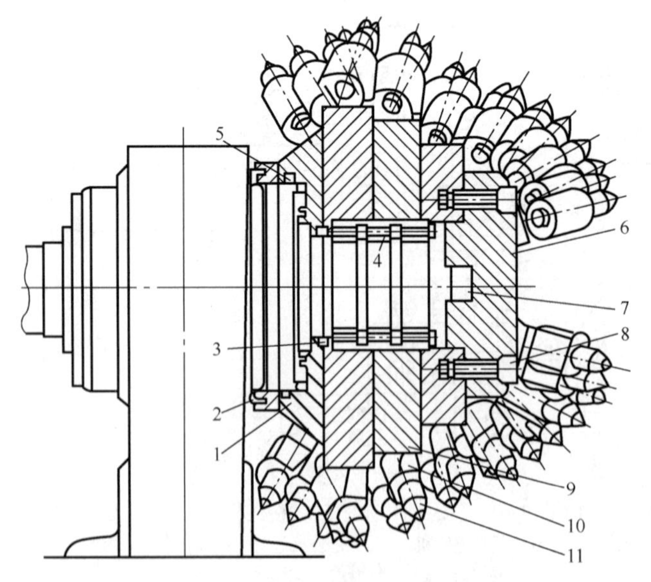

1—截割头；2—迷宫环；3—O 形密封圈；4—胀套联轴器；5—防尘圈；
6—截割头端盘；7—联接键；8—螺钉；9—注油嘴；10—截齿座；11—截齿

图 2.5　AM50 型掘进机的截割头结构

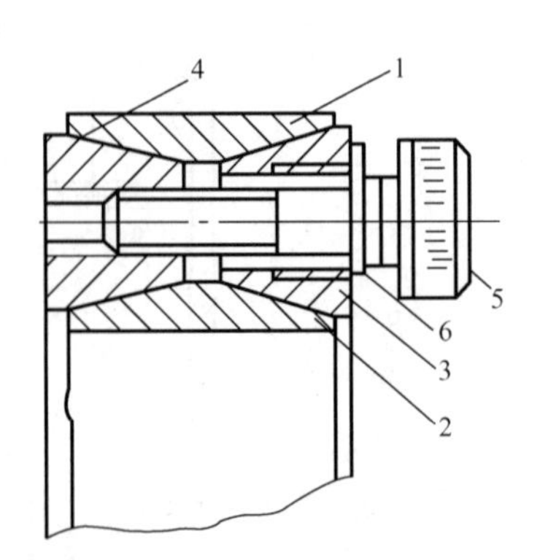

1—外环；2—内环；3—前张紧环；
4—后张紧环；5—螺钉；6—垫圈

图 2.6　AM50 型掘进机的胀套联轴器

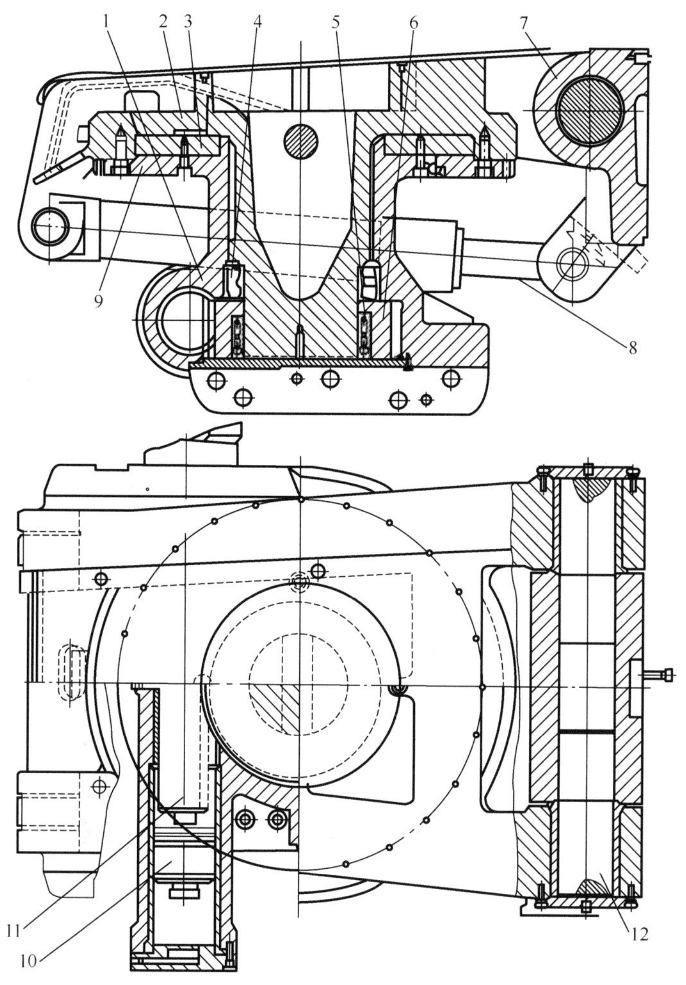

1—十字构件；2—盘形支座；3—圆盘止推轴承；4—球面滚子轴承；5—胀套联轴器；6—回转齿轮；7—底座；8—升降液压缸；9—支撑法兰；10—回转液压缸活塞；11—齿条；12—长轴

图 2.7　AM50 型掘进机的回转台结构

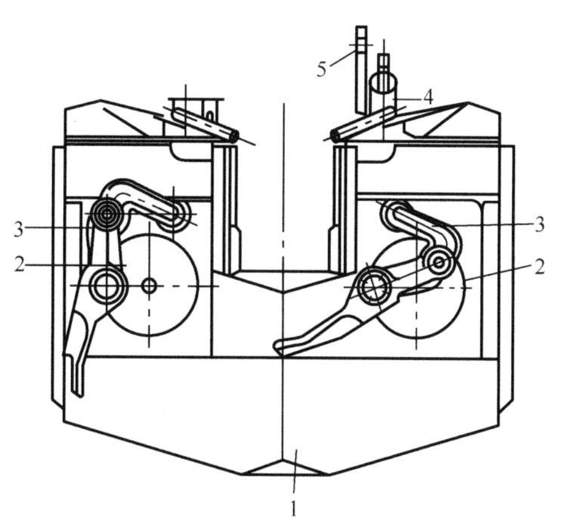

1—铲台；2—减速器；3—蟹爪；4—升降液压缸；5—销孔

图 2.8　AM50 型掘进机的装载机构

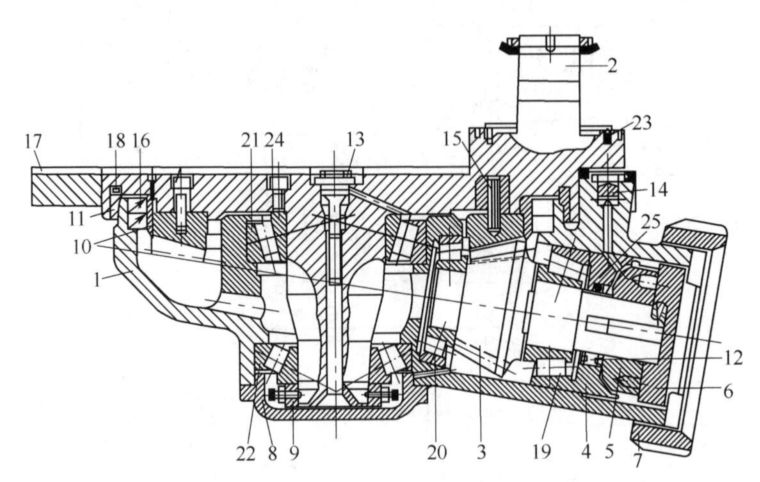

1—箱体；2—偏心圆盘；3—锥齿轮副；4—轴承压环；5—牙嵌式联轴器；6—圆盘；7—圆螺母；8—轴承盖；9—紧定螺母；10，11—耐磨环；12，16—密封环；13—带堵标尺；14—油嘴；15—弹性圆柱销；17—耐磨钢板；18，23—V 形密封圈；19～22—圆锥滚子轴承；24—放气螺母；25—耐磨套

图 2.9　AM50 型掘进机的蟹爪减速器

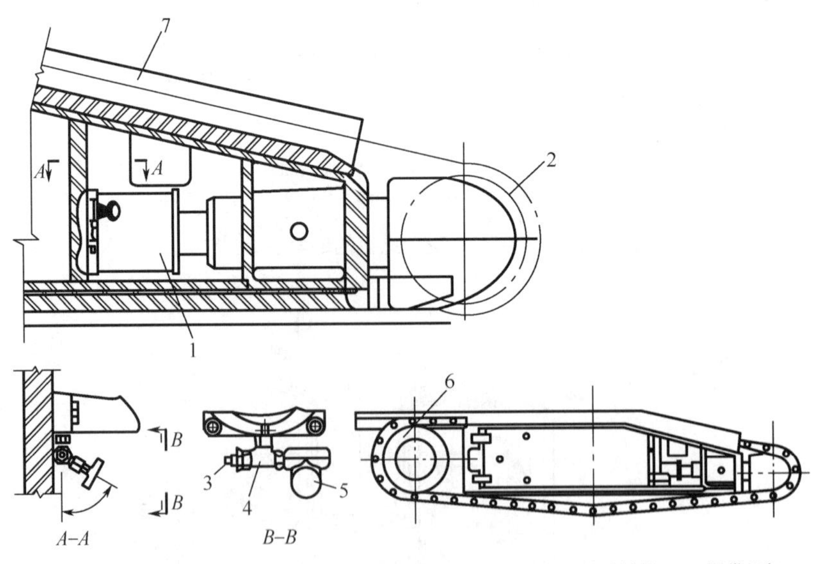

1—液压缸；2—托辊；3—油嘴；4—三通接头；5—针状阀；6—驱动链轮；7—履带机架

图 2.10　AM50 型掘进机的履带行走机构

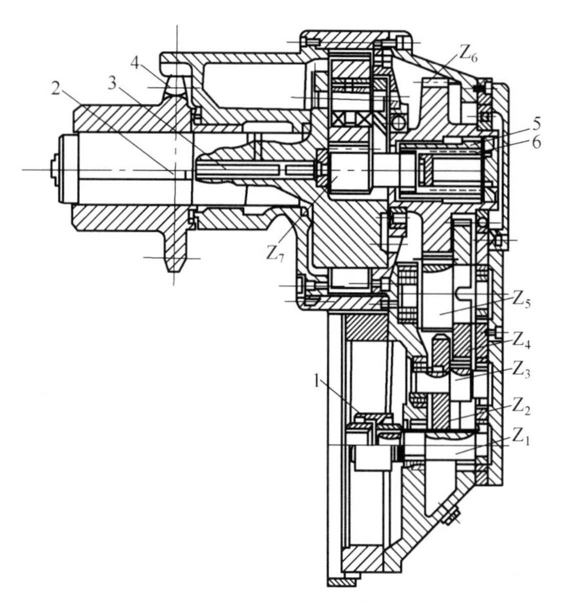

1—齿轮联轴器；2—键；3—调节螺钉；4—履带链轮；5—联接空心轴套；6—弹簧；$Z_1 \sim Z_7$—齿轮

图 2.11 AM50 型掘进机的履带行走减速器

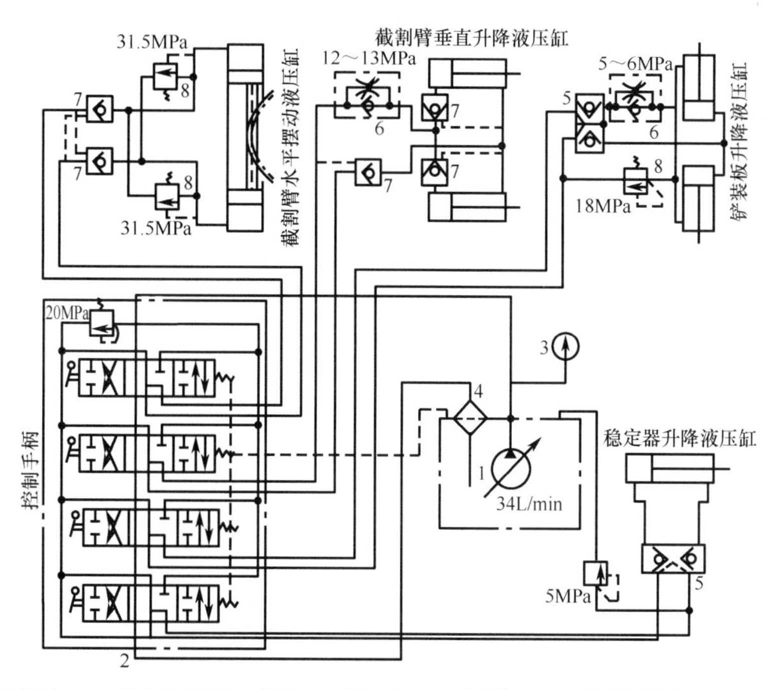

1—轴向柱塞泵；2—三位六通多路换向阀组；3—压力表；4—过滤器；5—双联液控单向阀；6—单向节流阀；7—液控单向阀；8—安全阀

图 2.12 AM50 型掘进机的液压传动系统

AM50 型掘进机存在以下缺点。

（1）驾驶人操纵台和掘进机配电箱设在机器两侧，驾驶人操纵和维修配电箱时，要求掘进机两侧留有余地，缩小了掘进机适应巷道的断面面积。

（2）装载机构不能左右摆动，铲板两侧的煤要靠调动机器来装载或人工装载，掘进效率低，劳动强度大。

（3）截割机构卧底太浅，不能引开水沟，挖柱窝较浅。

（4）截割机构不能伸缩。当切入岩壁或煤壁时，要靠行走履带推进，操纵不方便。

（5）用喷雾灭尘时，喷嘴太少，降尘效果很差；如使用集尘系统，则设备尺寸和质量均较大，使用和移动不方便。

（6）没有内喷雾。

2.2.2　S100 型掘进机

S100 型掘进机（图 2.13）除截割机构外，其他机构均采用液压驱动，具有较好的调速性能和过载保护性能。截割臂采用内伸缩型式，可增大掘进断面面积，便于挖柱窝、整修巷道顶帮和减少调动，提高巷道掘进质量。S100 型掘进机的各部分结构分别如图 2.14 至图 2.22 所示，液压传动系统如图 2.23 所示。

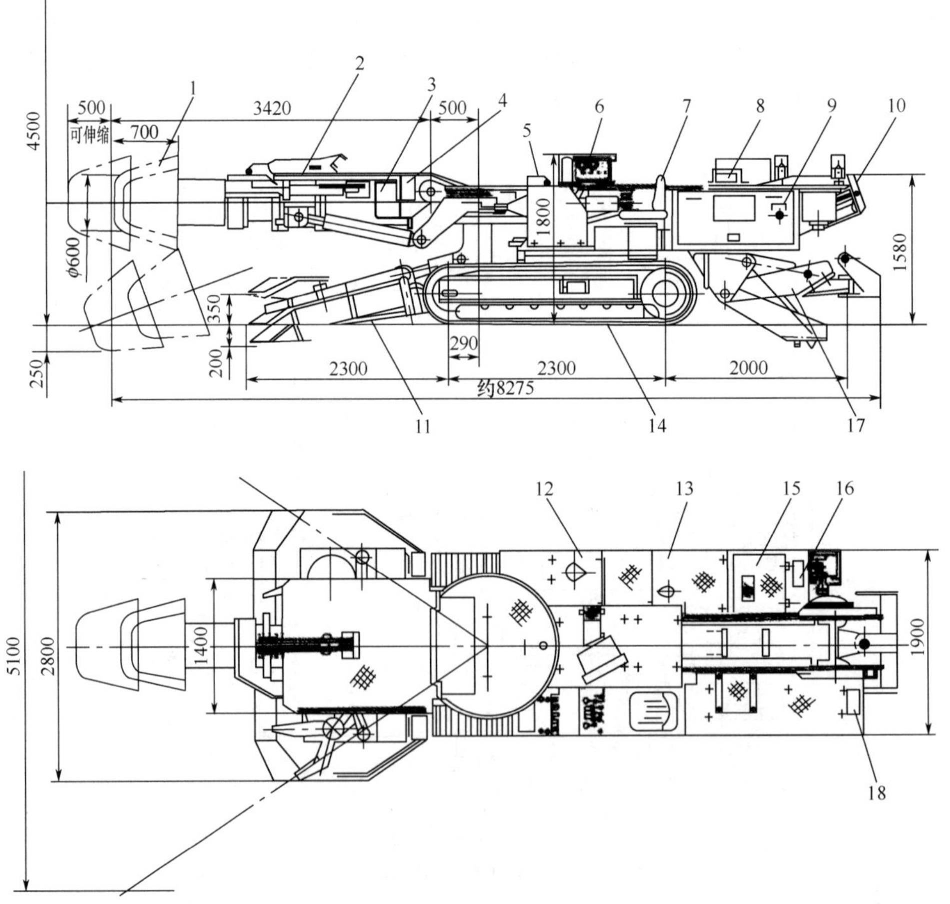

1—截割头；2—截割机构减速器；3—截割机构电动机；4，16，18——照明灯；5—操纵台；6—操纵箱；7—驾驶人座椅；8—瓦斯监控器；9—电控箱；10—刮板输送机；11—装载机构；12—油箱；13—液压泵站；14—行走机构；15—喷雾泵；17—后支撑

图 2.13　S100 型掘进机

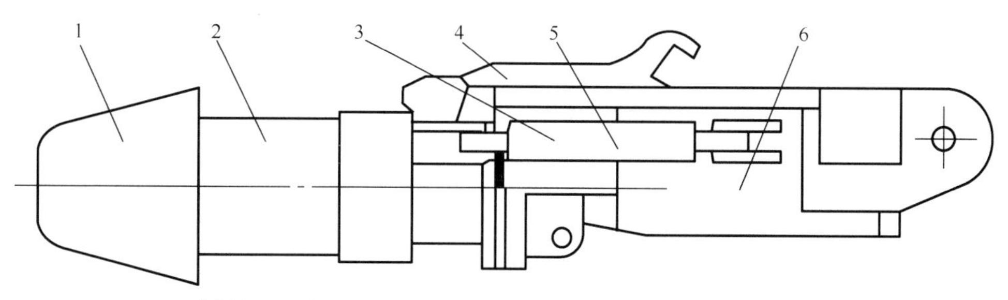

1—截割头；2—截割臂；3—减速器；4—托梁器；5—推进液压缸；6—电动机

图 2.14 S100 型掘进机的截割机构

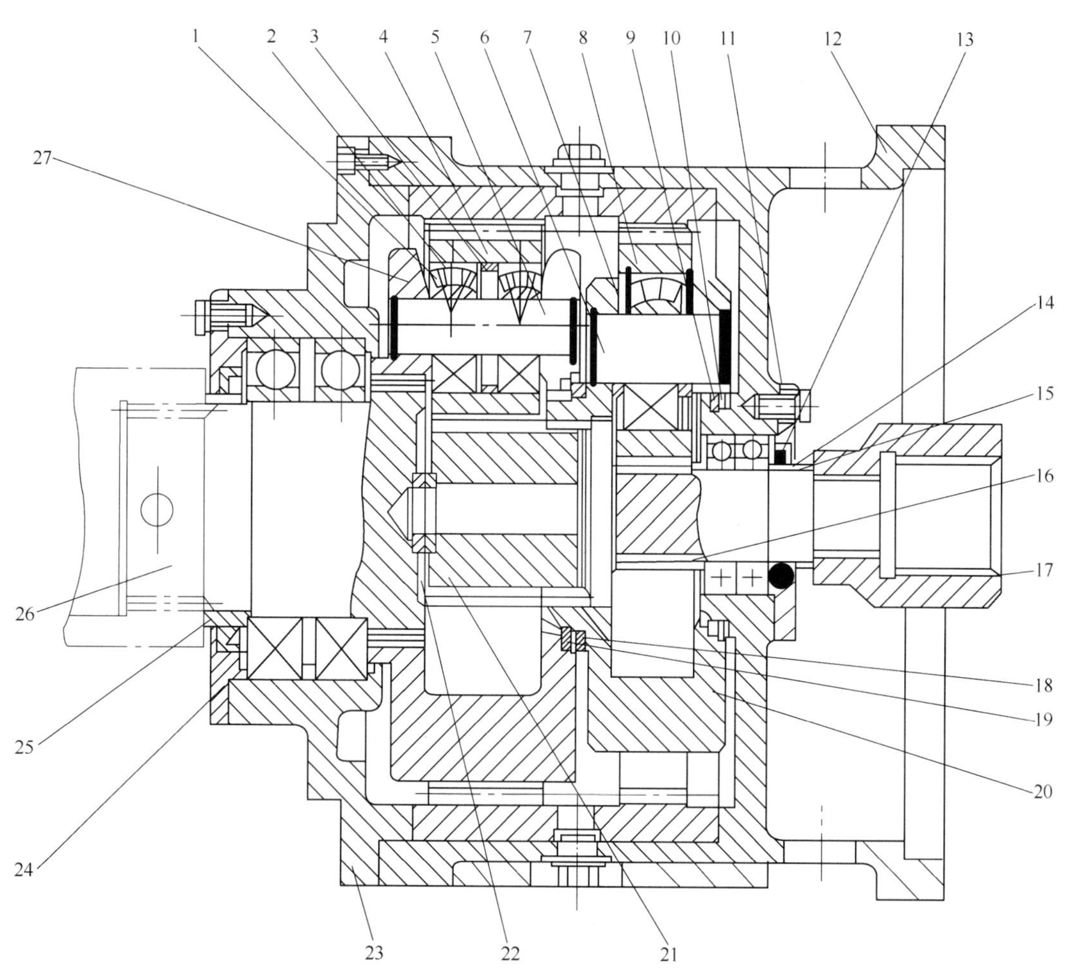

1—轴承；2—挡圈；3—距离套；4—二级行星轮；5—二级行星轮轴；6——级行星轮轴；7—挡环；8——级行星轮；9—动环；10—定环；11，24—端盖；12—箱体；13—密封件；14—O 形密封圈；15，27—轴套；16——级太阳轮；17—联轴套；18—高速环；19—低速环；20——级行星架；21—二级行星架；22—定位环；23—轴承座；25—输出轴；26—二级行星轮架

图 2.15 S100 型掘进机的截割减速器

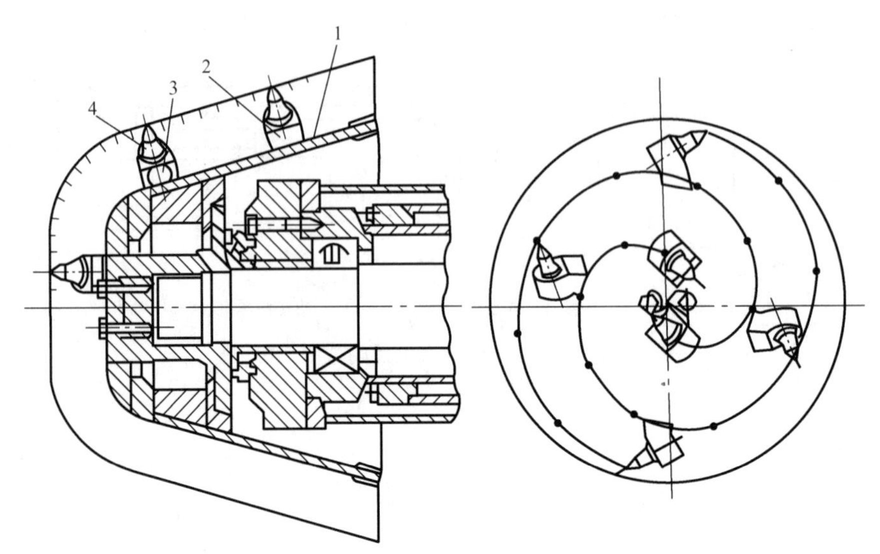

1—截割头；2—截齿座；3—喷嘴座；4—截齿

图 2.16　S100 型掘进机的截割头

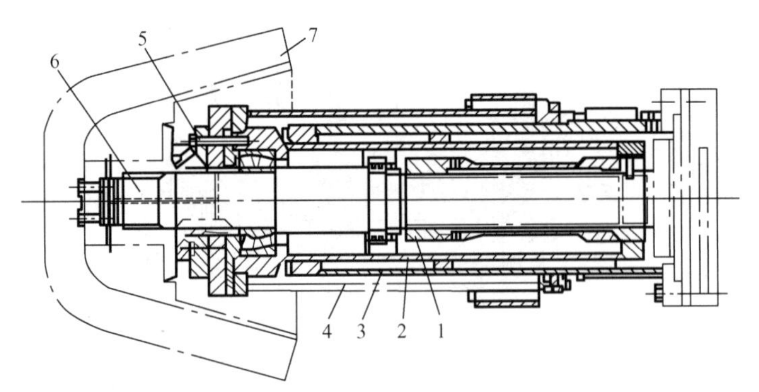

1—花键套；2—内伸缩套；3—外伸缩套；4—保护套；5—定位螺钉；6—主轴；7—截割头

图 2.17　S100 型掘进机的伸缩悬臂

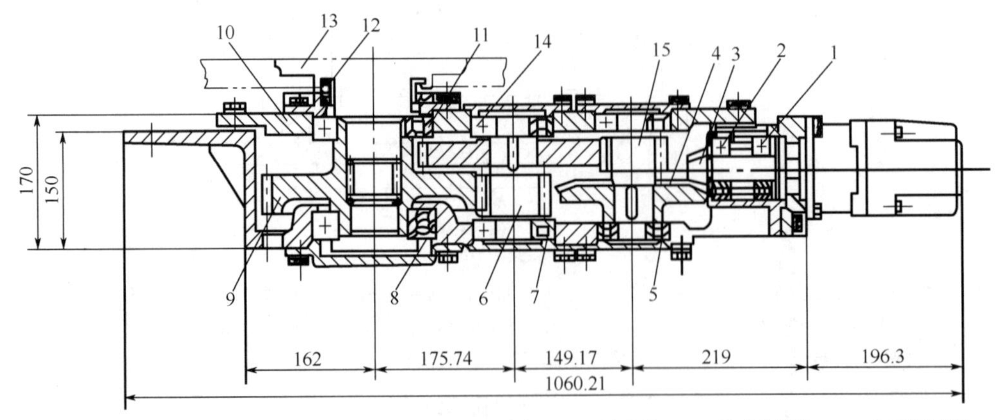

1，2，5，7，8，11—轴承；3，4，6，9，14，15，16—齿轮；10—轴承盖；12—浮动密封件；13—蟹爪驱动轴

图 2.18　S100 型掘进机的耙装机构减速器

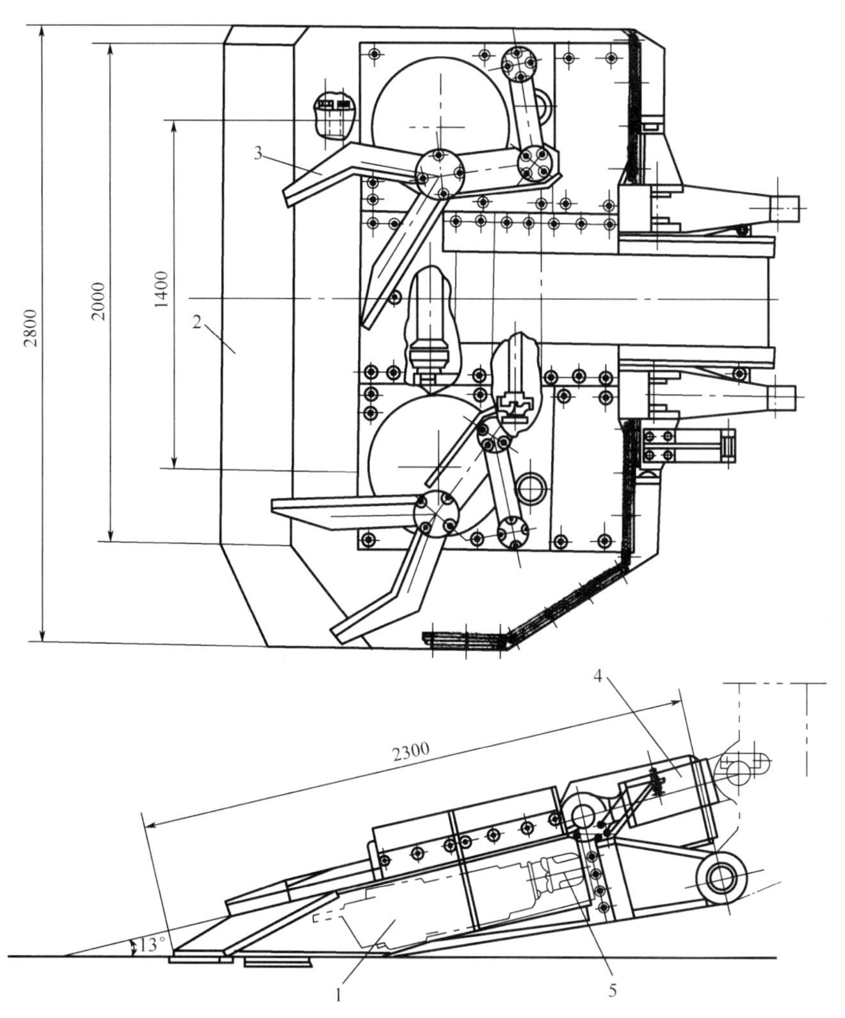

1—减速器；2—铲台；3—蟹爪；4—升降液压缸；5—液压马达

图 2.19　S100 型掘进机的耙装机构

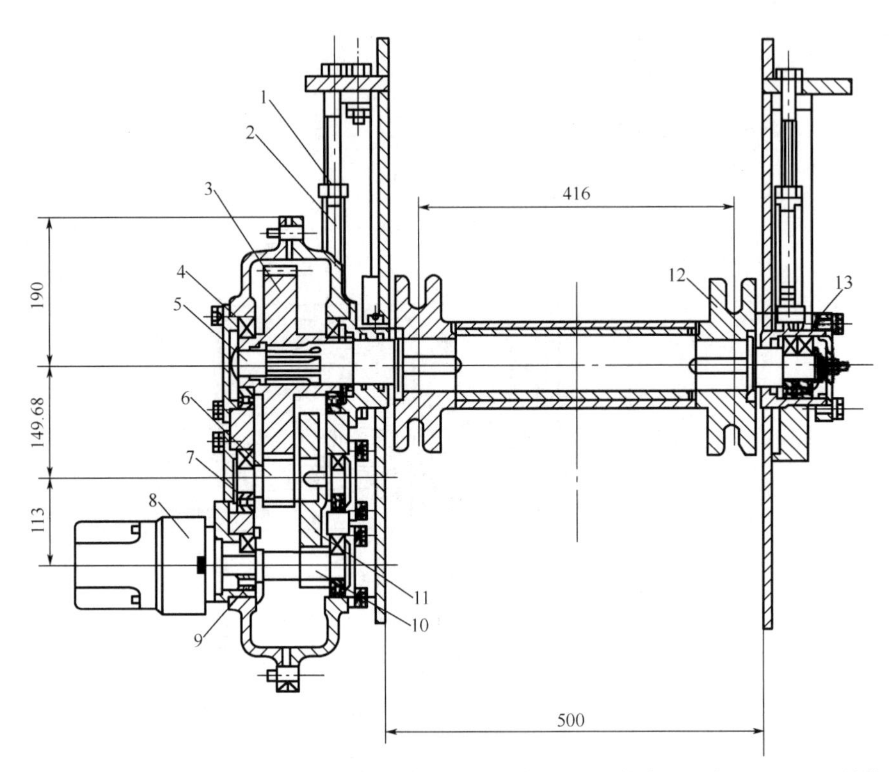

1—螺母；2—紧链器；3，7，10，11—齿轮；4，6，9，13—轴承；5—链轮轴；8—液压马达；12—链轮

图 2.20　S100 型掘进机的输送机机头及减速器

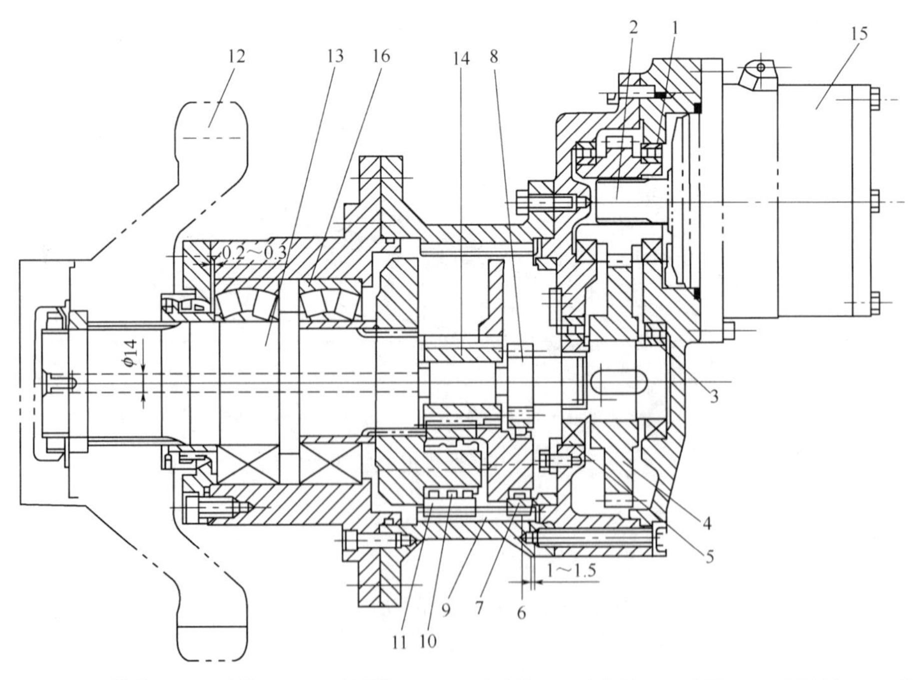

1，3，5，6，10，16—轴承；2，4—齿轮；7，11—行星轮；8，14—中心轮；9—内齿轮；12—链轮；13—链轮轴；15—液压马达

图 2.21　S100 型掘进机的行走机构减速器

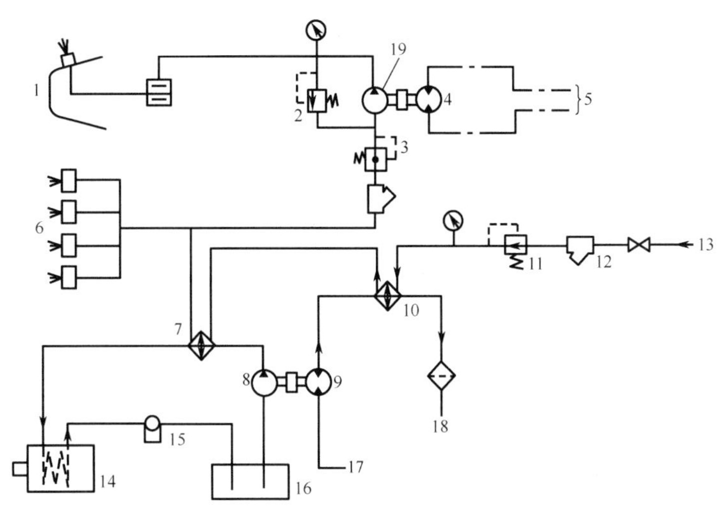

1—截割头内喷雾；2—压力调节阀；3—减压阀；4，9—液压马达；5—通往换向阀的油路；6—截割头外喷雾；7—水冷却器；8—水泵；10—油冷却器；11—减压阀；12—Y 型过滤器；13—供水口；14—截割电动机；15—流量开关；16—水箱；17—通往八联换向阀；18—通往油箱的油路；19—喷雾泵

图 2.22 S100 型掘进机的冷却喷雾系统

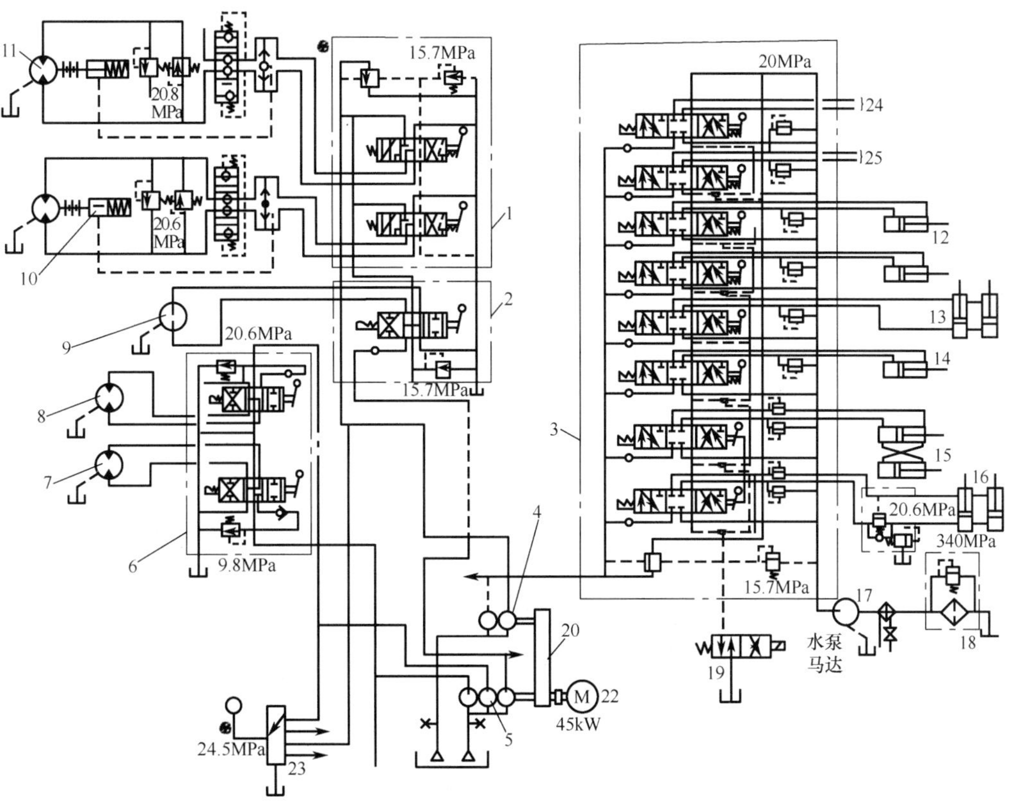

1，6—双联换向阀；2—单联换向阀；3—八联换向阀；4—双联齿轮泵；5—三联齿轮泵；7—喷雾泵液压马达；8—中间输送机电动机；9—耙装电动机；10—弹簧制动闸；11—行走电动机；12—起重油缸；13—耙装机构上下摆动油缸；14—截割头伸缩摆动油缸；15—截割头上下摆动油缸；16—截割头左右摆动油缸；17—水泵电动机；18—油冷却器；19—电磁阀；20—分配齿轮；21—油箱；22—45kW 电动机；23—选择阀；24—锚杆钻机油路；25—备用油路

图 2.23 S100 型掘进机的液压传动系统

2.2.3 ELMB 型掘进机

ELMB 型掘进机（图 2.24）除截割机构外，其他机构均采用液压驱动，而且左、右行走机构分别有一台内曲线大扭矩液压马达，具有较好的调速性能和过载保护性能。截割悬臂采用外伸缩型式，可增大掘进断面面积，便于挖柱窝、整修巷道顶帮和减少调动，提高巷道掘进质量。ELMB 型掘进机的外伸缩截割悬臂如图 2.25 所示，液压传动系统如图 2.26 所示。

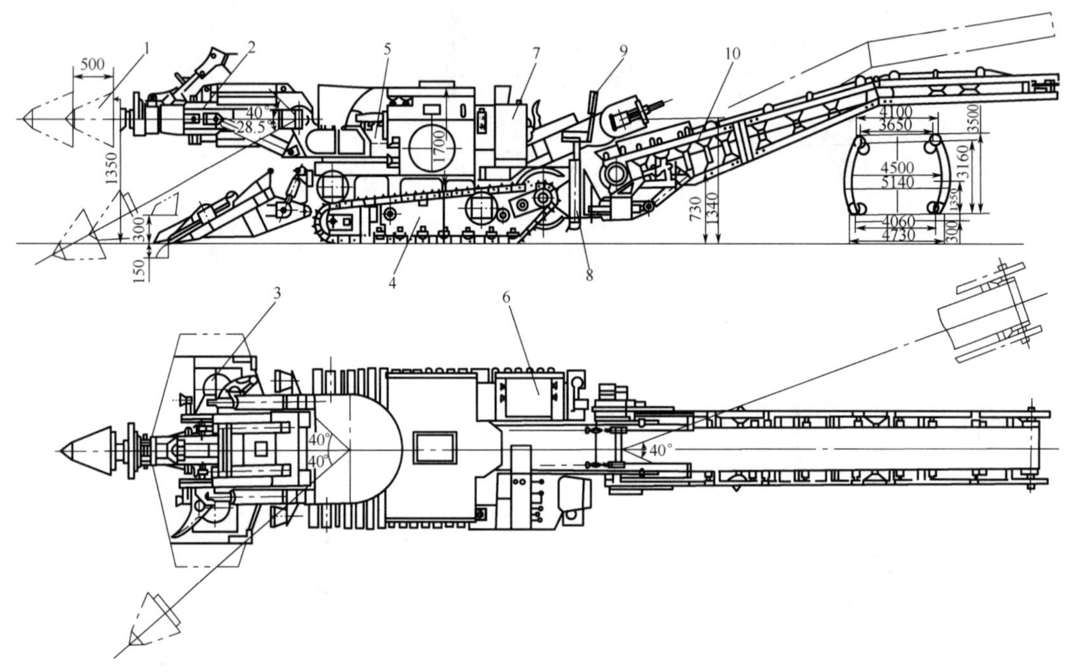

1—截割头；2—截割悬臂；3，10—装载机构；4—行走机构；5—液压泵站；6—电控箱；7—操纵箱；8—支撑液压缸；9—驾驶人座椅

图 2.24 ELMB 型掘进机

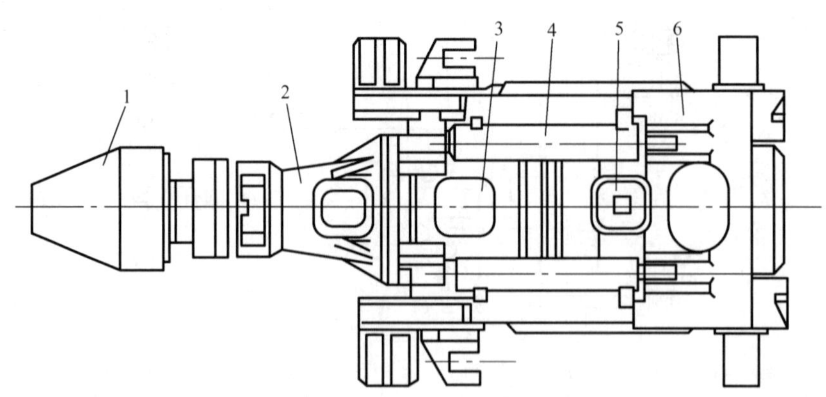

1—截割头；2—截割悬臂；3—减速器；4—推进液压缸；5—电动机；6—导轨架

图 2.25 ELMB 型掘进机的外伸缩截割悬臂

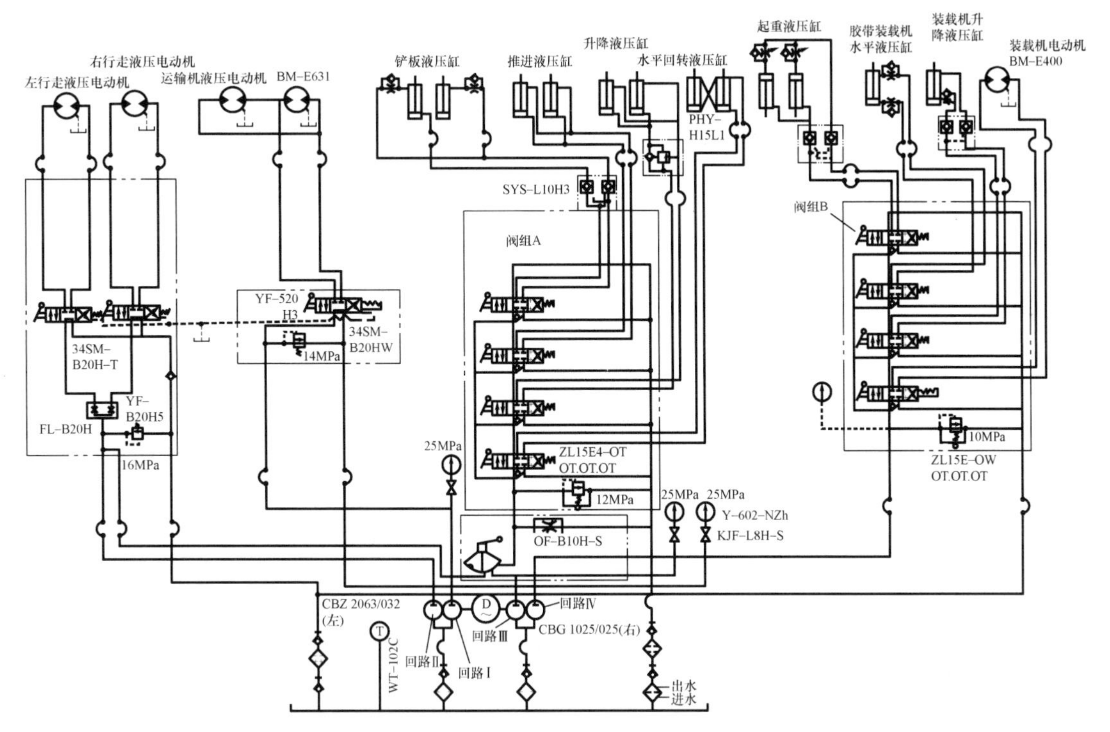

图 2.26 ELMB 型掘进机的液压传动系统

2.2.4 EBJ-160 型掘进机

EBJ-160 型掘进机（图 2.27）由煤炭科学研究总院太原分院设计、佳木斯煤矿机械有限公司制造，能截割单向抗压强度为 80MPa 的岩石，可掘进最大高度为 5.35m、最大宽度为 5.87m、任意断面形状的巷道，可在巷道坡度小于或等于 16° 的情况下正常工作，配套的装载运输设备采用 ES-800 型桥式胶带装载机和 SSJ-800/2 × 4 型伸缩带式输送机，可实现连续运输。该掘进机结构紧凑，具有比较好的适应性和工作稳定性，机身高度小，重心低，操作简单，检修方便，是国内首台可截割普氏系数 $f \leqslant 8$ 的重型半煤岩掘进机。其主要由截割机构、装载机构、行走机构、液压系统、电气系统、供水系统组成，其中截割机构和装载机构是电动机通过减速器驱动的，行走机构为液压驱动。

EBJ-160 型掘进机没有截割臂伸缩机构，截割头切入煤壁掏槽依靠行走机构向前推进，装载机构可采用蟹爪机构或星轮机构。

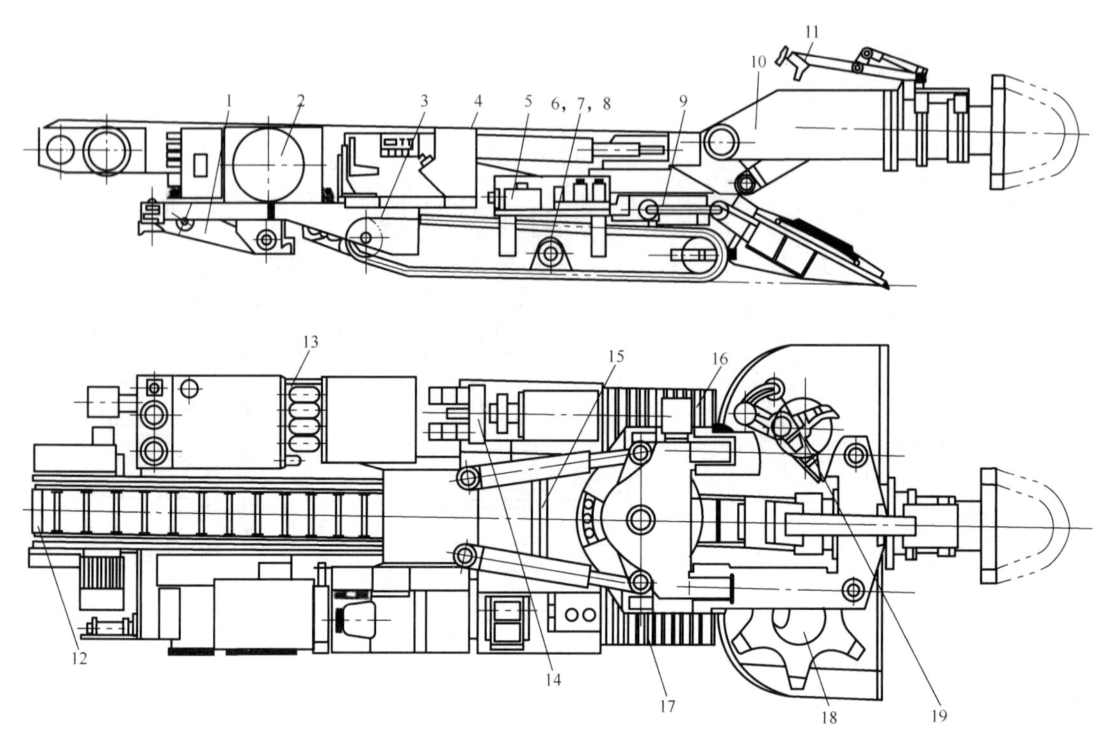

1—后支撑架；2—电气系统；3—右侧板；4—盖板；5—供水系统；6—支架；7—螺栓；8—垫圈；9—防碰撞装置；10—截割机构；11—托梁器；12—中间输送机；13—左侧板；14—液压系统；15—机架；16—左行走机构；17—右行走机构；18，19—装载机构

图 2.27　EBJ-160 型掘进机

2.3　掘进机总体设计

总体设计是掘进机设计的中心环节，是战略性的、方向性的、把握全局的设计，设计者进行总体设计时，既要赶超世界水平，又要符合我国国情；既要技术先进，又要经济合理；既要使用方便，又要制造和维修方便。总体设计对掘进机的技术性能、经济指标和外观造型有决定意义。如果总体设计不合理，研制出的产品很快就被淘汰，缺乏竞争力。设计者要充分运用科学原理和设计理论，掌握现代机械设计方法，重视科学实验，使总体设计尽量原理正确、结构合理、实际可行、造价适当、产品具有竞争力。

2.3.1　总体设计原则、任务和内容

1. 总体设计原则

（1）创新原则。

设计本身就是创造性思维活动，只有大胆创新才能有所发明、有所创造。如今科学技术高度发展，创新往往是对已有技术的综合。有的新产品是根据他人试验结果设计

的，有的采用组合式设计。

（2）可靠原则。

产品设计力求技术先进，但更要保证使用可靠性，这是评价产品质量的一个重要指标。因此，要对产品进行可靠性设计。

（3）效益原则。

在可靠的前提下，力求做到经济合理，使产品物美价廉，具有有较强的竞争力，创造较高的技术经济效益和社会效益。也就是说，在满足用户提出的功能要求的前提下，要有效地节约能源、降低成本。

（4）审核原则。

总体设计是一种设计信息加工、处理、分析、判断、决策、修正的过程。为减少设计失误，实现高效、优质、经济的设计，需随时审核所有设计程序的信息，决不允许有错误的信息流入下一道工序。实践证明，产品设计质量不好往往是由审核不严格造成的。因此，审核原则是确保设计质量的一项重要原则。

2. 总体设计任务

机械产品设计通过原理方案设计、结构设计，满足主要功能。但是，机器本身不是独立的系统，不能孤立存在，需要人工操纵和控制及人工装配和安装。环境对机器有约束，机器又对环境施加影响，并受到有关规范和法律的限制，且与其他机器有关联。有些问题在结构设计中考虑到了，但有些问题没有涉及，需要在总体设计中综合考虑。与此同时，总体设计要对各零部件、设计提出主要参数和设计要求，以保证在设计各零部件时满足总体设计的约束条件。综上所述，总体设计任务如下。

（1）完善方案设计与结构设计内容。

（2）使各零部件合理组合。

（3）综合人、机器、环境的关系，使之协调、适应，以保证全面满足对机械产品技术性能、经济性能等的要求。

3. 总体设计内容

虽然不同机器的总体设计内容有所不同，但大体如下。

（1）确定总体参数。总体参数是表明机器技术性能的主要指标，包括性能参数和结构参数。性能参数是指生产率、功率和质量等；结构参数是指主要结构尺寸，由整机外形尺寸、主要部件的外形尺寸及工作机构作业位置尺寸等组成。总体设计内容包括确定性能参数和结构参数，可采用计算法、类比法、相似设计法及优化设计法等。

（2）总体布置设计。总体布置设计主要确定各零部件的位置和连接方式，并考虑安全操作、整体造型等问题。

（3）确定整机的平衡和稳定性。平衡是指整机处于不同工作状态时，所有机构作用力和重力的合力不超出规定范围。稳定性是指整机平衡，研究机器工作和行走时发生倾覆的可能性。

（4）动力源特性分析。需对掘进机动力源电动机进行动力源特性分析。

（5）人—机—环境系统设计。人—机—环境系统设计主要是指操作和控制系统设计。

（6）附属装置设计。为增加机器功能、扩大机器使用范围或减小环境对人机影响而设计附属装置，如在井下巷道掘进机上增加打锚杆孔装置，在采煤机、掘进机上增加高压水喷雾灭尘装置等。

（7）机器造型设计。机器造型设计是指对机器外形、色彩进行艺术设计。

（8）产品故障分析和对策。

（9）明确易损件、外购件、标准件。

（10）明确产品包装和运输要求。

（11）画出机器总装配图、零件施工图，编写全部设计文件。

计算机辅助设计（Computer Aided Design，CAD）得到飞速发展，产品设计过程可以看成将人的创造构思转换成适用于生产要求的图纸或信息的过程。所谓计算机辅助设计，是指在人机交互作用下，利用计算机系统对设计对象进行最佳设计，包括确定方案和参数、进行各种复杂的计算、自动绘制图纸等。因为计算机具有速度高、精确、存储量大、逻辑判断、图形显示和自动绘图等功能，所以使用CAD可提高产品设计质量，减小设计人员的劳动量。在计算机辅助设计中，起主导作用的是人，要求工程技术人员积极参与，用人机对话方式对设计工作进行修改和完善。由于机械产品中的CAD应用大多局限在零部件的设计和绘图方面，总体设计难以建立实用且可靠的数学模型，因此总体设计需要应用大量实践经验，在大量数据分析的基础上进行思维推理、类比和决策。

2.3.2 总体布置设计

总体布置关系到整机的性能、质量和整机的合理性，也关系到操作方便性、工作安全性和工作效率。因此，总体布置是总体设计中极重要的内容。

总体布置的任务是合理布置各零部件在整机上的位置，按照简单、合理和安全原则，实现工作要求；确定机器的重心坐标及总体尺寸。

1. 总体布置的基本要求

总体布置的基本要求如下：保证整机的平衡和稳定性，重心低，并减少偏置；在尽量做到结构紧凑、满足强度和刚度要求的前提下，使形状尺寸小、质量小；动力传递路线简短、直接，传动效率高；各零部件在装配和使用过程中，位置调整、拆装和维修等简单、方便、互锁；驾驶人室的布置要求操作安全、方便、驾驶人视野开阔；电气线路、气路、液压管路的布置整齐、清楚、醒目；机器外形平整、美观、大方、紧凑。

2. 布置型式

巷道掘进机主要是一种悬臂式掘进机，是用于掘进、装载、运输、除尘联合作业的掘进设备。巷道掘进机的总体布置（图2.28）有如下特点：截割机构由悬臂和回转台组成，位于机器前上部，作业时，悬臂能上下、左右回转；装载铲板在机器下部前方，后接刮板运输机，两者组成装载机构，贯穿掘进机的纵向轴线；考虑掘进机的横向稳定平衡，主要部件按掘进机纵向平面对称布置，如电控箱、液压装置分别装在刮板运输机两侧；为保证作业的稳定性，履带位于机器下部中间，前有铲板，后有稳定器支撑，整个机器的重心在履带接地面积的形心面积范围内；为了保证驾驶人安全，且便于观察、操作，将驾驶人室设在机器左侧或右侧，与地面挖掘机明显不同；由于掘进机要进行地下巷道作业，因此整个机器呈长条形，且机身越矮越稳定。

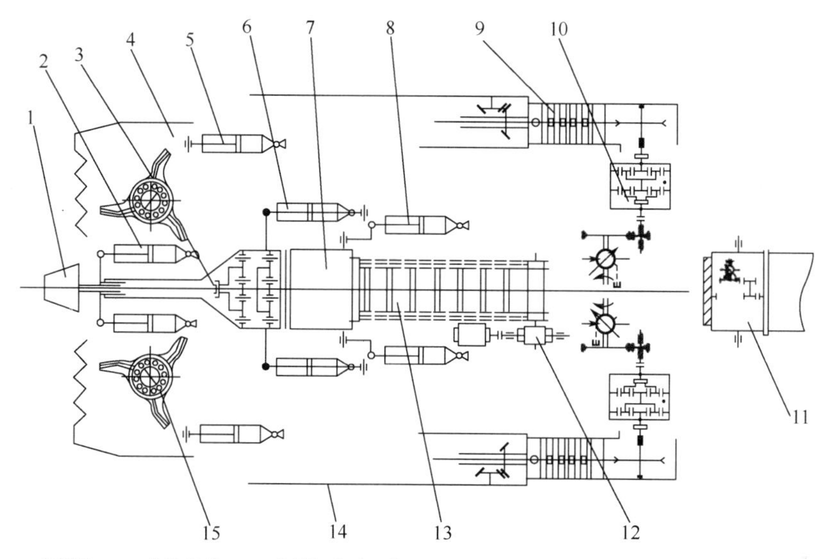

1—截割头；2—收缩机构；3—截割部传动机构；4—铲板；5—铲板油缸；6—水平回转油缸；7—截割电动机；8—截割部升降油缸；9—履带；10—履带传动装置；11—第二运输机；12—第一运输机传动装置；13—第一运输机溜槽；14—掘进机本体；15—装载机构

图 2.28 巷道掘进机的总体布置

2.3.3 总体参数确定

1. 机型与可截割性能指标

根据 MT/T 238.3—2006《悬臂式掘进机 第3部分：通技术条件》确定掘进机的基本参数，使掘进机产品标准化、系列化，见表 2-1。掘进机有五种机型（特轻、轻、中、重、超重)，且有横轴式和纵轴式两种切割方式，以及与掘进机对应的其他参数，如生产能力、截割机构功率、最大工作坡度、可掘巷道断面面积、机重（不包括转载机）等。

表 2-1　掘进机的基本参数

技术参数	单　位	机　型				
		特轻	轻	中	重	超重
切割煤岩最大单向抗拉强度	MPa	≤40	≤50	≤60	≤80	≤100
生产能力	煤，m^3/min	0.6	0.8	—	—	—
	半－煤，m^3/min	0.35	0.4	0.5	0.6	0.6
截割机构功率	kW	≤55	≤75	90 ～ 132	>150	>200
适应工作最大坡度（绝对值）不小于	(°)	± 16	± 16	± 16	± 16	± 16
可掘巷道断面面积	m^2	5 ～ 12	6 ～ 16	7 ～ 20	8 ～ 28	10 ～ 32
机重（不包括装载机）	t	≤20	≤25	≤50	≤80	>80

由于我国对岩石可切割性研究还不够，没有对煤矿巷道围岩做大量试验分析，因此无法提出我国岩石分类方法，一直沿用苏联的普氏系数。岩石坚固性是岩石抵抗开采工艺破坏的特性，岩石普氏系数近似地与岩石抗压强度极限成比例（岩石破碎功与最小颗粒破碎所得的体积成比例）。

由于岩石普氏系数只考虑岩石的抗压强度，因此，在生产实际中误差较大，可靠性和计算精度较低。因为还常利用拉力和剪切力破坏岩石，所以在 MT/T 238.3—2006《悬臂式掘进机 第 3 部分：通用技术条件》中只提出用单向抗压强度评价岩石的切割性能。

2. 巷道掘进机几何尺寸的确定

待掘进巷道的最大尺寸和最小尺寸如图 2.29 所示。

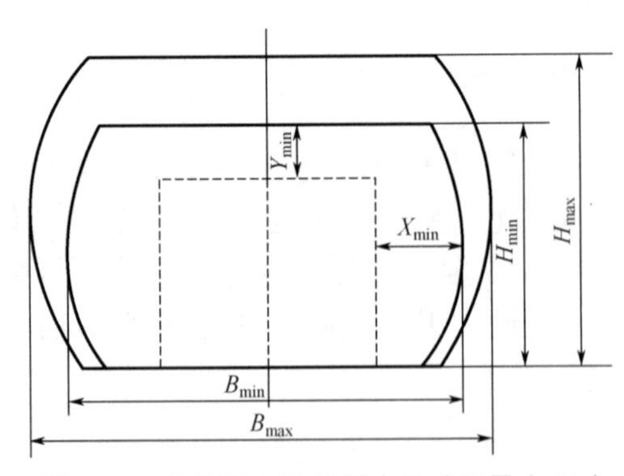

图 2.29　待掘进巷道的最大尺寸和最小尺寸

机身宽度

$$B = B_{\min} - 2X_{\min} \tag{2.1}$$

机身高度

$$H = H_{\min} - Y_{\min} \tag{2.2}$$

式中，$X_{\min}$ 为行人和运输物料的最小宽度，mm；$Y_{\min}$ 为最小过机高度，mm。

3. 巷道掘进机性能参数的确定

（1）技术生产能力。

技术生产能力 Q 用下式计算：

$$Q = KAv_{\mathrm{s}}$$
$$A = \frac{(d_1 + d_2)w}{2} \tag{2.3}$$

式中，A 为截割头轴截面面积，m^2；d_1 和 d_2 分别为截割头小端直径和大端直径，m；w 为切深，m；v_{s} 为截割头水平或竖直运动时的摆动速度，m/min，横向截割头的摆动速度参考表 2-2 中的取值；K 为煤岩松散系数，一般取 1.5。

表 2-2　横向截割头的截割参数与矿物特性的关系

矿物特性	单向抗压强度 /MPa	截割速度 /（m/s）	摆动速度 /（m/s）	截线距 /mm
超硬材料	>80	～3	0.2 ～ 0.4	40 ～ 50
硬材料	60 ～ 80	～3	0.3 ～ 0.4	50 ～ 60
中硬材料	30 ～ 60	3 ～ 3.5	0.35 ～ 0.6	60 ～ 100
软材料	30<	3.5 ～ 4	～ 0.65	70 ～ 120

（2）机重与重心。

机重是指整机质量，也称巷道掘进机的黏着质量，与切割功率匹配。机重应与机型一致，它直接影响机器的工作稳定性。初始设计时，一般根据具体情况，参照表 2-1 中的数值估算。

机器重心位置取决于重心高度、纵向距离、横向偏移，用于验算机器的稳定性。从机器工作稳定性出发，重心高度越小越好；纵向距离应在履带中心偏前范围内；横向偏移值尽量小。总体设计时，用下式估算重心的纵向坐标：

$$x = \frac{G_i x_i}{\sum G_i} \tag{2.4}$$

式中，G_i 为各零部件质量，kg；x_i 为各零部件重心坐标值。

机器稳定性是指掘进机作业时的动态稳定性，由于机器受力复杂，很难精确计算，因此以静态稳定性估算。静态稳定性是指抵抗倾覆和在坡道上滑移的能力。机器的极限倾翻角和下滑临界坡度均大于设计坡度。

上坡
$$\alpha_1 = \arctan\frac{x_1}{H} \tag{2.5}$$

下坡
$$\alpha_2 = \arctan\frac{x_2}{H} \tag{2.6}$$

横向
$$\alpha_3 = \arctan[(B+b)/2-C] \tag{2.7}$$

式中，x_1 为重心与后支重轮轴心线的距离，mm；x_2 为重心与前支重轮轴心线的距离，mm；H 为重心离地高度，mm；B 为两条履带的中心距，mm；C 为重心横向偏心距离，mm；b 为履带板宽度，mm。

履带在坡道上不自滑的坡角

$$\alpha_{\max} = \arctan\mu_{\max} \tag{2.8}$$

式中，$\mu_{\max}$ 为最大附着系数，一般取 1。

（3）截割功率的计算。

$$P = F_p v_j \tag{2.9}$$

式中，F_p 为截割头的截割力，kN；v_j 为截割速度，m/s，根据表 2-2 取值。

截割头的截割力可由 Evans 公式计算：

$$F_p = 0.016\pi\frac{h^2\sigma_c z}{\cos^2\left(\frac{\beta}{2}\right)X^2} \tag{2.10}$$

式中，h 为平均切削厚度（截齿截割煤岩体的深度），mm；σ_c 为岩石抗压强度，MPa；z 为参与截割的截齿数；β 为截齿刀具角，°；X 为岩石硬度比，$X=\frac{\sigma_c}{\sigma_\tau}$（$\sigma_\tau$ 为岩石的抗拉强度）。

对于纵轴式掘进机截割头，每个截齿的最大切削厚度都可由下式计算

$$h_{\max} = \frac{v_s}{n_a m} \tag{2.11}$$

式中，n_a 为截割头的转速，r/min；m 为一条截线上的截齿数。

2.3.4 零部件机械工程材料的选用

掘进机箱体一般为铸件或组焊件，材料为 35 钢；传动轴材料为 35CrMo；齿轮材料为 18Cr2Ni4WA。

2.4 悬臂式掘进机部件设计

2.4.1 截割头概述

截割头是掘进机的工作机构，主要功能是破碎和分离煤岩。通过研究煤岩切割过程得知，由于影响截割效果的因素很多，因此截割头设计复杂、困难。在截割头的每转中，同时参加切削的截齿都从岩石带中切下相同体积的煤岩，使每个刀齿的受力都相等、磨损都相同、运动平稳是截割头设计的目标。

影响截割头设计的主要因素如下。

（1）煤岩特性参数，包括硬度、抗拉强度和抗压强度、磨蚀性等。

（2）截割头结构参数，包括尺寸、几何形状、截齿数目、截齿布置、截齿空间安装位置、截线间距。

（3）工艺特性参数，主要是指切削深度、切削厚度、摆动速度、截割头角速度。

以上因素相互制约、关联和影响，设计时要相互匹配、综合考虑。

截割头设计要求：各截齿负荷均匀，切割平稳，振动小；截割比能耗低，截齿消耗少；截割效率高，产生的粉尘少。

设计的已知参数：被切割煤岩特性；切割电动机功率和转速；工艺参数（摆动油缸力和速度、切割深度和厚度）；依据 MT/T 238.2—2008《悬臂式掘进机 第 2 部分：型式与参数》选择参数和设计计算。

1. 运动规律

掘进机截割头有四个运动：绕本身轴线旋转运动、水平摆动、垂直摆动及纵向进给运动。主切削运动是绕本身轴线旋转运动与水平摆动的合成运动。

2. 横向截割头的截齿空间位置和外形轮廓

（1）截齿空间位置。

横向截割头都是切向安装镐型截齿，工作时，截齿可以在截齿座中自转，齿座焊接在截割体上，截齿空间位置由截齿和齿座按照几何模型构成。为了方便计算机辅助设计，用齿尖圆柱坐标和截齿中心线描述截齿空间位置。

① 截齿尖位置。

图 2.30 所示为截齿尖坐标，截齿尖处坐标为 $P(z_p, r_p, \gamma_p)$，z_p 为截齿轴向距离，r_p 为截齿回转半径，γ_p 为圆周角，v_p 为截割头横向摆动速度，ω 为切割头角速度。

② 截齿中心线位置。

截齿中心线是一条空间直线，用切削角 δ、旋转角 ε 和安装角 θ 表示，如图 2.31 所示。

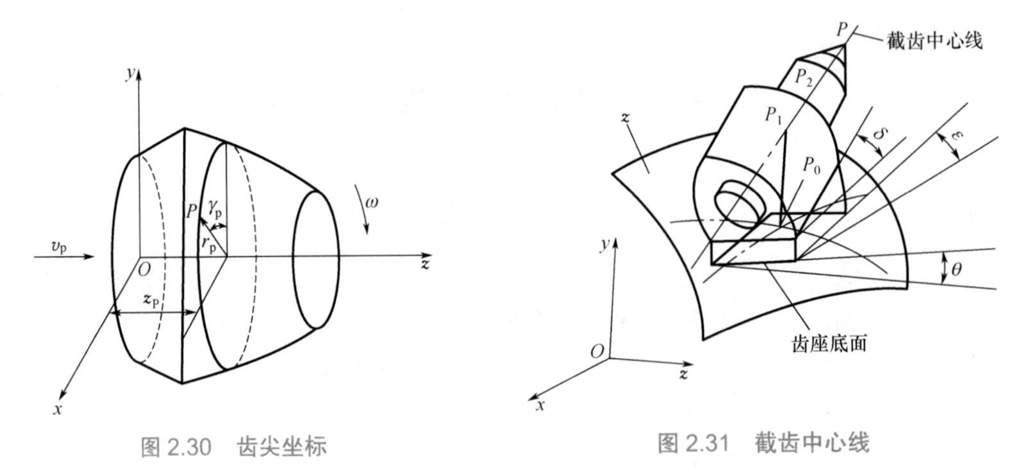

图 2.30　齿尖坐标　　　　图 2.31　截齿中心线

切削角 δ：截齿中心线与齿尖截割轨迹切线的夹角，使截齿以较好的位置楔入岩石，一般取 45°。

旋转角 ε：齿座底面相对截割头回转轴线垂直截面的转角。它在切割中形成一个力矩，使截齿在齿座中产生自转，达到截齿磨损均匀的目的。截齿位置不同，旋转角不同。

安装角 θ：齿座底面与截割头回转轴线的夹角，用于调整断面和过渡区的截齿位置，保证有效地截割煤岩，主要切割区的截齿 θ=0°，冠状部分的截齿 θ=30° ～ 70°，具体数值根据截齿位置而定。

（2）外形轮廓。

外形轮廓是指截割头的几何形状，当截割头绕轴线旋转时，截齿尖在平面上投影，连接这些投影点得到齿尖包络曲线。平面包络曲线绕轴线旋转得到截割头空间曲面轮廓。

① 截齿包络曲线。

通过研究国外各种横截割头包络曲线并建立相应的曲线数学方程可知，一条完整的截割头包络曲线由多条曲线组成，如圆曲线、抛物线、圆曲线（抛物线)，圆曲线、椭圆、圆曲线等。AM50 型掘进机的截割头包络曲线如图 2.32 所示。图 2.33 所示为 ϕ750 外喷雾截割头轮廓曲线及截齿排列，图 2.34 所示为 ϕ730 内喷雾截割头轮廓曲线及截齿排列。

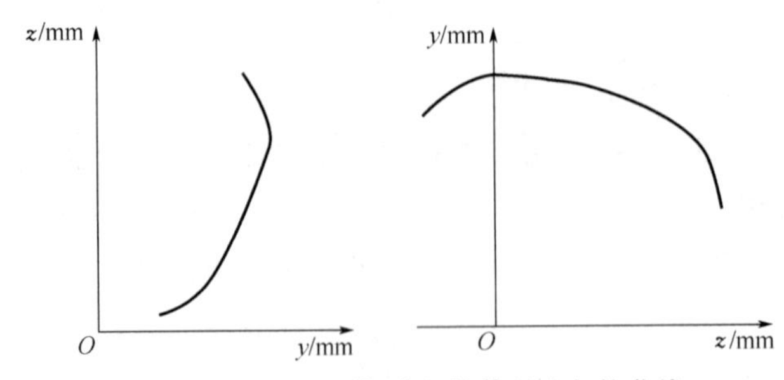

图 2.32　AM50 型掘进机的截割头包络曲线

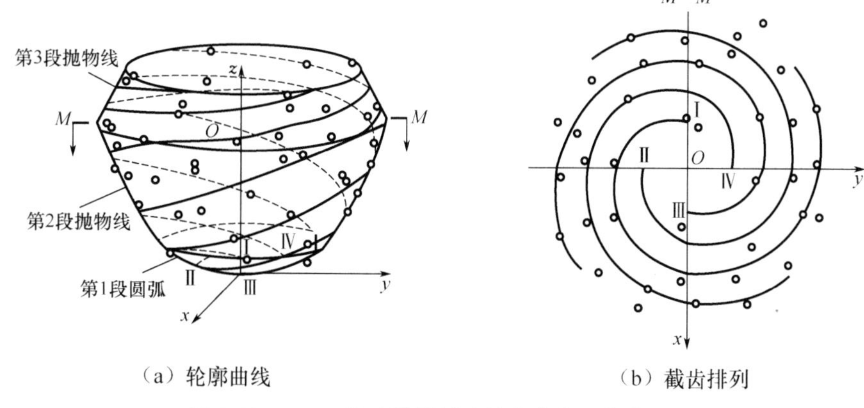

（a）轮廓曲线　（b）截齿排列

图 2.33　ϕ750 外喷雾截割头轮廓曲线及截齿排列

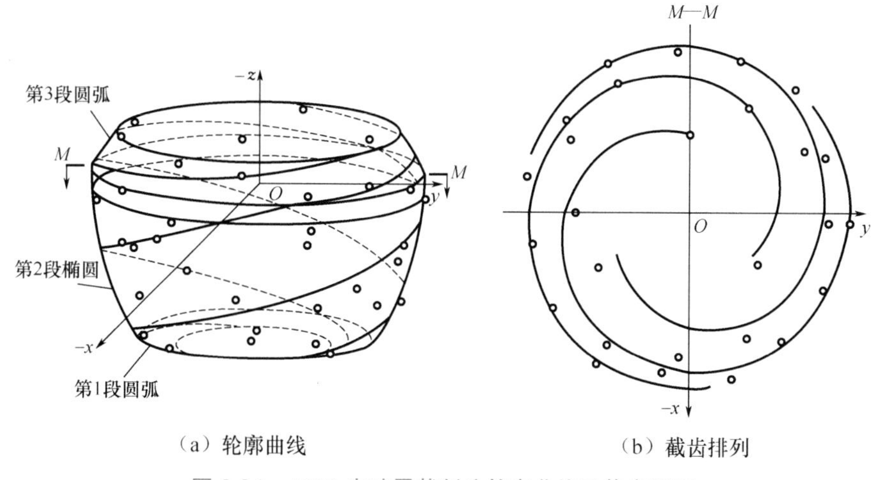

（a）轮廓曲线　（b）截齿排列

图 2.34　ϕ730 内喷雾截割头轮廓曲线及截齿排列

截割头具有某种曲线凸度是指包括主要切割截齿的包络曲线，如抛物线凸度或椭圆凸度，应根据不同工作条件选择不同凸度曲线。

② 空间轮廓和布齿规律。

通过对 AM50 型掘进机截割头图纸进行反求，得到两种尺寸截割头的空间轮廓及布齿规律。由图 2.33 和图 2.34 可知，ϕ750 截割头截齿沿四条螺旋线布置，ϕ730 截割头截齿沿三条螺旋线布置，均为右旋；两种截割头的多数截齿均匀分布在螺旋线的两侧，少数截齿偏离螺旋线较远。产生误差的原因如下：截齿的截线间距和圆周角不相等；受结构限制，各齿座不能相互干涉，导致截齿位置变化；截齿位置尺寸测量误差；等等。

3. 截齿载荷

截割头旋转时，每个截齿都做切入岩石运动，然后离开切削岩石带的非连续性的切削运动，属于脉动冲击式载荷，在运动学的基础上研究截齿的负荷特性，可确定各力之间的关系。

由式（2.10）可知，截割力与岩石硬度、截齿刀具角及平均切削厚度有关，其中截齿刀具角和平均切削厚度的值常由试验得出，很少变化，因此截割力主要取决于岩石硬度。各截齿的截割力之和$\sum F'$构成截割头截割时的总截割力，即截割总阻力$\sum P$，它是选择截割电动机的依据。

径向力F_r是截齿切削时对煤岩的挤压力，保持截齿的切削状态。由于各截齿的径向力总是指向截割头的旋转轴，因此截割头截割煤岩时总是伴随着一个力，此力方向与掘进机截割臂中心线几乎保持平行，这也是横轴式截割头掘进时比纵轴式掘进机稳定的原因之一。

径向力的数值与切削力有关，随着煤岩抗拉强度的不同而不同。径向力与切削力的比值（经验值）见表 2-3。

表 2-3　径向力与切削力的比值（经验值）

矿物名称	F_r/F_p
很硬的煤	1.6
有黄铁矿杂质的煤	1.5
澳大利亚瓦罗公矿的煤	1.0 ～ 1.4
威斯性伐伦米尼斯特尔矿的煤	1.2
莱茵地区瓦尔竹姆矿的煤	1.0
波特的盐矿	1.0
哈多夫钾盐矿	2.0

F_c是截割头横向摆动时所受阻力的分力，其值与煤或岩石的硬度有关。参加截割煤岩截齿的F_c之和$\sum F_c$是设计掘进机回转摆动力的依据，即水平摆动力$F_B \geqslant \sum F_c$。

设计时，根据经验，三个力可取$F_p : F_r : F_c = 1:1.5:0.2$。

4. 截割参数的选择

悬臂式掘进机截割头分为纵轴式和横轴式，发展巷道掘进中的切割破碎技术的关键是研究截齿与煤、岩的关系，切割头设计建立在刀具有效地、经济地破碎煤岩的基础上。

截割头设计的原则如下：力求做到每个截齿都承受相同负荷，也就是每个截齿所切煤、岩体积尽可能都相等，工作平稳，比能耗低，截齿消耗少，产生粉尘量小。国外设计截割头以“崩落模型”和“平衡计算”概念为基础。所谓“崩落模型”就是描绘出每个截齿相对负荷指数；掘进机切割煤、岩，产生低频大振幅振动，影响机器的稳定性和可靠性，但是截割头的优良设计能使这种振动减到最小，计算机辅助设计系统可以估算低频振动的程度，把这种设计称为“平衡设计”，设计的截割头振动最小。

截齿分为扁形截齿和镐形截齿，前者径向安装，后者切向安装。扁形截齿的使用寿命不到镐形截齿的一半。镐形截齿工作时，在齿座中转动，具有“自磨锐性”，齿尖磨损均匀，延长了使用寿命，其截齿尖点截入岩石的能力强，有较高的破碎效率，尤其是截割硬岩时效果好。镐形截齿在截割头上的位置由切削角δ和旋转角ε确定，如图 2.35 所示。

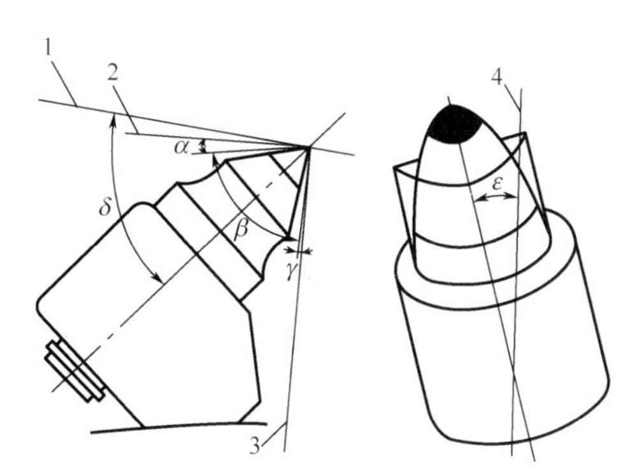

1—切割轨迹切线；2—切割轨迹线；3—截齿回转中心线；4—通过截割头切割面的切线

图 2.35　镐形截齿的位置角

（1）切削角。

切削角 δ 是齿尖截割轨迹的切线和截齿中心线的夹角，使截齿以较好位置楔入岩石，对纵轴式截割头和横轴式截割头都很重要。观察纵轴式截割头的截割过程，可知摆线轨迹与牵引速度有关，牵引速度越高，摆线延伸就越长，切削角要适应摆动速度的变化，最小切削角为 45°。当牵引速度较高时（切割松软岩石），切削角应取较大值，但不应超过 48°。

虽然切削角大能提高切削效率，但磨损比较严重，容易使齿尖变钝，以致无法切入矿物。当切削角很小时，所需进给力增大，容易使截齿超载，截齿不仅轴线方向承受负荷，而且齿顶方向负荷增大，使进给力与切削力比值增大。常用镐形截齿的最佳切削角为 48°。

（2）旋转角。

旋转角 ε 又称扭转角，是截齿在齿座支承面上旋转形成的。由图 2.35 可知，旋转角是截齿中心线与通过齿座支承面中点的切线投影线的夹角。对纵轴式截割头而言，旋转角对截齿磨损状况有影响，在工作过程中作用在截齿上的力产生旋转力矩，使截齿在齿座中旋转。若旋转角选择不当，则，镐形截齿不会旋转，截齿磨损不均匀，导致过早损坏。旋转角要适应外形轮廓，在整个截割头上数值不相等，一般为 8° ～ 35°。深部截割时为了减小截齿磨损，最末端的截齿要反向安装。对横轴式截割头而言，旋转角对截割过程特别重要，由于截齿做螺旋运动，旋转角为 8° ～ 35°，因此每个截齿的旋转角都随所在位置的变化而变化，且与摆动速度密切相关。

（3）截线间距。

在截割头设计过程中，截齿排列的一个重要问题是确定截线间距 S，它表征相邻截齿齿尖轨迹的距离，其值影响单个截齿载荷、受力、破碎效果和功率消耗。对纵轴式切割头而言，截线间距在截割过程中是不变的，但与被截岩石性质关系密切，为了达到良好的截割效果，希望每个截齿的单刀截割力都大一些，截线间距选大一些，可以改善受力状态，得到合适的岩石块度。对横轴式截割头而言，选择截线间距时，尤其应考虑煤岩特性和水平摆动速度，因为截线间距在切割过程中发生变化。总之，确定截线间距时，应全面考虑煤岩性质（破碎角不同）、截割厚度、牵引速度等因素。对纵轴式截割头而言，圆锥部分间距以提高效率为目标，取大值；前部圆弧部分间距以载荷均匀分布为目标，取小值。

纵轴式截割头水平摆动切割时，切割岩石的截线间距与截割头上轴向截齿间距相等。截线间距保持不变，与摆动速度无关，只改变切深。当横轴式截割头摆动切削时，实际截割间距随摆动速度的变化而变化，而切深保持不变。

试验证明，截割的煤岩量与截线间距和截齿切深有关，截线间距过小使煤岩过于破碎，产生粉尘，单位能耗高，截割效率低；截线间距过大会在煤壁上保留棱边，还会降低截割效率。截线间距应是截齿切深的 2 倍，即

$$S = 2h' = \frac{v_s}{nz} \tag{2.12}$$

式中，S 为截线间距，m；h' 为截齿切深，m；v_s 为牵引速度或摆动速度，m/min；z 为一条截线上的截齿数；n 为截割头转速，r/min。

（4）螺旋线头数。

无论是哪种截割头，螺旋线头数都是一个重要的设计参数，它对螺距、截线间距和刀齿切入顺序及其载荷都有重要影响。在纵轴式截割头切割坚硬煤岩的过程中，当采用单头螺旋线布齿时，要选择较小的螺距，以减小单齿载荷和磨损；但被截割的岩石是细粒的，产生较多粉尘，同时排屑能力较差。当采用双头或三头螺旋线时，每条螺旋线上都可选择较大的截线间距，两个截齿在相同截割轨迹上工作，切割坚硬岩石时相互卸载或交错截割。与纵轴式截割头不同，横轴式截割头常装有两头以上螺旋，切割方式不同，截割头形状不同，横轴式截割头的螺旋头数和螺距与截割头直径、煤岩性质有关，设计横轴式截割头截齿排列比纵轴式截割头复杂。

（5）截割速度。

截割速度是指截齿尖运动轨迹切线方向的速度，与截割头的直径、转速和牵引速度有关，是判断截齿齿尖寿命的主要指标。截割速度和摩擦系数是导致截齿温度上升的重要因素，所有硬质合金都有临界温度，超过临界温度时会软化，磨损急剧增大。最佳切割速度取决于矿物特性，矿物越硬、越韧，研磨性越强，截割速度越低，但截割效率与截割速度呈线性关系。因此，有的半煤岩掘进机有两种转速，低转速截割岩，高转速截割煤。

试验表明，截割头的截割速度为 1 ～ 5m/s，截割煤岩时，截割速度为 3 ～ 5m/s；截割石英含量为 30% ～ 40%、抗压强度为 100 ～ 120N/mm^2 的砂岩时，截割速度为 1.5 ～ 2m/s。

（6）牵引速度。

牵引速度是指截割臂摆动时，截割头的水平运动速度或垂直运动速度。当截割速度一定时，牵引速度决定于切削厚度，其切屑形状为月牙形，说明切削厚度是变化的。最大切削厚度 h_{max} 用下式表示：

$$h_{max} = \frac{1000 v_s}{nz} \tag{2.13}$$

式中符号的意义同式（2.12）。

式（2.13）说明，随着牵引速度的增大，切削厚度成比例增大，使截割阻力和消耗功率线性增大。

掘进机的牵引速度通过回转油缸控制，液压系统可调节牵引速度。当煤岩硬度增大

时，可采用低速切割、慢速牵引的工作方式；当煤岩硬度减小时，截割阻力相应减小，允许采用较大的切削厚度，此时可增大牵引速度。

试验和使用经验证明，切割速度、牵引速度和截线距都与矿物特性有关，只有做到合理匹配才能达到较好的切削效果。

5. 纵轴式截割头设计

（1）截割头的结构与外形。

截割头的结构如图 2.16 所示。截齿座和喷嘴座焊接在截割头体上，截齿插装在截齿座内，截割头体内设有内喷雾水管，大型截割头设有螺旋叶片，用于排运煤岩。

截割头在截割过程中有旋转、轴向钻进和横向（上或下）摆动三种切割运动，其外形有球形、球柱形、球锥形和球锥柱形四种形状，如图 2.36 所示。

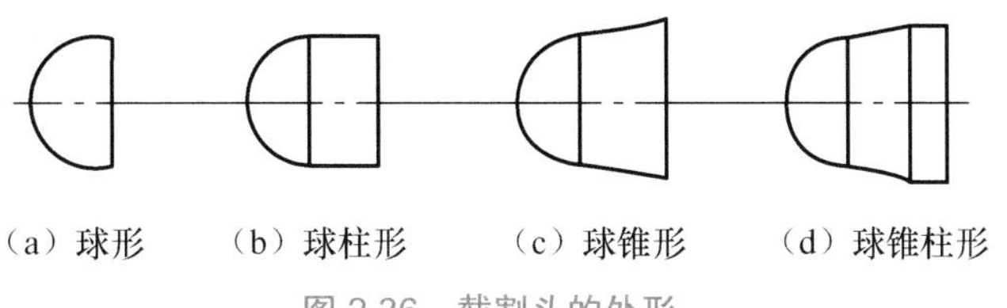

图 2.36 截割头的外形

（2）截割头的主要参数。

① 外形轮廓参数：直径、长度和锥角。

直径是指截割头平均直径 d_{cp}，其值与截割头负载力矩、截割力和生产率有关。平均直径处截齿单刀力

$$F_{cp}=\frac{2M}{d_{cp}z}=\frac{19100P}{d_{cp}nz} \tag{2.14}$$

式中，F_{cp} 为平均直径处截齿单刀力，N；M 为截割头转矩，N·m；P 为截割头功率，kW。

由式（2.14）可知：当截割头功率和截割头转速不变时，截齿单刀力与直径成反比。

截割长度 L 与掘进机理论生产率有关，受截割臂总长度和铲板干涉的影响。掘进机理论生产率

$$Q=60kd_{cp}Lv_{s} \tag{2.15}$$

式中，k 为煤岩松散系数，一般取 1.5；其余符号的意义同前。

由式（2.15）可知，截割头越长，生产率越高。当截割头在巷道下部工作时，截割头越长，向铲板装煤的效果越好。

锥角与钻进阻力、巷道表面平整性及截齿受力等有关，一般采用经验法或类比法确定锥角，常用值为 15° ～ 35°。

② 牵引速度与截齿高度。

牵引速度是指截割臂水平（垂直）摆动时，截割头的移动速度。牵引速度需与截齿高度匹配，与切削厚度成正比，与截割阻力和功率消耗呈线性关系。如果移动速度太高，则齿座与煤壁干涉。若齿座参与切割，则截割头抖动强烈，致使切削无法进行。牵引速度与截齿高度的关系如图 2.37 所示。

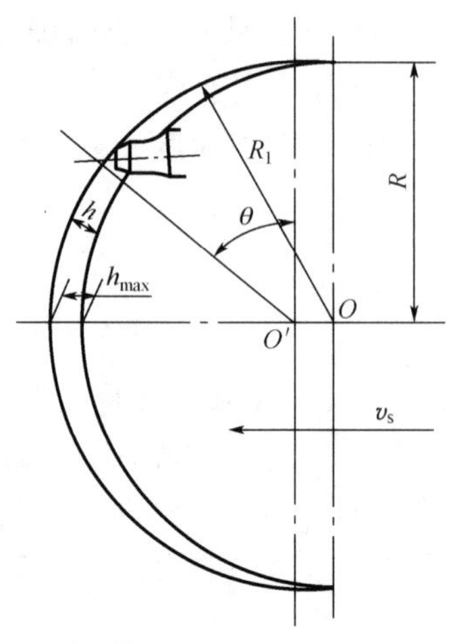

θ—截齿位置角，°；h—任意位置切削厚度，mm；R—截割头筒毂半径，mm；R_1—截割头半径，mm

图 2.37　牵引速度与截齿高度的关系

在月牙形断面上，截齿最大切削厚度

$$h_{max} = \frac{60v_s}{nj} \tag{2.16}$$

式中，h_{max} 为截齿最大切削厚度，mm；j 为螺旋线头数；其余符号的意义同前。

不同性质的煤岩都存在一个单位能耗最小的合理切削厚度，因此煤岩不同，切削厚度不同，可通过试验确定或者根据经验取值。

③ 截割速度。

截割速度是指截齿尖的圆周速度和牵引速度的合成，因为前者远比后者大，所以，在工程设计中，用圆周速度近似替代截割速度。当截割头功率和直径一定时，截割速度影响截割力，公式如下：

$$v_c = \frac{\pi d_c n}{60 \times 1000} \tag{2.17}$$

$$F_c = \frac{60 \times 1000P}{\pi d_c n} \tag{2.18}$$

式中，v_c 为圆周速度，m/s；F_c 为圆周力，N；d_c 为截割头外径；其余符号的意义同前。

由式（2.18）可知，当截割头功率与截割头转速一定时，圆周力与截割头外径成反比。因此，当截割头外径减小时，圆周力增大。截割硬岩时，需增大圆周力，可以采用小直径、低转速切割方式，但生产率降低。

（3）截齿排列与负荷分析。

截割头的截齿除需按螺旋线分布外，还应顾及截割间距，正确选择截割间距可获得最佳截割效率。最佳截线间距主要取决于相邻截齿形成的相邻截线，它使矿物向侧边的自由空间破碎，破碎角很小，截割单位能耗小，截割矿物量最大。截线间距按下式计算：

$$S=\left(S_c \pm \frac{v_s S_w}{v_j}\right)\cos p \tag{2.19}$$

式中，S_c 为相邻截齿侧边距离，m；S_w 为截割头相邻截齿距离，m；p 为轨迹角，$p=\arctan\left(\frac{v_s}{v_b}\right)$。

在纵轴式截割头切割过程中，截线间距是一个定值，煤岩特性对截线间距影响很大。为了达到良好的截割效果，截线间距值可取大些，使每个截齿截割力都较大。但是截割间距过大，截齿磨损增大。

截割头上不同位置的截齿负荷不同，如图 2.38 所示。当钻进时，截割头 *C* 区、*B* 区截齿负荷较大，当采用摆动切割时，只有 *A* 区、*B* 区截齿参与切割，*C* 区截齿基本不切割。*A* 区截齿位于圆锥面上，*B* 区截齿位于球面上，其切削条件不好，切削阻抗大于 *A* 区截齿，因此 *B* 区截齿负荷较大。设计截割头时，*B* 区截齿的密度应适当增大，使截割头各处截齿磨损都较均匀。

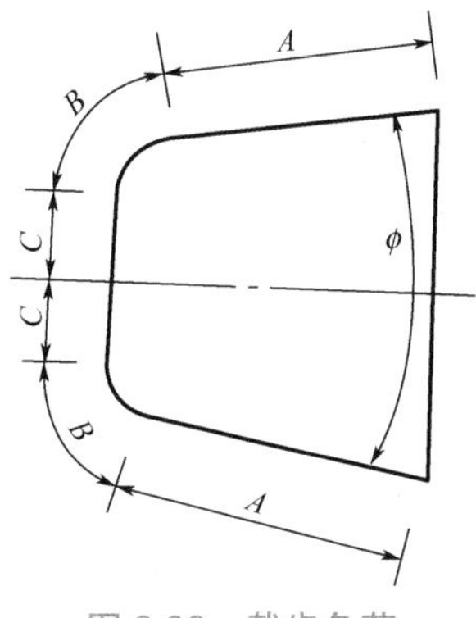

图 2.38 截齿负荷

图 2.39 所示是 S100 型掘进机的截割头截齿排列，*A* 区截齿距离为 25mm，截齿磨损较均匀；*B* 区截齿距离为 20 ～ 25mm；*C* 区截齿距离为 35 ～ 40mm。

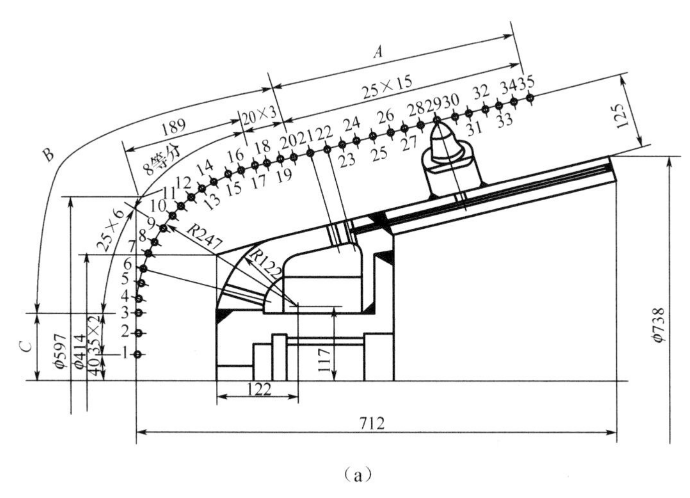

(a)

图 2.39 S100 型掘进机的截割头截齿排列

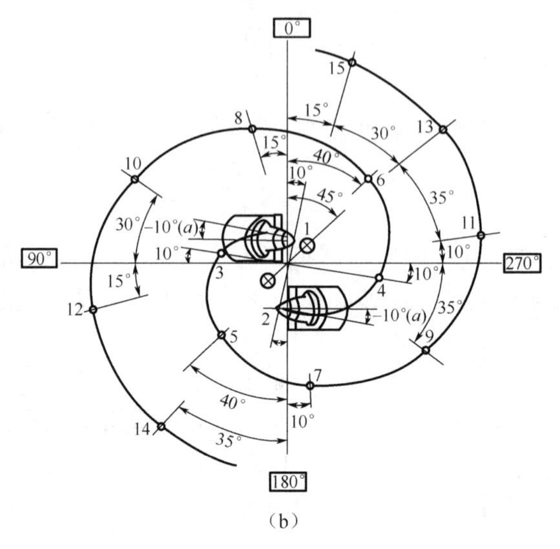

（b）

图 2.39　S100 型掘进机截割头截齿排列（续）

2.4.2　截割头传动系统

截割头传动系统型式如图 2.40 所示。

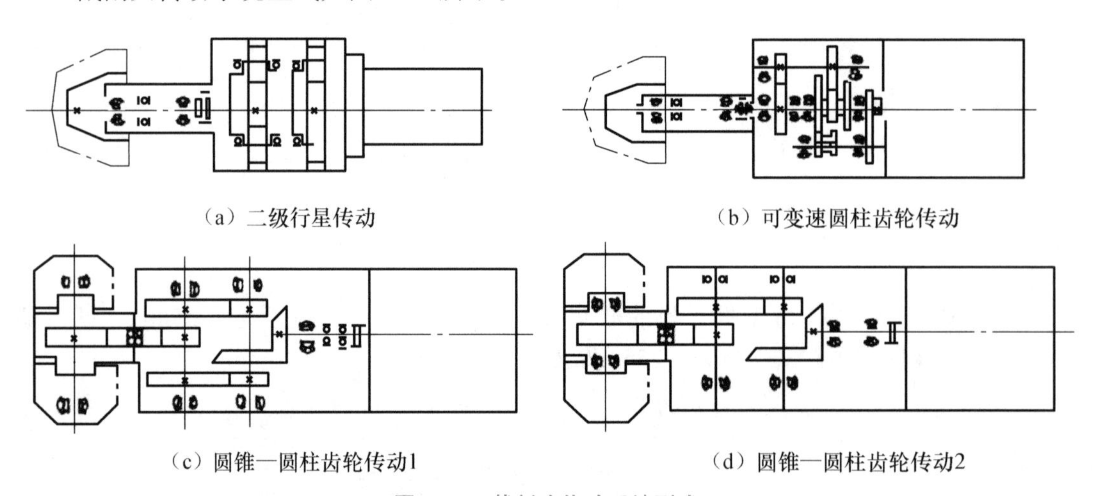

图 2.40　截割头传动系统型式

2.4.3　截割头伸缩机构、升降机构和水平摆动机构

1. 截割头伸缩机构

为了减小行走机构的载荷，大多数重型以下的悬臂式巷道掘进机都采用伸缩机构实现掘进过程中的钻进工序。伸缩机构有内伸缩机构和外伸缩机构两种，分别如图 2.17 和图 2.25 所示。内伸缩机构的工作原理如图 2.41 所示。

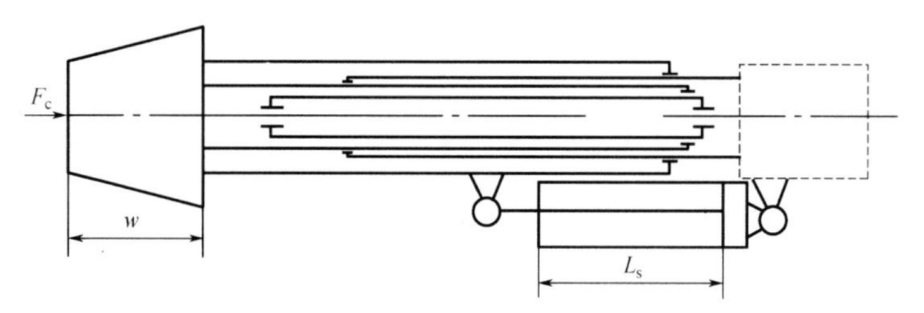

图 2.41　内伸缩机构的工作原理

液压缸的推进力

$$F_1 \geqslant F_c + F_f \tag{2.20}$$

式中，F_1 为液压缸的推进力，N；F_c 为纵轴式掘进机截割头的推进阻力，N；F_f 为伸缩机构伸出或缩回的摩擦力，N。

液压缸的行程

$$L_s \geqslant w \tag{2.21}$$

式中，L_s 为液压缸的行程，mm；w 为截割头的纵向长度，mm。

2. 截割头升降机构

截割头升降机构的工作原理如图 2.42 所示。根据力矩平衡原理，对 O 点取矩，求得油缸的径向载荷。图 2.42 中，截割头所受的径向力为 F_r，对应的力臂为 L；截割部的重力为 G，对应的力臂为 l' 。

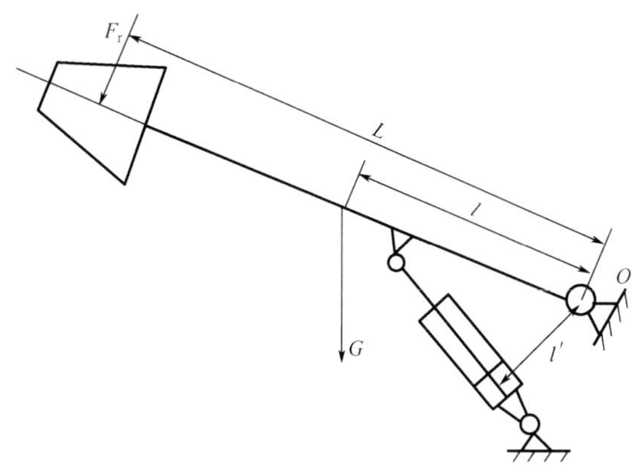

图 2.42　截割头升降机构的工作原理

3. 截割头水平摆动机构

纵轴式截割头水平摆动机构的工作原理如图 2.43 所示。齿条油缸驱动齿轮转动，带动截割臂摆动，实现截割头的水平摆动。水平摆动只受截割产生的径向力，计算公式如下：

$$F_2 = \frac{2F_r L_2}{D_0} = \frac{\pi}{4} D^2 P \tag{2.22}$$

式中，F_2 为水平油缸推力，N；P 为液压系统提供的油缸额定压力，MPa；L_2 为齿轮中心与截割头平均直径处的距离，mm；F_r 为截割头所受的径向力，N；D 为油缸直径，mm；D_0 为齿轮分度圆直径，mm。

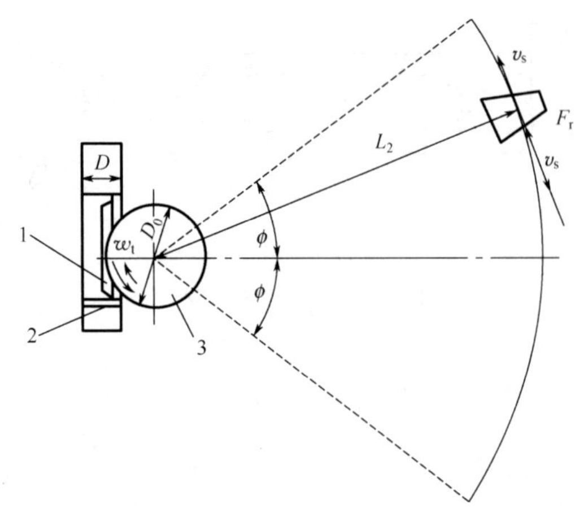

1—齿条；2—活塞；3—齿轮

图 2.43　纵轴式截割头水平摆动机构的工作原理

可由式（2.22）确定油缸直径 D。

横轴式截割头水平摆动机构的工作原理如图 2.44 所示。齿条油缸驱动齿轮转动，带动截割臂摆动，实现截割头的水平摆动。横向摆动总阻力 F_c 是截割头横向摆动时所受阻力的分力。计算公式如下：

$$F_3=\frac{2F_c\left(\frac{D_e}{2}+L_3\right)}{D_0}=\frac{\pi}{4}D^2P \tag{2.23}$$

式中，F_3 为水平油缸推力，N；L_3 为齿轮中心与截割头回转轴的距离，mm；D_e 为截割头平均直径，mm。

可由式（2.23）确定油缸直径 D。

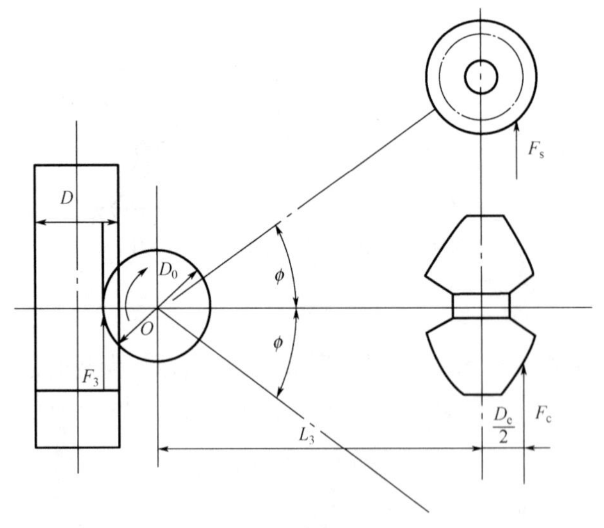

F_s—纵向摆动总阻力

图 2.44　横轴式截割头水平摆动机构的工作原理

4. 行走机构驱动进给力计算

掏槽进给力

$$F_k = 2F_w = \frac{120P_W}{1.1v}\eta_1\eta_2 \tag{2.24}$$

式中，F_k 为掏槽进给力，N；F_w 为一条履带进给力，N；P_w 为每条履带行走原动机功率，kW；v 为掘进机行走速度，m/min；η_1 为行走减速器效率，η_1=0.82；η_2 为履带传动效率，η_2=0.85 ～ 0.9。

在没有伸缩机构的悬臂式掘进机中，对于纵轴式截割头需保证 $F_k \geqslant F_c$，对于横轴式截割头需保证 $F_k \geqslant F_s$。

2.4.4 回转台设计分析

回转台是悬臂式掘进机的主要组成部分，连接左、右机架及支承截割臂，实现截割臂复杂交变的冲击载荷。回转台对整机工作效率、截割平稳性有重要影响。回转台设计的基本要求如下：承载能力强，惯性小，能量损耗少；运转平稳，具有足够的强度和刚度；结构紧凑，回转角度小，重心低；水平回转时，进给力变化小。

1. 回转台的形式和设计特点

掘进机回转台结构与挖掘机、起重机回转台结构不同，仅为截割臂转动支承，其他部件不安装在回转台上。工作时，掘进机回转台只做小于 90° 的回转，无须回转 360°。

掘进机回转台有两种传动方式：一种是齿条油缸式，如图 2.45（a）所示。AM50 型掘进机的回转台属于齿条油缸式回转台，在水平进给运动中，进给力是一个定值，不随回转角的变化而变化，有利于任何位置截割。另一种是推拉油缸式，如图 2.45（b）所示。S100 型掘进机的回转台属于推拉油缸式回转台，水平进给力随着回转角变化而变化。由于最大进给力发生在机器纵向轴线位置，向左、向右回转逐渐减小，因此最有利的切割位置在轴线上。

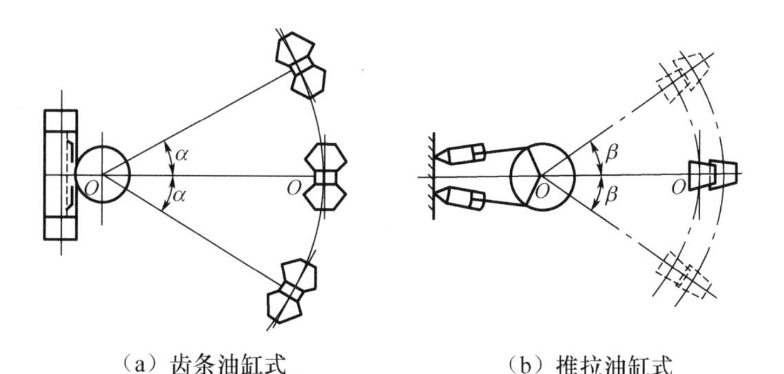

（a）齿条油缸式　　（b）推拉油缸式

图 2.45　悬臂式掘进机回转台的传动方式

掘进机回转台有两种回转支承，一种是平面滑动回转支承，另一种是滚动回转支承（包括滚珠式、交叉滚子式和三排滚柱式等）。两种回转支承都能承受垂直载荷、水平载荷和倾覆力矩。平面滑动回转支承是面接触，承载能力强，抗冲击和抗振动性能好，质量轻，节省材料，造价低，还可以降低回转台高度。滚动回转支承是点、线接触，比压较大，抗冲击和抗振动性能差，但已经作为一种标准部件，由专门企业生产，可供设计选用。

2. 回转台受力分析力学模型

回转台受力分析力学模型如图 2.46 所示。该回转台采用圆盘止推轴承和齿轮齿条传动，呈空间交叉结构。其受力为空间力系，且属于外力静不定结构，可提高回转台的刚度和坚固度，减小变形，保证工作稳定、可靠。

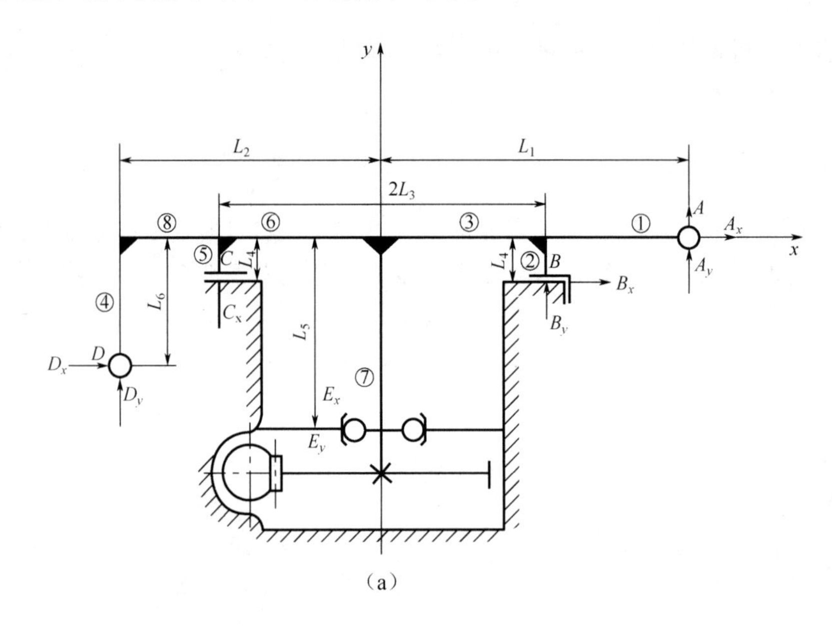

（a）

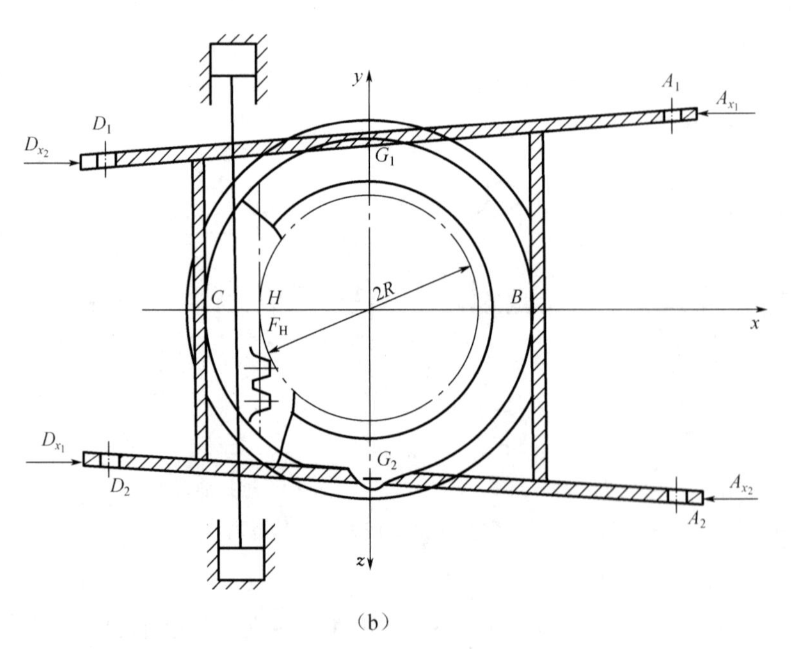

（b）

图 2.46　回转台受力分析力学模型

圆盘止推轴承主要承受垂直载荷、水平载荷和倾覆力矩。在三种载荷作用下，承载面的载荷分布不均匀，进行精确计算比较困难，需要进行一些简化处理。

求解静不定结构的支点反力时，仅依靠静力学方程无法求解，需要辅以变形条件增加补充方程。可以用力法求解静不定结构，利用能量关系找位移，把球面滚子轴承当作多余约束，以 E_x 力替代，并给出受力系统。

在求解 E_x 的过程中，会遇到计算②断面、③断面、⑥断面、⑦断面的惯性矩问题，由于盘形支座和十字构件是形状复杂的铸造零件，因此，计算时，按照零件工作图将断面简化为矩形、圆形、圆环形或者组合图形，并根据惯性矩的平行轴定理求解。

2.4.5 装载机构

现代掘进机采用蟹爪装载机构［图 2.47(a)］、刮板装载机构［图 2.47(b) 至图 2.47(d)］、星轮装载机构［图 2.47（e)］和螺旋滚筒装载机构［图 2.47（f)］。

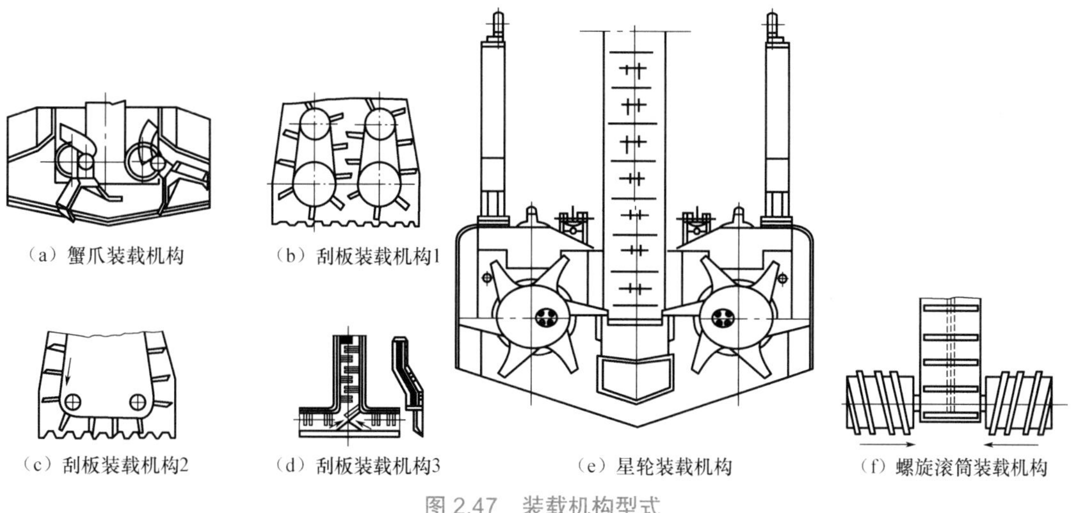

图 2.47 装载机构型式

装载机构的设计要与整机匹配，设计要求如下。

（1）为保证悬臂式掘进机生产率最大，装载机构的生产率应大于截割机构的生产率，这是确定装载机构参数的先决条件。

（2）为了便于整机行走移动，装载铲板宽度要大于行走履带宽度，铲板可升降，有的铲板还可以水平摆动一定角度。现代悬臂式掘进机装载铲板的前沿呈切刀形状，可减小铲板插入阻力。

（3）应尽量增大装载面积，提高装载效果。

1. 蟹爪装载机构

蟹爪装载机构通常有 2 个或 4 个蟹爪。装载铲台前沿呈楔形且可升降，倾角一般小于 25°。蟹爪装载机构的主要优点如下：能调整耙爪运动轨迹，将矿石准确运输至中间运输机；生产率高；结构简单；实用、可靠、耐用。

（1）求解蟹爪机构运动参数。

一般用复数向量法求解蟹爪机构的运动参数。图 2.48 所示为蟹爪机构的工作原理，

O 为曲柄中心，曲柄长度 $OA=a$；D 为摇杆摆动中心，摇杆长度 $DB=c$；BAP 为连杆，连杆长度为 $b+l$。工作时，左、右耙爪位置相差 180°。

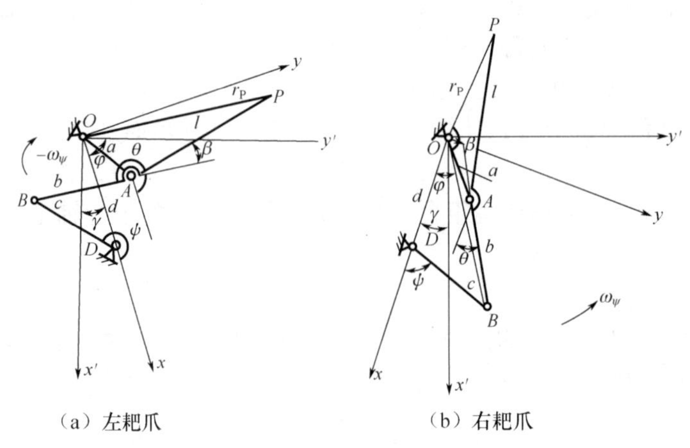

（a）左耙爪　　（b）右耙爪

图 2.48　蟹爪机构的工作原理

① 求连杆的角位移 θ 和摇杆的角位移 ψ。

在图 2.48 中，四杆机构 $OABD$ 可以看成由两个封闭向量三角形 OAB 和 ODB 组成，OB 是公共向量，向量方程为

$$\boldsymbol{a}+\boldsymbol{b}=\boldsymbol{c}+\boldsymbol{d} \tag{2.25}$$

任何向量 $\boldsymbol{A}$ 的复数几何表达式都为 $\boldsymbol{A}=\boldsymbol{x}+\boldsymbol{y}\mathrm{i}$，其中 $\boldsymbol{x}$ 为向量 $\boldsymbol{A}$ 在 x 轴的分向量，$\boldsymbol{y}\mathrm{i}$ 为向量 $\boldsymbol{A}$ 在 y 轴的分向量。

其三角形式为 $A=A(\cos\varphi+\mathrm{i}\sin\varphi)$，其中 A 为复数的模，φ 为幅角。根据欧拉公式，$A=A\mathrm{e}^{\mathrm{i}\varphi}$。综合上述两式，式（2.25）可表示为

$$a\mathrm{e}^{\mathrm{i}\varphi}+b\mathrm{e}^{\mathrm{i}\theta}=c\mathrm{e}^{\mathrm{i}\psi}+d \tag{2.26}$$

式中，a、b、c、d 分别为向量 $\boldsymbol{a}$、$\boldsymbol{b}$、$\boldsymbol{c}$、$\boldsymbol{d}$ 的模，为正值；φ、θ、ψ 分别为向量 $\boldsymbol{a}$、$\boldsymbol{b}$、$\boldsymbol{c}$、$\boldsymbol{d}$ 与 x 轴正方向的夹角，即幅角，°。

根据复数等式两边相等条件，得

$$\begin{aligned} b\cos\theta &= c\cos\psi+d-a\cos\varphi \\ b\sin\theta &= c\sin\psi-a\sin\varphi \end{aligned} \tag{2.27}$$

将式（2.27）中的两式平方后相加，并设 $M=\sin(\varphi)$，$N=\cos(\varphi)-\dfrac{d}{a}K=\dfrac{a^2-b^2+c^2+d^2}{2ac}-\dfrac{d}{c}\cos\varphi$，同时代入半角三角函数关系，得

$$(N+K)\tan^2\frac{\psi}{2}-2M\tan\frac{\psi}{2}-(N-K)=0$$

式中，$\tan\dfrac{\psi}{2}=\dfrac{M\pm\sqrt{M^2+N-K^2}}{N+K}$，则

$$\psi=2\arctan\frac{M\pm\sqrt{M^2+N-K^2}}{N+K} \tag{2.28}$$

ψ 有正、负两个解，根据机构设计要求取正值。由式（2.27）得

$$\theta = \arctan\left(\frac{c\sin\psi - a\sin\varphi}{c\cos\psi + d - a\cos\varphi}\right) \tag{2.29}$$

② 求连杆的角速度 ω_θ 和摇杆的角速度 ω_ψ。

将式（2.26）对时间 t 求一阶导数，各项同乘 $e^{i\psi}$ 或 $e^{i\theta}$，整理得

$$\begin{aligned}\omega_\theta &= \frac{-a\sin(\varphi-\psi)}{b\sin(\theta-\psi)}\omega_\varphi \\ \omega_\psi &= \frac{-a\sin(\varphi-\theta)}{b\sin(\psi-\theta)}\omega_\varphi\end{aligned} \tag{2.30}$$

式中，ω_φ 为曲柄的角速度。

③ 求连杆的角加速度 ε_ψ 和摇杆的角加速度 ε_θ。

将式（2.26）对时间 t 求二阶导数，各项同乘 $e^{i\psi}$ 或 $e^{i\theta}$，经推导和整理得

$$\begin{aligned}\varepsilon_\theta &= -\omega_\theta^2 c\tan(\theta-\psi) + \frac{c\omega_\psi^2 - a\omega_\varphi^2\cos(\varphi-\psi)}{b\sin(\theta-\psi)} \\ \varepsilon_\psi &= -\omega_\psi^2 c\tan(\psi-\theta) + \frac{b\omega_\theta^2 - a\omega_\varphi^2\cos(\varphi-\theta)}{c\sin(\psi-\theta)}\end{aligned} \tag{2.31}$$

④ 求连杆 P 的运动轨迹。

根据图 2.48，在向量三角形 OAP 中，$\boldsymbol{r}=\boldsymbol{a}+\boldsymbol{l}$，同理写出 $ae^{i\varphi}+le^{i(\pi+\theta-\beta)}=x+yi$ 或者 $a(\cos\varphi+i\sin\varphi)+l[\cos(\pi+\theta-\beta)+i\sin(\pi+\theta-\beta)]=x+yi$，整理后，得出 P 点的运动轨迹方程

$$\begin{cases} x = a\cos\varphi + l\cos(\theta\pm\pi\mp\beta) \\ y = a\sin\varphi + l\sin(\theta\pm\pi\mp\beta)\end{cases} \tag{2.32}$$

式中，β 为位置角，°，由机器结构尺寸确定；$+\pi-\beta$ 用于右耙爪；$-\pi+\beta$ 用于左耙爪；l 为连杆延长尺寸，mm。

为了使蟹爪的坐标与掘进机整机坐标一致，便于用计算机画出 P 点的运动轨迹，将蟹爪坐标旋转 γ，右耙爪旋转 $+\gamma$，左耙爪旋转 $-\gamma$。P 点运动轨迹如图 2.49 所示。

⑤ 求 P 点的速度 v_P 和加速度 a_P。

将式（2.32）对时间 t 求一阶导数，得

$$v_P = \sqrt{\left(\frac{dx}{dt}\right)^2 + \left(\frac{dy}{dt}\right)^2} = \sqrt{a^2\omega_\varphi^2 + l^2\omega_\theta^2 + 2al\omega_\varphi\omega_\theta\cos(\varphi-\theta\pm\pi\mp\beta)} \tag{2.33}$$

将式（2.32）对时间 t 求二阶导数，得

$$\begin{aligned}a_P &= \sqrt{\left(\frac{d^2x}{dt^2}\right)^2 + \left(\frac{d^2y}{dt^2}\right)^2} \\ &= \sqrt{a^2\omega_\varphi^4 + l^2(\varepsilon_\theta^2+\omega_\theta^4) + 2al\omega_\varphi^2[\omega_\theta^2\cos(\varphi-\theta\pm\pi\mp\beta) - \varepsilon_\theta\sin(\varphi-\theta\pm\pi\mp\beta)]}\end{aligned} \tag{2.34}$$

式中，符号的意义同前。

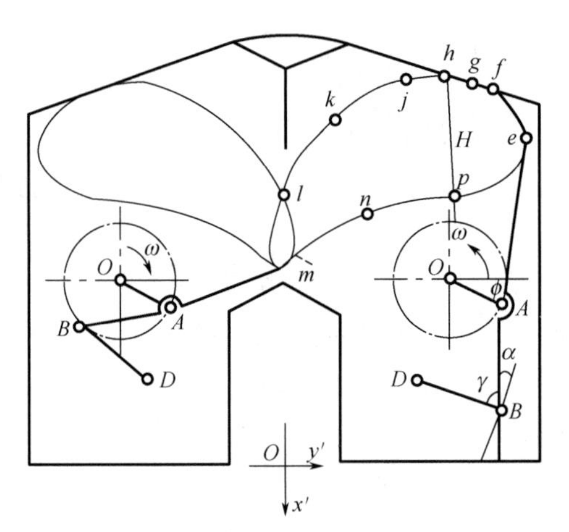

图 2.49　P 点运动轨迹

（2）蟹爪运动轨迹分析。

蟹爪运动轨迹的合理性对掘进机生产率、能量消耗和结构强度有重要影响。蟹爪运动轨迹是一种封闭连杆曲线，一个工作循环包括四个阶段：插入段 *ef*、耙集段 *fj*、运输段 *jkm*、回程段 *me*。曲线上的 *e*、*f*、*g*、*h*、*k*、*l*、*m*、*n*、*p* 点对应的曲柄转角 φ、传动角 γ 和压力角 α 可以由图 2.48 表示出。

分析运动曲线，工作循环的四个阶段应满足如下要求。

① 插入段 *ef* 是蟹爪插入料堆的轨迹段。其传动角 γ=70° ～ 90°，压力角 α=0° ～ 20°，开始插入点 *e* 的压力角接近零，蟹爪插入力大，容易插入料堆。

② 耙集段 *fj* 是蟹爪将物料从料堆分离的轨迹段。其传动角 γ=60° ～ 70°，角度较大，变化范围小，蟹爪的有效分力较大，传动效率高。轨迹曲线设计在铲板边缘以内，耙集阻力小，能防止蟹爪动力过载。

③ 运输段 *jkm* 是蟹爪将耙集的物料全部送到运输机入料口的轨迹段。其传动角 γ 仍然较大（$\gamma \approx 80°$），在 *k* 点附近，耙爪 95% 的受力用于送料，而且蟹爪工作平稳，动载荷小。

④ 回程段 *me* 是蟹爪运动的空行程轨迹段。蟹爪不接触物料，运动速度高，不做功时间缩短，具有急回特性。

在图 2.49 中，轨迹曲线最远点 *h* 和最近点 *p* 的距离为 *H*，约为曲柄半径的 2 倍，曲线包围的面积大，且有利于大块物料的耙集，最远点 *h* 不超出铲板范围，工作阻力小，生产率高。

综上所述，蟹爪在整个工作循环过程中形成慢速插入、强力耙取、平稳运送和快速返回动作，保证了蟹爪的最佳工作特性。

（3）蟹爪装载机构的主要型式。

蟹爪装载机构的主要型式如图 2.50 所示。

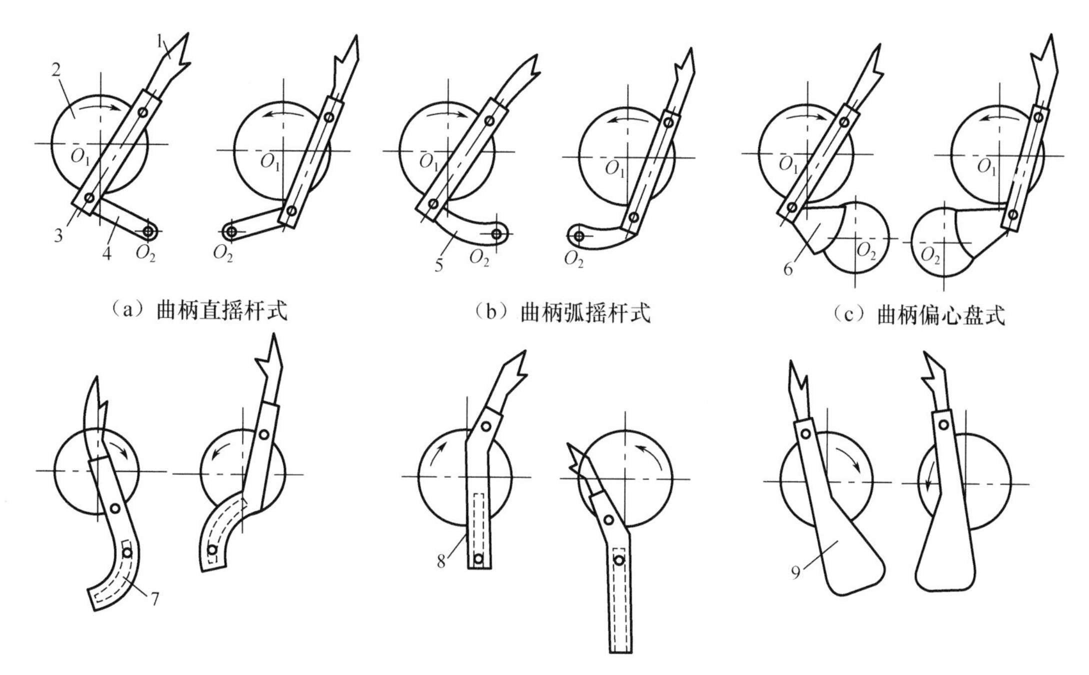

（a）曲柄直摇杆式 （b）曲柄弧摇杆式 （c）曲柄偏心盘式

（d）曲柄弧槽导杆式 （e）曲柄直槽导杆式 （f）曲柄带壳装载耙杆式

1—蟹爪；2—主动圆盘；3—装载耙杆；4—直摇杆；5—弧摇杆；6—偏心盘；7—弧槽导杆；8—直槽导杆；9—带壳装载耙杆

图 2.50 蟹爪装载机构的主要型式

（4）计算蟹爪装载机构生产率和驱动功率。

试验表明，蟹爪装载频率以 35 ～ 45 次 / 分钟为宜，若超过这个范围，则动载急剧增大。蟹爪插入速度为 0.9 ～ 1.5m/s，蟹爪装载机构生产率

$$Q_Z = znV \tag{2.35}$$

式中，Q_Z 为蟹爪装载机构生产率，m^3/min；z 为蟹爪数；n 为蟹爪装载频率，min^{-1}；V 为蟹爪每次扒料体积，m^3。

蟹爪装载机构生产率计算如图 2.51 所示。

$$V = \frac{B}{2} d h_p \tag{2.36}$$

式中，B 为铲台前沿宽度，m；d 为蟹爪轨迹幅度，一般等于偏心盘直径，m；h_p 为扒料平均高度，m。

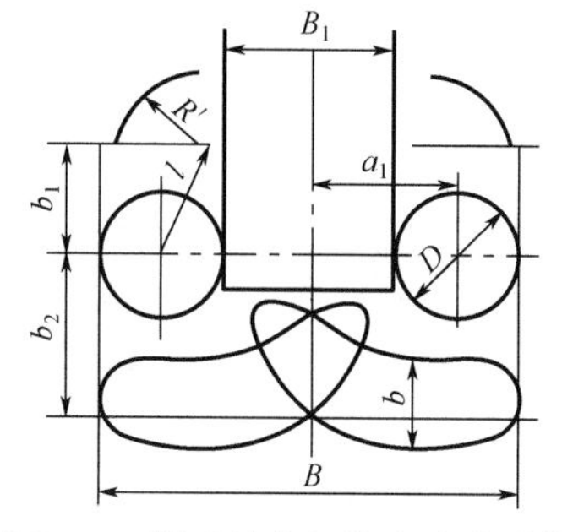

图 2.51 蟹爪装载机构生产率计算

蟹爪装载机构要克服扒料阻力和物料沿铲台运动阻力。蟹爪装载行程内的做功

$$A = WL_{\mathrm{p}} + (S_{\mathrm{p}} + 0.2L_{\mathrm{p}})GK \tag{2.37}$$

其中，

$$W = b_{\mathrm{p}}K_{\mathrm{B}} \tag{2.38}$$

$$G = Vg\gamma \tag{2.39}$$

式中，A 为蟹爪装载行程内的做功，J；W 为扒料阻力，N；b_{p} 为蟹爪扒入料堆深度，m；K_{B} 为单位插入阻力，N/m，装煤取 2000 ~ 3000N/m，装叶岩与石灰岩取 5000 ~ 6000N/m；L_{p} 为蟹爪划过料堆路程，m；G 为蟹爪推移的物料质量，kg；g 为重力加速度，m/s²；γ 为物料松散密度，kg/m³；S_{p} 为物料在铲台上的滑行路程，m；K 为堵塞系数，K=2。

蟹爪驱动功率

$$P = \frac{An}{9550\eta} \tag{2.40}$$

式中，P 为蟹爪驱动功率，kW；η 为驱动装置的效率。

2. 星轮装载机构

（1）星轮装载机构的主要型式及特点。

星轮装载机构的主要型式如图 2.52 所示。

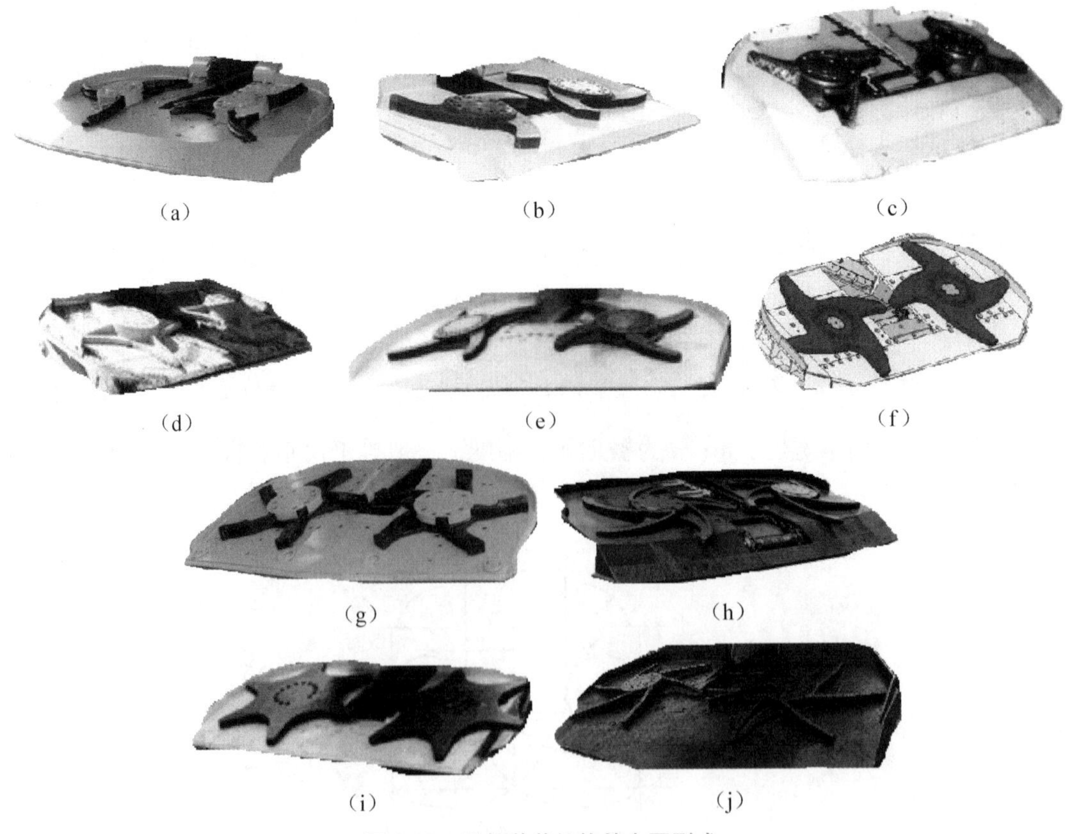

（a） （b） （c） （d） （e） （f） （g） （h） （i） （j）

图 2.52 星轮装载机构的主要型式

① 按照星轮爪数，星轮装载机构分为三爪星轮装载机构、四爪星轮装载机构、五爪星轮装载机构和六爪星轮装载机构，如图 2.52（a）至图 2.52（j）所示，爪越多，适应装载面积越大。

② 按照星轮爪与转动方向是否相切，星轮装载机构分为径向直爪星轮装载机构［图 2.52（d)、图 2.52（i)］，径向后弯爪星轮装载机构［图 2.52（a)、图 2.52（e)、图 2.52（g))］，反切直爪星轮装载机构［图 2.52（c)］，反切螺旋爪星轮装载机构［图 2.52（b)、图 2.52(f)、图 2.52(h)、图 2.52(j)］。径向直爪星轮装载机构的装载效果好，但动载大；径向后弯爪星轮装载机构的装载效果介于反切直爪星轮装载机构和反切螺旋爪星轮装载机构之间；反切直爪星轮装载机构的效率较高，但动载较大，收集物料效果较好；反切螺旋爪星轮装载机构收集物料的效果较好，但动载小。

③ 按照星轮爪的高度，星轮装载机构分为高型星轮装载机构［图 2.52（a)、图 2.52（b)、图 2.52(c)、图 2.52(g)］和矮型星轮装载机构［图 2.52(d)、图 2.52(e)、图 2.52(f)、图 2.52（h)、图 2.52（i)、图 2.52（j)］。高型星轮装载机构适合装载大块度物料，矮型星轮装载机构适合装载小块度物料。

（2）星轮装载机构最低转速的确定。

① 星轮装载机构的工作原理及受力。星轮装载机构在装载过程中，靠离心力将物料甩入输送机槽，物料需克服轮爪对其的摩擦力。在装载过程中，轮爪对载荷产生的力主要包括物料运动时与铲板平面之间的摩擦力、物料沿铲板平面的下滑力、轮爪对物料的正压力及物料运动时与轮爪之间的摩擦力。

② 星轮装载机构受力分析（图 2.53）。由于星轮装载机构左、右星轮结构对称，因此只对左星轮在工作面任一点（与铲板横向中心线成 α 角，物料所处星轮位置的半径为 r）进行受力分析。设在装载过程中轮爪某点的装载物料质量为 M，则在理想状态下，当轮爪在 α 位置时，物料能否被轮爪顺利收装到中间输送机槽的关键在于星轮转动对物料产生的离心力能否克服摩擦力。

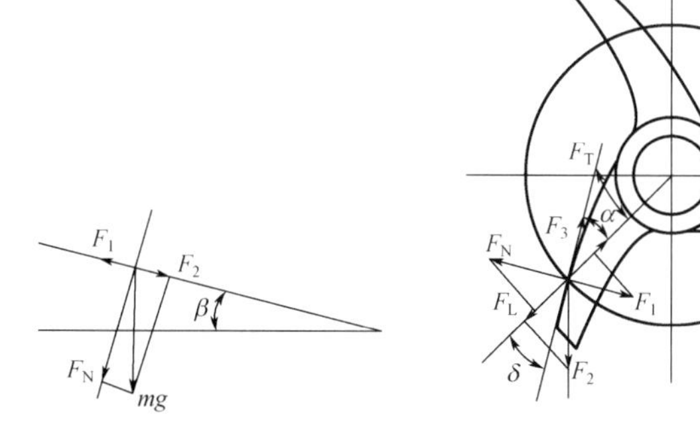

（a）物料在铲板面上的受力　　（b）物料受星轮爪作用力的分解与合成

图 2.53 星轮装载机构受力分析

分析可知，物料与铲板之间的摩擦力

$$F_1 = f_1 mg\cos\beta \tag{2.41}$$

式中，f_1 为物料与铲板之间的摩擦因数；β 为铲板与地面之间的夹角，°；g 为重力加速度，m/s^2。

物料沿铲面的下滑力

$$F_2 = mg\sin\beta \tag{2.42}$$

轮爪对物料的正压力

$$F_N = mg[f_1\cos\beta + \sin\beta\cos(\alpha+\delta)] \tag{2.43}$$

式中，α 为星轮上某点与铲板横向中心线的夹角，°；δ 为星轮上某点的切线方向与直径方向的夹角，°。

物料运动时与爪面之间的摩擦力

$$F_3 = f_1 mg[f_1\cos\beta + \sin\beta\cos(\alpha+\delta)] \tag{2.44}$$

物料在星轮位置为半径 r 时的离心力

$$F_L = m\frac{\pi^2 n^2 r}{900} \tag{2.45}$$

式中，n 为星轮转速，r/min；r 为星轮上某点的半径，m。

综上所述，物料在图 2.53（a）所示位置时沿爪面切线方向所受的合力

$$F_T = m\frac{\pi^2 n^2 r}{900}\cos\delta + mg[\sin\beta\sin(\alpha+\delta) - f_1^2\cos\beta - f_1\sin\beta\cos(\alpha+\delta)] \tag{2.46}$$

③ 星轮装载机构的最低转速。

根据上述受力分析可知，要使星轮装载机构在装载过程中不窝煤，需有 $F_T \geqslant 0$，即

$$n \geqslant \frac{30}{\pi}\sqrt{\frac{[f_1^2\cos\beta - \sin\beta\sin(\alpha+\delta) + f_1\sin\beta\cos(\alpha+\delta)]mg}{r\cos\delta}} \tag{2.47}$$

从式（2.47）可以看出以下两点。

a. 物料所处星轮位置的半径 r 越小，物料顺利装入中间输送机所需的转速越高，但是转速太高会造成严重的甩煤现象，影响装载效率。

b. 星轮转速取决于物料在图 2.53（a）所示位置时离心力与爪面切线的夹角 δ 及铲板的倾角 β。

2.4.6 行走机构

现代悬臂式掘进机都采用履带式行走机构，其具有如下特点。

（1）调动性好，可以连续向工作面推进，推进方向容易调整，并且调动方便。

（2）履带与底板之间黏着系数大，可获得较大的推力。

（3）履带接地面积大，接地比压小，通过不平底板和跨越障碍的效果好。

（4）具有较强的爬坡能力。

履带行走机构如图 2.1 和图 2.13 所示，其传动机构的形式如图 2.10 和图 2.21 所示。

对履带行走机构的要求如下。

（1）具有良好的爬坡性能和灵活的转向性能。

（2）履带应具有较小的接近角和离去角，以减小行走阻力。

（3）应合理确定机器重心位置，避免履带出现零比压。

（4）履带应具有可靠的制动装置，以保证机器在设计的最大坡度上工作时不会下滑。

（5）履带的接地比压小，黏着系数大，因而驱动功率要大，以适应各种恶劣的底板情况。

（6）履带装置的高度要小，以利于降低机器的高度和重心。

（7）两条履带应分别驱动，可选用液压电动机。

1. 驱动轮的选择

履带板的截距

$$t = k\sqrt[3]{\frac{G}{1000}} \tag{2.48}$$

式中，t 为履带板的截距，m；G 为机器质量，kg；k 为修正系数，k=0.05 ～ 0.06。

截距根据 MT/T 579—1996《悬臂式掘进机履带机板及其销轴》中的标准圆整取值。

驱动轮节圆直径

$$d_k = \frac{t}{\sin\dfrac{180^\circ}{Z'}} \tag{2.49}$$

式中，d_k 为驱动轮节圆直径，m；Z' 为履带卷绕在链轮上的齿数。

计算驱动轮节圆直径，可以根据要求的行走速度计算驱动轮输出转速，结合下面的履带牵引阻力计算，设计行走减速器。

2. 履带牵引阻力计算

悬臂式掘进机的履带装置与其他工程机械的不同，常在煤泥水中工作，工作条件恶劣，工作载荷复杂，精确计算履带牵引阻力十分困难。经验估算的方法如下：按机器水平原地转向工况计算履带牵引阻力，计算功率时，用修正系数分别考虑坡度和进给力等因素的影响。

每条履带的转向阻力矩

$$M = \frac{GL\mu}{8}\left[1-\left(\frac{2e}{L}\right)^2\right]^2 \tag{2.50}$$

式中，M 为每条履带的转向阻力矩，N • m；μ 为转向阻力系数，对煤底板 μ=0.6，对砂、页岩底板 μ=0.96，对碎石底板 μ=0.8 ～ 0.9；L 为履带接地长度，m；e 为机器重心的纵向偏移距离，m。

每条履带的推动力

$$F_w = \frac{G}{2}f + \frac{GL\mu}{4B}\left[1-\left(\frac{2e}{L}\right)^2\right]^2 \tag{2.51}$$

式中，F_w 为每条履带的推动力，N；f 为履带滚动阻力系数，对煤底板 f=0.08 ～ 0.1，对碎石底板 f=0.06 ～ 0.07；B 为履带中心距，m。

所以，每条履带的功率

$$P = K\frac{Fv}{\eta_1\eta_2} \tag{2.52}$$

式中，P 为每条履带的功率，kW；K 为工作条件恶劣补偿系数，K=1.1 ～ 1.2；v 为掘进机牵引速度，m/s；η_1 为行走减速器效率；η_2 为履带传动效率。

3. 履带接地比压

履带公称接地比压

$$q=\frac{G}{2LB} \tag{2.53}$$

式中，q 为履带公称接地比压，MPa；G 为履带机构所属掘进机重量，N；L 为单边履带接地长度，mm；B 为履带板宽度，mm。

履带公称接地比压按 MT/T 238.3—2006《悬臂式掘进机 第 3 部分：通用技术条件》规定，一般应不大于 0.14MPa。为了保证履带不出现零比压，进行机器总体布置时，将机器重心设计在履带接地面积核心内，如图 2.54 所示。其重心尽量在纵向轴线位置，并适当前移，在 $2cn$ 范围内，以缩短外阻力矩的作用力臂，可提高整机的横向工作稳定性和纵向工作稳定性。

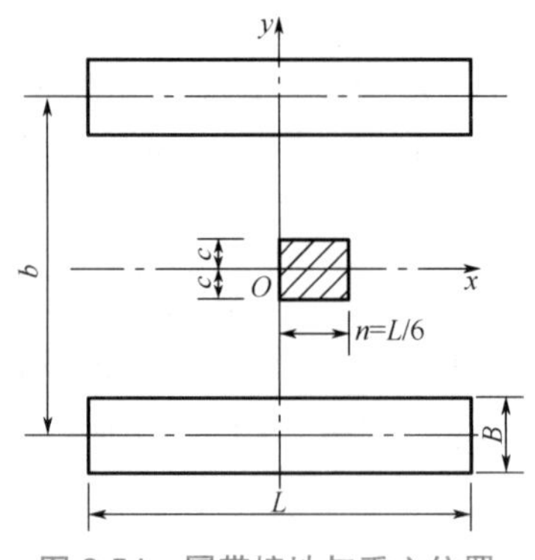

图 2.54　履带接地与重心位置

2.4.7　液压驱动机构

现代掘进机除截割部用电动机驱动外，其他各部件均采用液压驱动，液压泵站多采用电动机—变速箱—齿轮泵的驱动方式，而液压系统多采用泵—多缸系统和泵—电动机系统的驱动方式。

2.5　全断面巷道掘进机概述

全断面巷道掘进机

全断面巷道掘进机以滚压原理破岩，巷道围岩基本保持原始完整状况，使破岩、装岩、运输、支护等主要工序实现综合机械化，连续作业一次成巷，因而掘进速度高、效率高，平均速度是钻爆法的 1.5 ～ 4 倍。它还具有巷道断面尺寸精确、工程质量好、超挖量小、围岩稳定、巷壁光滑、通风阻力小、工程造价低和航道养护费用少等优点。但是，全断面巷道掘进机构造复杂、质量大、造价高，设备安装和测试时间长，机动性差。

2.5.1　盘形滚刀破岩机理

全断面巷道掘进机的盘形滚刀（正刀）如图 2.55 所示，刀盘推压力大，把刀圈紧紧压在工作面上，刀盘的转动使滚刀在工作面上滚动，从而实现破岩，如图 2.56 所示。

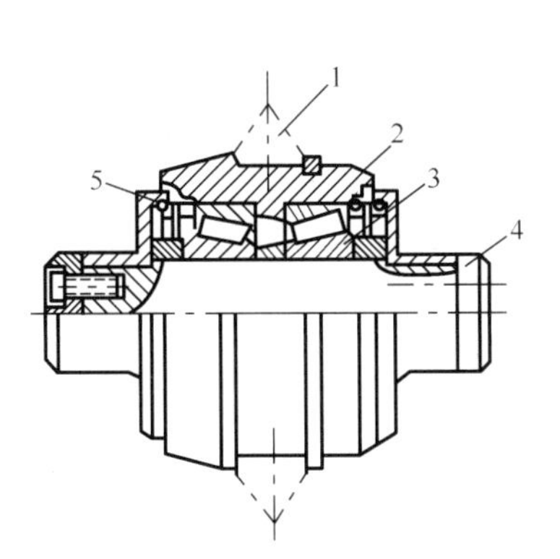

1—刀圈；2—刀体；3—轴承；4—心轴；5—密封装置

图 2.55　全断面巷道掘进机的盘形滚刀（正刀）

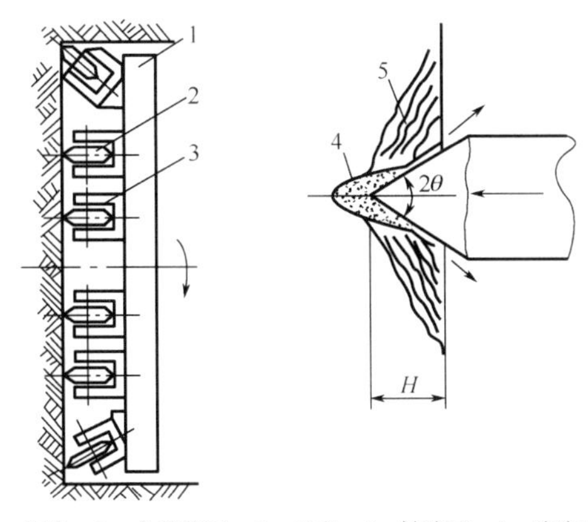

1—刀盘；2—盘形滚刀；3—刀座；4—粉碎区；5—破碎区；θ—滚刀半锥角；H—切入深度

图 2.56　盘形滚刀破岩原理

盘形滚刀的破岩原理如下：盘形滚刀 2 受到推压力时，把滚刀前面的岩石挤碎成粉末，形成三向挤压状态的粉碎区 4，同时挤碎粉碎区 4 外的一些岩石，形成破碎区 5。在推压力的作用下，粉碎区 4 内的岩粉沿着滚刀两侧面向外喷出。由于滚刀有楔型的刃边，因此推压力造成的平行于工作面的分力把相邻槽口间的岩石成片地剪切破碎。

2.5.2　全断面巷道掘进机的总体结构

全断面巷道掘进机的总体结构如图 2.57 所示，推进原理、激光指向原理和调向原理分别如图 2.58 至图 2.60 所示。

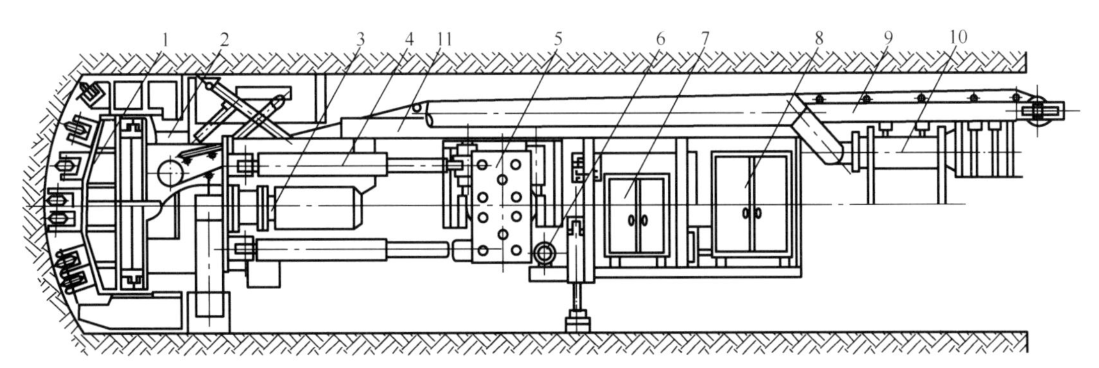

1—截割机构；2—机头架；3—传动装置；4—推进液压缸；5—水平支撑机构；6—液压装置；7—电气设备；8—驾驶室；9—胶带装载机；10—除尘风机；11—大梁

图 2.57　全断面巷道掘进机的总体结构

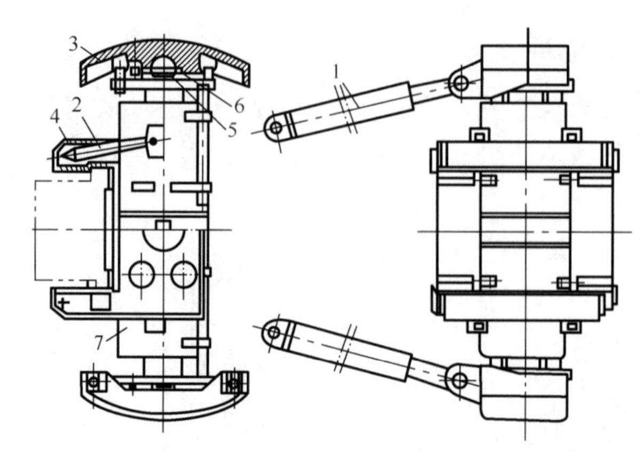

1—推进液压缸；2—斜撑液压缸；3—水平支撑板；4—鞍座；5—复位弹簧；6—球头压盖；7—水平支撑液压缸

图 2.58　全断面巷道掘进机的推进原理

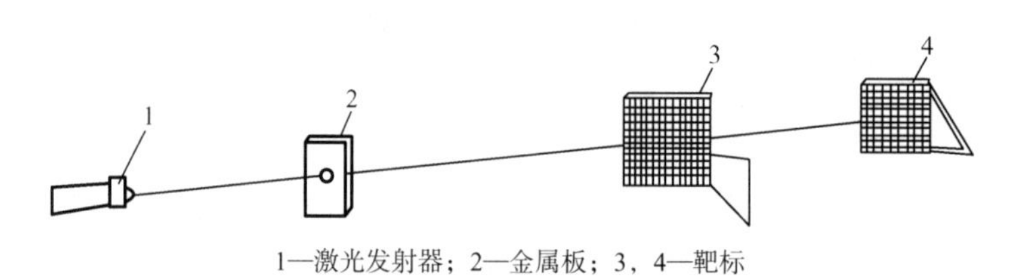

1—激光发射器；2—金属板；3，4—靶标

图 2.59　全断面巷道掘进机的激光指向原理

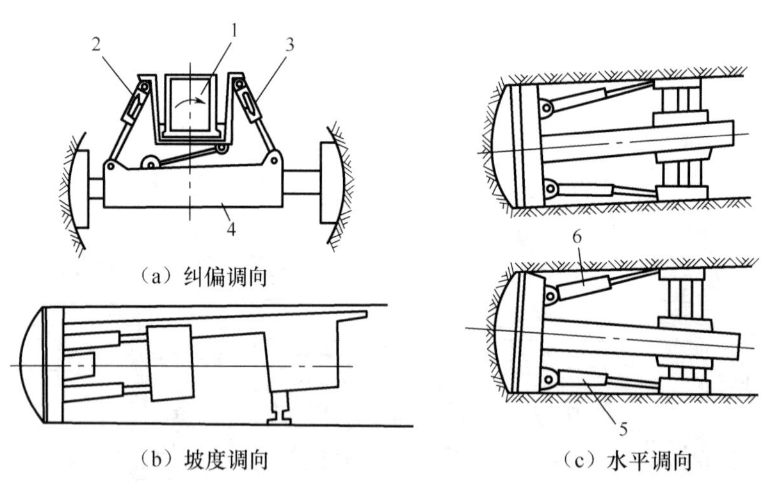

1—大梁；2—左浮动支撑液压缸；3—右浮动支撑液压缸；4—水平液压缸；5—左推进液压缸；6—右推进液压缸

图 2.60　全断面巷道掘进机的调向原理

2.5.3　刀盘的类型及结构

刀盘按工作面形状分为平面刀盘、球面刀盘和截锥刀盘，如图 2.61 所示。球面刀盘的结构如图 2.62 所示。

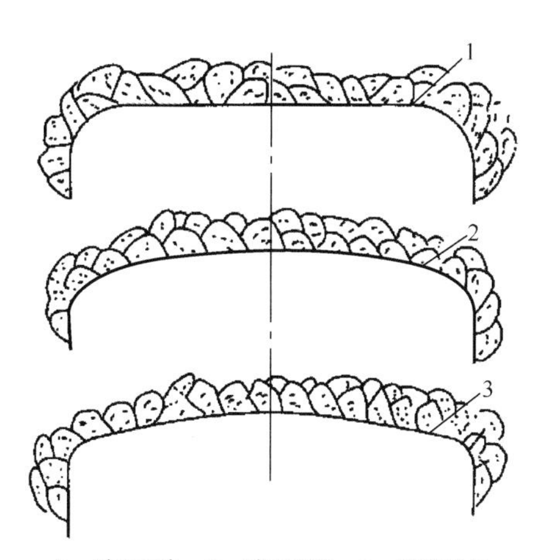

1—平面刀盘；2—球面刀盘；3—截锥刀盘

图 2.61　刀盘工作面形状

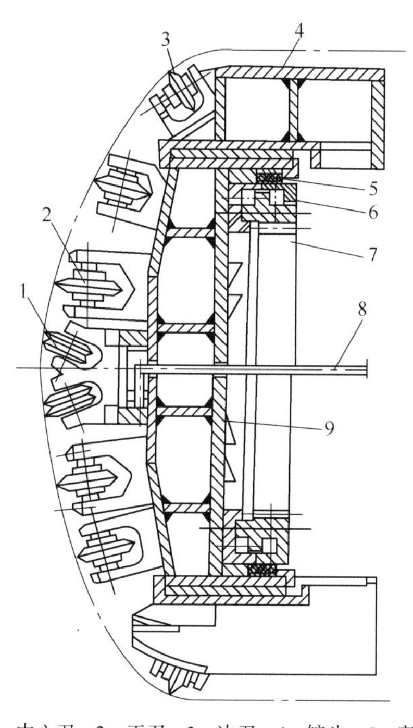

1—中心刀；2—正刀；3—边刀；4—铲斗；5—密封圈；6—组合轴承；7—内齿圈；8—供水管；9—刀盘

图 2.62　球面刀盘的结构

2.6　钻孔机械概述

钻孔机械广泛用于矿山及交通、水利、建筑、国防等工程。凿岩机适用于中硬岩石和坚硬岩石中钻凿炮眼。凿岩机以冲击转动的原理破碎岩石，如图 2.63（a）所示。钎头呈尖楔形，当钎尾受到冲击时，挤压力的垂直分力 P 把岩石压碎，在孔底形成凹沟。由于每次冲击后钎子都转过一个角度（10° ～ 20°），因此水平分力 H 同时把凹沟间的扇形岩块剪切破碎。如此重复运动，并从钎子中心孔连续通入压缩空气或压力水，将岩渣排出孔外，形成圆形钻孔［图 2.63（b）］。

凿岩机

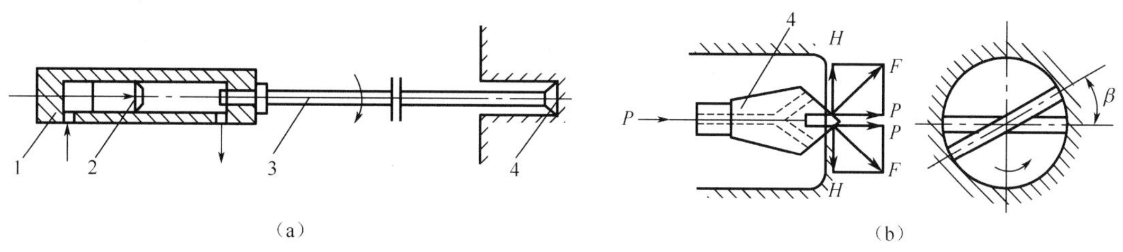

1—凿岩机缸体；2—活塞；3—钎杆；4—钎头

图 2.63　凿岩机钻孔原理

2.6.1 气腿式凿岩机

气腿式凿岩机的结构如图 2.64 所示。活塞尾杆配气机构的结构如图 2.65 所示，环状阀配气机构的结构如图 2.66 所示，控制阀配气机构的结构如图 2.67 所示，内回转转钎机构的结构如图 2.68 所示。

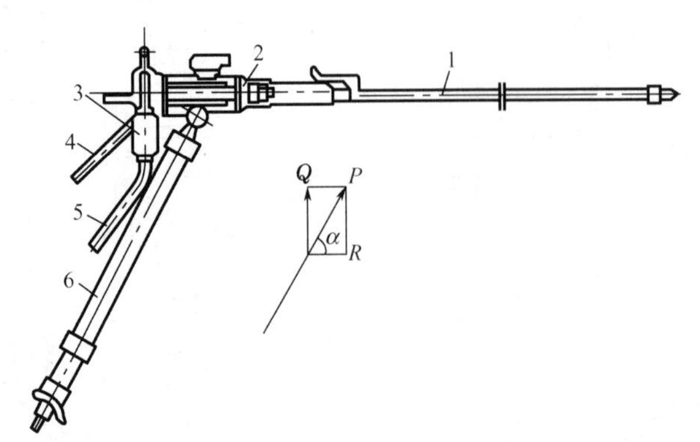

1—钎杆；2—凿岩机；3—注油器；4—水管；5—风管；6—气腿

图 2.64　气腿式凿岩机的结构

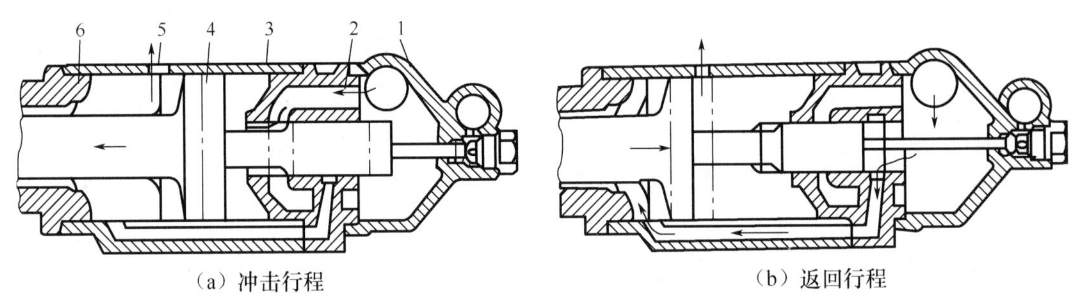

1—柄体；2—配气体；3—气缸；4—活塞；5—排气口；6—导向套

图 2.65　活塞尾杆配气机构的结构

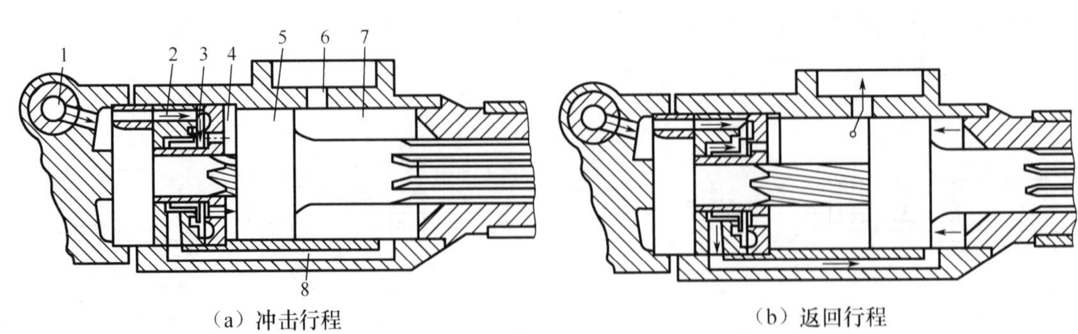

1—压气口；2—气道；3—配气阀；4—气缸后腔；5—活塞；6—排气口；7—气缸前腔；8—气路通道

图 2.66　环状阀配气机构的结构

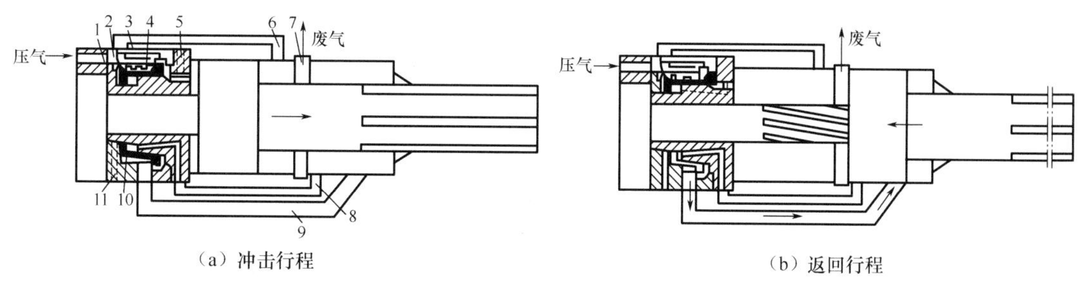

（a）冲击行程　　（b）返回行程

1—阀套；2—后阀室；3—阀柜；4—控制阀；5，11—通气孔；6，8—控制气孔；9—气孔；10—前阀室

图 2.67　控制阀配气机构的结构

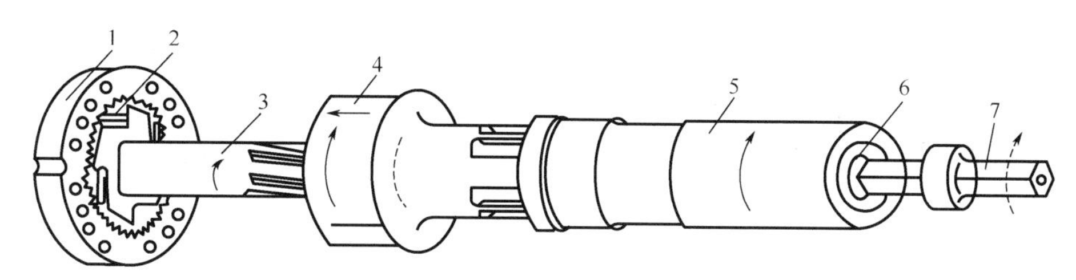

1—棘轮；2—棘爪；3—螺旋棒；4—活塞；5—转动套；6—钎尾套；7—钎杆

图 2.68　内回转转钎机构的结构

2.6.2　液压凿岩机

液压凿岩机是以循环高压油为动力，驱动钎杆、钎头，以冲击回转方式在岩体中凿孔的机具，与启动凿岩机相比，具有能量消耗少、凿岩速度高、效率高、噪声小、易控制、钻具使用寿命长等优点，但对零件加工精度和使用维护技术要求较高，一般在凿岩台车的液压钻臂上工作。液压凿岩机的结构如图 2.69 所示。单腔回油套阀式冲击机构的结构如图 2.70 所示，单腔回油柱阀式冲击机构的结构如图 2.71 所示，双腔回油柱阀式冲击机构的结构如图 2.72 所示。转钎机构是由液压电动机驱动二级减速器的外回转机构。液压凿岩机设有缓冲装置，用于缓冲钎杆反弹力，并将其传递给高压油路中的蓄能器，如图 2.73 所示。

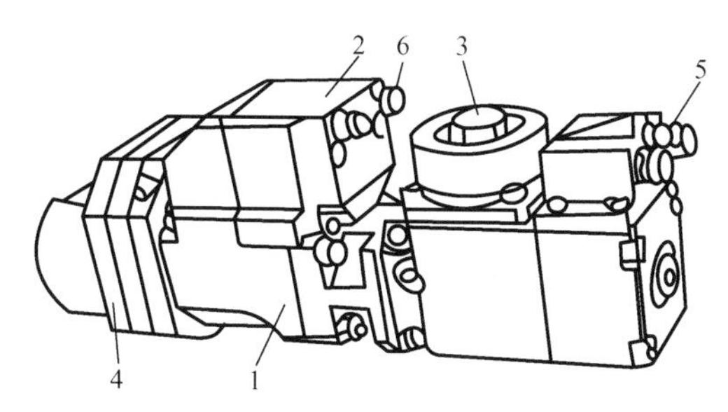

1—冲击机构；2—转钎机构；3—蓄能器；4—机头；5—冲击进油口；6—转钎进油口

图 2.69　液压凿岩机的结构

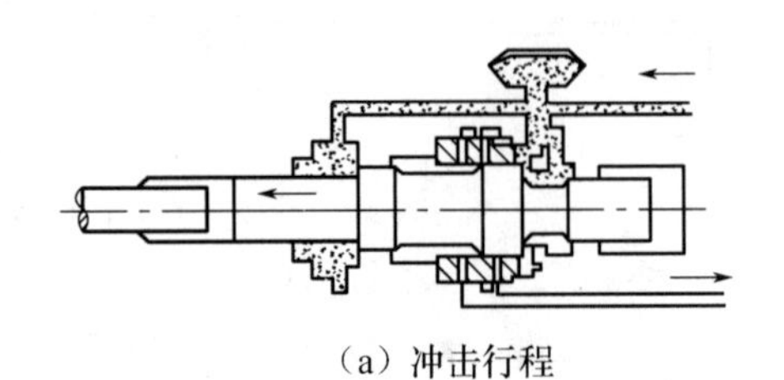

（a）冲击行程

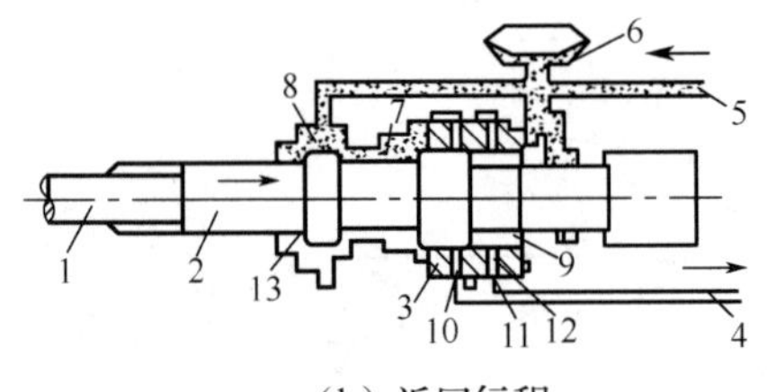

（b）返回行程

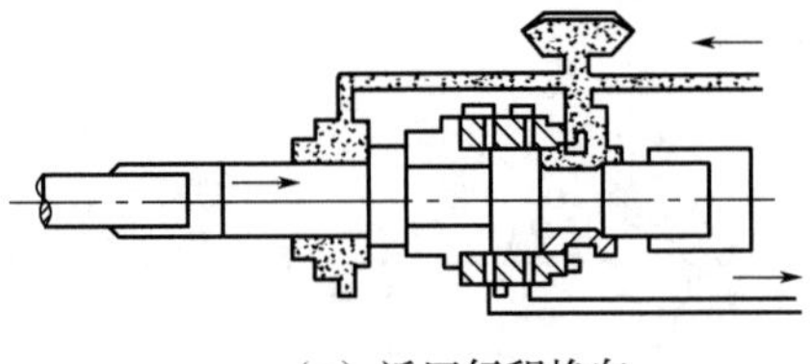

（c）返回行程换向

1—钎尾；2—活塞；3—套阀；4—低压回油；5—高压回油；6—蓄能器；7—配油腔；8—液压缸前腔；9—液压缸后腔；10—控制油孔；11—后腔受压面；12—低压回油口；13—前腔受压面

图 2.70　单腔回油套阀式冲击机构的结构

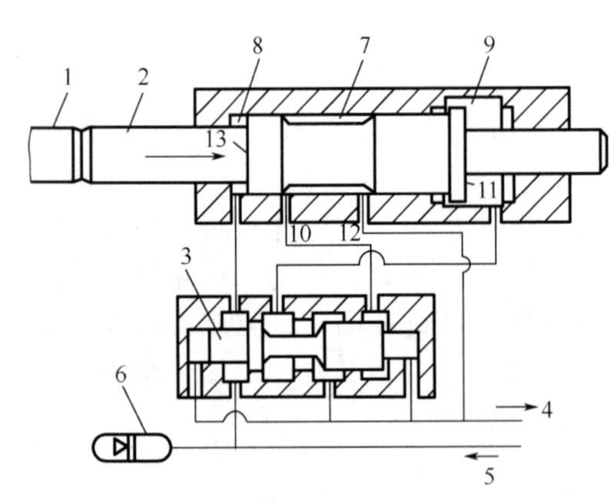

（a）返回行程

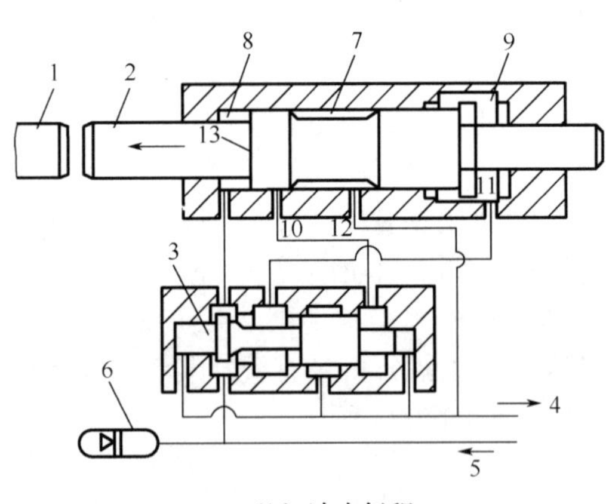

（b）冲击行程

1—钎尾；2—活塞；3—柱阀；4—低压回油；5—高压进油；6—蓄能器；7—配油腔；8—液压缸前腔；9—液压缸后腔；10—控制油孔；11—后腔受压面；12—低压回油腔；13—前腔受压面

图 2.71　单腔回油柱阀式冲击机构的结构

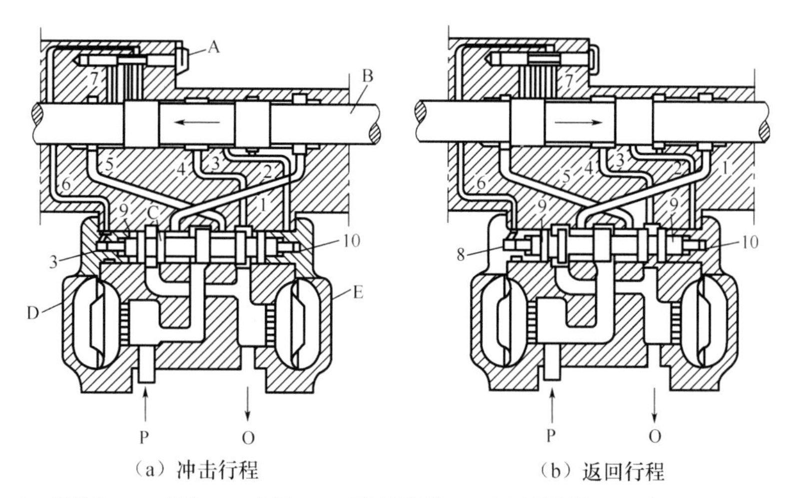

（a）冲击行程　　（b）返回行程

A—调节塞；B—活塞；C—柱阀；D—高压蓄能器；E—回油蓄能器；P—进油；O—回油；
1、5—主油路；2、6、7、9—控制油路；3、4—回油油路；8—柱塞左油室；10—柱塞右油室

图 2.72　双腔回油柱阀式冲击机构的结构

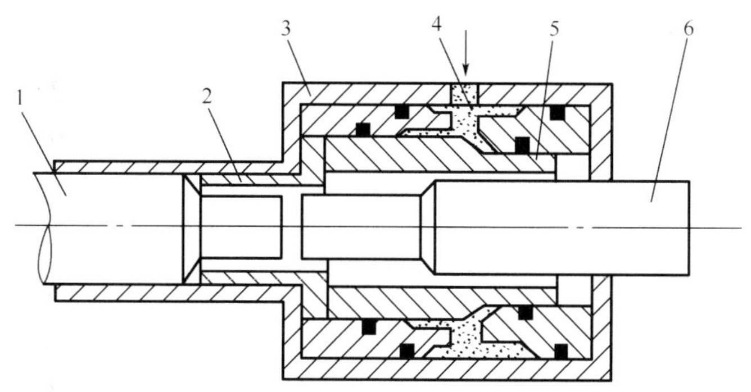

1—钎杆；2—反冲套筒；3—缓冲器外壳；4—高压油路；5—反冲活塞；6—冲击锤

图 2.73　液压凿岩机缓冲装置的工作原理

2.6.3　电动凿岩机

电动凿岩机是由电动机通过机械转换机构驱动钎杆、钎头，以冲击回转方式在岩体中凿孔的机具，用于小型煤矿掘进巷道凿孔。电动凿岩机按推进方式分为手持式电动凿岩机和支腿式电动凿岩机；按冲击机构可分为偏心块式电动凿岩机（图 2.74）和曲柄连杆压气活塞式电动凿岩机（图 2.75）。

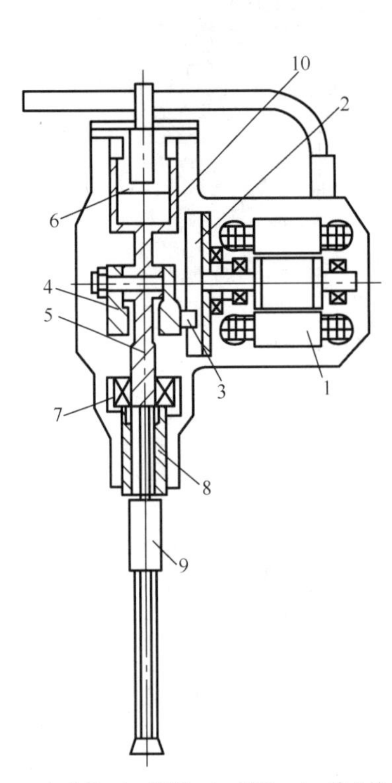

1—电动机；2—滑槽；3—滚轮；4—偏心块；
5—冲锤；6—气室；7—棘轮转钎机构；
8—转钎套；9—钎杆；10—气孔

图 2.74　偏心块式电动凿岩机

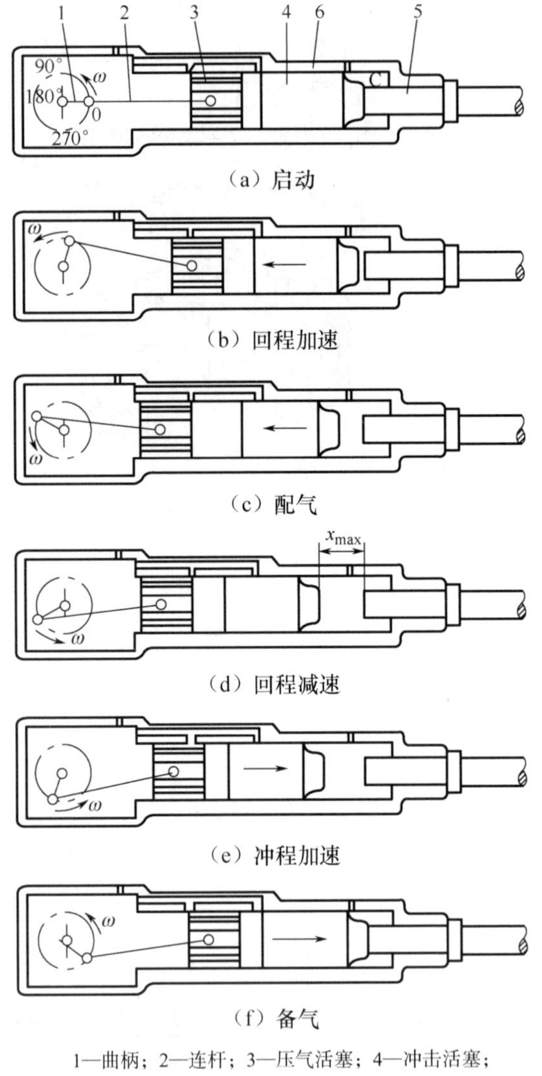

1—曲柄；2—连杆；3—压气活塞；4—冲击活塞；
5—钎杆；6—缸体

图 2.75　曲柄连杆压气活塞式电动凿岩机

2.6.4　凿岩台车

凿岩台车又称钻车，是支撑、推进和驱动一台或多台凿岩机实施钻孔作业，并具有整机行走功能的凿孔设备，用于矿山巷道掘进及其他隧道施工。凿岩台车凿孔时，能准确定向，并能钻凿平行炮孔，可与装载机械及运输机械配套，组成普通掘进机械化作业线。

1. 凿岩台车的结构

凿岩台车的结构如图 2.76 所示。凿岩机普遍采用导轨式液压凿岩机。钻臂用于支撑和推进凿岩机，且可自由调节方位，以适应炮孔位置的需要。凿岩台车的主要动作包括推进运动、推进器变位、钻臂变幅。液压缸式推进器的工作原理如图 2.77 所示，螺旋式推进器的工作原理如图 2.78 所示，链式推进器的工作原理如图 2.79 所示。

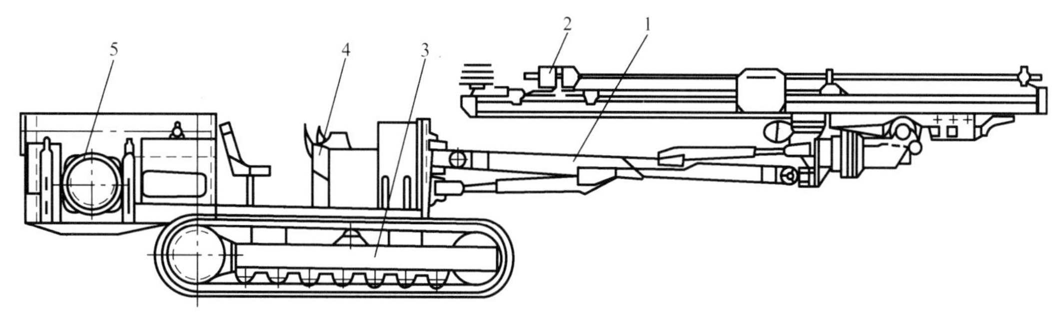

1—钻臂；2—凿岩机；3—行走机构；4—操纵台和控制系统；5—电动机

图 2.76　凿岩台车的结构

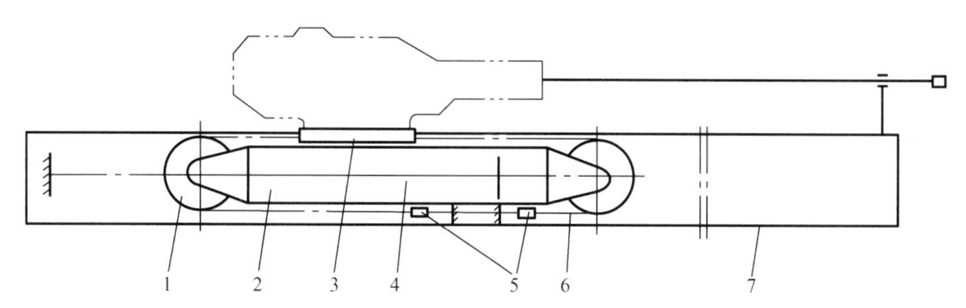

1—导向绳轮；2—推进液压缸；3—托盘；4—活塞杆；5—调节装置；6—钢丝绳；7—导轨

图 2.77　液压缸式推进器的工作原理

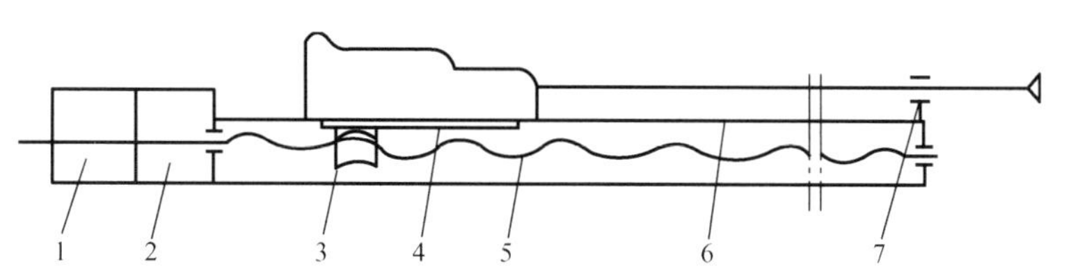

1—气动电动机；2—减速器；3—推进螺母；4—托盘；5—滑架；6—导轨；7—扶钎器

图 2.78　螺旋式推进器的工作原理

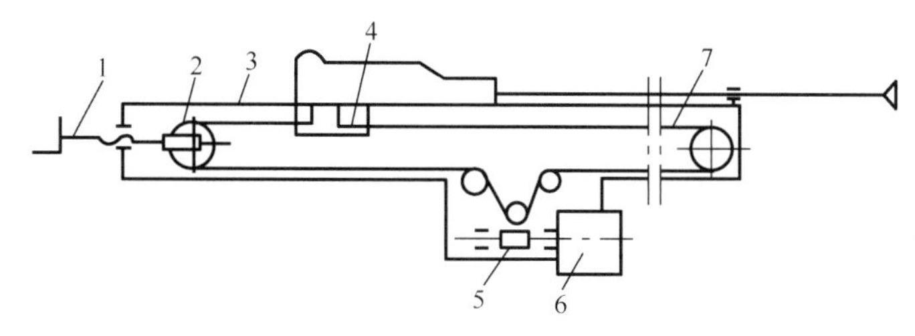

1—张紧装置；2—导向链轮；3—导轨；4—滑架；5—减速器；6—气动电动机；7—链条

图 2.79　链式推进器的工作原理

2. 凿岩机钻臂和液压平移机构

钻臂是用于支撑和推进凿岩机，且可自由调节方位以适应炮孔位置需要的机构，对凿岩台车的动作灵活性、可靠性及生产率有很大影响。按照结构特点及运动方式，钻臂可分为直角坐标式钻臂（图 2.80）和极坐标式钻臂（图 2.81）两类。直角坐标式钻臂是利用钻臂液压缸和摆臂液压缸使钻臂上、下、左、右按直角坐标位移的运动方式确定孔位的钻臂；极坐标式钻臂可利用钻臂后部的回转机构，使整个钻臂绕后部轴线旋转 360°。为了钻凿平行炮孔，凿岩台车采用液压平移机构（图 2.82）。

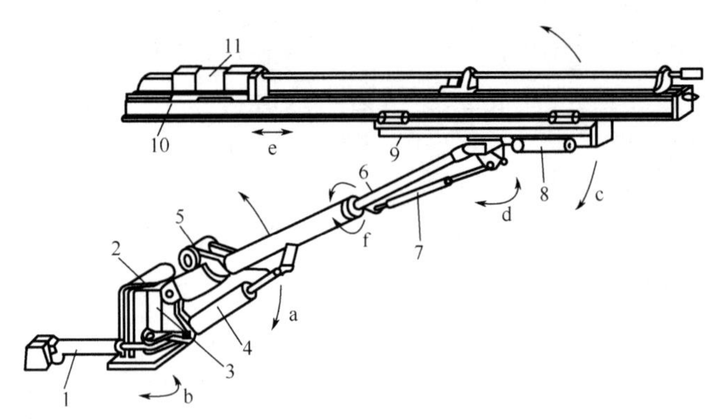

1—摆臂液压缸；2—钻臂座；3—转轴；4—钻臂液压缸；5—钻臂旋转机构；6—钻臂；7—俯仰液压缸；8—摆角液压缸；9—托盘；10—推进器；11—凿岩机；
a—钻臂起落；b—钻臂摆动；c—推进器俯仰；d—推进器水平摆动；e—推进器补偿；f—钻臂旋转

图 2.80　直角坐标式钻臂

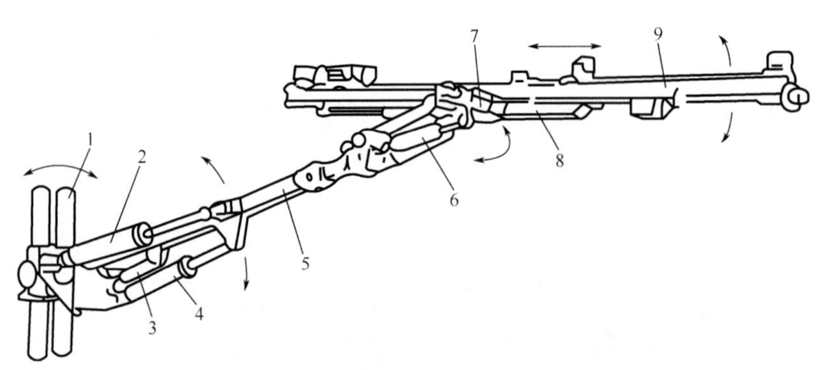

1—回转机构；2—摆臂液压缸；3—平移液压缸；4—钻臂液压缸；5—钻臂；6—俯仰液压缸；7—摆角液压缸；8—托盘；9—推进器

图 2.81　极坐标式钻臂

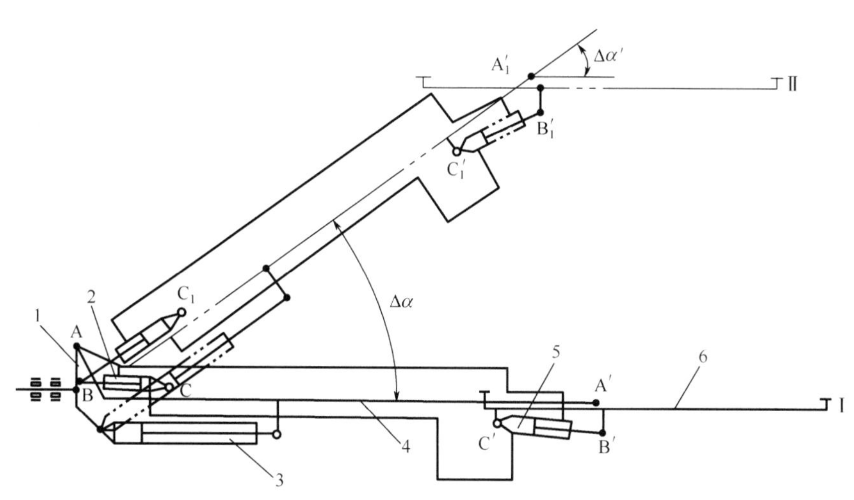

1—回转支座；2—平动液压缸；3—钻臂液压缸；4—钻臂；5—俯仰液压缸；6—托盘

图 2.82　液压平移机构

2.7　装载机械概述

采用钻爆法掘进巷道时，工作面爆破后，碎落的煤岩需要装载到运输设备中运离工作面，实现该功能的设备统称装载机械。装载机械按行走方式分为轨轮式装载机、履带式装载机、轮胎式装载机和雪橇式装载机；按驱动方式分为电动驱动装载机、气动驱动装载机和电液驱动装载机；按作业过程的连续性分为间歇动作式装载机（主要有耙斗装载机、铲斗装载机）和连续动作式装载机（主要有蟹爪装载机、立爪装载机、蟹立爪装载机、圆盘式装载机和振动式装载机）。

2.7.1　耙斗装载机

1. 耙斗装载机的结构和工作过程

耙斗装载机的结构如图 2.83 所示。耙斗装载机的工作过程如下：耙斗以自重落在料堆的上表面，耙齿受钢丝绳牵引插入岩堆并扒取物料，再沿着巷道底板进入料槽，岩石通过卸料口（或刮板输送机）卸至下面的运输设备。为了使耙斗往复运行，采用双滚筒绞车牵引，工作滚筒和回程滚筒分别牵引耙斗前进和后退。

2. 耙斗的结构和绞车的结构型式

耙斗的结构如图 2.84 所示。绞车主要有行星轮式双滚筒绞车（图 2.85）、圆锥摩擦轮式双滚筒绞车（图 2.86）和内涨摩擦轮式双滚筒绞车（图 2.87）三种。

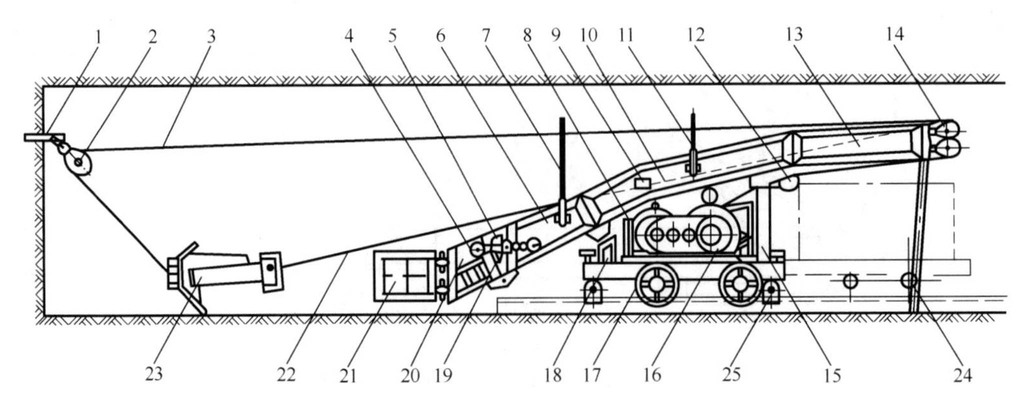

1—固定楔；2—尾轮；3—回程钢丝绳；4—簸箕口；5—升降螺杆；6—联接槽；7，11—钎子；8—操纵机构；9—按钮；10—中间槽；12—托轮；13—卸料槽；14—头轮；15—支柱；16—绞车；17—凿岩台车；18—支架；19—护板；20—进料槽；21—簸箕挡板；22—工作钢丝绳；23—耙斗；24—撑脚；25—卡轨器

图 2.83 耙斗装载机的结构

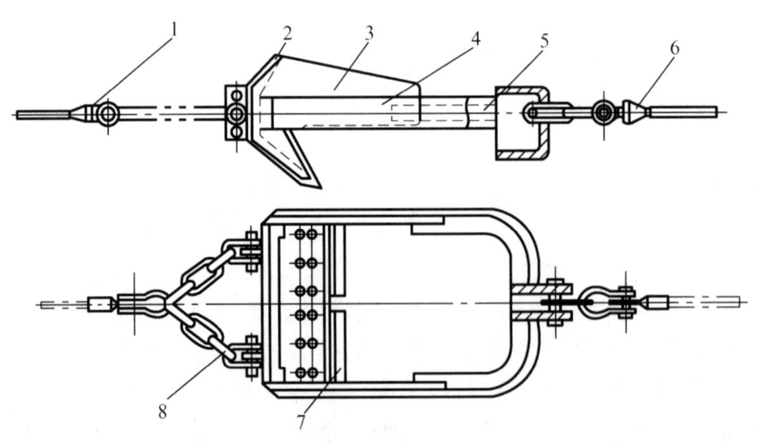

1，6—接头；2—尾帮；3—侧板；4—拉板；5—筋板；7—斗齿；8—牵引链

图 2.84 耙斗的结构

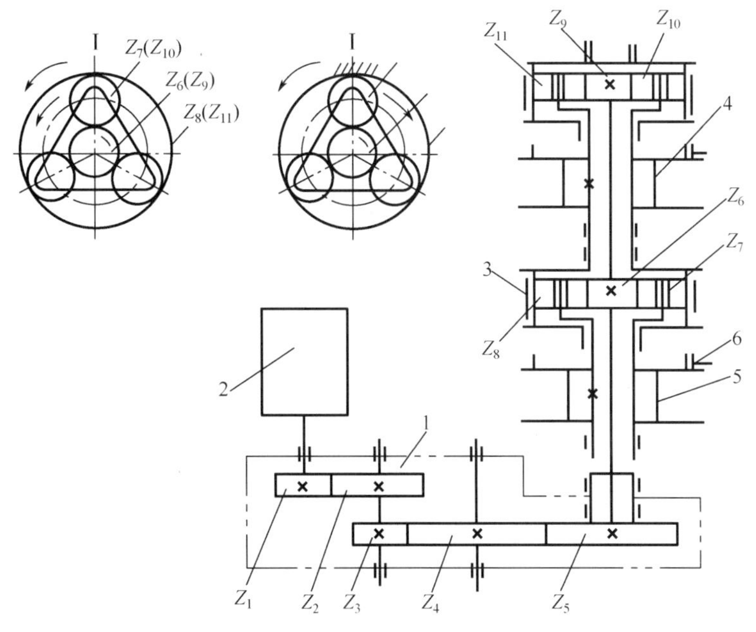

1—减速器；2—电动机；3—刹车闸带；4—回程滚筒；5—工作滚筒；6—辅助刹车

图 2.85　行星轮式双滚筒绞车

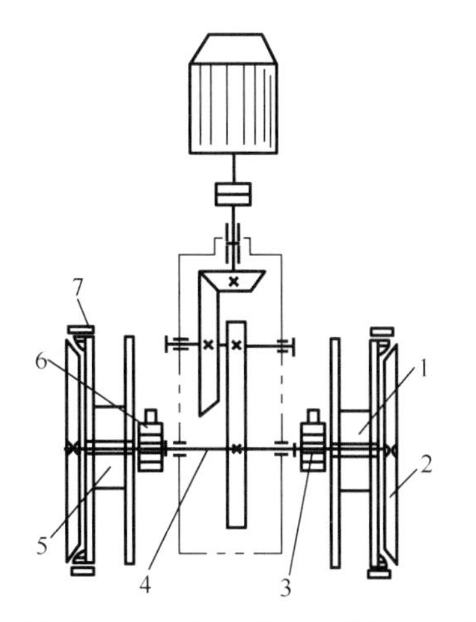

1—工作滚筒；2—圆锥摩擦轮；3—螺杆；4—主轴；
5—回程滚筒；6—螺母；7—闸带

图 2.86　圆锥摩擦轮式双滚筒绞车

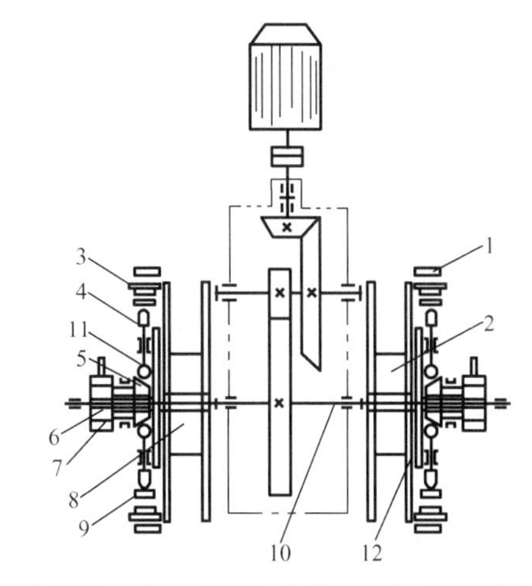

1—闸带；2—回程滚筒；3—摩擦带；4—顶杆；5—移动锥体；
6—螺杆；7—螺母；8—工作滚筒；9—闸瓦；10—主轴；
11—滚轮；12—离合瓦座

图 2.87　内涨摩擦轮式双滚筒绞车

2.7.2　铲斗装载机

1. 后卸式铲斗装载机

后卸式铲斗装载机的结构如图 2.88 所示。后卸式铲斗装载机的工作过程如下：开始装岩时，在距离料堆 1 ～ 1.5m 处放下铲斗 2，使其贴着地面，启动行走机构 1，借助惯性将铲斗 2 插入料堆，同时启动翻转机构 6，铲斗 2 边插入边提升。铲斗装满后，行走机构 1 后退，并继续提升铲斗 2，与铲斗 2 连接的斗臂 3沿回转机构 4 上滑道滚动，直到铲斗 2 向后翻转到末端位置（图中虚线位置），碰撞缓冲弹簧 5，铲斗 2 内的物料借助惯性抛出，卸入装载机后部的矿车。卸载后，铲斗 2 靠自重和缓冲弹簧 5 的反力从卸载位置返回铲装位置，同时行走机构 1 换向，机器向前冲向料堆，开始下一次装载循环。铲斗最大可向巷道两侧摆动 30°，把轨道两侧的物料装走。

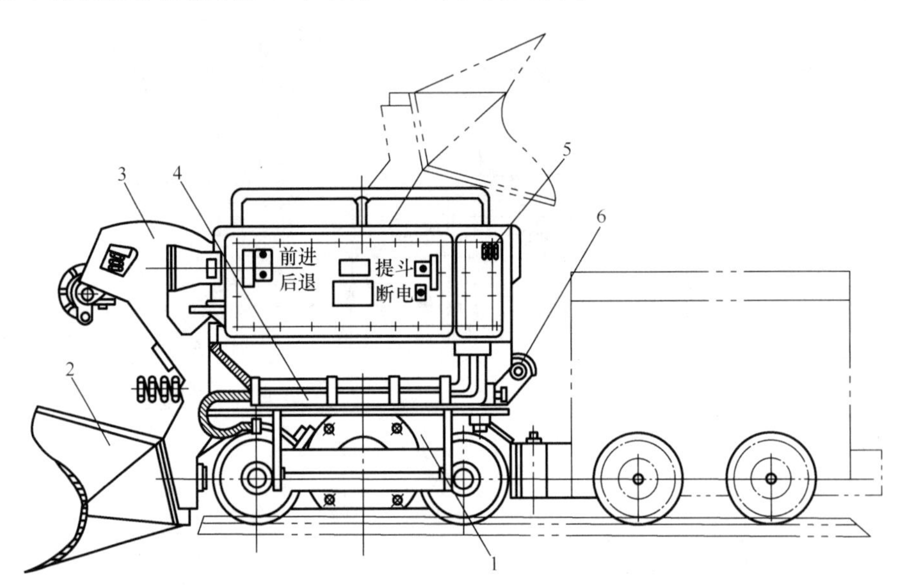

1—行走机构；2—铲斗；3—斗臂；4—回转机构；5—缓冲弹簧；6—翻转机构

图 2.88　后卸式铲斗装载机的结构

为了保证铲斗提升和斗臂在回转平台上做纯滚动，采用提升和稳定机构（图 2.89）。斗臂曲线由三段或四段圆弧曲线构成。图 2.90 所示为三段圆弧组成的斗臂曲线。铲斗回中机构（图 2.91）是铲斗装入轨道两侧的物料时，保证铲斗恢复中间位置，使物料装入矿车的机构。行走机构的传动机构如图 2.92 所示。

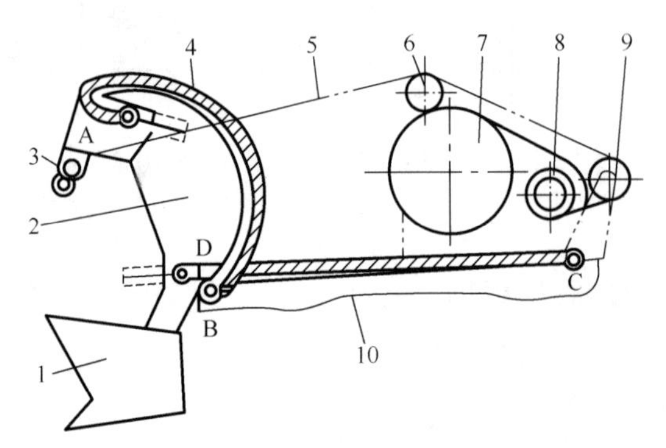

1—铲斗；2—斗臂；3—联接轴及套筒；4—钢丝绳；5—提升链；6—托轮；7—提升电动机；
8—卷筒；9—导向链轮；10—回转平台

图 2.89　提升和稳定机构

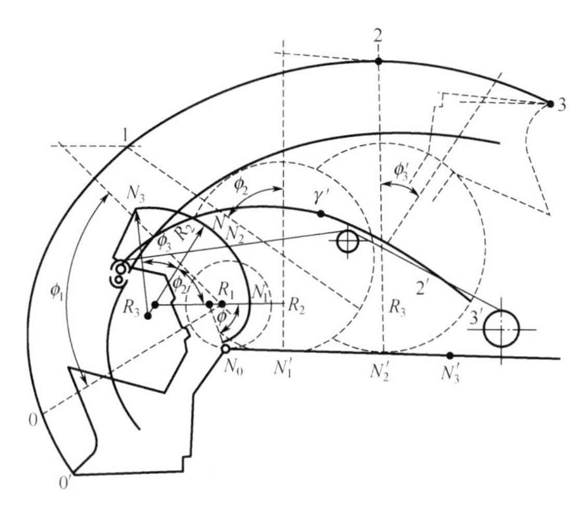

图 2.90　三段圆弧组成的斗臂曲线

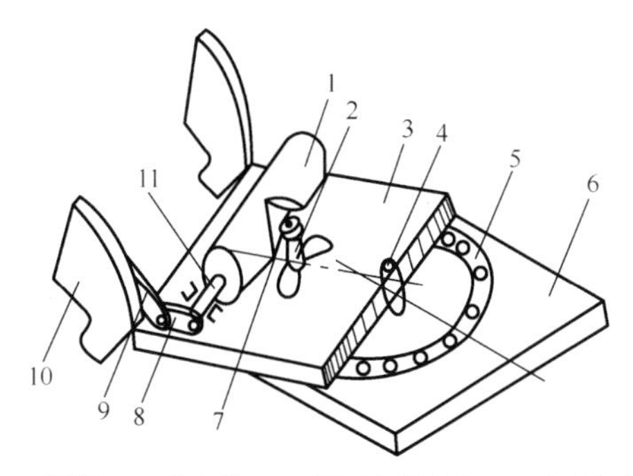

1—鼓轮；2—滚轮轴；3—底座；4—中心轮；5—平面止推轴承；6—行走机架；7—滚轮；8—摇杆；9—连杆；10—斗臂；11—鼓轮轴

图 2.91　铲斗回中机构

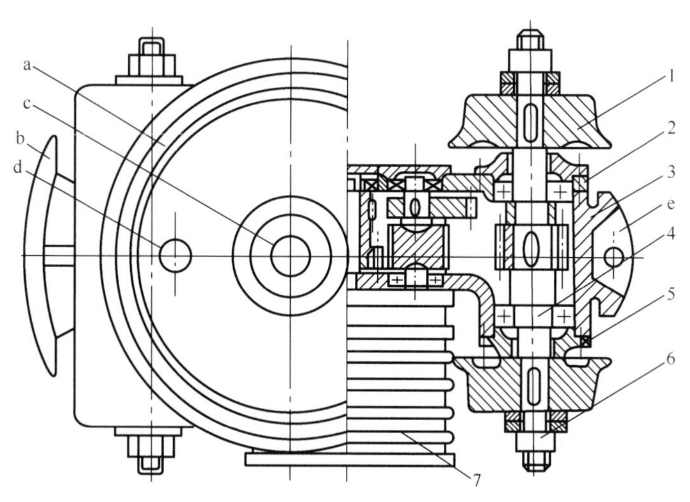

1—轨轮；2—箱盖；3—箱体；4—车轴；5—端盖；6—螺母；7—电动机；

a—回转托盘；b—铲斗座；c—中心轴轴孔；d—滚轮轴轴孔；e—联接凸块

图 2.92　行走机构的传动机构

2. 侧卸式铲斗装载机

侧卸式铲斗装载机用铲斗从底部铲取爆落煤岩，机器退到卸载点，铲斗向一侧翻转进行卸载。侧卸式铲斗装载机的斗臂有固定斗臂、伸缩斗臂和摆动斗臂三种，大多数侧卸式铲斗装载机采用固定斗臂结构。侧卸式铲斗装载机的结构如图 2.93 所示，工作机构如图 2.94 所示。

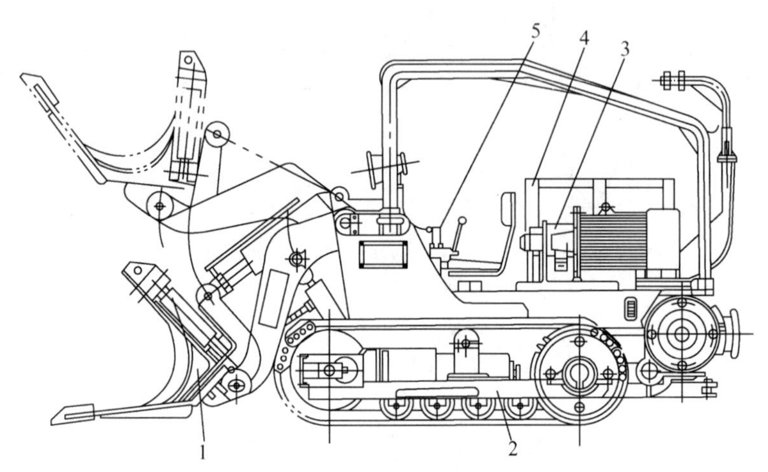

1—工作机构；2—行走机构；3—液压装置；4—电气系统；5—操纵系统

图 2.93　侧卸式铲斗装载机的结构

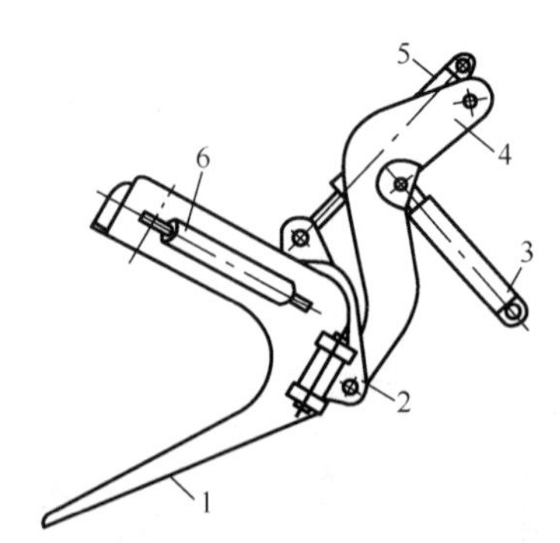

1—铲斗；2—铲斗座；3—升降液压缸；4—斗臂；5—翻斗液压缸；6—侧卸液压缸

图 2.94　侧卸式铲斗装载机的工作机构

2.7.3　蟹爪装载机

蟹爪装载机是一种以蟹爪为工作机构的连续作业装载机，按驱动方式分为电动和电液驱动两种；按装载运输机形式分为整体式（多为刮板输送机）和分段式（前段为刮板输送机，后段为带式输送机）两种。ZM_{2A}–17 型蟹爪装载机的结构如图 2.95 所示，该装载机采用单机驱动，机械传动系统如图 2.96 所示。当 M_1 或 M_2 合上时，与齿轮 16、齿轮 17 的差动轮系和针轮 18、针轮 20 形成的组合，实现蟹爪装载机的前进、后退、左转弯和右转弯，如图 2.97 所示。装载机尾部摆动，以适应装载机装载物料装入矿车等运输设备，其原理如图 2.98 所示。

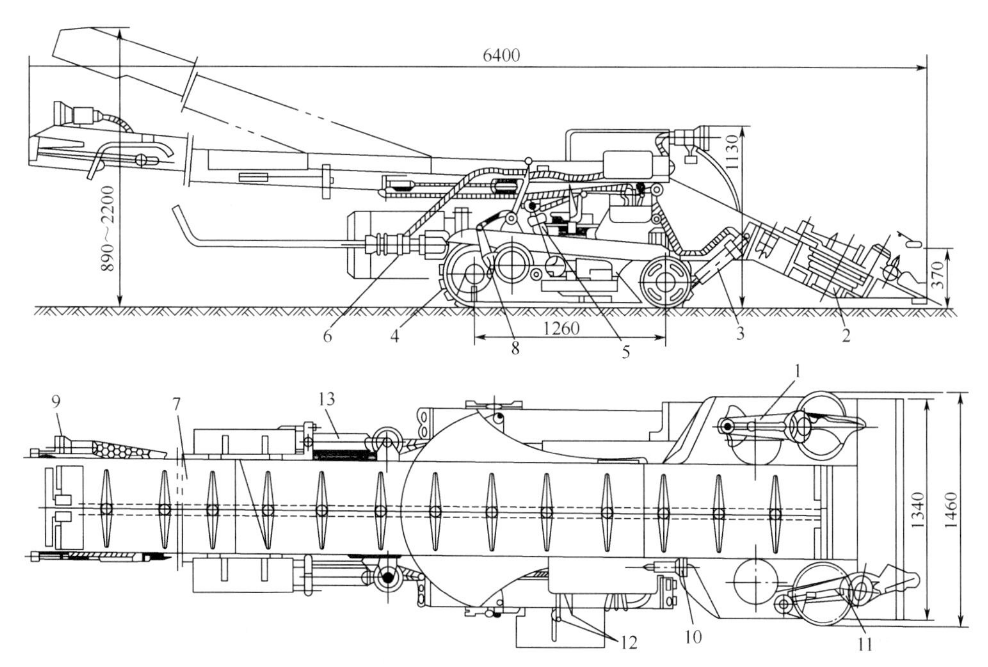

1—蟹爪；2—蟹爪减速器；3—铲装板升降液压缸；4—履带行走装置；5—装载机升降液压缸；6—电动机；7—装载输送机；8—紧链装置；9，10—照明灯；11—铲装板；12—操纵手把；13—装载机摆动液压缸

图 2.95　ZM_{2A}-17 型蟹爪装载机的结构

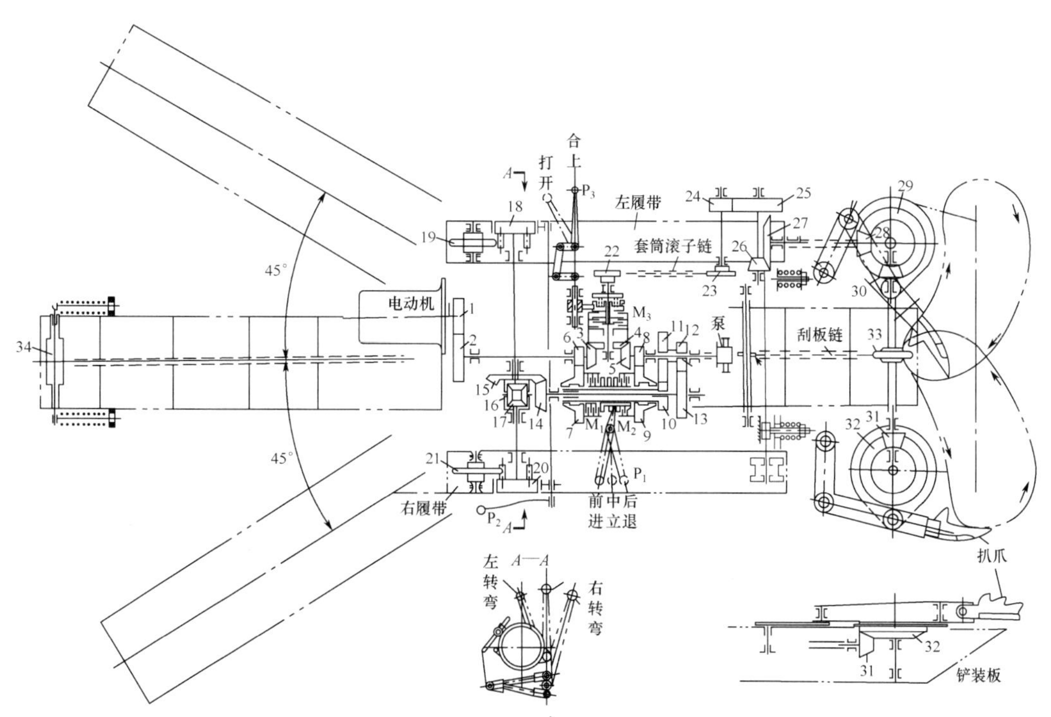

1，2，6，7，8，9，10，11，12，13，24，25—直齿轮；3，4，5，14，15，16，17，26，27，28，29，30，31，32—锥齿轮；18，20—针轮；19，21—履带链轮；22，23—链轮；33—刮板链轮；34—张紧链轮；M_1，M_2，M_3—摩擦离合器

图 2.96　ZM_{2A}-17 型蟹爪装载机的机械传动系统

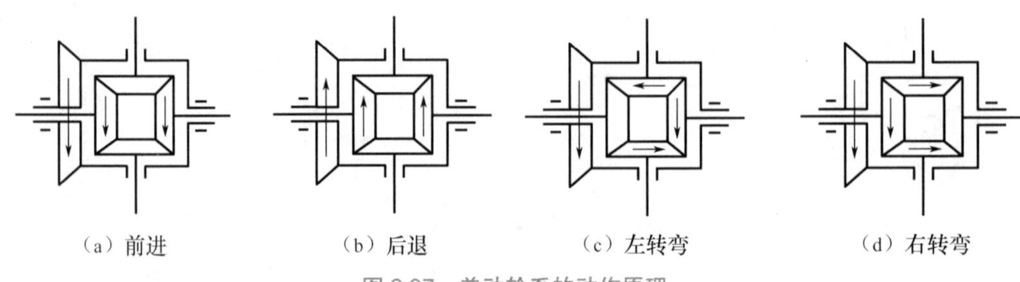

图 2.97　差动轮系的动作原理

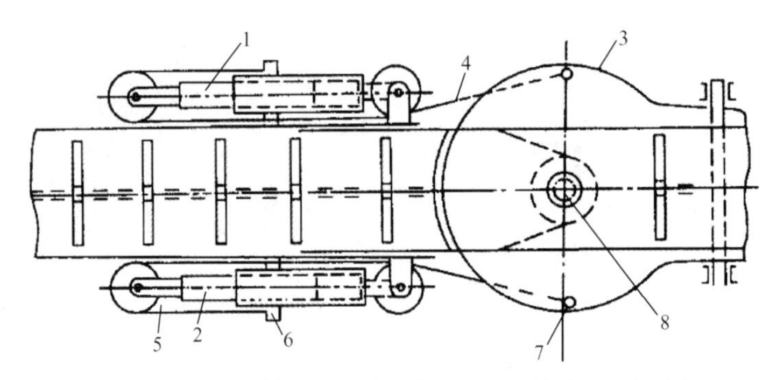

1，2—液压缸；3—圆台；4，5—钢丝绳；6，7—固定点；8—摆动中心

图 2.98　装载机尾部摆动原理

2.7.4　立爪装载机

立爪装载机是利用立爪从上方及两侧扒取爆落的煤岩，经过自身的装载机构卸载的装载设备。立爪装载机的结构如图 2.99 所示，工作机构如图 2.100 所示。

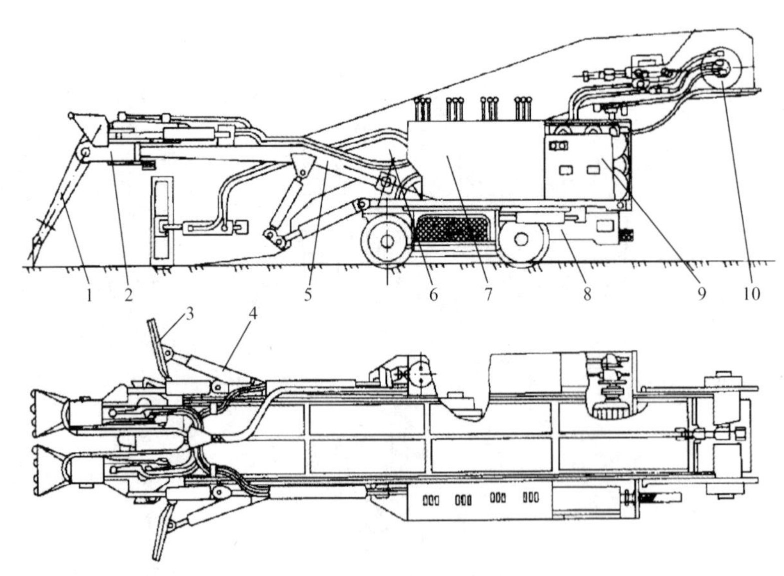

1—立爪；2—小臂；3—积渣板；4—液压缸；5—动臂；6—机架；7—液压操纵阀；8—行走驱动装置；9—防爆电控箱；10—驱动装置

图 2.99　立爪装载机的结构

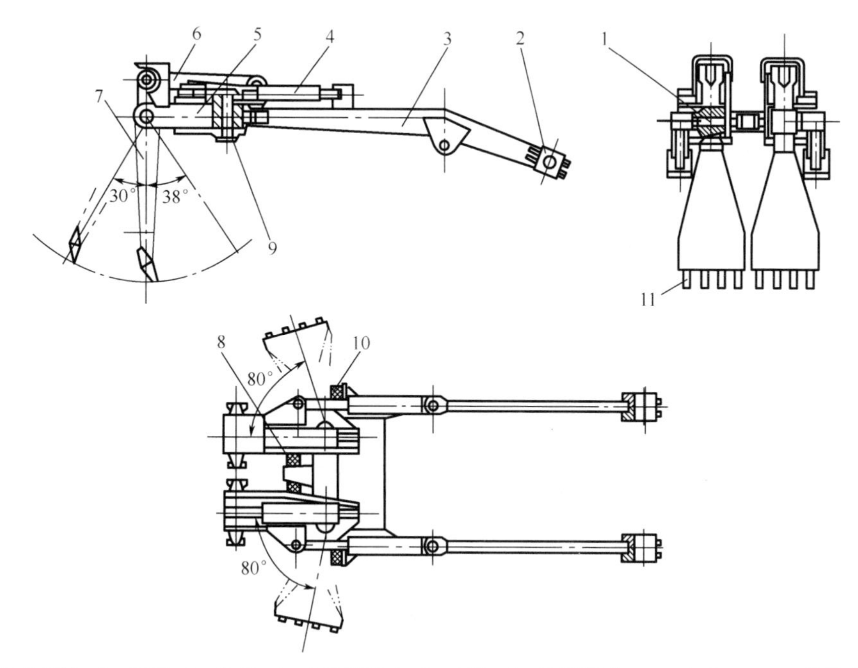

1—扒爪销轴；2—支座；3—动臂；4—小臂液压缸；5—小臂；6—扒爪液压缸；7—立爪；8，10—橡胶碰头；9—小臂销轴；11—爪齿

图 2.100 立爪装载机的工作机构

2.7.5 蟹立爪装载机

蟹立爪装载机是在具有单一工作机构的蟹爪装载机的基础上发展起来的一种高效连续作业的装载设备。它用蟹爪机构和立爪机构扒取物料，其余组成部分与蟹爪装载机大致相同。蟹立爪装载机的结构如图 2.101 所示。

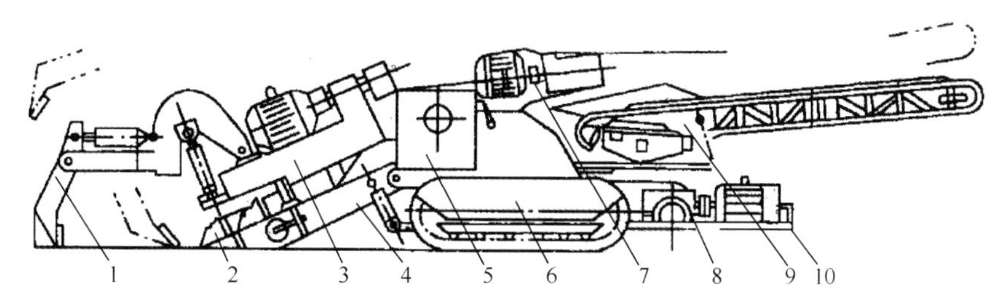

1—立爪机构；2—蟹爪机构；3—蟹爪减速器；4—机头部；5—电控箱；6—履带行走装置；7—刮板输送机减速器；8—行走减速器；9—带式输送机；10—电动机

图 2.101 蟹立爪装载机的结构

2.7.6 钻装机

钻装机是集钻孔和装岩作业于一体的机械，适用于煤矿中小段面的平巷掘进中钻凿炮孔、锚杆孔及装载作业。钻装机按装载方式分为耙斗式钻装机（图 2.102）、侧卸式钻装机（图 2.103）、后卸式钻装机和蟹爪式钻装机（图 2.104）；按工作臂杆安装形式分为固定式钻装机和可拆卸式钻装机。

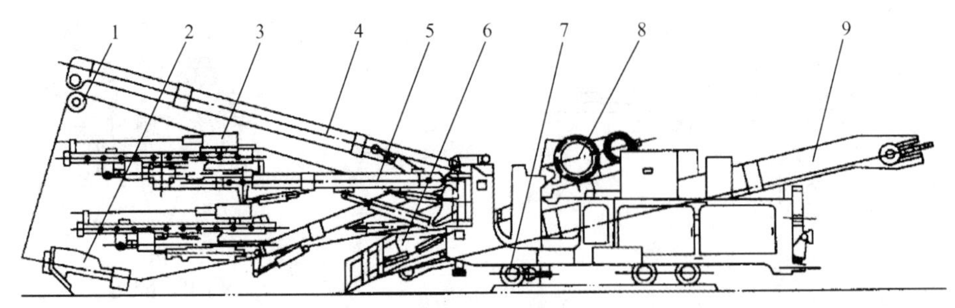

1—尾轮；2—耙斗；3—凿岩机；4—动臂；5—钻臂；6—进料斗；7—行走机构；8—绞车；9—刮板输送机

图 2.102　耙斗式钻装机

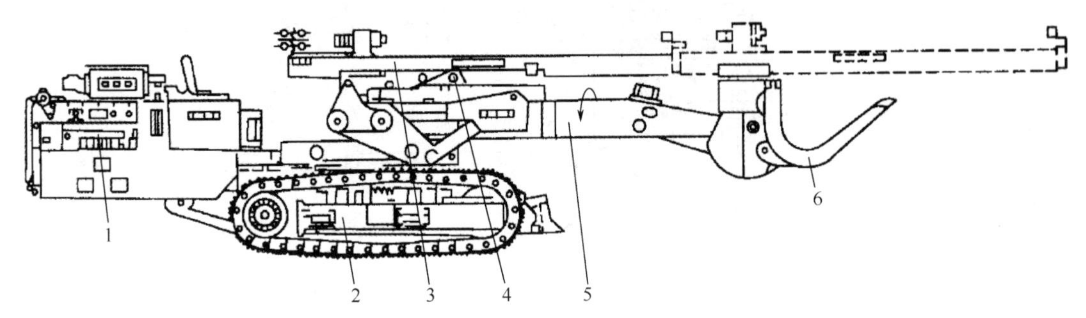

1—电动机；2—履带行走机构；3—推进器；4—托架；5—臂杆；6—铲斗

图 2.103　侧卸式钻装机

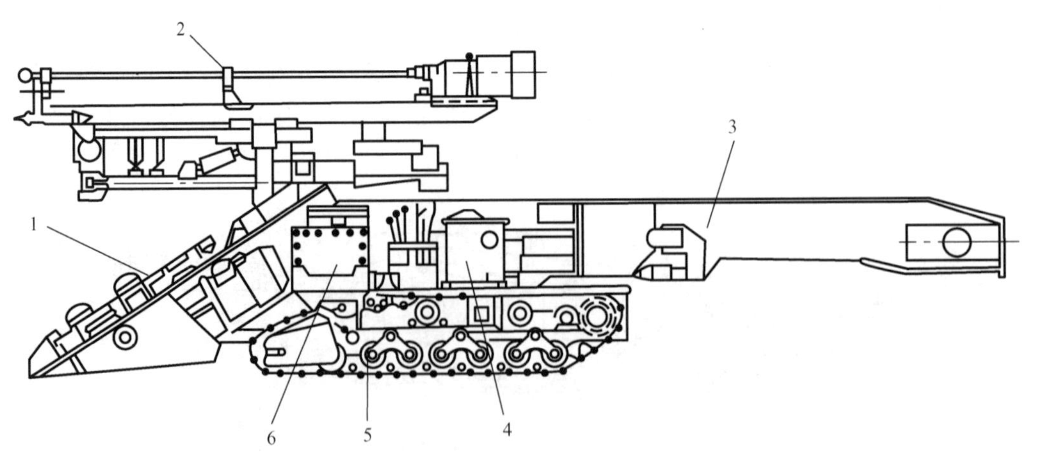

1—蟹爪装岩机构；2—钻臂；3—装载输送机；4—电动机；5—履带行走机构；6—电控箱

图 2.104　蟹爪式钻装机

思　考　题

1. 简述掘进机的发展方向。
2. 简述 AM50 型掘进机液压系统的工作原理。

3. 如何确定掘进机的总体参数？
4. 简述悬臂式掘进机的组成和工作原理。
5. 如何实现全断面掘进机推进、指向和调向？
6. 说明凿岩机的钻孔原理。
7. 简述凿岩机的主要组成。
8. 简述液压凿岩机的组成和工作原理。
9. 凿岩台车需要实现哪些动作？如何实现这些动作？
10. 简述凿岩台车平移机构的类型和特点。
11. 简述耙斗装载机的组成和工作原理。
12. 说明耙斗装载机绞车的类型和工作原理。
13. 简述后卸式铲斗装载机的组成和工作过程。
14. 分别简述蟹爪装载机及立爪装载机的组成和工作过程。

第3章 液压支架

本章主要阐述液压支架的发展概况与发展趋势；介绍液压支架的分类与型号编制，液压支架的组成与工作原理，一般型液压支架（支撑式液压支架、掩护式液压支架、支撑掩护式液压支架）的特点和适用条件，特殊型液压支架（放顶煤液压支架、端头支架和过渡支架）的特点和适用条件，液压支架主要部件的结构；阐述液压支架的设计目的、液压支架的设计要求、液压支架的设计参数、液压支架的设计过程、液压支架总体设计、液压支架受力分析、四连杆机构设计、立柱和千斤顶参数设计，以及计算支护强度、对底板比压和支架构件结构强度；给出一个液压支架设计案例。

20世纪50年代前，国内外煤矿生产基本采用木支柱、木顶梁或金属摩擦支柱和铰接顶梁来支护顶板。1954年英国首次研制出液压支架，并逐步改进、完善，进而推广应用，使落煤、装煤、运煤和支护等工序全部实现机械化。20世纪90年代初找到了适合矿区资源条件的先进采煤方法——采用放顶煤技术。计算机技术及自动化技术的普及应用，为煤矿生产自动化和高效生产提供了新的出路。采用液压支架电液控制系统，大大提高了工作面的移架、推溜速度，改善了采煤工作面顶板的支护状况，产煤量成倍增大，安全状况明显改善，为煤矿生产的高效、安全和煤矿工人劳动环境的改善提供了条件。以液压支架为主体的综采设备逐步向程控、遥控和自动化方向发展。电液控制液压支架采用电磁或微机控制的先导阀、先进可靠的压力传感器和位移传感器、灵活编程的微处理机以及多芯线和位处理等技术，与传统的液压支架相比，具有如下优点。

（1）支架的推移速度提高。

（2）通过安装压力传感器，保证液压支架的额定初撑力，改善支架对顶板的支护效果。

（3）采用电液控制系统，易实现定压带压移架，保证顶板围岩的稳定性。

（4）工人的劳动强度降低，支架的工作可靠性提高。

（5）电液控制系统的元部件体积小，使用方便、可靠。

（6）工作面输送机的推移质量提高，保证了工作面输送机的直线性，实现了工作面平直推进。

（7）可灵活选择多重控制方式，适用于各种困难的地质条件和局部地质构造。

（8）可与采煤机和输送机的自动控制系统联动，实现完全自动化综采工作面。

3.1 液压支架的发展概况与发展趋势

1. 国外液压支架的发展概况

20世纪70年代中期，英国首先提出研制电液控制液压支架，而最早是在澳大利亚科里曼尔煤矿的长壁工作面上应用的电液控制液压支架，该电液控制液压支架由74架英国原道梯公司研制的四柱垛式液压支架组成，1981年投产，但技术不够完善。1983年英国原道梯公司为美国坎塞尔煤矿制造了计算机控制液压支架，1984年投产。1995年英国原道梯公司研制出全工作面集中电液控制系统，其主控制台及电源均布置在工作面运输巷内，操作人员可以在运输巷内控制全工作面的支架。工作面内的每台液压支架都装有一个红外接收器，当采煤机截割煤壁时，接收采煤机上红外发射器发出的位置信号并反馈到主控制台，主控制台内的微处理器对接收的位置信号进行处理，根据采煤机在工作面上的位置，命令相应的支架动作。

20世纪80年代初，德国开始大力发展电液控制液压支架，并获得了成功及推广应用。德国威斯特法利亚公司与西门子公司合作研制的Panzermatic-E系统是德国第一套实用且广泛应用的支架电子控制装置。其主控制台采用西门子公司研制的本安型计算机系统，它能分组显示支架的相对位置和故障及系统的运行参数（如降柱时间、分组架数、采煤机相对位置及行程），并能通过键盘输入某些运行参数。

随着计算机技术的发展，1986年德国威斯特法利亚公司研制出P-S5电液控制系统，其具有灵活的编程能力，采用专用的中央处理器和性能较高、能耗较低的单片机。

1987年德国威斯特法利亚公司与德国MARCO公司合作研制出PM2电液控制系统，1990年研制出更先进的PM3电液控制系统，其技术可靠，获得了广泛应用。20世纪90年代后期，德国威斯特法利亚公司自行改进推出PM4电液控制系统，而德国MARCO公司改进推出PM31电液控制系统。

美国发展液压支架起步较晚。1984年西弗吉尼亚州拉弗里吉矿使用英国原道梯公司制造的装有电液控制系统的液压支架，装备了第一个高产高效工作面，并取得成功。由于美国煤层地质的开采条件适合电液控制液压支架的推广应用，因此发展迅速。

国际上主流的液压支架电液控制系统有德国DBT公司的PM4电液控制系统、德国MARCO公司的PM31电液控制系统、JOY公司的RS20电液控制系统。

2. 我国液压支架的发展现状

（1）综采比率低。

我国是世界产煤大国，但是综采比率较低，与发达国家存在一定的差距。由于综采比率较低，因此每年都有煤矿出现安全事故，不仅不利于煤矿企业的发展，而且对煤矿开采人员的生命安全产生严重影响。

（2）煤矿液压支架制造水平较低。

在煤矿开采工作中，液压支架是必要工具。我国液压支架技术、材料、加工工艺与发达国家有一定的差距。近几年，在液压支架制造中，高强度钢板的使用量逐渐增大，虽然这种材料的技术和质量水平有一定程度的提高，但是在国际上缺乏竞争力。液压支架制造技术水平和液压支架的整体质量都对煤矿开采的质量有影响，提高液压支架的制造水平很关键，这是提高我国煤矿开采质量的一个重要前提。

（3）液压支架电液控制系统有待改进。

在煤矿企业的发展过程中，液压支架的制造技术非常重要，若不能有效控制液压支架，则会对煤矿企业的发展造成严重影响。我国对液压支架电液控制系统的研究较落后，对控制液压支架和提高煤矿企业的效益有一定的影响。

3. 液压支架的发展趋势

（1）大采高液压支架。

2004 年液压支架国产化以来，大采高液压支架取得了巨大进步，在我国先后实现了世界首套 6.2m、6.3m、6.5m、7m、8m 大采高综采工作面；工作阻力从 12000kN 提升到 18000kN、21000kN 甚至 26000kN；大采高液压支架中心距从 1.75m 增大到 2.05m，再到 2.4m；综采工作面单产量提升到 1000 万～ 1500 万吨。

（2）放顶煤液压支架。

我国放顶煤液压支架技术一直处于世界领先水平，采用强力放顶煤电液控制综放工作面的最大年产量为 1500 万吨，最大工作阻力为 21000kN，最大支架中心距为 2.05m。进一步提升综放工作面的效率及适应性，一方面要继续发展大采高放顶煤技术，优化配置综放工作面供、回液系统及架内系统的流量设计；另一方面要注重更适合综放工作面自动化开采的放顶煤液压支架的研发。

（3）薄煤层支架。

由于我国薄煤层煤质优越且国家对资源开采的监管要求严格，因此各企业越来越重视薄煤层开采，薄煤层液压支架缩回高度低至 0.5m，工作阻力提升至 6800kN。薄煤层液压支架主要向高可靠性、大伸缩比立柱方向发展，控制系统和主控阀向集成化、小型化发展。

（4）大倾角液压支架。

我国大倾角液压支架技术一直处于世界领先水平，近年来，我国大倾角液压支架主要指标工作面倾角为 55°～ 60°，且相关技术成套出口俄罗斯。但仍需继续研究提升大倾角液压支架的主动防倒技术、被动防倒技术、防滑技术、安全防护技术、端头防护技术的适用范围和可靠性。

（5）超前液压支架。

超前液压支架极大地提高了巷道超前支护的安全性，减小了超前支护工的劳动强度，在调研的综采工作面顺槽超前支护工作面作业现场，超前液压支架操作由工作面液压支架操作人员兼职完成。超前液压支架结构简单，形式灵活多样。

4. 液压支架的智能化

（1）液压支架本身的智能化控制。

在现有电液控制系统的立柱压力、顶梁倾角、推移位移监测的基础上，进一步集成人员感知，支架自身工况（销轴受力、支架动作、立柱下缩量）感知，环境感知（粉尘、瓦斯），全面掌控设备、环境、人员等信息，并上传至井下顺槽集控中心，为智能化无人采煤提供数据基础。

（2）基于物联网技术的综采工作面智能化系统。

实现综采工作面智能化控制的前提是综采工作面上的各设备自身实现智能控制，以大数据为基础，以工业总线网络为途径，以数据分析和处理为依据，以专家决策方案为指导方针，以高端设备和移动终端为依托平台，应用物联网技术，实现高端综采工作面安全、高效的自动化生产。综采工作面的智能化控制包括智能支架电液控制子系统（带无线遥控器）、工作面人员识别子系统、采煤机集控子系统、三机控制通信子系统、智能刮板输送机监控子系统、皮带机监控子系统、泵站控制子系统、水处理控制子系统、组合开关监控子系统、移动变电站监测子系统、装载机自移监控子系统、输送机自移监控子系统及视频监控子系统。

5. 物联网趋势下液压支架产业的发展

（1）液压支架智能化制造。

根据《中国制造 2025》，液压支架制造企业积极升级改造技术，实现液压支架行业的智能工厂、智能制造、智能物流。智能工厂建立在工业大数据和互联网的基础上，需要实现设备互联，广泛应用工业软件，结合精益生产理念，实现柔性自动化生产，注重环境友好，实时洞察生产、质量、能耗、设备状态等信息。在智能制造方面，需要突破液压支架主体结构件智能化、自动化拼装焊接、立柱千斤顶智能化、自动化制造。在智能物流方面，需要基于产品生命周期管理（Product Lifecycle Management，PLM）和企业资源计划（Enterprise Resource Planning，ERP）实现产品的全生命周期过程管控集成与优化。

（2）创新液压支架的营销与服务模式。

在新零售模式趋势下，液压支架行业演变出一种设备融资租赁的营销模式和全生命周期专业化服务模式。设备融资租赁可缓解企业的资金压力、优化企业的资产负债、丰富企业的融资渠道，全生命周期专业化服务模式大大延伸了液压支架产业链的价值，使用户和企业实现双赢。

3.2　液压支架的分类与型号编制

1. 液压支架的分类

液压支架按对顶板的支护方式和结构特点分为掩护式支架、支撑掩护式支架和支撑式支架。掩护式支架又分为支掩掩护式支架和支顶掩护式支架。支掩掩护式支架又分为插底式支架［图 3.1（a）］和不插底式支架［图 3.1（b）］；支顶掩护式支架又分为平衡千斤顶设在顶梁与掩护梁之间的支架［图 3.1（c）］和平衡千斤顶设在掩护梁与底座之间的支架［图 3.1（d）］两类。支撑掩护式支架分为支顶支撑掩护式支架［图 3.1（e）］和支顶支掩支撑掩护式支架［图 3.1（f），其中一排立柱支撑在掩护梁上］。支撑式支架分为节式支架［图 3.1（g）］和垛式支架［图 3.1（h）］。液压支架按适用煤层倾角分为一般工作面支架和大倾角支架；按适用采高分为薄煤层支架、中厚煤层支架和大采高支架；按适用采煤方法分为一次采全高支架、放顶煤支架、铺网支架和充填支架；按在工作面上的位置分为工作面支架、过渡支架（排头支架）和端头支架；按稳定机构分为四连杆机构支架、单铰点机构支架、反四连杆机构支架、单摆杆式支架和机械限位（橡胶限位、弹簧钢板限位、千斤顶限位）支架；按组合方式分为单架式支架和组合式支架；按控制方式分为本架控制支架、邻架控制支架和成组控制支架；按控制原理分为液压直接控制支架、液压先导控制支架和电液控制支架。

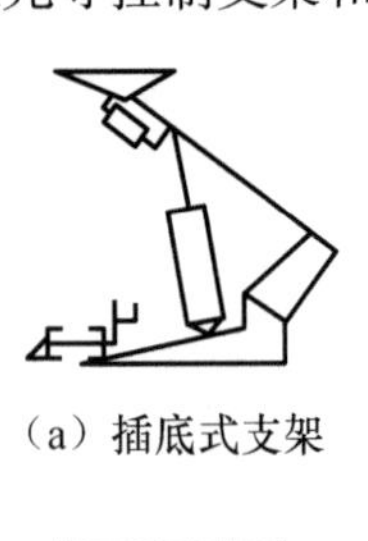
（a）插底式支架

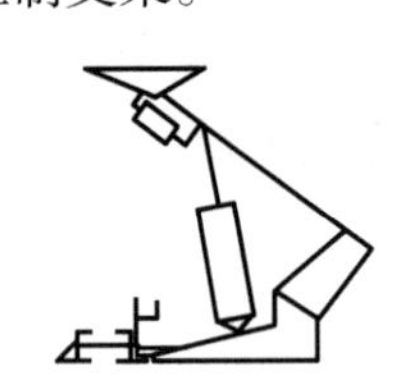
（b）不插底式支架

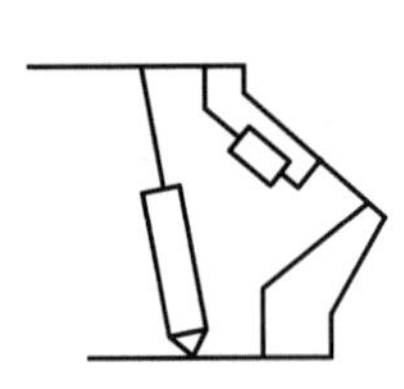
（c）平衡千斤顶设在顶梁与掩护梁之间的支架

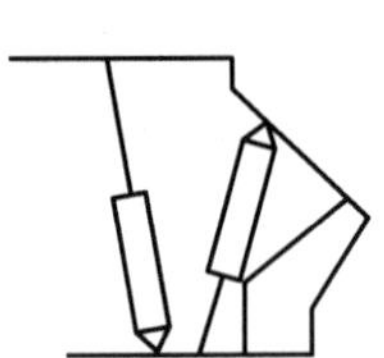
（d）平衡千斤顶设在掩护梁与底座之间的支架

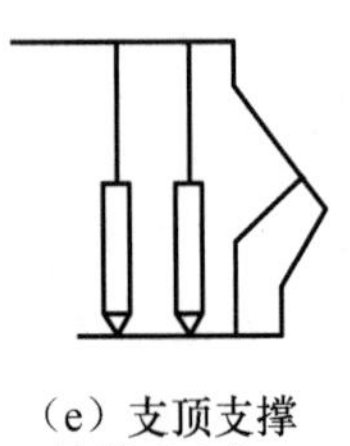
（e）支顶支撑掩护式支架

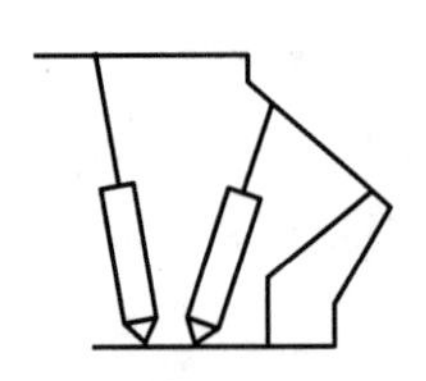
（f）支顶支掩支撑掩护式支架

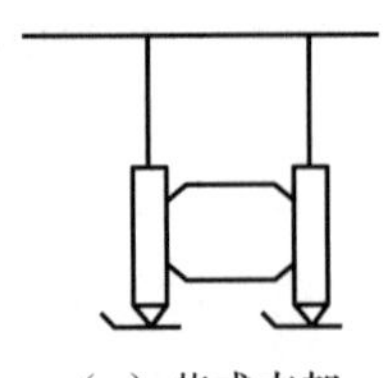
（g）节式支架

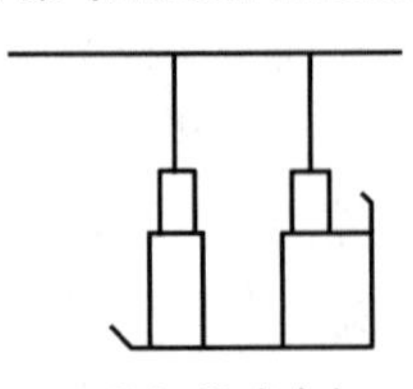
（h）垛式支架

图3.1　液压支架的分类

2. 液压支架的型号编制

液压支架型号主要由产品类型代号、第一特征代号和主参数代号组成。如果仍难以区分，则逐一增加第二特征代号、补充特征代号、设计修改序号。

型号标注方法：①②③④⑤⑥。符号含义如下：①为产品类型代号；②为第一特征代号（用于一般工作面支架时，表明支架的架型结构，用于特殊用途支架时，表明支架的特殊用途，使用方法见表 3-1）；③为第二特征代号（用于一般工作面支架时，表明支架的主要结构点，用于特殊用途支架时，表明支架的结构特点或用途，使用方法见表 3-2）；④为主参数［依次用支架工作阻力（立柱工作阻力总值）、支架的最小高度和最大高度三个参数表明，参数与参数之间用“/”隔开，参数量纲分别为 kN 和 dm，高度值出现小数时，最大高度舍去小数，最小高度四舍五入］；⑤为补充特征代号；⑥为设计修改序号。

表 3-1　第一特征代号的使用方法

用　途	产品类型代号	第一特征代号	名　称
一般工作面支架	Z	Y	掩护式支架
		Z	支撑掩护式支架
		D	支撑式支架
特殊用途支架	Z	Q	大倾角支架
		F	放顶煤支架
		P	铺网支架
		C	充填支架
		G	过渡支架
		T	端头支架

表 3-2　第二特征代号的使用方法

用　途	产品类型代号	第一特征代号	第二特征代号	注　解
一般工作面支架	Z	Y	Y	支掩掩护式支架
			省略	支顶掩护式支架。平衡千斤顶设在顶梁与掩护梁之间
			Q	支顶掩护式支架。平衡千斤顶设在底座与掩护梁之间
		Z	省略	四柱支顶支撑掩护式支架
			Y	二柱支顶二柱支撑支撑掩护式支架
			X	立柱“X”型布置的支撑掩护式支架
		D	省略	垛式支架
			B	稳定机构为摆杆的支撑式支架
			J	节式支架

续表

用　途	产品类型代号	第一特征代号	第二特征代号	注　解
特殊用途支架	Z	F	D	单运输机高位放顶煤支架
			Z	中位放煤
			省略	低位放煤
			G	放顶煤过渡支架
			T	放顶煤端头支架
		P	省略	支撑掩护式铺网支架
			Y	掩护式铺网支架
			G	铺网过渡支架
			T	铺网端头支架
		G	省略	支撑掩护式过渡支架
			Y	掩护式过渡支架
		T	省略	偏置式端头支架
			Z	中置式端头支架
			H	后置式端头支架
		Q	省略	支撑掩护式大倾角支架
			Y	掩护式大倾角支架

如果用产品类型代号、第一特征代号、第二特征代号、主参数代号仍难以区分或需强调某些特征，则用补充特征代号。补充特征代号可根据需要设置 1 ～ 2 个，力求简明。补充特征代号用来进一步根据结构特点、主要部件的结构特点或者控制方式区分支架。

对于中心距为 1.5m 的工作面支架，短推杆推移装置、配套采煤机截深（为 0.6m）、一般活动侧护板（直角单双侧、折页式）、本架或邻架控制均不加标注。对于特殊用途铺网支架中的后铺网方式、铺窄网、手工联网，摆杆机构或四连杆机构放顶煤支架中的小尾梁放煤机构，反四连杆机构放顶煤支架中的大尾梁，放顶煤过渡支架后部带连接板，端部支架偏置二列式等，均不加标注，而标注不同的结构或方式。

补充特征代号见表 3-3。

表 3-3　补充特征代号

补充特征代号	说　明
R	用于支撑掩护式支架表示插腿式
C	用于工作面支架表示长框架推移装置
L	整体顶梁

续表

补充特征代号	说 明
G	固定侧护板
F	用于工作面支架表示底分式刚性底座或分式铰接底座，用于放顶煤过渡支架或端头支架表示具有放煤功能
K	中心距为 1.75m 的宽型支架
T	抬底座装置
D	用于一般工作面支架表示是电液控制系统
H	反四连杆机构
B	摆杆机构
W	用于放顶煤支架表示大尾梁形式，用于铺网支架表示铺设宽网
Q	架前铺网
J	机械化联网
X	用于工作面支架表示楔形顶梁，用于放顶煤过渡支架表示悬臂式
Z	中心距为 1.2m 的窄型支架
S	用于各种工作面放顶煤支架表示四连杆机构，用于端头支架表示三列式
Y	两柱放顶煤支架
M	配套采煤机截深≥ 800mm

产品型号中的产品类型代号、特征代号及补充特征代号用汉语拼音的大写字母表示，但不能用大写字母 I、O。设计修改序号使用加括号的大写汉语拼音字母（A）、（B）等依次表示。产品型号中的数字、字母要与产品名称的汉字字号相仿，不得用角标和脚注。例如：ZZ5600/17/35 表示支撑掩护式支架，其工作阻力为 5600kN，最小高度为 17dm，最大高度为 35dm。

3.3 液压支架的组成与工作原理

3.3.1 液压支架的组成

液压支架以高压乳化液为动力，一般由承载结构件、执行元件、控制元件和辅助装置组成。

1. 承载结构件

承载结构件包括顶梁、底座、掩护梁和连杆等。

（1）顶梁：直接与顶板接触，传递支撑力并起护顶作用。

（2）底座：直接与底板接触，传递支撑力并用于支托立柱和其他部件。液压支架通过底座与推移装置相连，实现自身前移和推动刮板输送机前移。

（3）掩护梁：连接顶梁与底座（或连杆），承受支架水平力和垮落顶板岩石压力，防止采空区冒落矸石进入支架。掩护梁是掩护式支架和支撑掩护式支架的特征结构部件。

（4）连杆：掩护式支架和支撑掩护式支架的特征结构部件。前、后连杆与掩护梁、底座铰接成四连杆机构，既可承受顶板水平力，使立柱无需复位装置，又可在支架升降时使顶梁前端沿双纽线移动。

2. 执行元件

执行元件有立柱和千斤顶。

（1）立柱：支撑在底座与顶梁或掩护梁之间，调节支架高度并承载液压缸。

（2）千斤顶：液压支架上除立柱外的具有推移、护帮和调架等功能的其他液压缸，主要有前梁千斤顶、推移千斤顶、侧推千斤顶、平衡千斤顶、护帮千斤顶、复位千斤顶、防倒防滑千斤顶和调架千斤顶等。

3. 控制元件

控制元件有安全阀、液控单向阀、操纵阀、截止阀等。

（1）安全阀：液压支架控制系统中限定液体压力的液压元件。当立柱和千斤顶工作腔内的液体压力在外载作用下超过安全阀的调定压力时，安全阀开启，达到卸压目的；当工作腔内的压力低于调定压力时，安全阀自动关闭，使立柱和千斤顶保持恒定的工作阻力，避免其过载损坏。

（2）液控单向阀：控制释放立柱或千斤顶工作腔内的液体，使立柱或千斤顶获得额定工作阻力的液压元件。

（3）操纵阀：在液压支架控制系统中，使液压缸换向，液压支架实现升降和推移等动作的换向阀。

（4）截止阀：在液压支架控制系统中，用于截断供液的液压元件。

4. 辅助装置

辅助装置包括推移装置、挡矸装置、复位装置、护帮装置、防倒防滑装置、侧护装置、梁端支护装置等。

（1）推移装置：推移支架和刮板输送机的装置。

（2）挡矸装置：防止矸石从采空区涌入工作面的装置。

（3）复位装置：保证支撑式支架立柱在垂直顶板的位置，使支架结构稳定的装置。

（4）护帮装置：在支架前方顶住煤壁，防止煤壁片帮或在煤壁片帮时起遮蔽作用的装置。

（5）防倒防滑装置：防止支架倾倒和支架移动时下滑的装置。

（6）侧护装置：位于顶梁、掩护梁或连杆侧面，起挡矸和防倒调架等作用的装置。

（7）梁端支护装置：及时支护顶板的装置，多用伸缩前梁的方式实现。

3.3.2 液压支架的工作原理

根据采煤工艺的要求，液压支架不仅应有效地支撑顶板，而且应随着采煤工作面的推进向前移动，要求液压支架实现升降和推移两个动作。升降和推移是利用乳化液泵提供的高压液体，通过控制不同功能的液压缸完成的。每个液压支架的液压管路都与工作面主管路并联，形成独立的液压系统，其中液控单向阀和安全阀安装在本架内；操纵阀可安装在本架或邻架内，前者由本架操作，后者由邻架操作。液压支架的工作原理如图3.2所示。

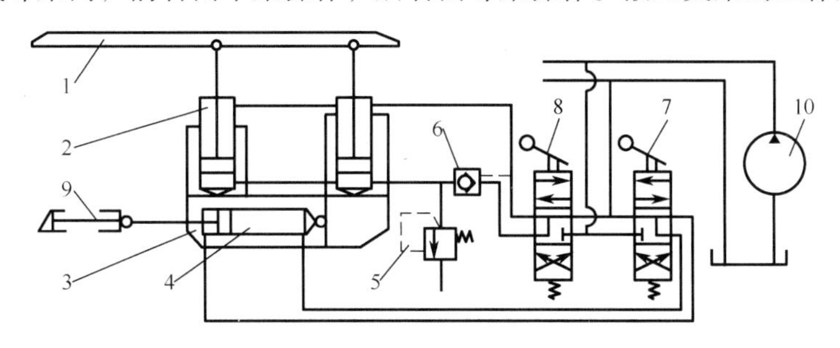

1—顶梁；2—立柱；3—底座；4—推移千斤顶；5—安全阀；6—液控单向阀；7，8—操纵阀；9—刮板输送机；10—乳化液泵

图3.2 液压支架的工作原理

1. 液压支架升降

液压支架升降依靠立柱伸缩实现，其工作过程如下。

（1）初撑。在初撑阶段，操纵阀8处于升柱位置，由乳化液泵10输送来的高压液体经液控单向阀6进入立柱下腔，同时立柱上腔排液，立柱2和顶梁1升起，支撑顶板。顶梁接触顶板，立柱下腔的压力达到泵站的工作压力后，操纵阀8置于中位，液控单向阀关闭，立柱下腔的液体被封闭。

（2）承载。液压支架达到初撑力后，顶板随着时间的推移缓慢下沉，顶板作用于支架的压力不断增大，封闭在立柱下腔的液体的压力也相应增大，呈现增阻状态，持续到立柱下腔压力达到安全阀5的动作压力为止，该阶段称为增阻阶段。

安全阀动作后，立柱下腔的液体经安全阀溢出，压力减小，当压力小于安全阀关闭压力时，安全阀重新关闭，停止溢流，液压支架恢复正常工作状态，并因安全阀卸载而下降，不会被顶板压坏。随着顶板下沉的持续作用，立柱下腔的压力随安全阀的动作压力上下波动，可近似为一个常数，称该阶段为恒阻阶段。

当工作面上某些液压支架达到工作阻力而下降时（因为顶板压力作用不均匀，所以工作面上的液压支架不会同时达到工作阻力），相邻的未达到工作阻力的液压支架成为顶板压力的主要作用对象，这种液压支架相互分摊顶板压力的性质称为液压支架的让压性，让压性可使液压支架均匀受力。

（3）卸载。当操纵阀8处于降架位置时，高压液体进入立柱上腔，同时打开液控单向阀，立柱下腔排液，液压支架下降。

液压支架的工作特性曲线如图3.3所示，其中t_0为初撑阶段，t_1为增阻阶段，t_2为恒阻阶段，t_3为卸载阶段。

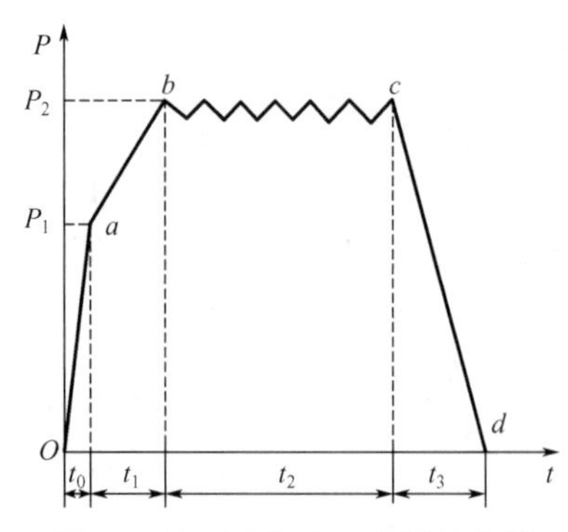

图3.3 液压支架的工作特性曲线

2. 液压支架推移

液压支架推移包括移架和推移刮板输送机。液压支架的类型不同，移架和推溜的方式不同，但基本原理相同，都是通过推移液压缸的推、拉实现的。图 3.2 所示为液压支架与刮板输送机互为支点的推移方式，移架和推溜共用一个推移液压缸，其两端分别与支架底座和刮板输送机连接。

（1）移架。液压支架下降后，将操纵阀 7 放到移架位置，乳化液泵输送的高压液体经操纵阀 7 进入推移液压缸的活塞杆腔，活塞腔回液。此时，活塞杆受刮板输送机的制约而不能移动，推移液压缸缸体带动支架向前移动，实现移架。液压支架移动到预定位置后，将操纵阀 7 的手把放回零位。

（2）推移刮板输送机。液压支架支撑顶板后，将操纵阀 7 放到推溜位置，高压液体进入推移液压缸活塞腔，活塞杆腔回液，因为缸体与支架连接而不能移动，所以活塞杆在液压力的作用下伸出，推动刮板输送机向煤壁移动，移动到预定位置后，将操纵阀 7 的手把放回零位。

采煤机采煤后，如果液压支架按照降架—移架—升架—推溜的顺序动作，则称为及时支护，适用于各种顶板条件，是应用较广泛的支护方式。如果液压支架按照推溜—降架—移架—升架的顺序动作，则称为滞后支护，适用于稳定、完整的顶板条件。如果液压支架按照伸出伸缩梁—推溜—降架—移架（同时缩回伸缩梁）—升架的顺序动作，则称为复合支护，适用于各种顶板条件，但液压支架操作次数增加，不能满足高产高效要求。

3.4 一般型液压支架

3.4.1 支撑式液压支架

1. 支撑式液压支架的特点

因为节式支架基本停用，所以仅介绍垛式支架，其特点如下。

（1）立柱支撑力的合力作用点距煤壁较远。立柱直立支撑，支撑效率高，切顶能力强。

（2）采用宽面刚性顶梁。

（3）支架的通风断面面积大。

（4）对底板的比压分布较均匀且比压较小。

（5）顶梁长，控顶距大，反复支撑次数多，支撑力较小，对端面顶板的支护不利。

（6）立柱被座箱中的复位橡胶及复位千斤顶扶持，中部承受侧向力，易使立柱弯曲变形。

（7）相邻支架顶梁之间有 0.2 ～ 0.3m 的空隙没有支护，易造成漏矸，导致砸坏设备和行人。

（8）对采空区的挡矸能力差。

ZD4800/17/22 型支撑式液压支架的结构如图 3.4 所示。

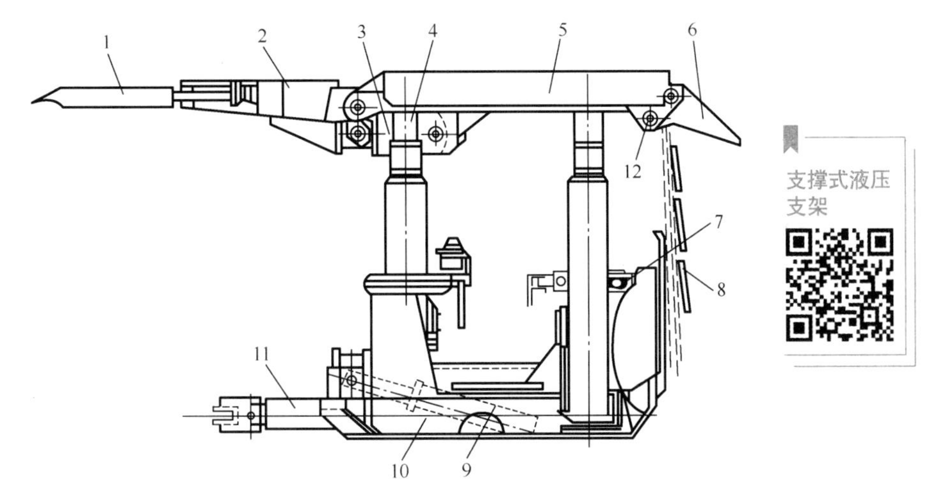

1—加长梁；2—前梁；3—前梁千斤顶；4—立柱；5—主梁；6—尾梁；7—复位橡胶；8—挡矸帘；9—推移千斤顶；10—底座；11—推移框架；12—保险销

图3.4　ZD4800/17/22型支撑式液压支架的结构

支撑式液压支架

2. 支撑式液压支架的适用条件

（1）倾角小于 10° 的缓倾斜工作面。

（2）使用高度小于 2.5m。

（3）Ⅰ～Ⅳ级基本顶、3 ～ 4 类直接顶。

（4）可用于高瓦斯工作面。

3.4.2　掩护式液压支架

1. 掩护式液压支架的特点

图 3.5 所示为 ZY2000/14/31 型掩护式液压支架的结构。

掩护式液压支架具有以下特点。

（1）采用四连杆机构。顶梁近似垂直升降，梁端距变化小，支架能承受水平力作用。

（2）立柱向前倾斜支撑，能有效支撑煤壁前方顶板。

（3）设有活动侧护板，挡矸能力强，有利于支架防倒和调架。

（4）调高范围比较大。支架通风面积小，人行空间比较小。

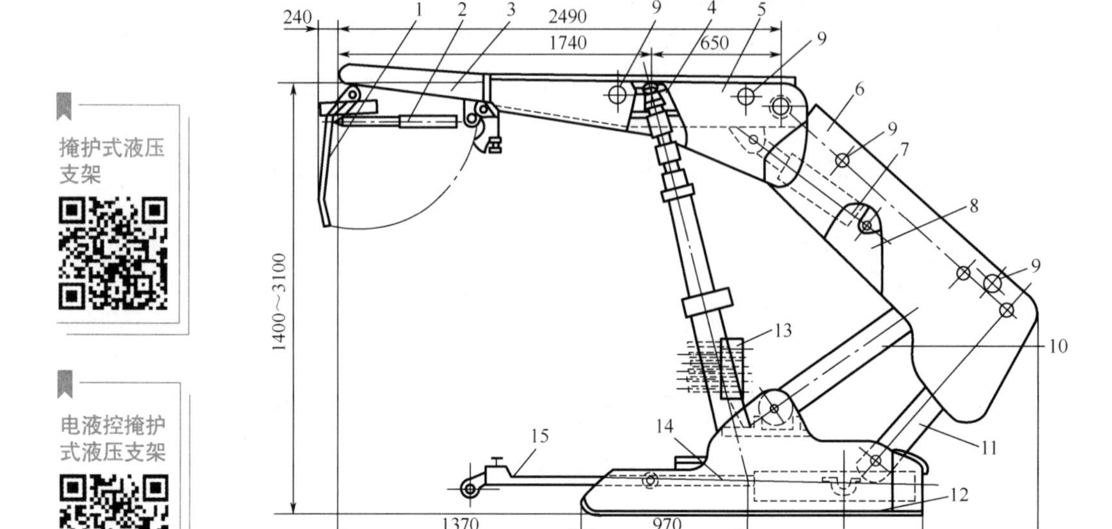

掩护式液压支架

电液控掩护式液压支架

1—护帮装置；2—护帮千斤顶；3—顶梁；4—立柱；5—顶梁侧护板；6—掩护梁；7—平衡千斤顶；8—掩护梁侧护板；9—侧推千斤顶；10—前连杆；11—后连杆；12—底座；13—操纵阀；14—推移千斤顶；15—短框架

图3.5　ZY2000/14/31型掩护式液压支架的结构

2. 支掩掩护式液压支架的结构特点

支掩掩护式液压支架除具有掩护式液压支架的共有特点外，还有如下特点。

（1）立柱支撑在掩护梁上，支撑力通过掩护梁前端的铰接轴传递给顶梁。支撑合力作用点离煤壁较近。

（2）顶梁短，为保证对顶板的支护效果，以顶梁和掩护梁铰接点为界，顶梁前后的长度比近似为 2∶1。

（3）顶梁和掩护梁铰接点离煤壁较近，为减小底座前端对底板的比压，采用插腿式结构。

（4）支架的支撑效率较低（0.6 ～ 0.75）。

（5）顶梁后端的下部与掩护梁前端的上部构成“三角带”，容易卡进矸石而影响顶梁上下摆动，可以采取顶梁后端挂挡板的措施。

3. 支顶掩护式液压支架的结构特点

支顶掩护式液压支架除具有掩护式液压支架的共有特点外，还有如下特点。

（1）两根立柱向前倾斜支撑于顶梁，支撑合力作用点离煤壁较近。

（2）在顶梁和掩护梁之间设有平衡千斤顶。

（3）一般顶梁较长，可提供较大工作空间。
（4）支架的支撑力效率较高（0.7 ～ 0.85）。
（5）采用双伸缩立柱，支架调高比可达到3。

4. 支掩掩护式液压支架的适用条件

（1）支掩掩护式液压支架主要适用于带调节千斤顶、Ⅰ级基本顶、1类直接顶及松软底板（1、2类）条件，是“二软”（软顶、软底）或“三软”（软顶、软煤、软底）工作面的首选支架。
（2）工作面倾角为0°～ 15°，如加防倒防滑装置，则可用于倾角小于20°的工作面。
（3）采高为2 ～ 4.5m。
（4）通风断面面积较小，适用于低瓦斯工作面。

5. 支顶掩护式液压支架的适用条件

（1）工作阻力小于3500kN的支架主要用于Ⅰ、Ⅱ级基本顶，一般用于不稳定顶板和中等稳定顶板；工作阻力大于4500kN、平衡千斤顶作用力大的支架可用于Ⅱ、Ⅲ级基本顶及3类直接顶。
（2）工作面倾角为0°～ 15°，如加防倒防滑装置，则可用于倾角小于35°的工作面。
（3）采高为0.8 ～ 4.5m。
（4）适用于中瓦斯工作面和低瓦斯工作面。

3.4.3 支撑掩护式液压支架

1. 支撑掩护式液压支架的特点

图3.6所示为ZZ4000/17/35型支撑掩护式液压支架的结构。

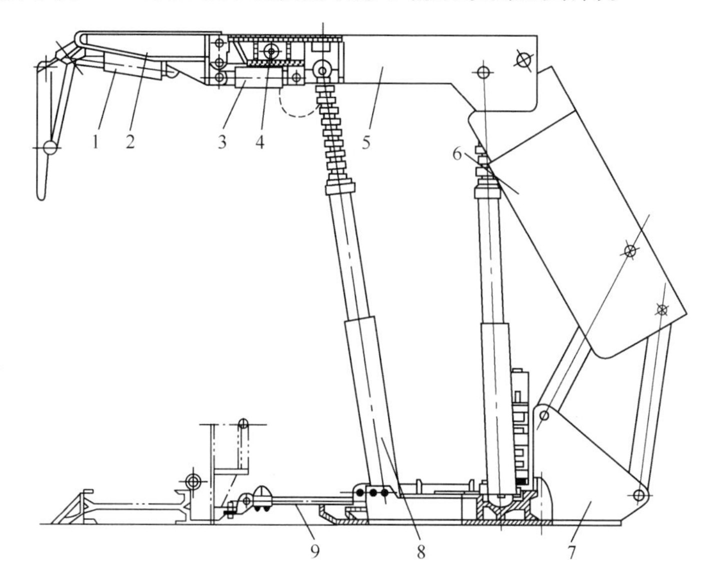

1—护帮千斤顶；2—前梁；3—前梁千斤顶；4—侧护千斤顶；5—顶梁；6—掩护梁；7—底座；8—立柱；9—推移千斤顶

图3.6 ZZ4000/17/35型支撑掩护式液压支架的结构

支撑掩护式液压支架具有以下特点。

（1）顶梁较长，一般为前后分段式宽面铰接结构。

（2）采用四连杆机构。

（3）前后两排立柱支撑，支撑合力作用点离煤壁较远，支架的支撑力大，切顶能力强。

（4）底板比压分布均匀。

（5）在顶梁、掩护梁、后连杆都设有活动侧护板，对顶板和采空区的挡矸能力强。

（6）支架的通风断面面积较大。

（7）支架的纵向长度大，造价比掩护式液压支架高。

2. 支撑掩护式液压支架的适用条件

（1）支顶支撑掩护式液压支架适用于Ⅱ～Ⅳ级基本顶、2～4类直接顶；支顶支掩支撑掩护式液压支架适用于Ⅱ～Ⅲ级基本顶、2～3类直接顶。

（2）工作面倾角为0°～15°，如加防倒防滑装置，则可用于倾角小于30°的工作面。

（3）适用于高瓦斯工作面。

3.5 特殊型液压支架

3.5.1 放顶煤液压支架

1. 放顶煤液压支架的分类

（1）按支架形式分类，放顶煤液压支架可分为掩护式放顶煤液压支架和支撑掩护式放顶煤液压支架，其中支撑掩护式放顶煤液压支架应用较多。

放顶煤液压支架

（2）按结构特点分类，放顶煤液压支架可分为四连杆机构放顶煤液压支架和单铰点机构放顶煤液压支架。

（3）按放煤口位置分类，放顶煤液压支架可分为开天窗式放顶煤液压支架和插板式放顶煤液压支架。开天窗式放顶煤液压支架又可分为高位放顶煤液压支架、中位放顶煤液压支架、低位放顶煤液压支架。

（4）按工作面输送机数量分类，放顶煤液压支架可分为单输送机放顶煤液压支架和双输送机放顶煤液压支架。

2. 放顶煤液压支架的特点和适应性

（1）高位放顶煤液压支架的特点和适应性。高位放顶煤液压支架的放煤口高且小，存在顶煤损失大、放煤与采煤机割煤不能平行作业、效率低等缺点，已基本被淘汰。

（2）中位放顶煤液压支架的特点和适应性。中位放顶煤液压支架配备双输送机运煤，在掩护梁上开放煤口。中位放顶煤液压支架为支撑掩护式放顶煤液压支架。在中位放顶煤液压支架中，单铰接结构的有ZFS4400/16/26型放顶煤液压支架，该支架及三机配套图如图3.7所示；四连杆结构的有ZFS4000/16/28型放顶煤液压支架。

中位放顶煤液压支架的特点如下：支架稳定性和密封性好，抗偏载和抗扭能力强，不易损坏；放煤口距煤壁较远，有助于煤壁前方顶煤维护。支架顶梁长，有利于反复支撑顶煤，提高了顶煤的可冒性；采煤和放煤分别使用两个输送机，可实现采煤和放煤平行作业；受放煤口尺寸的限制，架与架之间的三角煤放不下来，脊背损失大，同时放煤口容易被大块煤矸堵塞，放煤效率较低；后输送机安装在支架底座上，后部空间有限，大块煤难通过，并且移架阻力较大；掩护梁不能摆动，二次破煤能力差。普通的缓斜中硬厚煤层都可选用中位放顶煤液压支架，特别是在矿压显现剧烈、有悬顶危险的条件下，中位放顶煤液压支架的适应性较好。在软底条件下，由于支架底座前端比压大，因此易出现“扎底”现象，移架难。中位放顶煤液压支架逐渐被低位放顶煤液压支架取代。

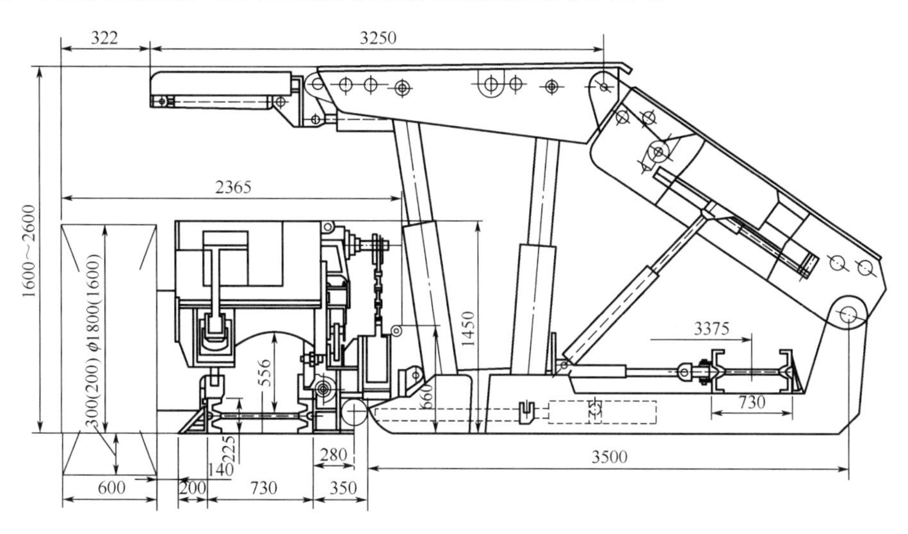

图3.7 ZFS4400/16/26型放顶煤液压支架及三机配套图

（3）低位放顶煤液压支架的特点和适应性。低位放顶煤液压支架一般为四柱支撑掩护式放顶煤液压支架，有一个可以上下摆动的尾梁（摆动幅度约为45°)，可松动顶煤，并维护落煤空间。尾梁中间有一个液压控制的插板，用来放煤和破碎大块煤，具有连续放煤口。投入使用并获得高产高效的低位放顶煤液压支架有大插板和小插板两种类型。ZFS4000/14/28B 型大插板式低位放顶煤液压支架及三机配套图如图 3.8 所示。

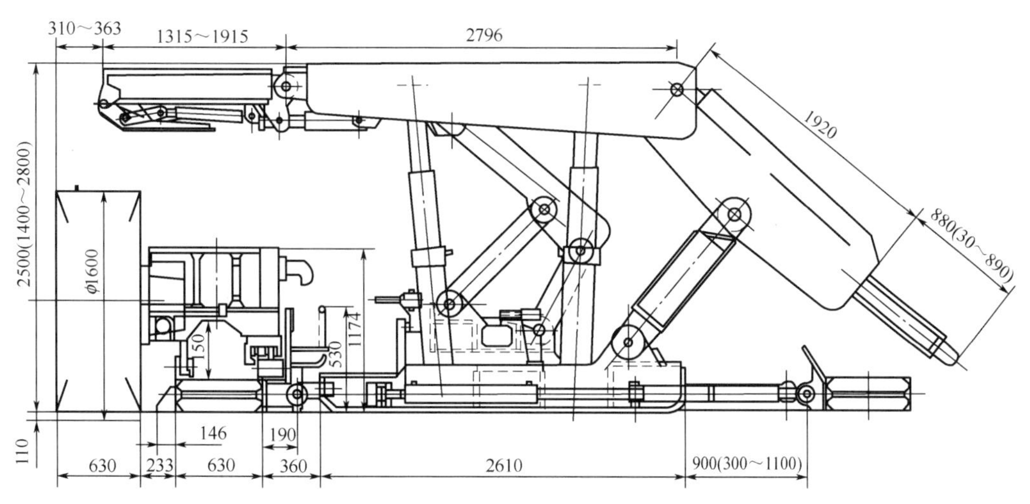

图3.8 ZFS4000/14/28B型大插板式低位放顶煤液压支架及三机配套图

还有一些具有放顶煤和铺网功能的支架，有的是用铺网支架改造的低位放顶煤液压支架。

低位放顶煤液压支架的特点如下：放煤口低且连续，放煤效果好，没有脊背损失，采出率高；与其他放顶煤液压支架相比，从煤壁到放煤口的距离最长，经过顶梁的反复支撑和在掩护梁上方的垮落，顶煤破碎较充分，对放煤极为有利；后输送机沿底板布置，容易排出浮煤，移架快，同时尾梁插板可以切断大块煤，放煤口不易堵塞；低位放煤使煤尘减少；支架抗扭和抗偏载能力较强，稳定性好；后部放煤空间大，尾梁摆动角度大，有利于顶煤冒落，放煤效率高。

低位放顶煤液压支架的适应性强，在急斜和缓斜中硬煤层、三软煤层放顶煤综采中都取得了良好效益，是我国广泛使用的放顶煤液压支架，尤其是以反向四连杆式低位大插板式放顶煤液压支架为代表的高产高效放顶煤液压支架较有发展前途。

3. 放顶煤液压支架的适用条件

（1）煤层厚度为 6 ～ 12m，或厚度变化较大、不便分层开采的煤层。

（2）周期来压不大的中等稳定顶板或不稳定顶板。

（3）煤质松软或节理发育，在矿压作用下易冒落和破碎的煤层。

（4）顶板压力不大、厚度为 5 ～ 8m、松软易破碎的煤层可选用掩护式开天窗式放顶煤液压支架。

（5）煤层厚度较大、顶板压力较大、煤质较硬、节理发育较破碎的煤层可选用支撑掩护插板式放顶煤液压支架或支撑掩护天窗插板式放顶煤液压支架。

（6）工作面倾角应小于 20°（走向开采）。

（7）煤的自然发火期应大于半年。

3.5.2 端头支架和过渡支架

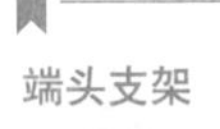

随着高产高效工作面推进速度的提高，工作面产量不断提高，与工作面排头支架和端头支护落后的矛盾越来越突出，特别是综采放顶煤成为高产高效的途径后，发展排头支架和端头支架的要求越来越迫切。近年来，排头支架和端头支架发展很迅速。排头支架和端头支架的区别在于，端头支架放置在回风和运输平巷内，特别是下运输巷的端头支架与工作面刮板输送机、运输平巷装载机的联接和移动有复杂、密切的关系。端头支架分为普通工作面端头支架和放顶煤工作面端头支架，后者更复杂，但发展更快。

1. 普通工作面端头支架

普通工作面端头支架是指与掩护式支架或支撑掩护式支架配套使用的端头支架，按与装载机的配套关系可以分为偏置式端头支架、中置式端头支架和后置式端头支架。

（1）偏置式端头支架。偏置式端头支架种类很多，但结构大同小异。SDB 型偏置式端头支架如图 3.9 所示。SDB 型偏置式端头支架由主架和副架组成，在巷道中交替迈步前移，每架都有两个设置在前底座前方的推移千斤顶，由一个推移梁连在一起，操纵台放置在前方 4m 外。装载机在推移梁与底座上方宽度为 0.94m 的槽内通过两销轴和连板与推移梁连在一起，刮板输送机机头通过机头底架和导轨与装载机连接，推移时，四个推移千斤顶同时动作，将推移梁与装载机一同推向前方；同时，装载机通过机头底架和导轨将刮板输送机机头带走，两架互为支点，迈步前移。该端头支架配备缸径分别为0.2m和0.14m的推移千斤顶，以保证在不同泵站压力下有足够的拉架力。

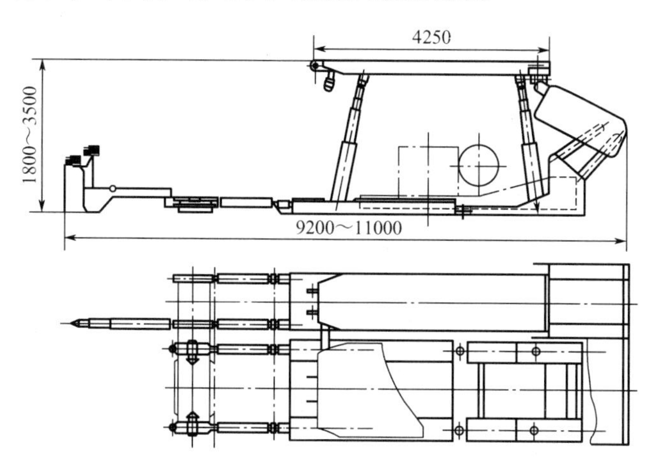

图3.9　SDB型偏置式端头支架

常用偏置式端头支架型号有ZT4420/18.5/35、ZT450/18.5/36、ZT500/18/36、ZT6216/18.5/36等。这些支架的高度为1.85～3.6m，宽度为2.45～3.29m，中心距为1.3～1.65m，初撑力为3420～6030kN，工作阻力为4180～7500kN，支护强度为0.32～0.55MPa，对底板比压为0.21～0.8MPa，质量为18.8～28t。

（2）中置式端头支架。无论是两架一组中置式端头支架还是三架一组中置式端头支架，其结构形式都是类似的，即架体左右对称，装载机在端头支架的中心线上。

ZTZ12800/16/30型中置式端头支架如图3.10所示，整个端头支架由结构对称的左、右两部分组成。

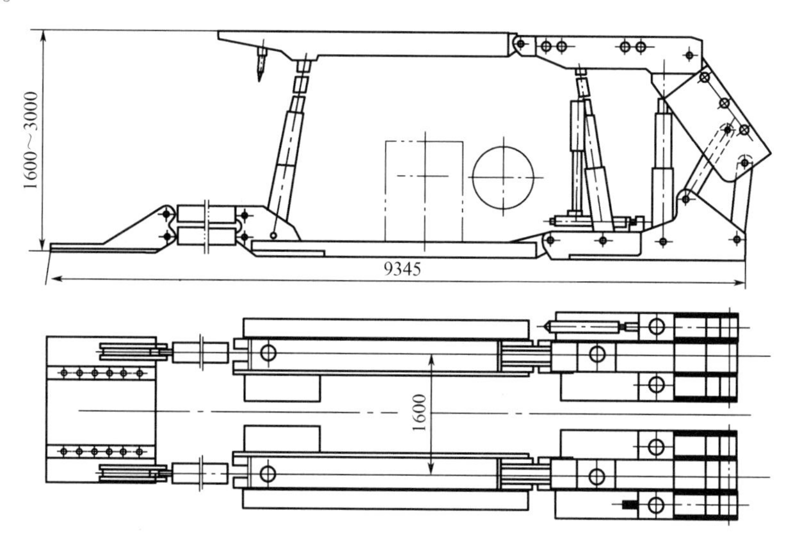

图3.10　ZTZ12800/16/30型中置式端头支架

常用中置式端头支架型号有ZTZ9800/17/35、ZTZ12800/16/30、ZTZ8000/17/35、ZTZ14000/25/47等。这些支架的高度为1.6～4.7m，宽度为2.84～3.3m，中心距为1.5～1.72m，初撑力为7100～13030kN，工作阻力为8000～14000kN，支护强度为0.53～0.66MPa，对底板比压为0.5～1.9MPa，质量为27～51t。

（3）后置式端头支架。后置式端头支架是在工作面支架的基础上，加长顶梁或前梁制成的，结构简单、使用方便，在很多矿区推广应用。ZTH4400/17/35型后置式端头支架如图3.11所示。

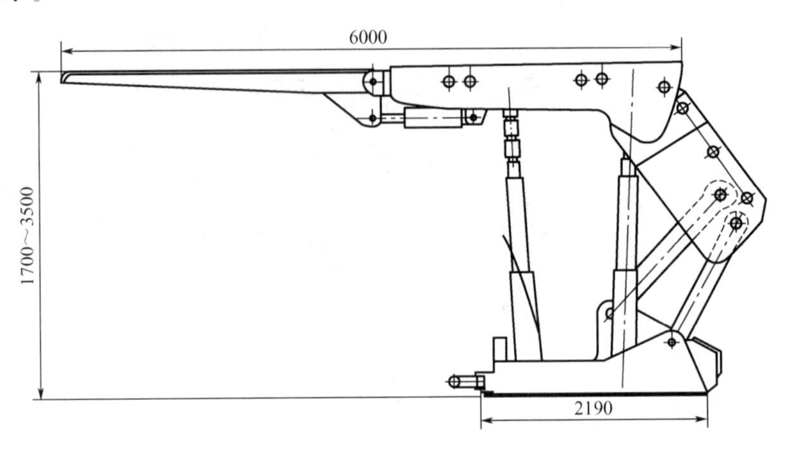

图3.11　ZTH4400/17/35型后置式端头支架

前梁是端头支架区别于工作面支架的最大特点，长度为3m的前梁和长度为3m的顶梁构成一个非常大的维护空间，梁可充分伸进巷道，不但对工作面前方压力有一定的维护作用，而且为刮板输送机机头和装载机机尾（连为一体）提供安全的工作环境。由于前梁和顶梁都较长，单靠立柱的支撑力不能使前梁产生较大的支撑力，因此在前梁设有两个柱帽，工作时，可在巷道内用单体支柱撑住前梁，前梁与顶梁用直径为0.08m的销轴铰接，通过两个缸径为0.18m的推移千斤顶支撑。其余结构件和立柱及各种千斤顶一起构成与工作面支架类似的四柱支撑掩护式液压支架。

受刮板输送机电动机及减速器的影响，后置式端头支架一般在工作面采用滞后支护方式，即先推后拉方式，当刮板输送机机头比中部槽滞后较小时，也可采用超前支护方式。

常用后置式端头支架型号有ZTH4400/17/35、ZTH6400/18.5/38、ZTH5100/15.5/32、ZTH6000/25/50等。这些支架的高度为1.55～5m，宽度为1.42～1.85m，中心距为1.5～1.95m，初撑力为3494～5048kN，工作阻力为4347～6000kN，支护强度为0.48～0.73MPa，对底板比压为0.5～3.8MPa，质量为16.5～25.3t。

2. 放顶煤工作面端头支架

我国放顶煤工作面端头大多采用单体液压支柱维护，效率较低；在放煤工艺上，为维护端头，一般上、下排头架不放煤，全工作面的煤炭采出率较低，短工作面损失更明显。采用放顶煤工作面端头支架成为解决这些问题的重要途径。

（1）偏置式放顶煤工作面端头支架。ZFT8100/20/28型偏置式放顶煤工作面端头支架如图3.12所示，其为单摆杆稳定机构（也可为四连杆机构），装载机安装在巷道的一侧，与主架中心线重合，有效利用了巷道的空间。

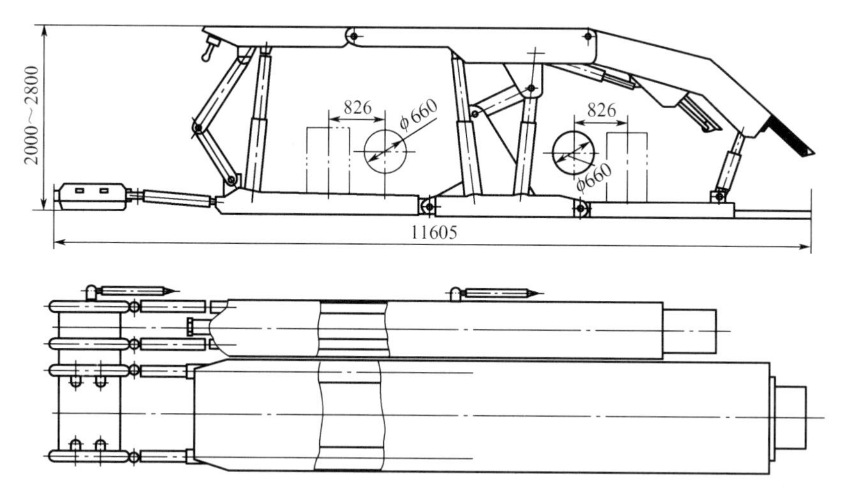

图3.12 ZFT8100/20/28型偏置式放顶煤工作面端头支架

偏置式放顶煤工作面端头支架的结构特点如下：端头支架由主架和副架两部分组成，主架安放装载机，副架辅助支撑；采用单摆杆稳定机构，结构紧凑，摆杆置于支架中间，前部维护前刮板输送机机头，后部空间放置后部刮板输送机机头，结构简单、可靠；主架和副架采用不同的尾梁支撑方式，主架采用底撑式尾梁，尾梁千斤顶支在尾梁和底座上，副架采用顶撑式尾梁，尾梁千斤顶支在尾梁和顶梁上；主架和副架均采用低位大插板式放煤机构，插板置于尾梁里，依靠插板千斤顶的伸缩实现插板放煤和维护设备；为了增强支架的切顶能力和顶梁后部支撑力，同时为了增强支架对顶板的适应性，支架的后部采用密集支撑法，后部立柱间距小，密集度大；为提高支架的横向稳定性，提高支架整体抗扭性能，除支架中部采用单摆杆稳定机构外，还在支架前端设置了二连杆机构。

常用偏置式放顶煤工作面端头支架型号有ZFT8100/20/28、ZFT11500/22/32、ZFT9350/16/26等。这些支架的高度为1.6～3.2m，宽度为2.61～4.04m，初撑力为5679～9588kN，工作阻力为8100～11500kN，支护强度为0.36～0.55MPa，对底板比压为0.47～0.99MPa，质量为38.5～59t。

（2）中置式放顶煤工作面端头支架。中置式放顶煤工作面端头支架可分为二架一组和三架一组两种类型。二架一组式端头支架由结构完全对称的左、右架组成，装载机置于两架中心线上。三架一组式端头支架由一个主架和左、右结构相同的两个副架组成，主架底座上有一个放置装载机的槽，装载机中心线与主架中心线重合。从推移方式看，二架一组式端头支架的左、右架互为支点、交替迈步，推移梁受力不对称；三架一组式端头支架能克服这个缺点，主架以左、右两个副架为支点，两个副架同时以主架为支点，推移梁受力对称，移架顺利。

ZFTZ19200/19/30S型中置式放顶煤工作面端头支架如图3.13所示。其结构特点如下：端头支架为三架一组中置式放顶煤工作面端头支架，装载机在主架底座槽内滑动，工作面上的两个刮板输送机的机头在前、后两个纵向空间内移动；前、后刮板输送机机头所在的端头纵向空间较大，可满足一次移两个步距的要求，推移千斤顶的行程也较大，一次可移两个步距；每个副架与主架之间均设置两套调架机构，分别调整前梁和后梁，调架千斤顶行程满足主架（或副架）降低0.2m并移两个步距的调架要求；由于支架顶梁较长（9.3m），因此支架的稳定机构设置在两端，后端设置四连杆机构，顶梁前端增设一个二连杆机构，增强了支架的抗扭能力和稳定性；为了方便支架下井运输及安装，支架的顶梁、底座采用分段式箱形断面梁，结构简单、可靠；在主架掩护梁尾部设置后护板，既可保护装载机机尾，又可将后护板上的煤放到装载机机尾上；支架的三组操纵阀既可安装在左副架顶梁上，又可安装在右副架顶梁上，可根据实际情况调换；掩护梁两侧设有固定侧护板，在侧护板边缘设有一排孔，可根据实际需要挂胶带或网以阻止矸石内窜；为防止发生意外，在靠下帮的副架顶梁侧面装有两个只能往外翻转的侧挡板。

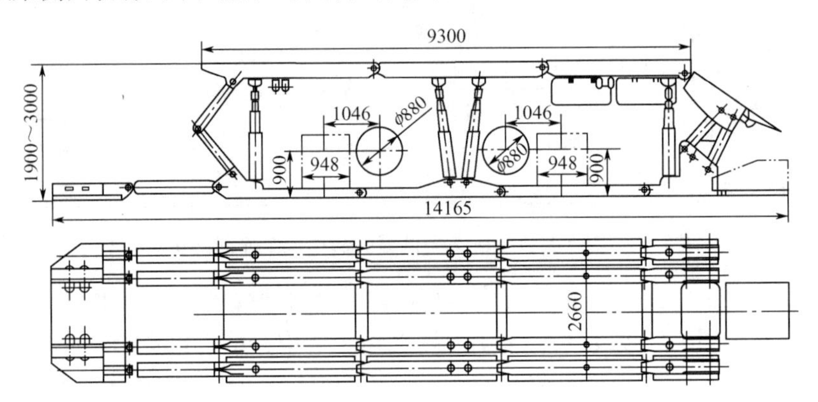

图3.13　ZFTZ19200/19/30S型中置式放顶煤工作面端头支架

常用中置式放顶煤工作面端头支架型号有ZFTZ6400/17/30、ZFTZ5440/17/27、ZFTZ8000/17/30等。这些支架的高度为1.7 ～ 3m，宽度为2 ～ 2.7m，初撑力为4830 ～ 6390kN，工作阻力为5230 ～ 19200kN，支护强度为0.25 ～ 0.76MPa，对底板比压为0.3 ～ 0.8MPa，质量为23.91 ～ 53.69t。

3. 放顶煤过渡支架

用于综采放顶煤工作面机头和机尾，介于端头支架（或巷道支架）和工作面放顶煤支架间的液压支架称为放顶煤过渡支架。其主要作用如下：为前、后刮板输送机机头（尾）的安装、工作及行人提供安全空间；回收工作面两端部顶煤；工作面两端部锚固定位；为解决工作面支架向两端部过渡问题而配用端头支架时，将端头支架与工作面支架连接起来。

（1）放顶煤过渡支架的特点。工作面两端部是进出工作面的必经之路，所需支护面积较大，要求支架具有较强的支护能力和较高的可靠性。沿空掘巷时，支架的支护能力应增强；工作面两端部设备多、体积大、空间紧张，要求尽量压缩支架立柱及稳定机构等占用的空间，增大前、后刮板输送机机头（尾）的安装空间及工作空间；放顶煤过渡支架工作时，一般尾梁在较高位置（与水平线夹角较小），垮落的顶煤作用在尾梁上，对支架形成较大的附加外载，并增大了移架阻力。因此，确定支架的工作阻力及移架力时，应充分考虑尾梁附加外载的影响；由于前、后刮板输送机机头（尾）较重，支架顶梁因受结构的限制而较长，底座较短，因此底座前端的底板比压较大，要求支架具有可靠的推移机构及足够的推移力；通常放顶煤过渡支架的工作顺序为先推移刮板输送机再移架，即采用滞后支护方式。

（2）放顶煤过渡支架的类型及放煤机构。根据支架稳定机构的形式，放顶煤过渡支架可分为反四连杆式和单摆杆式两种。根据尾梁支撑形式，放顶煤过渡支架可分为悬伸尾梁式、两级悬伸尾梁式、托梁式、辅助支撑式四种。根据支架放煤口及放煤机构的形式，放顶煤过渡支架可分为天窗式和插板式两种。组合后，使用较多的有反四连杆辅助支撑天窗式放顶煤过渡支架、反四连杆托梁天窗式放顶煤过渡支架、反四连杆悬伸尾梁插板式放顶煤过渡支架、反四连杆两级悬伸尾梁插板式放顶煤过渡支架、单摆杆悬伸尾梁插板式放顶煤过渡支架。应根据工作面支架结构形式、工作阻力、调高范围、顶煤破碎程度及压力等，选择放顶煤过渡支架。通常为便于设备配套及生产管理，放顶煤过渡支架类型及放煤机构应尽量与工作面支架类型及放煤机构类似。

当与中位放顶煤支架配套且顶煤破碎、顶板（煤）压力不大时，可选用反四连杆辅助支撑天窗式放顶煤过渡支架；当顶板（煤）压力较大时，可选用反四连杆托梁天窗式放顶煤过渡支架。当与低位放顶煤支架配套时，可选用反四连杆辅助支撑天窗式放顶煤过渡支架或反四连杆托梁天窗式放顶煤过渡支架。当与单摆杆放顶煤支架配套且顶板（煤）压力不大、要求调高范围较小时，可选用单摆杆悬伸尾梁插板式放顶煤过渡支架。

（3）主要架型的结构特点。反四连杆辅助支撑天窗式放顶煤过渡支架如图 3.14 所示。

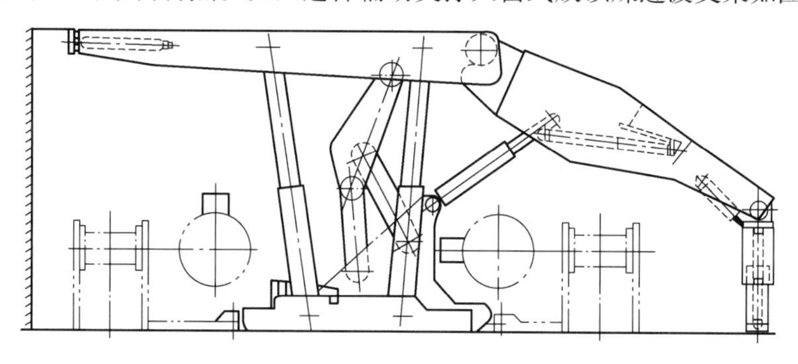

图3.14 反四连杆辅助支撑天窗式放顶煤过渡支架

反四连杆辅助支撑天窗式放顶煤过渡支架的结构特点如下：四根立柱支撑顶梁，支架的支撑能力强；为增大支架尾部空间，尽量压缩立柱及稳定机构的空间，用窄形反四连杆结构；用两个尾梁千斤顶支撑尾梁。为提高尾部空间维护能力，支架后部采用伸缩式后梁辅助支撑，当底板不平时适应性较强，并可根据需要调整尾梁角度，但尾梁承载能力较弱，后部压力大时易被压死，伸缩式后梁易钻底，增大了移架难度；用两个斜拉千斤顶控制伸缩后梁位置，斜拉千斤顶占用部分尾部空间，并且伸缩后梁位置控制较困难，后输送机可直接布置在底板上，减少了挂、卡现象；结构较复杂，增大了操作难度和故障率；由于采用天窗放煤方式，放煤口小，遇到大块煤时，易堵死放煤口，并且脊背损失及步距损失较大；体积较大，整体运输困难。

反四连杆托梁天窗式放顶煤过渡支架的立柱布置方式及稳定机构形式与反四连杆辅助支撑天窗式放顶煤过渡支架基本相同，特点如下：直接利用铰接后梁支撑尾梁，底托梁与后梁及底座分别铰接，提高了支架的整体稳定性；由于没有尾梁千斤顶及斜拉千斤顶，因此支架尾部空间较大；后梁直接支撑尾梁，提高了尾梁的承载能力，尾部空间稳定、可靠；由于使用托梁结构，支架对底板不平的适应性较差，且需要较大的移架力；后输送机需布置在底托梁上，平整的底托梁可减小后输送机的移动阻力；底托梁不利于支架向后排煤（矸），煤（矸）堆积会影响支架移动；由于后输送机需放在托梁上，因此增大了工作面配套难度；结构简单、稳定、可靠，操作方便；由于采用天窗放煤方式，因此存在放煤口小、大块煤易堵死放煤口、脊背损失及步距损失较大的问题；体积大，整体运输困难。

反四连杆悬伸尾梁插板式放顶煤过渡支架如图 3.15 所示，其立柱布置方式及稳定机构形式与反四连杆辅助支撑天窗式放顶煤过渡支架基本相同。

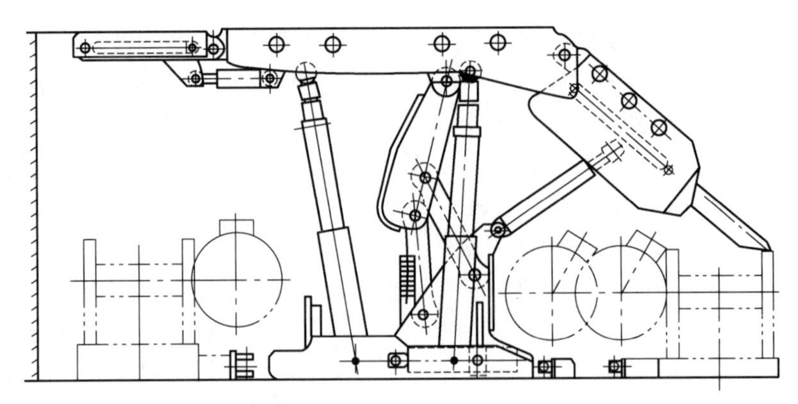

图3.15　反四连杆悬伸尾梁插板式放顶煤过渡支架

反四连杆悬伸尾梁插板式放顶煤过渡支架的结构特点如下：顶梁由两个大缸径千斤顶支撑，尾梁摆动灵活，位置调节性好，具有较好的二次破煤能力，放煤效率提高；采用插板式放煤机构，放煤口大而不易堵死，不存在脊背损失，工作面采出率高；由于没有托梁及后梁，因此移架阻力小，后部不卡煤；后输送机直接布置在底座上，配套简单，与支架不存在挂、卡问题；工作面不使用端头支架时，尾梁及插板基本挑平，有利于装载机机尾工作空间的维护；支架运输长度较小；受结构的限制，插板伸出后，承载能力略差；后输送机机头（尾）采空区侧没有掩护装置，检修和更换困难；结构简单，操作方便，适合与低位插板式放顶煤过渡支架配套使用。

反四连杆两级悬伸尾梁插板式放顶煤过渡支架的结构形式与反四连杆悬伸尾梁插板式放顶煤过渡支架基本相同，只是将整体尾梁改为由两个千斤顶控制的两级铰接尾梁。其结构特点如下：由于小尾梁摆动范围较大，因此放煤方式更灵活，放煤口位置可调范围更大；小尾梁有较强的摆动能力，能有效提高放煤速度；当支架后部压力大时，小尾梁可向下较大范围摆动，使压力迅速释放；大尾梁支撑能力强，能可靠地维护支架后部空间；结构复杂，适合与低位插板式放顶煤过渡支架配套使用。

单摆杆悬伸尾梁插板式放顶煤过渡支架如图 3.16 所示。

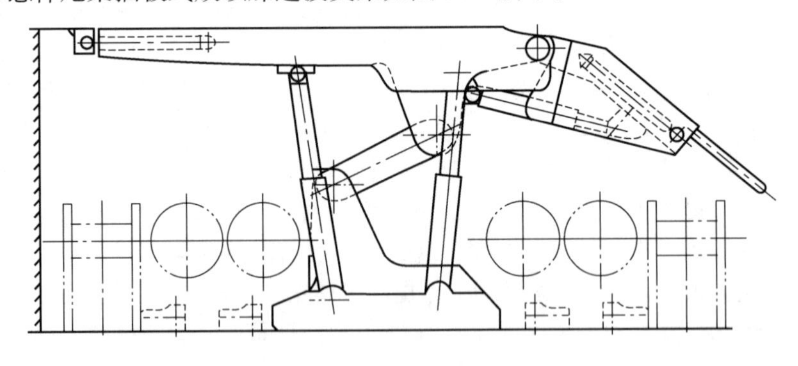

图3.16　单摆杆悬伸尾梁插板式放顶煤过渡支架

单摆杆悬伸尾梁插板式放顶煤过渡支架的结构特点如下：与反四连杆悬伸尾梁插板式放顶煤过渡支架相比，结构简单，质量轻，易生产，运输和安装方便；受单摆杆的限制，支架调高范围较小，且工作阻力不宜太大；适合与轻型单摆杆放顶煤过渡支架配套使用。

部分液压支架的技术特征见表 3-4。

表 3-4 部分液压支架的技术特征

型号		高度/m	宽度/m	初撑力/kN	工作阻力/kN	支护强度/MPa	对地比压/MPa	适应坡度/(°)	质量/t
支撑式支架	ZD1600/7/13.2（HB_4–160）	0.7～1.32	0.9	570	1600	0.372	1.2	<10	2.40
	ZD2400/13/22.4（BZZC）	1.3～2.245	1.5	616	2400	0.5217	2.03	<10	4.18
	ZD4800/21.5/32（TZ Ⅲ B）	1.85～2.9（2.15～3.2）	1.5	1888	4800	0.72	2.55	<10	8.39
掩护式支架	ZY2000/06/15（BY200–06/15）	0.6～1.5	1.42～1.59	1088～1343	1344～1656	0.283～0.345	0.88～1.1	<15	5.2
	ZY2200/06/17L（YZL2200–06/17）	0.6～1.7	1.5	1291～1836	1510～2148	0.305～0.43	<2.7	≤15	5.98
	ZYQ2000/10/26（QY200–10/26）	1.0～2.6	1.42～1.59	956～1221	1493～1967	0.37～0.45	1.51～1.68	<15	5.19
	ZY3200/13/32（QY320–13/32）	1.3～3.2	1.43～1.6	2098～2187	2815～2942	0.57～0.59	2.51	≤35	8.7
	ZY2000/14/31（QY200–14/31）	1.4～3.1	1.5	1118～1245	1664～1844	0.41～0.46	1.15～1.65	<15	4.5
	ZY3200/17/35（BY_{3A}320–17/35）	1.7～3.5	1.4～1.6	2410	3010	0.59～0.65	1.24～1.36	≤25	11.09

续表

型号		高度/m	宽度/m	初撑力/kN	工作阻力/kN	支护强度/MPa	对地比压/MPa	适应坡度/(°)	质量/t
掩护式支架	ZYJ3200/14/32	1.4～3.2		2600	3240	0.56～0.63	1.4～2.2	35～55	
	ZY3200/20/38(QY320–20/38)	2.0～3.8	1.48～1.8	2650	3200	0.67	1.34～2.3	≤35	9.1
	ZY3200/23/45(D)(BYD320–23/45)	2.3～4.5	1.43～1.6	2617	3200	0.56	1.29	<25	16.98
	ZY3600/25/50(BY3600–25/50)	2.5～5.0	1.43～1.6	3092	3600	0.61	1.31～2.35	<25	19.76
	ZYY6400/24/47	2.4～4.7	1.43～1.59	5680	6400	0.9	1.37	<20	23.12
支撑掩护式支架	ZZ2800/07/18(KX280–07/18)	0.7～1.8	1.4～1.6	2000～2148	2177～2779	0.45～0.57	1.58	≤25	6.676
	ZZ3000/12/28	1.2～2.8	1.42～1.59	2525	3000	0.65	1.22	≤35	7.9
	ZZ4000/17/35(ZY35)	1.7～3.5	1.42～1.59	3141.6	4000	0.72	1.73	<30	10.5
	ZZ7200/20.5/32(TZ720–20.5/32)	2.05～3.2	1.42	5320	7200	1.08	4.35	≤15	15
	ZZ5600/22/35(BC560–22/35)	2.2～3.5	1.43～1.6	4020	5600	0.91～0.99	2.5	<12	13.3

续表

型号		高度/m	宽度/m	初撑力/kN	工作阻力/kN	支护强度/MPa	对地比压/MPa	适应坡度/(°)	质量/t
支撑掩护式支架	ZZ4800/22/42（BC480–22/42）	2.2～4.2	1.41～1.59	4080	4800	0.85	1.73	<15	12.78
	ZZ5600/23/47	2.3～4.7	1.42～1.61	5000	5600	0.98	1.92	≤12	18.05
	ZZ10000/29/47（TZ10000–29/47）	2.9～4.7		6696	10000	1.11	3.22	≤15	30.24
	ZZR3000/10/22	1.0～2.2	1.43～1.6	2462～2500	2925～2980	0.52～0.53	0.246～0.676	≤25	9.1
	ZZ5200/25/47	2.5～4.7		4704	5200	0.85	2.06	≤12	19
放顶煤支架	ZFS2800/14/28（FY280–14/28）	1.4～2.8	1.43～1.6	1960	2746	0.5～0.52	1.16～1.3	<15	8.8
	ZFS4400/16/26（FD440–16/26）	1.6～2.6	1.43	4000	4400	0.806	1.16	≤15	12.7
	ZFD3600/21/28	2.1～2.8	1.46～1.58	2970	3600	0.92	0.5～0.7	<15	14.1
	ZFD4400/26/32	2.6～3.2		3923	4315	0.89（关门）	1.65	≤25	12.7
						0.55（放煤）	1.01		

续表

型　号		高度/m	宽度/m	初撑力/kN	工作阻力/kN	支护强度/MPa	对地比压/MPa	适应坡度/(°)	质量/t
铺网支架	ZYP3200/14.5/32	1.45 ～ 3.2	1.42 ～ 1.59	2326 ～ 2748	2800 ～ 3308	0.56 ～ 0.66	1.71 ～ 2.6	≤ 35	12.5
	ZXP3200/17/35（BY_{7A}320–17/35）	1.7 ～ 3.5	1.43 ～ 1.6	2597	3136	0.62	1.14	≤ 15	13.81
	ZZP4000/17/35	1.7 ～ 3.5	1.43 ～ 1.6	3078	3920	0.72	1.8	≤ 15	13.2
	ZFP5200/17/35（ZFP5200–17/35）	1.7 ～ 3.5	1.43 ～ 1.59	4410	5200	0.866	1.8	≤ 15	15.4
	ZZP5500/18.5/42（BC_{7A}550–18.5/42）	1.85 ～ 4.2	1.43 ～ 1.6	4365	5500	0.89	2.16	≤ 15	14.92
端头支架	ZT4410/18/34.5（SDA）	1.8 ～ 3.45	2.5	3773	4416	0.209 ～ 0.329	0.44	<25	32.1
	ZT7350/18/36（SDB）	1.85 ～ 3.6	2.8	5934	7350	0.483 ～ 0.514	0.41	<25	32.54
	ZT9000/18/38（PDZ）	1.8 ～ 3.8		7070	9000	0.51	0.68	<25	25

3.6 液压支架主要部件的结构

3.6.1 承载结构件

1. 顶梁

顶梁是与顶板接触的构件，除应满足一定的刚度和强度要求外，还要保证支护顶板的需要，如有足够的顶板覆盖率；同时适应顶板的不平整性，避免局部应力引起损坏。

支撑式支架顶梁的结构型式如图 3.17 所示。

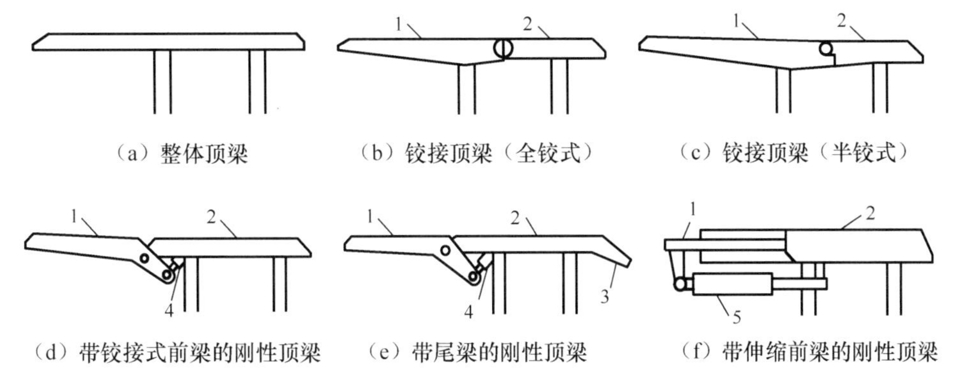

1—前梁；2—后梁；3—尾梁；4—前梁千斤顶；5—前梁伸缩千斤顶

图3.17 支撑式支架顶梁的结构型式

图 3.17（a）所示为整体顶梁，刚性大，承载能力较好，但对顶板的适应性差。图 3.17（b）和图 3.17（c）所示为铰接顶梁，其中图 3.17（b）所示为全铰式，能适应顶梁上方前、后顶板的变化，但当顶板出现凹坑时，顶梁易成“人”字形，影响支撑效果和切顶性能。图 3.17（c）所示为半铰式，克服了全铰式的缺点，当顶梁中部顶板出现凸起时，前、后梁上翘；当顶板出现凹坑时，由于铰接点下部有平整碰头阻止，因此支架顶梁仍保持平整。图 3.17（d）所示为带铰接式前梁的刚性顶梁，顶梁由前、后梁铰接；前梁千斤顶 4 用于支撑靠近煤壁处的顶板，同时使前梁 1 上下摆动，适应顶板起伏变化和增强顶梁前端的支撑能力。为了使冒落的矸石滑向采空区，保护挡矸帘，还可增设尾梁［图 3.17（e）］。图 3.17（f）所示为带伸缩前梁的刚性顶梁，前梁伸缩千斤顶 5 使前梁 1 伸缩。由于前梁可以及时伸出支护刚暴露的顶板，因此固定顶梁较短。前梁千斤顶可以和伸缩千斤顶配合使用，前梁既可以伸缩，又可以上下摆动。

掩护式支架顶梁的结构型式如图 3.18 所示。

图 3.18（a）所示为平衡式顶梁，顶梁较短，与下部的掩护梁 4 铰接，因为它能在顶板凸凹变化时自动平衡，所以称为平衡式顶梁。顶梁铰接点前、后段的比例近似为 2：1（按载荷分布近似为三角形设计）。这种顶梁后部和掩护梁形成三角区，易被冒落的矸石堵塞，影响支护效果，可在顶梁后部加设挡矸板。图 3.18（b）所示为潜入式顶梁，顶梁

后端为扇形结构，掩护梁可潜入扇形结构，消除三角区。图 3.18（c）所示为铰接式顶梁，顶梁 1 为整体结构，顶梁后端直接与掩护梁 4 铰接，取消了三角区，立柱直接支撑在顶梁上，用平衡千斤顶 8 调节顶梁与顶板的接触面积；图 3.18（d）所示为带前梁的铰接式顶梁，前梁千斤顶 7 可调节前梁角度，提高前梁前端的支撑能力，改善支撑效果。图 3.18（e）所示为带伸缩前梁的铰接式顶梁，可及时支护顶板，缩短顶板的暴露时间。图 3.18（d）和图 3.18（e）组合后，形成铰接式顶梁加伸缩和摆动前梁，由前梁千斤顶调节前梁角度，并在前梁内加伸缩前梁。

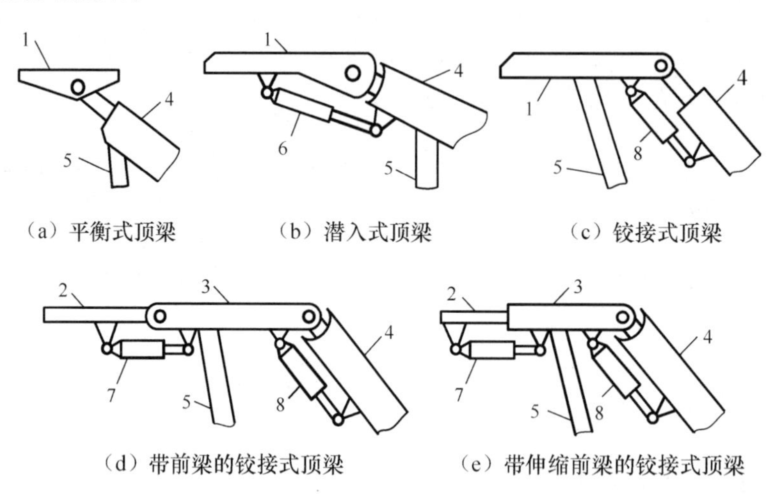

1—顶梁；2—前梁：3—后梁；4—掩护梁；5—立柱；6—限位千斤顶；7—前梁千斤顶；8—平衡千斤顶

图3.18　掩护式支架顶梁的结构型式

因为支撑掩护式支架的结构型式介于支撑式支架与掩护式支架之间，所以其顶梁结构可以采用前述各种型式，应根据顶板条件确定。

支架顶梁多为箱形结构，通常由钢板焊接而成。顶梁前端呈滑撬式或圆弧形，以减小移架阻力。支撑式支架后端焊有挂帘板，供挂挡矸帘用。在顶梁下面焊有铸钢柱窝，其两侧有孔，用钢丝绳或销轴把立柱与顶梁连接起来。掩护式支架和支撑掩护式支架的顶梁后端有销孔，通过销轴与掩护梁上的销孔相连。

按断面形状，顶梁分为闭式顶梁和开式顶梁两种。闭式顶梁是顶梁上、下盖板与筋板焊接成封闭型的顶梁，其中图 3.19（a）所示为立筋凸出型顶梁，焊接强度增大。图 3.19（b）所示为立筋凹下型顶梁，焊接后，顶梁平整，但焊接强度不如闭式顶梁。对于掩护式支架和支撑掩护式支架，为便于侧护板自由伸缩，要在顶梁顶面加焊一块比侧护板钢板稍厚的钢板 [图 3.19（c）]，顶梁强度增大。

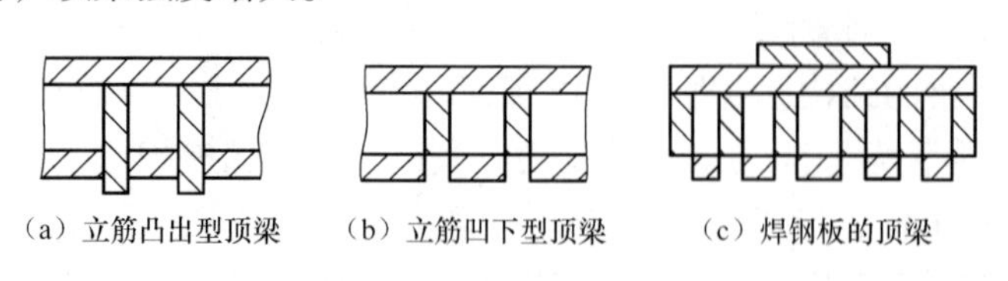

图3.19　闭式顶梁

因为开式顶梁没有整块、大的下盖板，所以顶梁质量较轻。

2. 掩护梁

掩护梁是掩护式支架和支撑掩护式支架的特征部件，直接承受冒落矸石的载荷和顶板通过顶梁传递的水平载荷。

掩护梁通常采用钢板焊接的箱形结构。其上端与顶梁铰接，下端焊有与前、后连杆铰接的耳座。有的支架在掩护梁上焊有立柱柱窝。活动侧护板装在掩护梁的两侧，掩护梁内留有安装侧推千斤顶和弹簧筒的空间。

掩护梁的结构按照支架是间接撑顶还是直接撑顶而有所不同。图 3.20 所示为间接撑顶掩护式支架的掩护梁，由四根工字钢做骨架，在上、下两面焊接钢板而成。其特点是梁下有两个立柱柱窝 3 承接立柱球头。掩护梁的前端焊有耳板 1，用于与顶梁铰接，后端焊有耳板 2，用于与后连杆铰接。销孔座 4 用于与前连杆铰接。掩护梁断面内有弹簧筒 5，使活动侧护板伸出，弹簧的一端支撑在弹簧座上，弹簧座顶在掩护梁内的骨架上；弹簧的另一端支撑在活动侧护板上。还可以安装侧推千斤顶 6，起调架、防倒、防滑作用。

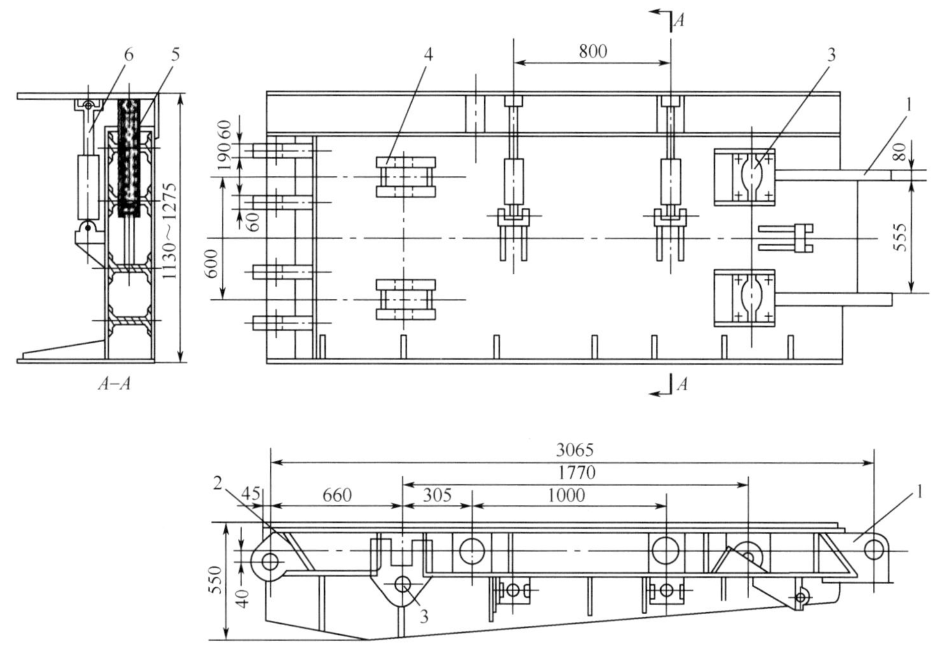

1，2—耳板；3—立柱柱窝；4—销孔座；5—弹簧筒；6—侧推千斤顶

图3.20 间接撑顶掩护式支架的掩护梁

图 3.21 所示为直接撑顶掩护式支架的掩护梁。它没有立柱柱窝，而有平衡千斤顶的支承座。它用四块厚钢板做骨架，且在背面焊接一块宽钢板。侧面圆孔用于安装侧护板伸缩机构。

图 3.22 所示为支撑掩护式支架的掩护梁。它既没有立柱柱窝，又没有平衡千斤顶的支承座，是焊有钢板骨架的整块钢板，且侧面有四个用于安装侧护板伸缩机构的圆孔。

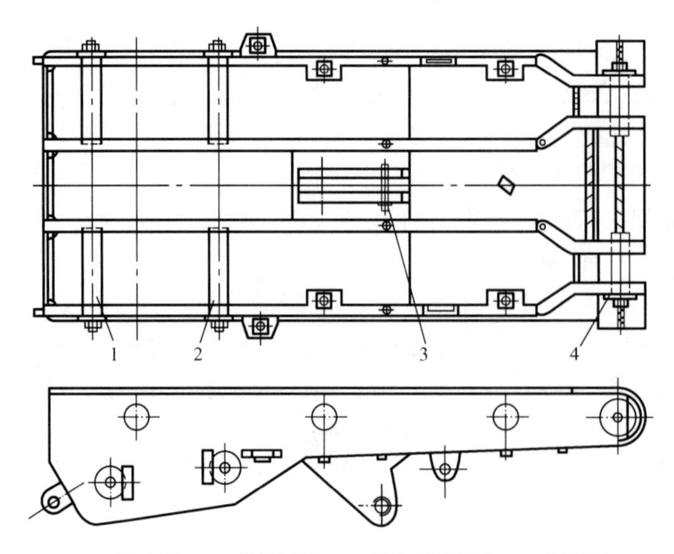

1—后连杆销；2—前连杆销；3—平衡千斤顶销；4—顶梁销

图3.21 直接撑顶掩护式支架的掩护梁

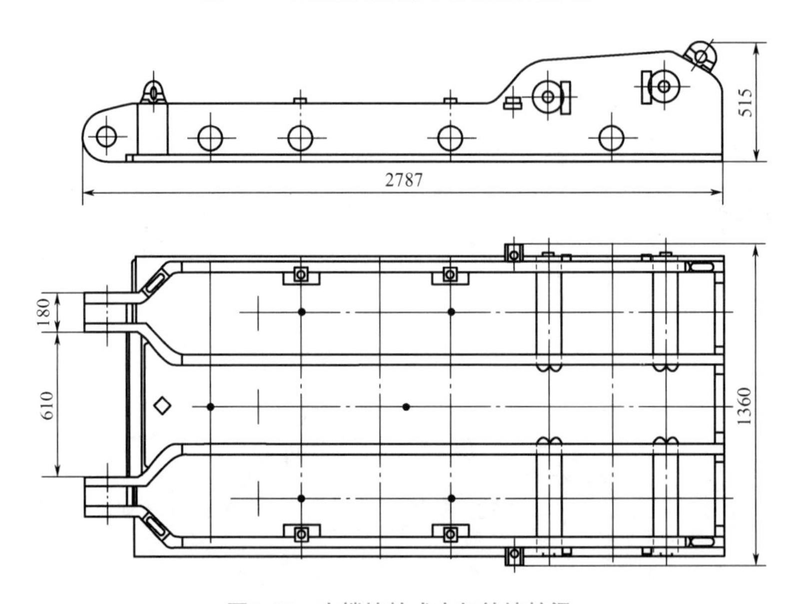

图3.22 支撑掩护式支架的掩护梁

从侧面看掩护梁，其形状有直线型和折线型两种，折线型与直线型相比，支架断面大，结构强度高，但工艺性差，很少使用。

掩护梁按宽度可分为整体式掩护梁和对分式掩护梁两种。对分式掩护梁的顶梁尺寸小，易加工、运输和安装，但结构强度差。

3. 连杆

掩护式支架和支撑掩护式支架的掩护梁与底座之间由连杆机构连接。连杆机构由前连杆、后连杆、掩护梁和底座组成。与一般的四连杆机构不同，其在液压支架工作过程中，主动件是掩护梁，掩护梁的运动又取决于立柱的伸缩。当立柱升降时，掩护梁也升降并做复杂的平面运动，前连杆和后连杆分别绕着底座上的铰接点摆动，使顶梁端点在液压支架升降时，呈现出双纽线的运动轨迹。支架进行双纽线运动时，连杆能承受从掩护梁传递来的冒落矸石的载荷和顶板水平移动引起的载荷，因而要求其具有足够的强度，一般后连杆为整体铸钢件或焊接件，前连杆为左右分置的单杆铸钢件或焊接件，使支架的有效利用空间增大。图 3.23 所示为一种连杆结构。

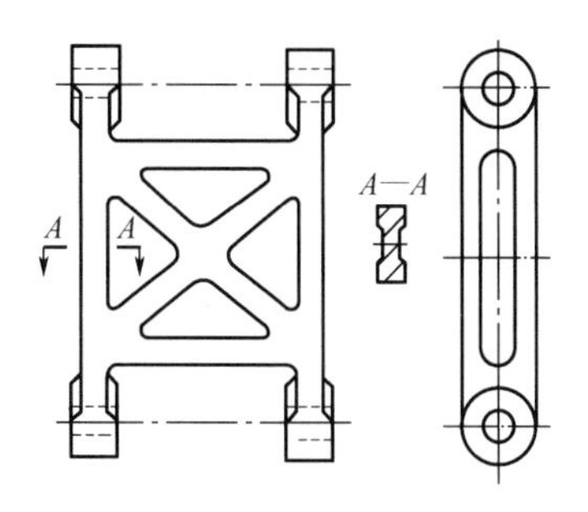

图3.23 一种连杆结构

有的掩护式支架及支撑掩护式支架的前连杆和后连杆分别采用焊接的分体式箱形结构。后连杆上焊接有翼板，可以防止采空区侧矸石从支架的后部窜入支架，同时增强了后连杆的抗扭能力。

4. 底座

底座是将顶板压力传递到底板和稳固支架的部件。底座除要满足一定的刚度和强度要求外，还要对底板的适应性强、比压小，有足够的空间安装立柱、液压控制装置、推移装置和其他辅助装置，便于人员操作和行走，能起一定的挡矸、排矸作用，并且具有相当的质量，以保证支架的稳定性。底座的结构型式如图 3.24 所示。

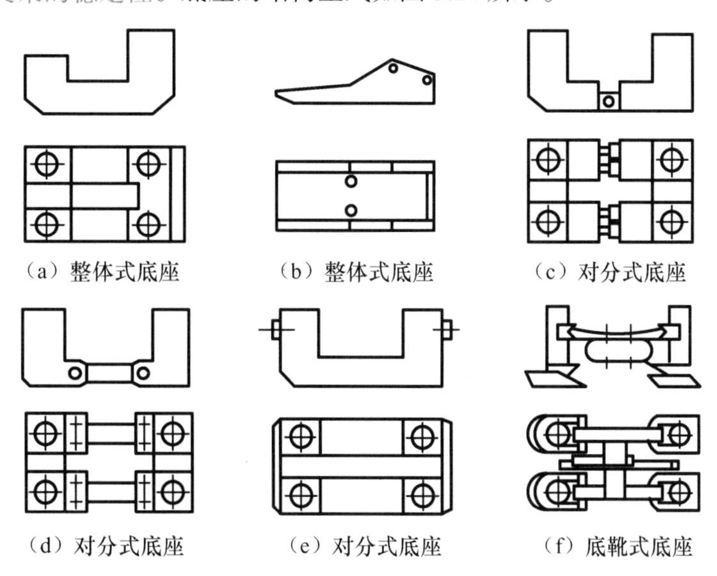

图3.24 底座的结构型式

整体式底座［图 3.24（a）、图 3.24（b）］是用钢板焊接成的箱形结构，整体性和稳定性好，强度高，不易变形，与底板接触面积大，比压小。图 3.24（a）所示的底座适用于支撑式支架，箱体高度大，便于安装复位装置；图 3.24（b）所示的底座高度小，占用空间小，一般用于掩护式支架和支撑掩护式支架。

为使底座在一定范围内适应底板的变化，通常把底座制成前后对分式或左右对分式。图 3.24（c）、图 3.24（d）所示为前后两个底座箱的对分式，两者通过销轴与弹簧钢板铰接。图 3.24（e）所示为左右两个底座箱的对分式，两者用过桥弹簧钢板与销轴等连接。

底靴式底座［图 3.24（f）］的特点是每根立柱都支承在一个底靴上，立柱之间用弹簧钢板连接，立柱与底靴之间用销轴连接。底靴式底座结构轻便、动作灵活，对底板的适应性强；但刚性差，与底板接触面积小，稳定性差，一般用于节式支架。

各种型式的底座前端都制成滑撬形，以减小支架的移架阻力，同时使底座后部质量大于前部，避免移架时“啃底”。

底座与立柱连接处为铸钢球面柱窝接触，以免因立柱偏斜而受偏载，并用限位板和销轴限位，防止立柱脱出柱窝。在整体式底座后部中间开有缺口，以减小底座后部与底板的接触面积，增大底座后部比压，同时利于排矸。

3.6.2 液压元件

1. 立柱

在支架工作过程中，承受顶板载荷、调节支架高度的液压缸称为立柱。常用立柱有单伸缩双作用立柱和双伸缩双作用立柱。单伸缩双作用立柱的结构如图 3.25 所示，主要零部件有缸体 1、活柱 8、导向套 9 等。缸体由无缝钢管制而成，缸体的下端焊接弧形（或球形）缸底，在缸底上钻有孔并焊有管接头，作为立柱下腔的进、出液口，在缸体的上端装有导向套，为活塞的上下往复运动导向。为了防止外部煤尘等脏物随活塞杆缩回进入缸体，在导向套的上端装有防尘圈 15。为了防止液体从立柱上腔向外泄漏，在导向套上还装有蕾形密封圈 13 和 O 形密封圈 11。缸体上部有螺纹孔并焊有管接头，与上腔相通，作为立柱上腔的液口。

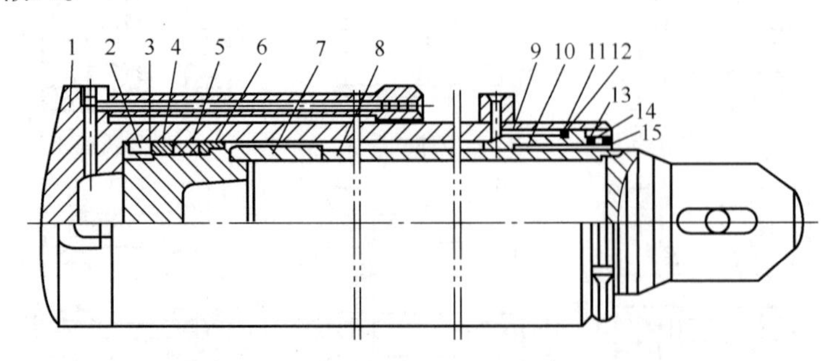

1—缸体；2—卡箍；3—外卡键；4—内卡键；5—鼓形密封圈；6—导向环；7—限位套；8—活柱；9—导向套；10—导向衬环；11—O形密封圈；12，14—挡圈；13—蕾形密封圈；15—防尘圈

图3.25 单伸缩双作用立柱的结构

活塞由无缝钢管制成，下部焊有活塞头，上部焊有柱头。为把立柱分隔成互不相通的上、下两腔，在活塞头上安装了具有双向密封作用的鼓形密封圈 5，鼓形密封圈的两侧有

导向环6，为活塞在缸体内运动导向。鼓形密封圈及其导向环由内卡键4、外卡键3和卡箍2实现轴向固定。

为了扩大支架的支护高度范围，当支架的支撑高度不能满足回采高度的要求时，可采用机械加长杆。带有机械加长杆的立柱如图3.26所示，其上端是空心的，首先带有柱头的机械加长杆插入空心活塞杆，将卡环4嵌入机械加长杆环形槽；其次用卡套3套在卡环4外面；最后用销轴1穿过机械加长杆横孔，把机械加长杆5和空心活塞杆固定在一起。机械加长杆上有若干环形槽和横孔，可以按照具体要求把卡环嵌入相应的环形槽，得到不同的调节高度，操作方便，应用较多。

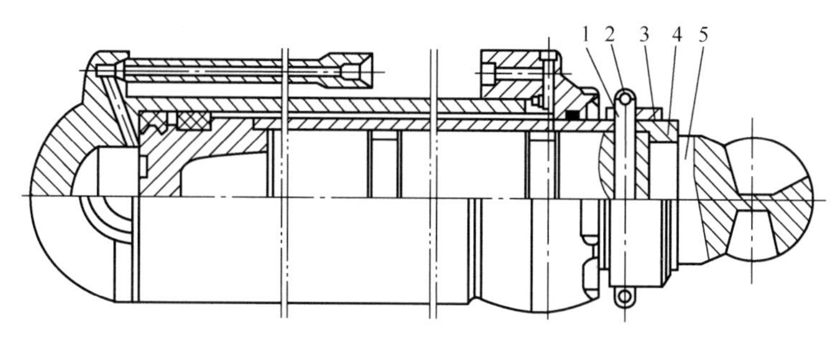

1—销轴；2—开口销；3—卡套；4—卡环；5—加长杆

图3.26 带有机械加长杆的立柱

双伸缩双作用立柱的结构如图3.27所示，主要零部件有缸体9、上活塞杆8、下活塞杆7、导向套10等。下活塞杆既是外缸体的活塞杆，又是上活塞杆的缸体。下活塞杆的活塞头通孔中装有单向阀4，用来封锁上活塞杆下腔液体，使之不能回流到下活塞杆下腔。

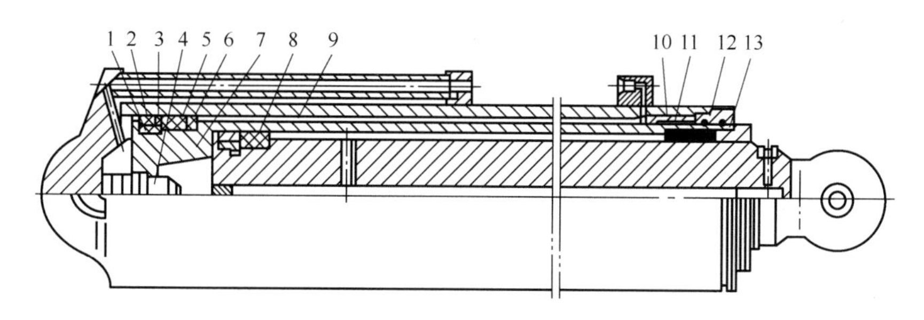

1—外卡键；2—卡箍；3—内卡键；4—单向阀；5—鼓形密封圈；6—导向环；7—下活塞杆；8—上活塞杆；9—缸体；10—导向套；11—导向衬环；12—蕾形密封圈；13—防尘圈

图3.27 双伸缩双作用立柱的结构

为防止上活塞杆和下活塞杆上腔的液体泄漏，在导向套上装有蕾形密封圈12。为防止上、下腔液体之间相互串通（内泄漏），活塞上装有鼓形密封圈5。在上、下活塞杆的导向套出口处各装有一个防尘圈13，防止粉尘进入立柱，污染液压系统。

2. 千斤顶

用于升降前梁、推溜移架，进复位、防倒、防滑、侧推、护帮等工作的液压缸称为千

斤顶。常用千斤顶大多为双作用千斤顶，也有少数为单作用千斤顶。

单伸缩双作用千斤顶的结构如图 3.28 所示。图 3.28（a）所示为外供液式，供液接头安装在缸体两端的孔口处，分别向活塞两腔供液。图 3.28（b）所示为内供液式，供液接头安装在活塞杆伸出端，通过活塞杆内的不同通道分别向活塞两腔供液。

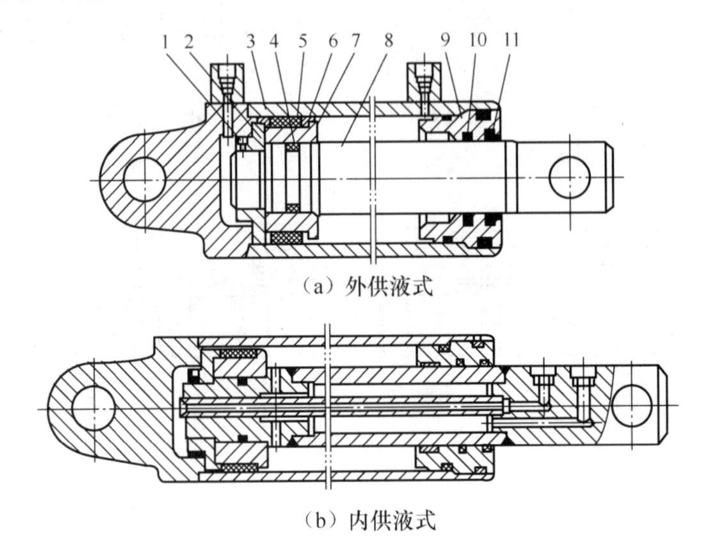

（a）外供液式

（b）内供液式

1—螺钉；2—压缩螺母；3—缸体；4—O形密封圈；5—鼓形密封圈；6—导向环；7—活塞；8—活塞杆；9—导向套；10—蕾形密封圈；11—防尘圈

图3.28　单伸缩双作用千斤顶的结构

浮动活塞式千斤顶是一种结构特殊的双作用千斤顶，可以使拉力大于推力，其结构如图 3.29 所示。浮动活塞式千斤顶的主要特点如下：活塞 9 套装在活塞杆 7 上，可以在活塞杆上滑动；活塞外侧与缸内壁之间、活塞内侧与活塞杆外表面之间都安装了双向密封圈 10 和双半圆卡环 11。

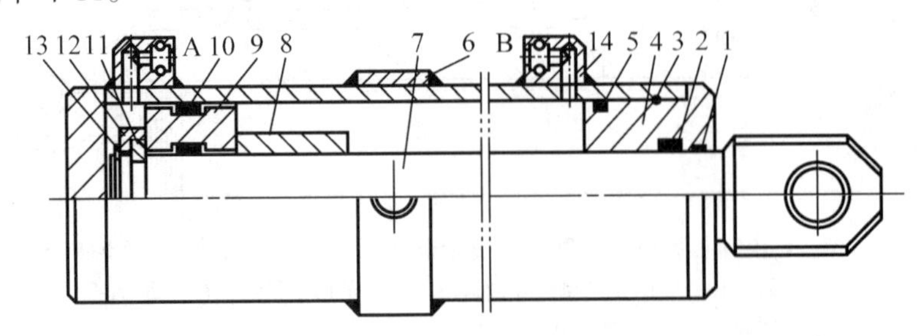

1—防尘圈；2—密封圈；3—固定钢丝；4—导向套；5—O形密封圈；6—卡箍；7—活塞杆；8—距离套；9—活塞；10—双向密封圈；11—双半圆卡环；12—压盘；13—弹簧卡圈；A，B—液口

图3.29　浮动活塞式千斤顶的结构

浮动活塞式千斤顶的工作原理如下：当液口 A 进高压液，液口 B 回液时，液体在很小的压力下将活塞 9 推向导向套 4 并靠紧，液压力增大，克服负载阻力，推出活塞杆。当液口 B 进高压液，液口 A 回液时，活塞被较低的液压力推动并靠紧在双半圆卡环上，液压力增大，克服负载阻力，活塞带动活塞杆缩回。

将拉力大于推力的浮动活塞式千斤顶作为支架的推移千斤顶，其两端分别直接与输送机和支架铰接，可满足移架力大于推溜力的要求，并省去容易变形的推移框架，简化了推移装置的结构。浮动活塞式千斤顶的缺点是存在动作滞后现象（特别是推出活塞杆的动作），千斤顶动作前，管路压力短暂突降，引起压力波动。

3. 控制阀

控制阀是使支架正常工作、有效控制顶板压力和顶板移动的关键部件，由液控单向阀和安全阀组成，一般安装在每根立柱和前梁短柱的下腔进油路上，以保持立柱和前梁短柱初撑力、工作阻力合理及具有稳定的恒阻工作特性。在支架液压系统中，控制阀主要用来闭锁液压缸中的液体，使之承载。

（1）液控单向阀。

常用液控单向阀有平面密封型液控单向阀、锥面密封型液控单向阀和球面密封型液控单向阀。

平面密封型液控单向阀如图 3.30 所示，密封垫 10 和阀芯 11 平面接触，构成密封副，密封垫座 9 的凸缘和阀芯的凹面接触。其工作原理如下：当液口 A 进高压液时，乳化液的作用力作用在阀芯的左端，推动阀芯克服小弹簧 14 的作用力，使阀芯开启，高压液通过开启的阀芯从液口 B 流出，进入液压缸工作腔。液口 A 一旦与回液管连通，阀芯就在小弹簧的作用下立即与密封垫紧密接触，关闭通道，液口 B 的液体不能回流，并且 B 腔压力比 A 腔压力大，阀芯关闭，这就是液控单向阀的闭锁作用。要使液口 A 卸载回流，必须使液控口 K 接通高压，高压液作用在顶杆 3 的左端，推动顶杆 3 右移，首先克服大弹簧 4 的作用力，然后克服小弹簧的作用力及液口 B 对阀芯的液压作用力顶开阀芯，允许液体从液口 B 流回液口 A。一旦撤除液控口 K 的液压，顶杆就在大弹簧的作用下回到原位，阀芯在小弹簧的作用下迅速关闭。

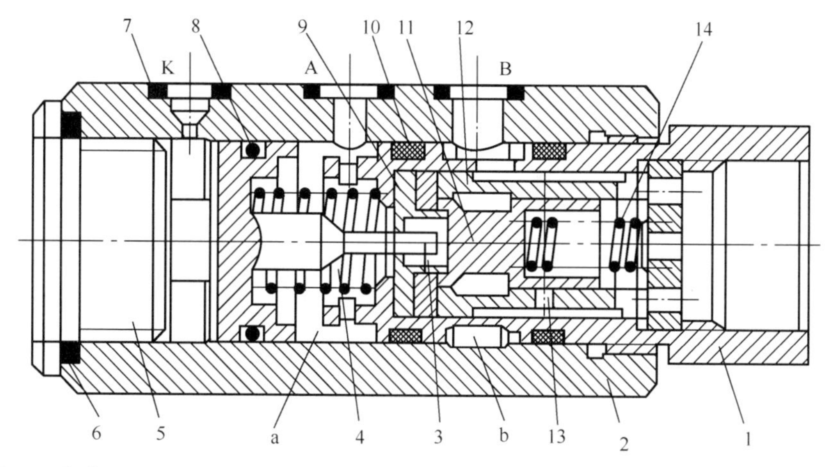

1—阀体；2—阀壳；3—顶杆；4—大弹簧；5—端盖；6，7，8—O形密封圈；9—密封垫座；10—密封垫；11—阀芯；12—导向套；13—节流孔；14—小弹簧；A，B—液口；K—液控口

图3.30 平面密封型液控单向阀

锥面密封型液控单向阀如图 3.31 所示。锥形阀芯 9 和阀座 8 构成锥面接触密封副。阀芯由不锈钢制成，锥面中心角为 90°，阀座由聚甲醛等制成，有较长的使用寿命。其工

作原理如下：当液口 A 进高压液时，高压液的作用力作用在锥形阀芯 9 的左端，使锥形阀芯克服小弹簧 11 的作用力而开启，高压液通过开启的阀芯从液口 B 流出，进入液压缸工作腔。液口 A 一旦与回液管连通，锥形阀芯就在小弹簧的作用下立即与阀座 8 紧密接触，关闭通道，液口 B 的液体不能回流，并且 B 腔压力比 A 腔压力大，锥形阀芯关闭，这就是液控单向阀的闭锁作用。要使液口 A 卸载回流，必须使液控口 K 接通高压，高压液作用在顶杆 3 的左端，推动顶杆右移，首先克服大弹簧 5 的作用力，然后克服小弹簧的作用力及液口 B 对锥形阀芯的液压作用力顶开阀芯，允许液体从液口 B 流回液口 A。一旦撤除液控口 K 的液压，顶杆就在大弹簧的作用下回到原位，阀芯在小弹簧的作用下迅速关闭。

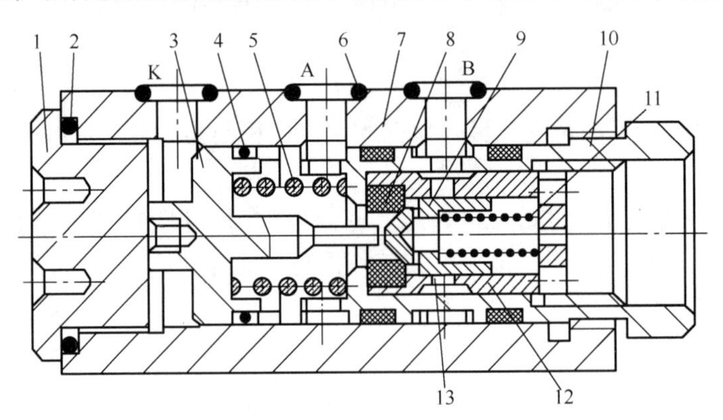

1—端盖；2，4，6—O形密封圈；3—顶杆；5—大弹簧；7—阀壳；8—阀座；9—锥形阀芯；10—阀体；11—小弹簧；12—导向套；13—节流孔；A，B—液口；K—液控口

图3.31　锥面密封型液控单向阀

球面密封型液控单向阀如图 3.32 所示。

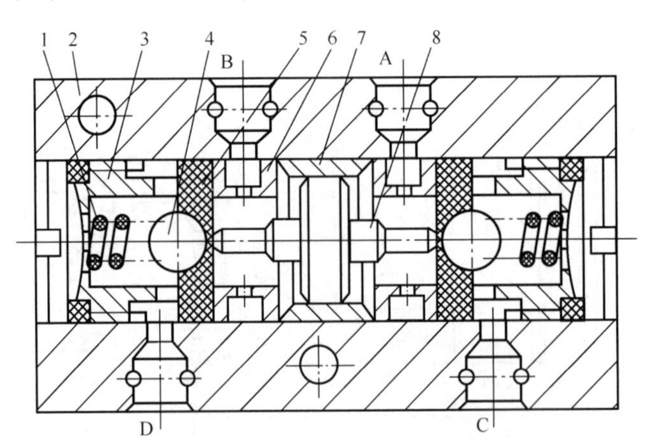

1—弹簧；2—阀体；3—端盖；4—钢球；5—阀座；6—进液套；7—导向套；8—双头顶杆；A，B，C，D—液口

图3.32　球面密封型液控单向阀

为了闭锁平衡千斤顶前、后两腔的液压力，使用的双向液压锁是一种液控单向阀，实际上是由两个单向阀共用一个双头顶杆 8 并组装在一个阀体里而成的，单向阀密封副为球

面接触，每个单向阀都由端盖 3、弹簧 1、钢球 4、阀座 5 和双头顶杆 8 等组成。其工作原理如下：当液口 A 和液口 B 均与回液管连通时，两个钢球分别在弹簧的作用下压在自己的阀座上，不允许液体从液口 C 和液口 D 分别流回液口 A 和液口 B。如果液口 C 和液口 D 分别连接在一个千斤顶的两腔，则千斤顶的活塞杆固定在某个位置，既能承受推力负荷，又能承受拉力负荷。

当液口 A 进高压液、液口 B 连通回液管时，高压液作用在右面球形阀芯上，使球形阀芯右移，将球形阀芯开启，高压液从液口 A 进入，通过右面开启的球形阀芯流到液口 C，同时高压液推动双头顶杆左移，顶开左面的球形阀芯，使低压液从液口 D 流向左面开启的球形阀芯，低压液经液口 B 流入回液管路。当液口 B 进高压液、液口 A 连通回液管时，高压液从液口 B 流到液口 D，低压液从液口 C 流到液口 A。也就是说，双向液力锁的液口 A 和液口 B 不仅是各自单向阀的进、回液通道，而且是对方单向阀的卸载液控口。

（2）安全阀。

安全阀与液控单向阀组合在一起，称为控制阀。安全阀是使立柱或支架保持恒阻工作特性的重要元件。支架上采用的安全阀均为直动式安全阀，其结构简单，动作灵敏，过载时能迅速起卸载溢流的作用。

安全阀按密封副的结构型式分为阀座式安全阀和滑阀式安全阀。阀座式安全阀的阀芯又可分为平面密封式阀芯、球阀式阀芯和锥阀式阀芯。滑阀式安全阀的阀芯为圆柱滑阀式阀芯。下面介绍几种安全阀的结构和工作原理。

弹簧式平面密封安全阀如图 3.33 所示。阀芯 6 的凹窝中装有橡胶垫 5，在弹簧 11 的作用下压在阀座 3 的凸台上，与平面密封型液控单向阀相同，弹簧式平面密封安全阀也是硬接触软密封的，橡胶的弹性补偿了密封副平面接触的不精确度，从而保证关闭阀芯时完全密封。阀芯与阀座硬接触可以限制橡胶垫的最大变形量，延长使用寿命。弹簧式平面密封安全阀的工作原理如下：当液口 A 进高压液体时，液压力作用在阀针 4 的左端，通过阀针 4、橡胶垫 5、阀芯 6、调心钢球 9、弹簧座 10 与弹簧力平衡。当液压力超过由调整螺母 12 调定的压力时，作用于阀芯的液压力克服弹簧力，把阀芯连同橡胶垫顶开，高压液经橡胶垫和阀座之间的缝隙，再经导向套 7、液口 B 挤开胶套 14 溢出。当液压力不超过由调整螺钉 12 调定的压力时，弹簧力把阀芯连同橡胶垫压向阀座 3，使阀芯 6 关闭，高压液不泄漏。

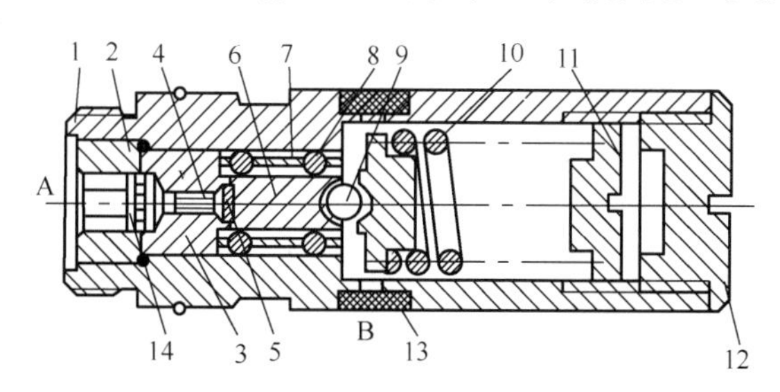

1—阀壳；2—固定螺母；3—阀座；4—阀针；5—橡胶垫；6—阀芯；7—导向套；8—钢球；9—调心钢球；10—弹簧；11—弹簧座；12—调整螺钉；13—保护塞；14—胶套；A，B—液口

图3.33 弹簧式平面密封安全阀

弹簧式滑阀安全阀如图 3.34 所示，也是利用阀前液压力直接与弹簧力平衡工作的。由于它不是靠柱塞 5 与阀孔内壁的配合间隙密封，而是靠柱塞 5 与 O 形密封圈 6 的紧密

接触密封，因此适合在低黏度乳化液中工作，且满足完全密封要求。柱塞中心有轴向盲孔，与其头部的径向孔相通，O 形密封圈 6 嵌入阀体 8。弹簧式滑阀安全阀的工作原理如下：当左液口进高压液体时，液压力作用在柱塞的左端，通过柱塞 5、弹簧座 9 与弹簧力平衡，当液压力小于由空心调整螺钉 12 调定的弹簧 11 的作用力时，弹簧 11 通过弹簧座 9 把柱塞 5 压入阀体 8，使柱塞 5 的径向孔位于 O 形密封圈 6 的左边，安全阀处于关闭状态。当液压力大于由空心调整螺钉 12 调定的弹簧 11 的作用力时，柱塞右移，径向孔越过 O 形密封圈 6，安全阀开始溢流限压。

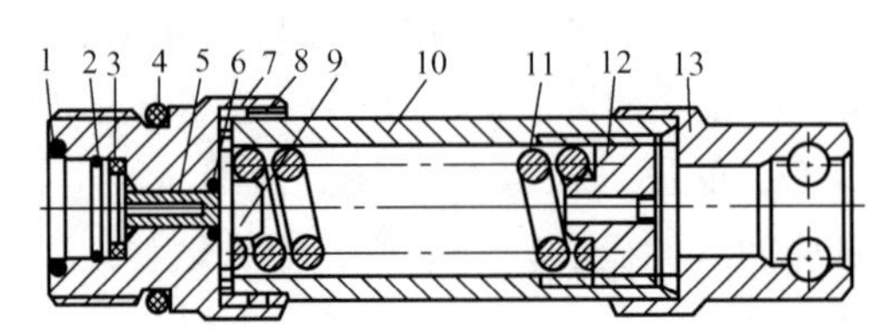

1，4，6，7—O形密封圈；2—钢丝挡圈；3—过滤器；5—柱塞；8—阀体；9—弹簧座；10—阀壳；11—弹簧；12—空心调整螺钉；13—管接头

图3.34 弹簧式滑阀安全阀

4. 操纵阀

在液压支架的液压控制系统中用来使立柱和千斤顶换向，实现液压支架各动作的手动换向阀称为操纵阀。操纵阀应密封可靠，动作轻便。国产液压支架上应用较多的操纵阀有 ZC 型片式操纵阀、BCF 型操纵阀等。

ZC 型片式操纵阀如图 3.35 所示，由一个首片阀、一个尾片阀和多个中片阀用螺栓固定在一起组成。首片阀、中片阀和尾片阀的阀体稍有不同，首片阀阀体带有进、回液管接头；中片阀阀体上有进、回液通孔；尾片阀阀体上的进、回液孔为盲孔，每个阀片都相当于一个三位四通阀或两个二位三通阀，尾片阀管路连接如图 3.36 所示。

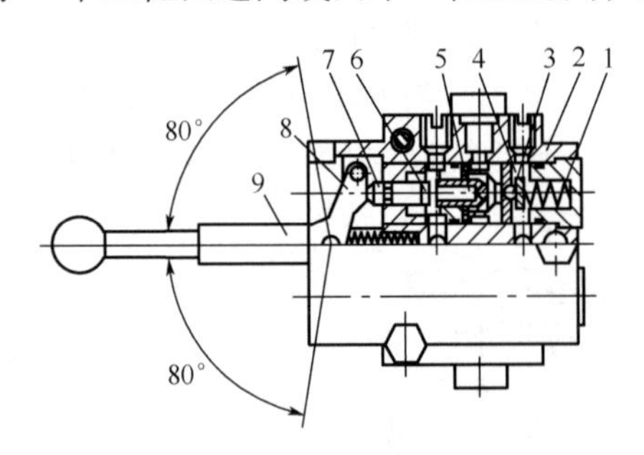

1—弹簧；2—阀体；3—钢球；4—阀座；5—空心顶杆；6—阀垫；7—顶杆；8—压块；9—手把

图3.35 ZC型片式操纵阀

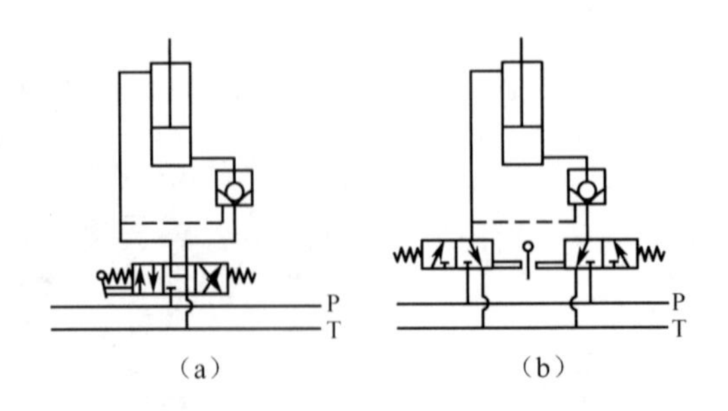

图3.36 尾片阀管路连接

在 ZC 型片式操纵阀中，每片阀的阀体 2 中都并列放置两套完全相同的零部件，组成两个二位三通阀，由手把 9 操纵。钢球 3 和阀座 4 构成进液阀密封副，钢球可以在弹簧 1 和

进液压力的作用下压紧阀座。空心顶杆 5 和带有阀垫 6 的顶杆 7 构成回液阀密封副，手把 9 和压块 8 形成两级杠杆增力机构，大大降低了操作阻力，手把 9 可以在工作位置上自锁。

ZC 型片式操纵阀的工作原理如下：当手把 9 在图 3.35 所示位置时，钢球 3 在弹簧 1 的作用下压向阀座 4，关闭进液通道，高压液不能进入立柱或千斤顶的某个腔。空心顶杆 5 离开阀垫 6，低压液通道接通，立柱两腔都接通回液管。当手把 9 向上摆动时，上面一组阀动作，手把 9 推动压块 8 并带动顶杆 7，使阀垫 6 将空心顶杆 5 轴向中心孔关闭，即关闭回液阀。接着空心顶杆 5 的另一端顶开钢球 3，使钢球 3 离开阀座 4，进液通道接通。高压液通过打开的进液阀进入上面这组阀的工作通道，进入相应立柱或千斤顶的工作腔，立柱或千斤顶另一腔的低压液通过下面一组阀的低压阀通道流回乳化液箱。手把 9 扳回图 3.35 所示原位置时，弹簧 1 把钢球 3 弹向阀座 4，进液阀关闭，被困在工作腔内的高压液可以通过空心顶杆 5 的轴向通孔冲开顶杆 7，即打开回液阀泄压回液。向下扳动手把 9，下面一组阀动作，过程与上述完全相同。总之，当手把在中位时，进液阀处于关闭状态，回液阀处于开启状态，向哪边扳动手把 9，哪边的回液阀关闭，进液阀开启，另一组阀保持手把 9 在中位的状态。

图 3.25 所示 ZC 型片式操纵阀的结构设计较好，回液阀关闭后进液阀才开启，进液阀关闭后回液阀才开启，避免出现短暂窜液现象。

3.6.3 辅助装置

1. 推移装置

推移装置用于移动支架和输送机，其结构型式如图 3.37 所示。

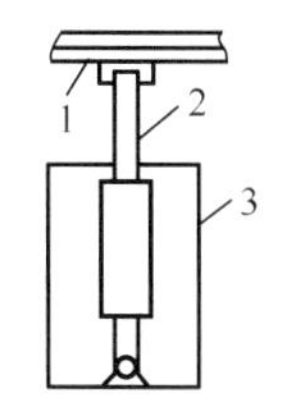

（a）直接连接式推移装置

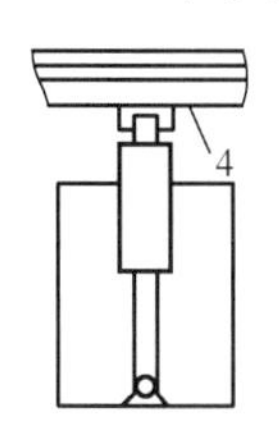

（b）移步横梁连接式推移装置

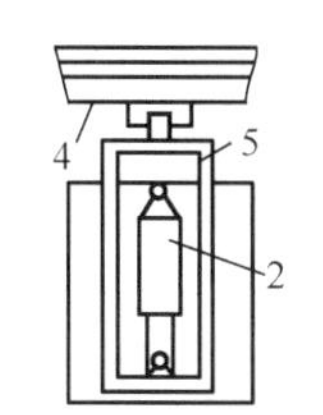

（c）框架连接式推移装置

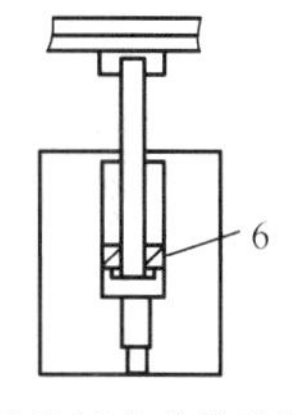

（d）浮动活塞式推移装置

1—输送机；2—推移千斤顶；3—底座；4—移步横梁；5—框架；6—浮动活塞

图3.37 推移装置的结构型式

直接连接式推移装置［图 3.37（a）］结构简单，但支架的移架力小于推溜力，一般用于支撑式支架。移步横梁连接式推移装置［图 3.37（b）］对支架与输送机的配套性没有要求，但结构比较复杂。框架连接式推移装置［图 3.37（c）］的工作原理如下：当缸体后腔进液、前腔回液时，活塞杆伸出而移架；当缸体前腔进液、后腔回液时，缸体前移而推溜，因为缸体后腔面积大，所以移架力大于推溜力，满足实际载荷的要求。浮动活塞式推移装置［图 3.37（d）］也可以使移架力大于推溜力。推溜时，活塞腔进液，活塞杆腔回液，由于活塞空套在活塞杆上，因此活塞被推到前方，活塞杆在压力液的作用下推溜。因为活塞杆截面面积小，所以推溜力小。移架时，活塞杆腔进液，活塞腔回流，缸体前移而移架，由于活塞杆腔环形面积大于活塞杆截面面积，因此移架力大于推溜力。

2. 护帮装置

用于厚煤层或煤质松软的中厚煤层的支架，为防止片帮伤人和引起冒顶，需要设置支护煤壁的护帮装置。它们不仅可以用于护帮，而且可以用于挑梁。

护帮装置的主要元件是护帮板和护帮千斤顶，护帮板可以直接悬挂在顶梁前端，也可以通过一个或两个连杆与顶梁前端连接。护帮板在收回位置的定位可以采用机械闭锁、液压闭锁或同时运用机械闭锁和液压闭锁。

护帮装置的结构型式如图 3.38 所示。

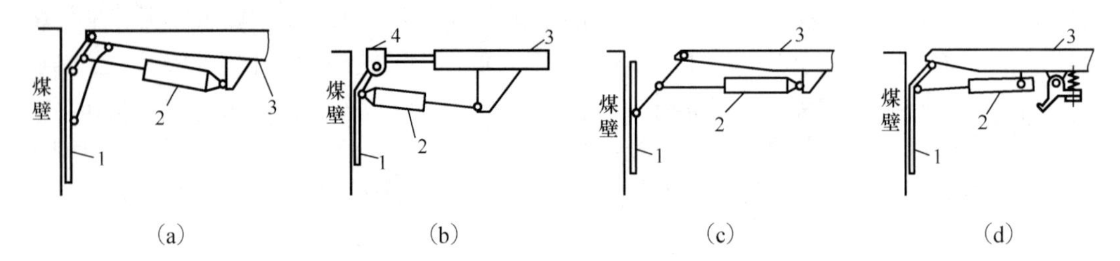

1—护帮；2—护帮千斤顶；3—前梁；4—伸缩梁

图3.38　护帮装置的结构型式

在厚煤层且煤质松软的条件下，可采用两级护帮装置，既可护帮，又可超前支护顶板，并且护帮高度（或超前支护深度）大。一般支架的护帮高度为 0.8m，两级护帮的大采高支架的护帮高度大于 1.5m。护帮板能深入煤壁一定距离，以便在移架步距不足时，确保护帮板紧贴煤壁。

3. 防倒装置

掩护式液压支架或支撑掩护式液压支架的顶梁、掩护梁及后连杆上都设有活动侧护板，用于防倒和调架，而专用防倒装置主要用于下排头支架。防倒装置有平拉式防倒装置和斜拉式防倒装置两种。

中厚煤层以上支架的平拉式防倒装置的原理是将防倒千斤顶安装在相邻两支架的顶梁之间，如图 3.39 所示。薄煤层支架的平拉式防倒装置的原理是在排头支架上方第三架支架的顶梁上安装防倒千斤顶，并通过圆环链与下方第一架支架顶梁的连接座相连，如图 3.40 所示。

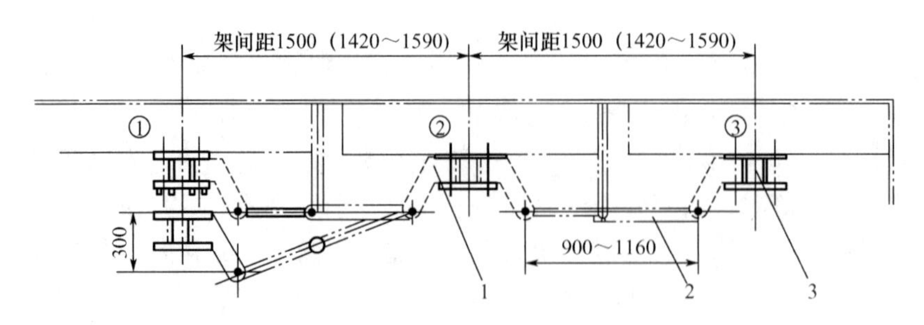

1—十字头；2—防倒千斤顶；3—连接座

图3.39　中厚煤层以上支架的平拉式防倒装置

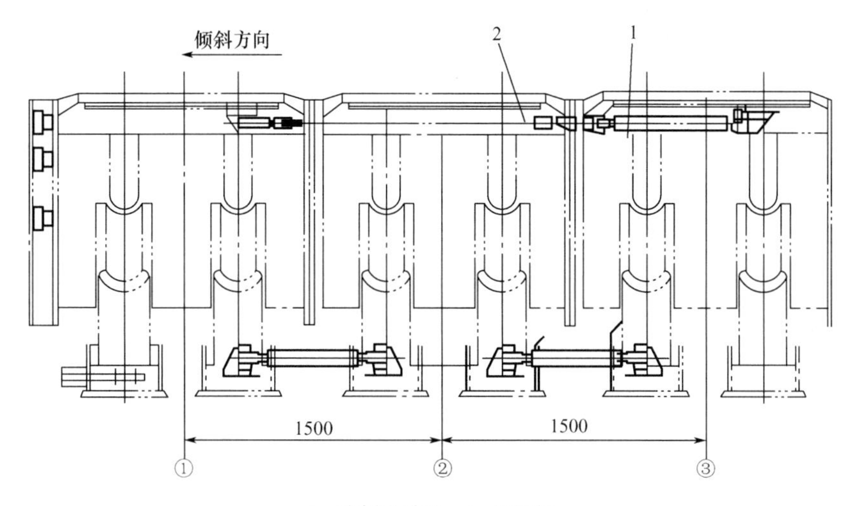

1—防倒千斤顶；2—圆环链

图3.40 薄煤层支架的平拉式防倒装置

斜拉式防倒装置的原理是用圆环链和连接卡将防倒千斤顶连接在排头第一架支架顶梁和第二架支架底座之间，如图 3.41 所示。当工作面倾角较大时，为增强防倒能力，可酌情在工作面中部支架间隔一定步距安装斜拉式防倒装置。

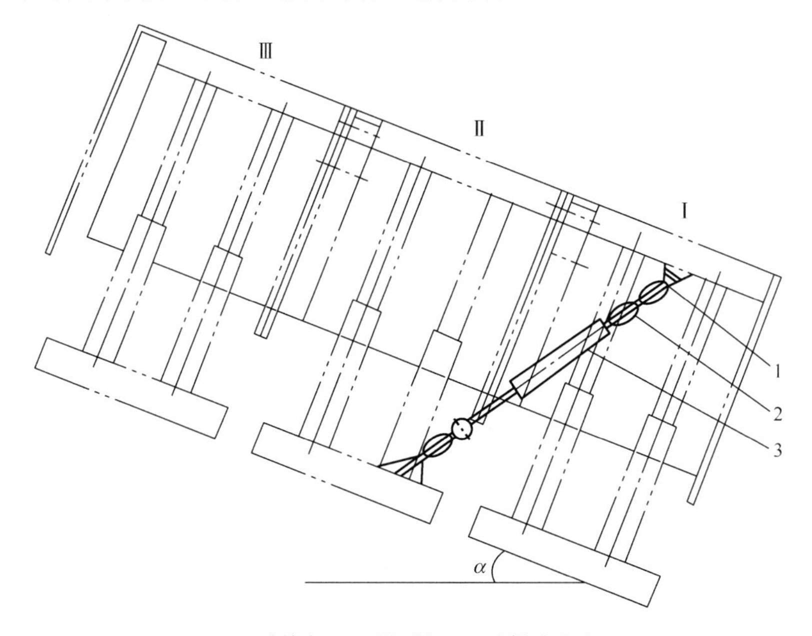

1—连接卡；2—圆环链；3—防倒千斤顶

图3.41 斜拉式防倒装置

4. 防滑装置

工作面支架防滑的关键在于下排头支架。工作面下排头支架的防滑装置是主要防滑装置，中部支架的防滑装置是辅助防滑装置。

下排头支架的防滑装置包括前调千斤顶、后调千斤顶、圆环链、导链筒等，如图 3.42 所示。

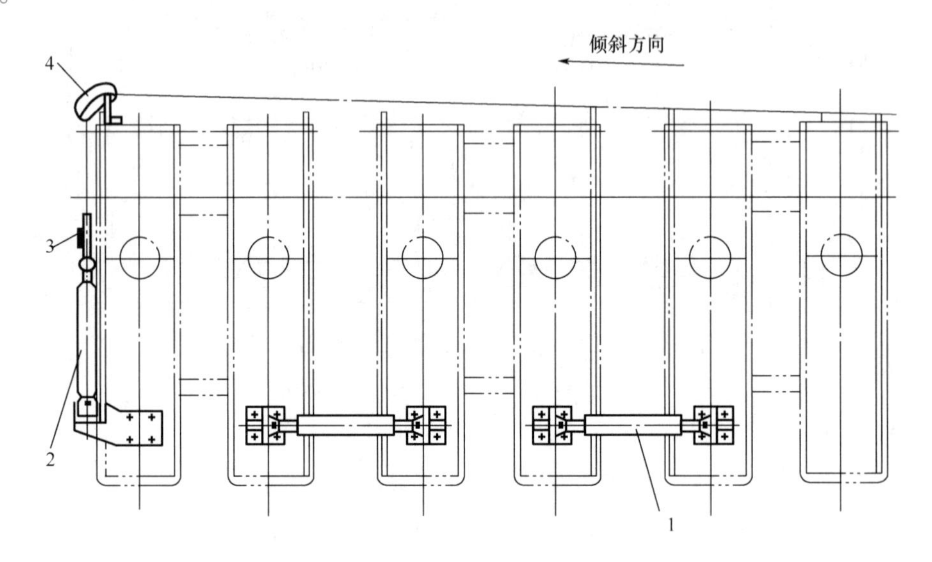

1—前调千斤顶；2—后调千斤顶；3—圆环链；4—导链筒

图3.42　下排头支架的防滑装置

前调千斤顶安装在第一架支架和第二架支架、第二架支架和第三架支架底座的前部，利用千斤顶的拉力或推力调架，防止底座前部下滑。后调千斤顶一般安装在第一架支架底座的下侧，连接千斤顶活塞杆的圆环链通过转向 90° 的导链筒引至第三架支架底座后部的连接座。收缩后调千斤顶（第一架支架卸载时），可将第一架支架向倾斜上方调整。

工作面中部支架的底座后部容易下滑，其防滑装置是每架支架底座后侧的底调千斤顶，如图 3.43 所示。一般当采煤工作面倾角大于 20° 时，需要设置底调千斤顶。为防止移架时“憋坏”，要求液压控制系统在移架的同时自动收回底调千斤顶。

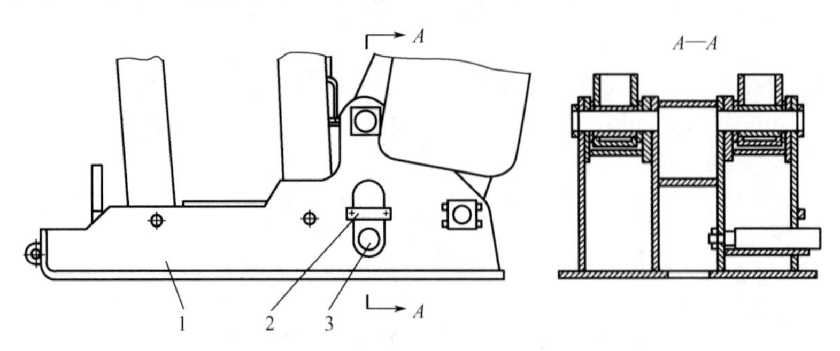

1—底座；2—挡板；3—底调千斤顶

图3.43　底调千斤顶

5. 侧护板

顶梁和掩护梁的侧护板有两种，一种是一侧固定，另一侧活动的侧护板，由于固定侧护板与梁体焊接在一起，因此可节省梁体的侧板，既可节省材料又可加固梁体。设计时，根据左、右工作面确定左侧或右侧为活动侧护板。一般沿倾斜方向的上方为固定侧护板，下方为活动侧护板。活动侧护板通过弹簧筒和侧推千斤顶与梁体连接，以保证活动侧护板与邻架的固定侧护板靠紧。但当改换工作面开采方向时，活动侧护板位于倾斜方向的上方，给调架、防倒等带来不便，所以这种侧护板应用较少。另一种是两侧都是活动侧护板，可适应工作面开采方向变化的要求，有利于防倒和调架。

侧护板的结构型式如图 3.44 所示。上覆式侧护板［图 3.44（a）］结构简单，但支架承载时不能伸缩，甚至会被矸石卡住。埋伏式侧护板［图 3.44（b）］上增加了顶板，可改善上述情况。嵌入式侧护板［图 3.44（c）］在上盖板变形时无法伸缩，应用较少。这三种侧护板均位于梁的外侧，千斤顶位于梁内，降低了梁的强度，且常因变形而失灵。铰接式侧护板［图 3.44（d）］的千斤顶位于梁的下面，不影响梁的强度，而且刚性好、不易变形；其缺点是在与邻侧护板形成的三角区容易填入碎矸，影响架间密封效果。

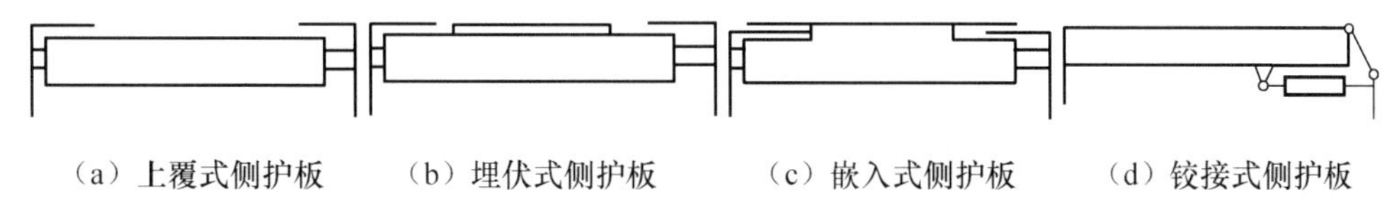

（a）上覆式侧护板　（b）埋伏式侧护板　（c）嵌入式侧护板　（d）铰接式侧护板

图3.44　侧护板的结构型式

顶梁侧护板的侧向宽度根据支架升降高度和推移步距确定。因为要保证一架升起、相邻一架降柱时两架间侧护板不脱离接触，且移架时不与相邻支架的侧护板脱离接触，所以顶梁侧护板后部增大的宽度应大于一个步距。掩护梁侧护板的侧面宽度主要考虑移架步距，一般比一个步距大 100mm，使得一架前移、相邻一架固定时，两架之间能封闭，同时考虑掩护梁侧护板下部不脱开，掩护梁侧护板下部要加宽。顶梁侧护板和掩护梁侧护板的顶面宽度与活动侧护板的行程有关，由相邻两架支架之间的距离确定。在考虑动作灵活、可靠的情况下，应尽量减小间隙，增强密封性。

3.7　液压支架设计

3.7.1　液压支架设计概述

1. 液压支架的设计目的

采用综合机械化采煤方法是大幅度增大煤炭产量、提高经济效益的必由之路。为了满足对煤炭日益增长的需要，需要大量生产综合机械化采煤设备，迅速增加综合机械化采煤工作面（简称综采工作面）。而平均每个综采工作面都需要安装 150 架液压支架，可见液压支架的需求量很大。由于不同综采工作面的顶底板条件、煤层厚度、煤层倾角、煤层的物理机械性质等不同，因此对液压支架的要求不同。为了有效支护和控制顶板，需要设计不同类型和不同结构尺寸的液压支架。因此，液压支架的设计工作很重要。液压支架的类型很多，设计工作量也很大，研制和开发新型液压支架是大势所趋。

2. 液压支架的设计要求

（1）为了满足采煤工艺及地质条件的要求，液压支架要有足够的初撑力和工作阻力，以便有效控制顶板，保证合理的下沉量。

（2）液压支架要有足够的推溜力和移架力。推溜力一般为 100kN；移架力根据煤层厚度而定，薄煤层的移架力为 100 ～ 150kN，中厚煤层的移架力为 150 ～ 250kN，厚煤层的移架力为 300 ～ 400kN。

（3）防矸性能好。

（4）排矸性能好。

（5）要求液压支架保证采煤工作面有足够的通风断面，从而保证人员呼吸、稀释有害气体等安全方面的要求。

（6）为了操作和生产的需要，要有足够宽的人行道。

（7）调高范围大，照明和通信方便。

（8）支架的稳定性好，底座最大比压小于规定值。

（9）要求支架有足够的刚度，能够承受一定的不均匀载荷和冲击载荷。

（10）在满足强度的条件下，尽可能减轻支架质量。

（11）易拆卸，结构简单。

（12）液压元件可靠。

3. 液压支架的设计参数

（1）顶板条件。根据老顶分级和直接顶分类，对支架进行选型。

（2）最大采高和最小采高。根据最大采高和最小采高，确定支架的最大高度和最小高度，以及支架的支护强度。

（3）瓦斯等级。根据瓦斯等级，按《煤矿安全规程》（2022）第一百三十六条规定，验算通风断面。

（4）底板岩性及小时涌水量。根据底板岩性和小时涌水量验算底板比压。

（5）工作面煤壁条件。根据工作面煤壁条件，决定是否用护帮装置。

（6）煤层倾角。根据煤层倾角，决定是否选用防倒防滑装置。

（7）井筒罐笼尺寸。根据井筒罐笼尺寸，考虑支架的运输外形尺寸。

（8）配套尺寸。根据配套尺寸及支护方式计算顶梁长度。

4. 液压支架的设计过程

液压支架的设计过程框图如图 3.45 所示。

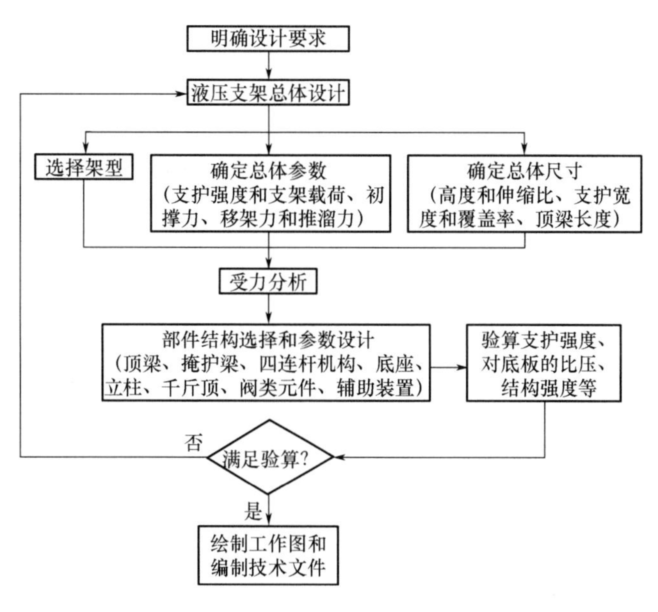

图3.45　液压支架的设计过程框图

3.7.2　液压支架总体设计

1. 选择架型

选择液压支架的根本目的是使综采设备适应矿井和工作面的条件，投产后能做到高产、高效、安全，并为矿井的集中生产、优化管理和最佳经济效益提供条件，因此需要根据矿井的煤层、地质、技术和设备条件选型。

（1）液压支架符合顶板条件。一般情况下，可根据顶板的级别和类别，由表3-5直接选出架型。

（2）当煤层厚度超过1.5m、顶板有侧向推力或水平推力时，应选择抗扭能力强的支架，不宜选用支撑式液压支架。

（3）当煤层厚度大于或等于2.5时，应选择有护帮装置的掩护式液压支架或支撑掩护式液压支架。当煤层厚度变化大时，应选择调高范围较大的掩护式双伸缩立柱液压支架。

（4）应使支架对底板的比压不超过底板的最大抗压强度。当底板较软时，应选择有抬底装置的液压支架或插腿掩护式液压支架。

（5）当煤层倾角小于10°时，可不为液压支架设置防倒置和防滑装置；当煤层倾角为15°～25°时，应为排头支架设置防倒装置和防滑装置，为工作面中部输送机设置防滑装置；当煤层倾角大于25°时，应为排头支架设置防倒装置和防滑装置，为工作面中部支架设置调底千斤顶，为工作面中部输送机防滑设置装置。

（6）瓦斯涌出量大的工作面应符合规程要求，并优先选用通风面积大的支撑式液压支架或支撑掩护式液压支架。

（7）当煤层为软煤时，液压支架的最大采高一般小于或等于2.5m；当煤层为中硬煤时，液压支架的最大采高一般小于或等于 3.5m；当煤层为硬煤时，液压支架的最大采高小于 5m。

（8）允许同时选用多种架型时，应优先选用价格低的液压支架。

（9）断层十分发育、煤层变化大、顶板的允许暴露面积为 5 ～ 8m^2、暴露时间超过 20min 时，不宜采用综采。

（10）可根据适用条件选择特殊液压支架。

表 3-5　顶板级类与架型、支护强度的关系

<table>
<tr><th>老顶级类</th><th colspan="3">Ⅰ</th><th colspan="3">Ⅱ</th><th colspan="4">Ⅲ</th><th>Ⅳ</th></tr>
<tr><th>直接顶级类</th><th>1</th><th>2</th><th>3</th><th>1</th><th>2</th><th>3</th><th>1</th><th>2</th><th>3</th><th>4</th><th>4</th></tr>
<tr><td rowspan="3">采高 /m</td><td rowspan="2">掩护式</td><td rowspan="2">掩护式</td><td rowspan="2">支撑式</td><td rowspan="2">掩护式</td><td rowspan="2">掩护式或支撑掩护式</td><td rowspan="2">支撑式</td><td rowspan="2"></td><td rowspan="2"></td><td rowspan="2"></td><td rowspan="2"></td><td>支撑式（采高＜ 2.5m）</td></tr>
<tr><td>支撑掩护式（采高≥ 2.5m）</td></tr>
<tr><td colspan="11">支护强度 /kPa</td></tr>
<tr><td>1</td><td colspan="3">294.3</td><td colspan="3">1.3×294.3</td><td colspan="4">1.6×294.3</td><td>>2×294.3</td></tr>
<tr><td>2</td><td colspan="3">343.3（245.2）</td><td colspan="3">1.3×343.3（245.2）</td><td colspan="4">1.6×343.3（245.2）</td><td>>2×343.3（245.2）</td></tr>
<tr><td>3</td><td colspan="3">441.4（343.3）</td><td colspan="3">1.3×441.4（343.3）</td><td colspan="4">1.6×441.4（343.3）</td><td>>2×441.4（343.3）</td></tr>
<tr><td>4</td><td colspan="3">539.5（441.4）</td><td colspan="3">1.3×539.5（441.4）</td><td colspan="4">1.6×539.5（441.4）</td><td>>2×539.5（441.4）</td></tr>
</table>

注：（1）液压支架的支护面积 = 支架中心距 ×（顶梁长度 + 移架后的梁端到煤壁的距离）。

（2）括号内的数字是掩护式液压支架顶梁上的支护强度，支护强度为各矿实际允许支护强度 ±5%。

（3）支护强度栏内的 1.3、1.6 和 2 为老顶级类的增压系数，即Ⅱ级、Ⅲ级、Ⅳ级来压强度与Ⅰ级来压强度的增压比值，由同类型顶板统计分析得到。由于地质条件变化较大，因此只给出Ⅳ级的最低值 2，各矿可以根据实际情况选择适宜值。

（4）采高是指最大采高，具体采高的支护强度可以根据表内值用插值法确定。

（5）全部充填和厚煤层下分层工作面的支护强度可根据实际情况确定。缓慢下沉是全部陷落法的一种特殊形式，其基本顶级别和支护强度可以根据实际情况自行确定。

（6）可根据立柱对顶板合力作用点的位置、切顶能力并考虑使用习惯，选择架型。

（7）表中所列架型、支护强度适用于缓倾斜煤层。

2. 确定总体参数

（1）支护强度和支架载荷。

根据确定的架型和已知的采高，采用插值法按表 3-5 确定支护强度。

支护强度也可用下式估算：

$$q = KM\rho \times 10^{-2} \tag{3.1}$$

式中，q 为支护强度，kPa；M 为采高，m；ρ 为顶板岩石密度，一般取 2.5×10^3kg/m^3；K 为顶板岩石厚度系数，K=4～8，当顶板条件较好、周期来压不明显时，取低值，否则取高值，我国和日本取5，英国取5～7。

支架载荷是指支架能承受顶板的载荷。确定顶板载荷的方法一般有四种，即预计法、估计法、类比法和实测法。

计算出工作面支护强度后，支架载荷可由下式计算：

$$R = q(l + c)(B + K) \tag{3.2}$$

式中，R 为支架截荷，kN；l 为顶梁长度，m；c 为顶梁前端到煤壁的距离，m；B 为顶梁宽度，m；K 为相邻顶梁的间隙，m。

支架立柱的总工作阻力

$$P = R / \eta \tag{3.3}$$

式中，P 为支架立柱的总工作阻力，kN；η 为支护效率，支撑式液压支架的 η 为100%，初步计算时，掩护式液压支架和支撑掩护式液压支架的 η 取80%。

由式（3.3）计算出的支架立柱的总工作阻力应圆整为表3-6中的系列值。

表3-6 支架立柱的总工作阻力的系列值

单位：kN

1200	1600	2000	2400	2800	3200	3600	4000	4400
4800	5200	5600	6400	7200	8000	9000	10000	12000

注：表中系列值适用于中心距为1.5m的支架。当中心距变化时，应按比例换算。

确定支架立柱的总工作阻力后，可综合考虑顶板对初撑力的要求、乳化液泵站的工作压力、安全阀的整定压力等初选立柱缸径。

（2）初撑力。

若初撑力较大，则可在支架初撑阶段迅速压实支架上下的浮煤、碎矸，使支架尽快发挥作用，减小顶板的早期变形、离层和煤壁片帮。初撑力是相对工作阻力而言的，与顶板类别和级别有关。为了协调初撑力和工作阻力的作用，充分发挥支架的支撑力，使支架具有最佳阻力特性，应该使初撑力与工作阻力有一个合理的配比关系，一般按下列原则选取。

① 对于不稳定顶板和中等稳定顶板，为了维护机道上方的顶板，应取较大的初撑力，约为工作阻力的80%。

② 对于稳定顶板，机道上方的顶板稳定性较好，初撑力不宜过大，适当的顶板下沉有利于减少顶板在采空区的悬顶，但初撑力不应低于工作阻力的50%。

③ 对于老顶来压强烈的工作面，为避免顶板大面积悬顶垮落时对采场产生动载威胁，应取较大的初撑力，约为工作阻力的75%。

④ 当支架用于厚煤层的下分层时，若初撑力太小，则移架时易形成大量网兜而难以控顶，但初撑力不能过大，一般取初撑支护强度为（2～3）$M\rho\times10^{-2}$kPa，M 和 ρ 的意义见式（3.1）。

（3）移架力和推溜力。

移架力与架型、吨位、支撑高度、顶板状况、是否带压移架等有关，垛式液压支架的移架力一般为 100kN；掩护式液压支架和支撑掩护式液压支架的移架力为 250 ～ 300kN；支撑高度超度 4m 的液压支架的移架力为 450kN。

通常长度为 1.5m 的一节溜槽对应一架支架，推溜力约为 150kN；薄煤层支架的推溜力约为 100kN；厚煤层支架的推溜力接近 200kN。推移千斤顶的行程与采煤机截深相适应，一般为 0.7m，也可用 0.9m，不推荐使用 1.1m。

3. 确定总体尺寸

（1）结构高度和伸缩比。

支架的最大结构高度和最小结构高度

$$H_{max} = M_{max} + S_1 \qquad (3.4)$$

$$H_{min} = M_{min} - S_2 \qquad (3.5)$$

式中，M_{max} 和 M_{min} 分别为煤层最大开采高度和最小开采高度，m。为了保证伪顶垮落后支架仍能支撑顶板，以免发生倒架和顶板局部冒落现象，支架的最大结构高度应比 M_{max} 大 0.2 ～ 0.3m（S_1）；为了保证在顶板出现最大下沉量、支架上下都存有浮煤碎矸时，支架仍能顺利推移，一般取 S_2=0.25 ～ 0.35m，薄煤层支架可适当取更小值。

支架的最大结构高度、最小结构高度应符合表 3-7 中的系列值。

表 3-7 支架的最大结构高度、最小结构高度的系列值　　单位：m

最大结构高度	1.2	1.3	1.5	1.7	2.0	2.2	2.5	2.8
	3.2	3.5	3.8	4.2	4.5	4.7	5.0	5.3
最小结构高度	0.5	0.6	0.7	0.8	1.0	1.2	1.3	1.4
	1.6	1.7	1.8	2.0	2.2	2.5	2.8	3.2

确定支架最小结构高度时，还应考虑井下的允许运输高度。

支架伸缩比

$$K_s = \frac{H_{max}}{H_{min}} \qquad (3.6)$$

K_s 值反映支架对采高变化的适应能力。对于采用单伸缩立柱，K_s 一般为 1.6，最大可取 1.8；对于带机械加长杆的单伸缩立柱，K_s 一般为 2.2，最大可取 2.5；对于双伸缩立柱，K_s 一般为 2.5，薄煤层支架可取 3。

（2）支架宽度和覆盖率。

支架宽度大，可以提高移架速度和支架的横向稳定性，但对顶板起伏的适应性降低，且需增大立柱工作阻力。我国规定支架标准中心距为 1.5m。掩护式支架和支撑掩护式支架包括侧护板在内的顶梁宽度为 1.4 ～ 1.6m（1.4m 为侧护板收缩时的运输宽度，1.5m 为支架正常工作时的宽度，1.6m 为调架时侧护板伸出后的最大宽度）。垛式支架的间距一般为 0.1 ～ 0.2m。

支架顶梁对支护面积的覆盖率

$$\delta = \frac{Bl}{(l+c)(B+K)} \times 100\% \tag{3.7}$$

δ应符合顶板的性质要求：对于不稳定顶板，δ=85% ～ 95%；对于中等稳定顶板，δ=75% ～ 85%；对于稳定顶板，δ=60% ～ 70%；对于坚硬顶板 $\delta \leqslant 60\%$。

支架底座宽度一般为 1.1 ～ 1.2m。为提高横向稳定性和减小对底板的比压，厚煤层支架的底座宽度可增大到 1.3m，放顶煤支架的底座宽度为 1.3 ～ 1.4m。在底座中间安装推移装置的槽宽度与推移装置的结构和千斤顶缸径有关，一般为 0.3 ～ 0.38m。

（3）顶梁长度。

支顶式掩护支架的顶梁长度（图 3.46）

$$l = L_2 + L_1 + L_3 = \varDelta + y + d + e - c + L_1 + L_3 \tag{3.8}$$

式中，l 为顶梁长度，m；$\varDelta$ 为输送机溜槽铲煤板端至煤壁的距离，一般为 0.05 ～ 0.15m；y 为包括铲煤板的输送机中部槽的宽度，m；d 为推移步距，m，及时支护时等于采煤机的截深，滞后支护时为零；e 为立柱上支点的水平投影至底座前端的距离，m，一般为 0.3 ～ 0.5m；c 为梁端距，m，一般为 0.25 ～ 0.35m，不超过 0.4m；L_2 为顶梁前段长度，m，及时支护时为 2.0 ～ 2.3m；L_3 为顶梁后段长度，m，应尽量小，以减轻支架质量。

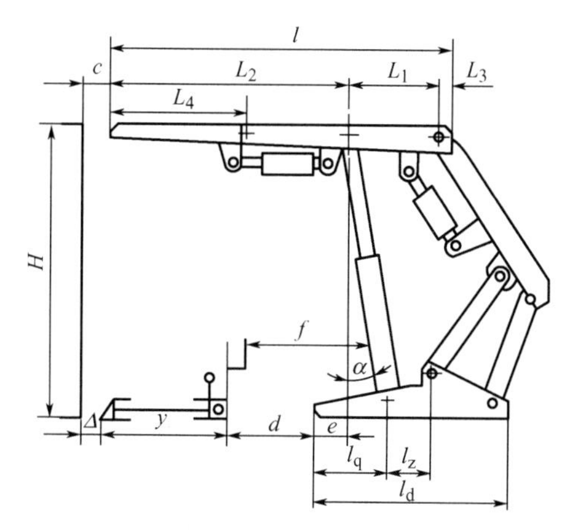

H—支架高度；f—立柱缸体外径与电缆槽外侧的距离；α—立柱角度；l_q—底座前端与柱窝中心的水平距离；l_z—底座柱窝中心与销轴孔中心的水平距离；l_d—底座长度

图3.46 支顶式掩护支架顶梁长度

掩护式支架的人行道在立柱前方，支架前移后，立柱缸体外径至电缆槽外侧的距离 $f \geqslant 0.5$m。

由于顶梁承受顶板载荷通常按三角形分布假设，因此 $L_1 + L_3 \approx (l+c)/3$，一般为 0.9m；顶梁全长 l=3.0 ～ 3.3m；铰接顶梁的前梁长度 L_4=1.1 ～ 1.2m。

这种支架的底座长度 l_d=2.0 ～ 2.5m，前段长度 $l_q \approx l_{d1}/2$。在立柱不与前连杆下铰接点干涉的原则下，尽量减小中段长度 l_z。

支掩式掩护支架的顶梁长度如图 3.47 所示。

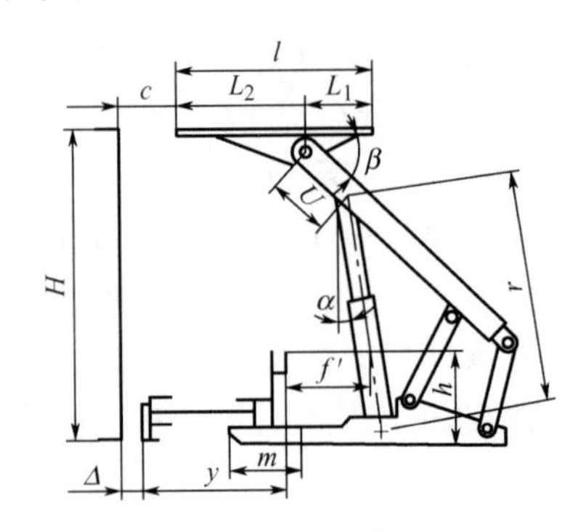

图3.47　支掩式掩护支架的顶梁长度

插入式支架的顶梁长度

$$l = L_2 + L_1 = \Delta + y + f' - (r - h\sec\alpha)\sin\alpha - U\cos\alpha + L_1 - c \quad (3.9)$$

式中，y 为包括电缆槽的中部槽宽度，m；f' 为包括推移步距、人行道宽度和立柱缸体外径的一半，m；r 为支架工作高度最小时的立柱长度，m；h 为电缆槽顶端至底板的高度，m；α 和 β 分别为支架工作高度最小时立柱和掩护梁的倾角，°；U 为立柱上支点至顶梁与掩护梁铰点的距离，m；L_2、L_1 为顶梁前、后段长度，m，为保证梁端对近煤壁顶板有必要的支护强度，应取 $L_2 : L_1 \leqslant 2 : 1$，一般取 5：3。

非插入式掩护支架的底座长度比插入式掩护支架小，为了保证支架的纵向稳定性，顶梁与掩护梁的铰点需要相应后移。由于非插入式掩护支架的顶梁较长，因此支架载荷增大，立柱工作阻力也相应增大。为了增大梁端支撑力，一般加设限位千斤顶。

支撑掩护式支架的顶梁长度如图 3.48 所示。

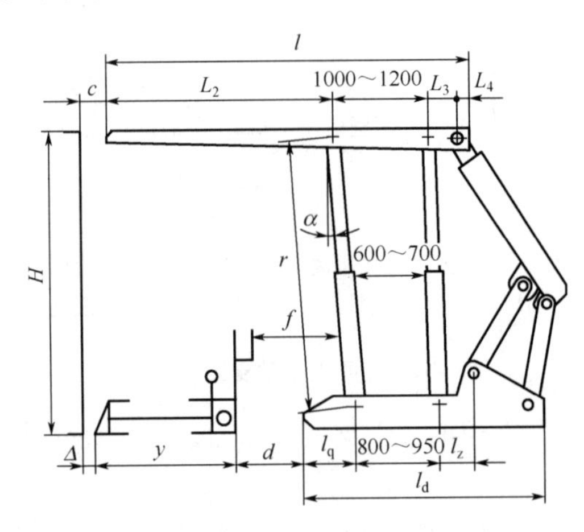

图3.48　支撑掩护式支架的顶梁长度

顶梁前段长度

$$L_2 = \Delta + y + d + l_q - r\sin\alpha - c \quad (3.10)$$

支撑掩护式支架的人行道在前、后排立柱之间，可以减小移架后留下的间隙f，一般取f=0.15～0.2m。L_3、L_z的值应尽量小。底座前段长度L_q=0.5～0.8m。支撑掩护式支架的顶梁全长l=3.5～4.0m，底座长度l_d=2.5～3.0m。

3.7.3 液压支架受力分析

垛式支架的受力分析如图3.49所示。

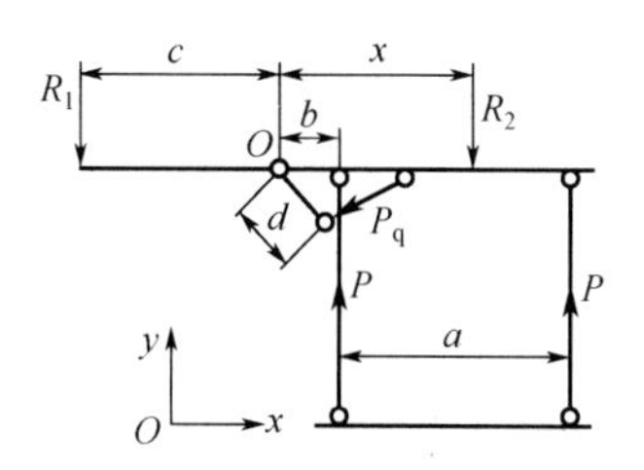

图3.49 垛式支架的受力分析

取前梁为分离体，由$\Sigma M_O=0$得梁端支撑力

$$R_1=\frac{d}{c}P_q \tag{3.11}$$

式中，R_1为梁端支撑力，kN；P_q为前梁千斤顶的工作阻力，kN。

设各立柱均匀承载，工作阻力为P，且前、后排立柱数量相同，取主梁、前梁为分离体，由$\Sigma F_y=0$和$\Sigma M_O=0$得主梁支撑力R_2及其作用位置x

$$R_2=nP-R_1 \tag{3.12}$$

$$x=\frac{nP(b+a/2)+dP_q}{nP-(d/c)P_q} \tag{3.13}$$

式中，n为支架的立柱数量。

当采用刚性顶梁时，

$$R_2=nP \tag{3.14}$$

$$x=\frac{1}{2}a+b \tag{3.15}$$

支掩式掩护支架的受力分析如图3.50所示。

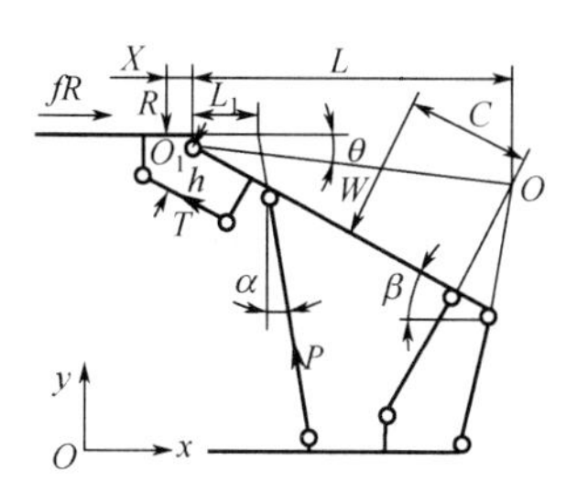

图3.50 支掩式掩护支架的受力分析

取顶梁为分离体，由$\Sigma M_{O_1}=0$得

$$x=\frac{T}{R}h \tag{3.16}$$

取顶梁、掩护梁为分离体，各力对前、后连杆延长线的交点 O（掩护梁的瞬时回转中心）取矩，由 $\Sigma M_O=0$ 及式（3.16）得支撑力

$$R=\frac{1}{1-f\tan\theta}\left[\left(1-\frac{L_1}{L}\right)P\cos\alpha-P\sin\alpha\tan\theta-\frac{h}{L}T-\frac{C}{L}W\right] \tag{3.17}$$

式中，P 为支架立柱的总工作阻力，kN；T 为限位千斤顶的工作阻力，kN；W 为冒落矸石作用于掩护梁的力，kN；f 为顶梁与顶板间的摩擦系数，一般为 0.1 ～ 0.3，摩擦力 fR 指向采空侧为正；h 为限位千斤顶作用力对 O_1 点的力臂，m；L 为 O_1 点与 O 点的水平距离，m；L_1 为立柱中心线延长线与通过 O_1 点的顶梁平行线的交点至 O_1 点的水平距离，m；θ 为 O_1 点和 O 点连线与通过 O_1 点的顶梁平行线的夹角，°，在顶梁平行线以下为正值，在顶梁平行线以上为负值；α 为立柱倾角，°，前倾取正值，后倾取负值；C 为矸石力 W 对瞬心 O 的力臂，m。

支顶式掩护支架的受力分析如图 3.51 所示。

对于支顶式掩护支架，用相同方法求得支撑力

$$R=\frac{1}{1-f\tan\theta}\left(P\cos\alpha-P\sin\alpha\tan\theta-\frac{h}{L}T-\frac{C}{L}W\right) \tag{3.18}$$

支撑力 R 作用位置

$$x=\frac{1}{R}\left(PL_1\cos\alpha+Th\right) \tag{3.19}$$

限位千斤顶的两腔都可能承载，当活塞腔承载时，推顶梁，T 为正值；当活塞杆腔承载时，拉顶梁，T 为负值。限位千斤顶使支架成为一个稳定结构。

支顶支掩式掩护支架的受力分析如图 3.52 所示。

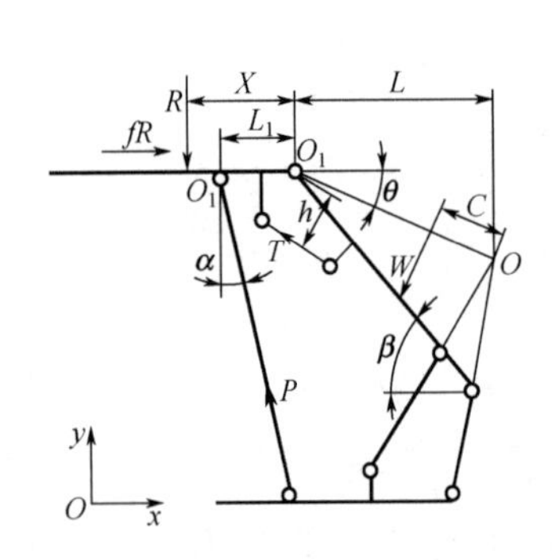

图3.51　支顶式掩护支架的受力分析

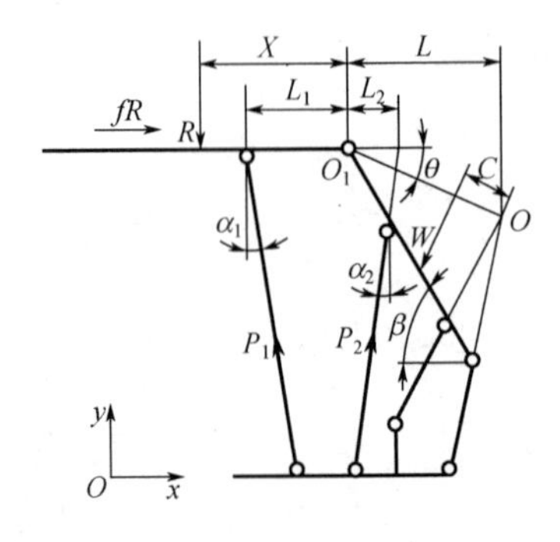

图3.52　支顶支掩式掩护支架的受力分析

支撑力

$$R=\frac{1}{1-f\tan\theta}\left\{\left[P_1\cos\alpha_1+\left(1-\frac{L_2}{L}\right)P_2\cos\alpha_2\right]-\left[P_1\sin\alpha_1+P_2\sin\alpha_2\right]\tan\theta-\frac{C}{L}W\right\} \tag{3.20}$$

支撑力的作用位置

$$x = \frac{1}{R} P_1 L_1 \cos\alpha_1 \quad (3.21)$$

支撑掩护式支架的受力分析如图 3.53 所示。

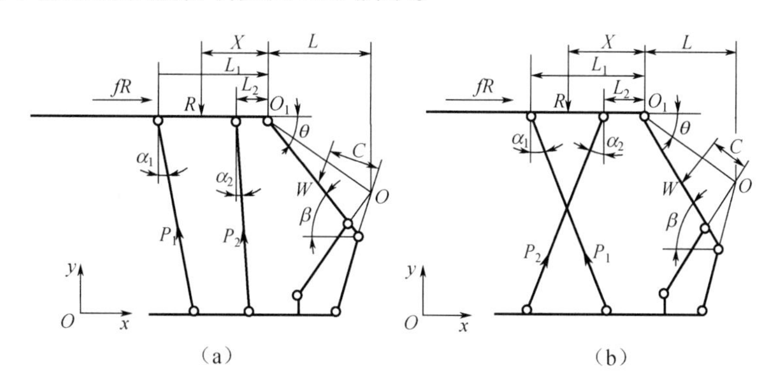

图3.53　支撑掩护式支架的受力分析

支撑力

$$R = \frac{1}{1 - f\tan\theta}\left[\left(P_1\cos\alpha_1 + P_2\cos\alpha_2\right) - \left(P_1\sin\alpha_1 + P_2\sin\alpha_2\right)\tan\theta - \frac{C}{L}W\right] \quad (3.22)$$

支撑力的作用位置

$$x = \frac{1}{R}\left(P_1L_1\cos\alpha_1 + P_2L_2\cos\alpha_2\right) \quad (3.23)$$

由于掩护式支架和支撑掩护式支架的立柱倾斜布置，因此立柱总工作阻力 P 与支架对顶板的支撑力 R 不相等。可以用支撑效率描述立柱工作阻力的利用率，即 $\eta=R/P\times100\%$。

从以上受力分析可见，当掩护式支架和支撑掩护式支架的工作高度不同时，支撑效率、支撑力及其作用位置随着 L、L_1、α、θ 的变化而变化，设计时，应适当选择，避免支撑力和支撑效率偏低。下面讨论各影响因素。

（1）立柱倾角 α。立柱支撑顶梁的支撑力分量为 $P\cos\alpha$，立柱倾角越大，支撑力越小。为了扩大调高范围，掩护式支架立柱的最大倾角可能大于 30°，但需要满足顶板要求的最小支护强度。支撑掩护梁的立柱的支撑力分量为 $P\cos\alpha$（$1-L_1/L$），除了倾角不宜过大，还应使其上支点尽量靠近掩护梁与顶梁的铰点，减小 L_1/L 值。

支架在最大工作高度时，掩护式支架的立柱倾角为 15°；支撑掩护式支架，前柱前倾 5° ～ 10°，后柱接近垂直。前柱前倾、后柱后倾的支撑掩护式支架，前后倾角大致相等。

（2）掩护梁倾角 β。适当增大掩护梁倾角 β，可减少梁上堆积的矸石，以提高支撑力，但掩护梁所受弯矩随之增大。支架在最大工作高度时，掩护式支架的 β=52° ～ 57°，支撑掩护式支架的 β=57° ～ 62°。支架在最小工作高度时，$\beta\approx20°$，不得小于 15°，以免梁上堆积的矸石太多而压死支架，造成移架困难。

（3）θ。支架升降时，掩护梁绕瞬时回转中心 O 做平面运动。顶梁与掩护梁的铰点 O_1 的运动轨迹为双纽线，O_1O 线是双纽线的法线，与水平线的夹角为 θ，$\tan\theta$ 为双纽线水平偏移量的瞬时变化率。

若用 R_0 表示 f=0 时的支撑力，则

$$\lambda=\frac{R}{R_0}=\frac{1}{1\pm\tan\theta} \tag{3.24}$$

表示摩擦系数 f 和 θ 的影响。当摩擦力指向采空侧时，式中分母取负号，否则取正号。要求支架在工作高度范围内，由 θ 的变化引起的支撑力波动不应过大。若控制 λ=0.95 ～ 1.05，且 f=0.3，则 $\theta \leqslant 9°$。设计时，应力求使瞬心 O 在顶梁水平面附近。

（4）摩擦系数 f。摩擦系数对水平力的影响较大。有人认为，由于顶板下沉量不大，因此顶梁相对顶板的水平位移变化很小；顶梁、掩护梁、连杆、底座间的铰接处有较大径向间隙，顶梁与顶板的相对滑动量实际很小，f=0.1 足以反映水平力对支撑力的影响。掩护梁、连杆等受力构件的质量可设计得小些。但实际上，为了提高支架的可靠性，一般取 f=0.2 ～ 0.3。

（5）限位千斤顶的作用力 T。由于限位千斤顶的作用力 T 及作用力臂 h 都较小，h 随支架工作高度的变化也较小，因此对支撑力的影响不大。

（6）矸石力 W。W 可使支撑力减小。支架从开切眼工作到直接顶第一次垮落前，W=0。这种情况对支架的纵向稳定性、掩护梁和连杆的受力最不利。

支架从直接顶初次垮落后进入正常工作，矸石力的垂直分量 W_y 一般按 2 ～ 4 倍采高的岩石质量乘以掩护梁的水平投影面积估算，而水平分量 W_x 按（1/5 ～ 1/3）W_y 估算，并按均布载荷处理。

3.7.4 四连杆机构设计

四连杆机构的参数决定了支架在调高范围内梁端距和支撑力的变化幅度，对支架构件的受力也有较大影响。确定四连杆机构尺寸时，应使梁端轨迹在调高范围内近似为一条垂线，并且最好使轨迹曲线的工作段在支架降低时向煤壁方向倾斜，使梁端距减小，摩擦力指向采空侧，以提高支架的纵向稳定性，减小底座前端对底板的比压。

四连杆机构的几何关系和受力分析如图 3.54 所示。

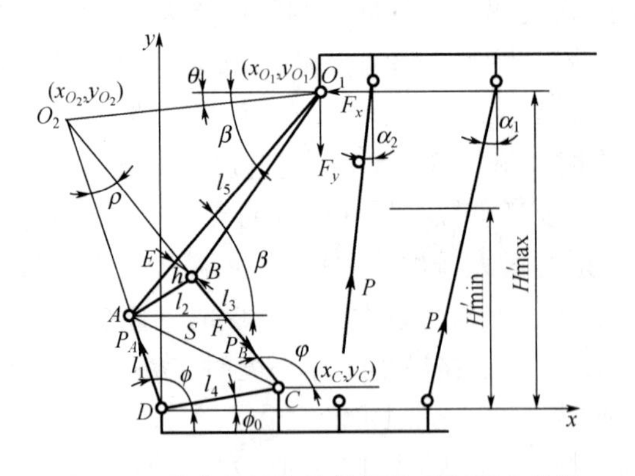

图3.54　四连杆机构的几何关系和受力分析

铰接点 O_1 的坐标

$$\begin{cases} x_{O_1} = l_1 \cos\phi + l_5 \cos\beta \\ y_{O_1} = l_1 \sin\phi + l_5 \sin\beta \end{cases} \quad (3.25)$$

式中，β 为掩护梁倾角，°，$\beta = \angle O_1AB + \angle BAF$，$\angle BAF = \angle BAC - \angle ACD + \phi_0$，$\angle O_1AB = \arcsin\dfrac{h}{l_2}$，$\angle BAC = \arccos\dfrac{l_2^2 + s^2 - l_3^2}{2l_2 s}$，$\angle ACD = \arccos\dfrac{l_4^2 + s^2 - l_1^2}{2l_4 s}$，$l_4 = \sqrt{x_C^2 + y_C^2}$，$s = \sqrt{l_1^2 + l_4^2 - 2l_1 l_4 \cos(\phi - \phi_0)}$，$\phi_0 = \arctan\dfrac{y_C}{x_C}$。

对于确定尺寸的支架，β 值可由 ϕ 计算出来。

掩护梁瞬心 O_2 的坐标

$$\begin{cases} x_{O_2} = \left(l_1 + \dfrac{\sin\angle ABC}{\sin\rho} l_2 \right) \cos\phi \\ y_{O_2} = \left(l_1 + \dfrac{\sin\angle ABC}{\sin\rho} l_2 \right) \sin\phi \end{cases} \quad (3.26)$$

式中，$\angle ABC = 180^\circ - (\angle BAC + \angle BCA)$, $\angle BCA = \arccos\dfrac{l_3^2 + s^2 - l_2^2}{2l_3 s}$，$\rho = 180^\circ - (\angle BCA + \angle ACD) - (\phi - \phi_0)$，$\varphi = 180^\circ - (\angle BCA + \angle ACD) + \phi_0$。

瞬心 O_2 和铰点 O_1 的连线与顶梁水平面的夹角

$$\theta = \arctan\frac{y_{O_1} - y_{O_2}}{x_{O_1} - x_{O_2}} \quad (3.27)$$

式中，θ 在铰点 O_1 的下面为正，在铰 O_1 的上面为负，°。

四连杆机构的受力分析如下。

水平力

$$F_x = \sum(P\sin\alpha) - fR \quad (3.28)$$

垂直力

$$F_y = F_x \tan\theta \quad (3.29)$$

前连杆力

$$P_B = \frac{\sin\phi - \cos\phi\tan\theta}{\sin\rho} F_x \quad (3.30)$$

后连杆力

$$P_A = \frac{\sin\varphi - \cos\varphi\tan\theta}{\sin\rho} F_x \quad (3.31)$$

掩护梁的最大弯矩 M_B 出现在 B 点所在的横截面，

$$M_B = F_x \sin\beta(l_5 - l_2\cos\angle BAE) - F_y\cos\beta(l_5 - l_2\cos\angle BAE)$$
$$= \frac{\sin(\beta-\theta)(l_5 - l_2\cos\angle BAE)}{\cos\theta}F_x \tag{3.32}$$

由此可知，P_A、P_B、M_B正比于F_x，F_x与立柱倾角、摩擦系数有关。虽然增大ρ、θ值能减小前、后连杆受力和掩护梁弯矩，但梁端距变动量增大，支撑力和支护强度突变。

采用优化方法设计支架结构参数已有许多研究，可在各种约束条件下达到质量最轻、构件载荷最小和梁端距变动量最小等目标。

采用传统作图试凑法设计四连杆机构时，应先参考同类支架，确定四连杆参数（图3.55）：后连杆下铰点D至底面距离a（a=0.25～0.28m）；掩护梁上铰接点O_1至顶面距离b；掩护梁长度l_5应略大于$H_{max}/2$；为增大通风断面面积，掩护式支架的β取较小值，l_6/l_5=0.44～0.57；支撑掩护式支架的β取较大值，l_6/l_5=0.26～0.44；根据经验，掩护式支架的l_1/l_5=0.45～0.61，支撑掩护式支架的l_1/l_5=0.61～0.82；掩护式支架的γ=（5°～10°）～60°，支撑掩护式支架的r=（10°～15°）～60°；支架在H_{max}时，（90°−β+γ）≈42°，支架在H_{min}时（90°−β+r）≈135°；适当减小ρ值利于减小连杆力，β=15°～18°；l_2的选取原则是，支架在H_{min}时，前、后连杆不干涉；为增大掩护梁强度，可将B点移到梁的内侧；l_2=150～200mm；前连杆下铰点C的高度与支架H_{min}有关，可参考同类支架确定；在l_1～l_4中，l_2为最短杆，l_3为最长杆，应满足$l_2+l_3<l_1+l_4$，且$l_2<l_4$。

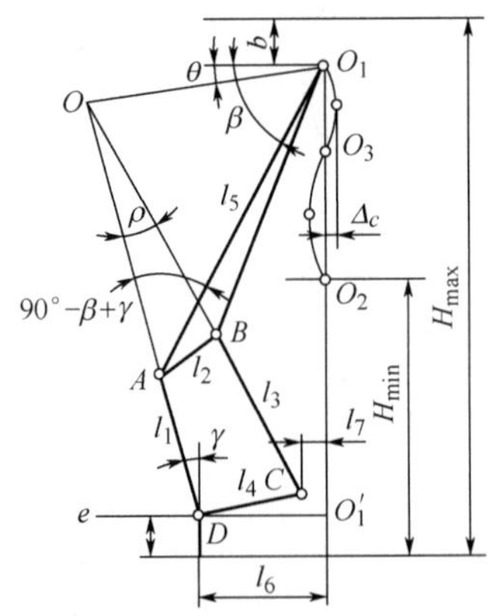

图3.55　四连杆机构参数

作图步骤如下。

（1）从支架底面量取H_{max}、H_{min}，截去尺寸b得O_1点，截去尺寸a画底面平行线eO_1'。

（2）在O_1点按β_{max}和l_5作出掩护梁斜线O_1A，在eO_1'上量取l_6，得后连杆下铰点D；连接DA，并初步校核l_1、γ是否在推荐的范围内。

（3）画出支架在最低高度O_2的l_1、l_5位置，并校核β_{min}是否合适。

（4）按$y_{O_3}=y_{O_2}+0.6(y_{O_1}-y_{O_2})=0.6y_{O_1}+0.4y_{O_2}$，从$eO_1'$线向上量取，找出双纽线的第三点$O_3$，并画出$l_1$、$l_5$的第三个位置。

（5）在上述 l_1、l_5 的三个位置分别量出 $AB=l_2$，得到 B 点三个位置构成的圆弧及圆弧半径，该圆弧半径与平行于 $O_1O_2O_3$ 线、距离为 l_7 的垂线的交点 C 就是前连杆的下铰点。

将 O_1 点、O_2 点对应的 A 点两个极限位置间的圆弧平均分为若干份，并作出经过 O_1、O_2 和圆弧均分点的机构相应轨迹曲线。如果曲线水平摆动量大于限定值、构件受力过大，则应修改有关参数（杆件尺寸或角度），再按上述方法绘图，直到满意为止。

3.7.5 立柱和千斤顶参数设计

1. 确定支架立柱数量

国内支撑式液压支架的立柱为 2 ～ 6 根，常用 4 根；掩护式液压支架的立柱为 2 根；支撑掩护式液压支架的主柱为 4 根。

2. 确定支架立柱的支撑方式和立柱间距

支撑式液压支架的立柱垂直布置；掩护式液压支架的立柱倾斜布置，可克服一部分水平力，并能扩大调高范围。一般立柱轴线与顶梁垂线的夹角小于 30°（支架在最低工作位置），因为角度较大，所以调高范围增大。同时由于顶梁较短，立柱倾角增大可以使顶梁柱窝位置前移，使顶梁前端支护能力增强。支撑掩护式液压支架根据结构要求倾斜布置或垂直布置，一般立柱轴线与顶梁垂线的夹角小于 10°（支架在最高工作位置），因为夹角较小，所以有效支撑能力较强。

立柱间距是就支撑式液压支架和支撑掩护式液压支架而言的，即前、后立柱的间距。立柱间距的选择原则为有利于操作、行人和部件合理布置。支撑式液压支架和支撑掩护式液压支架的立柱间距为 1 ～ 1.5m。

3. 确定立柱柱窝位置

确定掩护式液压支架立柱的上、下柱窝位置对液压支架正常工作极为重要，在设计时，需要根据顶板载荷分布和底板条件确定支架顶梁的支撑力分布和底座对底板的比压分布，使支架适应工作面的要求，以确定立柱的上、下柱窝位置。

从理论上分析，确定液压支架立柱的上柱窝位置的原则是使顶梁支撑力分布与顶板载荷分布一致。但顶板载荷复杂，分布规律因支架顶梁与顶板的接触情况而异。为简化计算，假设顶梁与顶板均匀接触，载荷沿顶梁长度方向呈线性规律变化，沿支架宽度方向均匀分布。把支架的空间杆系结构简化成平面杆系结构，同时考虑安全性，可以认为顶梁前端载荷为零，载荷沿顶梁长度方向向后越来越大，呈三角形分布，并按集中载荷计算。所以，支架支撑力也为三角形分布，以方便计算立柱的上柱窝位置。此时，认为在支架顶梁 1/3 处承受集中载荷。

实际上，顶板载荷不一定与假定条件相符，要针对不同顶板条件下支架的受载情况进行分析。

当直接顶完整，顶梁和顶板较均匀地接触时，立柱的上柱窝位置按以上假设确定，支架能充分发挥初撑力和工作阻力，有效地支控顶板。此时，支架支撑力分布与顶板载荷分布基本一致。

当顶梁前端片帮而冒空时，支架顶梁的合力作用点位置后移。此时，平衡千斤顶受拉，由平衡千斤顶控制顶梁与掩护梁的夹角。当平衡千斤顶的拉力和行程在允许范围内时，支架能有效地支控顶板；当超过平衡千斤顶的行程范围时，平衡千斤顶的耳环或活塞可能拉坏，支架不能正常工作。

当顶梁后部的顶板出现冒空时，支架顶梁的合力作用点位置前移。此时，平衡千斤顶受压，顶梁与掩护梁的夹角减小。当平衡千斤顶的推力和行程在允许范围内时，支架能有效地支控顶板；当超过平衡千斤顶的行程范围时，平衡千斤顶被压死，顶梁与掩护梁的夹角最小。

当顶梁上方全部冒空时，冒落岩石全部作用在顶梁和掩护梁上，使顶梁与掩护梁的夹角增大，直至平衡千斤顶的活塞杆拉出或耳环拉坏，支架失去支控能力。

按上述方法确定立柱的上柱窝位置，并借助平衡千斤顶，基本能满足支控顶板的要求。

立柱的下柱窝位置要有利于移架，使底座前端对底板的比压小。同时考虑柱前行人和支架的调高范围以及下柱窝与前连杆下铰点的距离，一般按支架在最低工作位置时，立柱最大倾角应小于 30° 考虑。

确定支撑式液压支架和支撑掩护式液压支架立柱的柱窝位置，根据支架支撑力分布与顶板载荷分布一致的原则，通过受力分析确定柱窝合力作用点位置。根据前、后立柱间行人的要求，还要对支撑掩护式液压支架考虑立柱倾角的要求，分配前、后柱窝位置。

4. 确定平衡千斤顶的位置和行程

掩护式液压支架中平衡千斤顶的位置应按下述方法计算确定。

（1）平衡千斤顶安装位置的确定原则。为了保证支架的工作可靠性，支架的支撑力（包括立柱的支撑力和平衡千斤顶的推力或拉力等）分布需要适应顶板载荷分布。确定立柱的上、下柱窝位置后，可以根据顶板载荷分布来确定平衡千斤顶的位置，可分以下两种情况进行分析。

① 当顶梁前端出现空顶时，顶梁后端载荷增大，顶板载荷合力作用点位置后移，平衡千斤顶受拉，为使支架支撑力分布适应顶板载荷分布，假设合力作用点位置在顶梁后端顶梁长度的 27% 处计算。

② 当顶梁后端出现空顶时，顶梁前端载荷增大，顶板载荷合力作用点位置前移，平衡千斤顶受推，为使支架支撑力分布适应顶板载荷分布，假设合力作用点位置在顶梁后端顶梁长度的 35% 处计算。

（2）平衡千斤顶的行程计算。为了防止平衡千斤顶耳环或平衡千斤顶本身拉坏，对平衡千斤顶的行程有如下要求：当支架在最高工作位置时，顶梁能下摆 15°；当支架在最低工作位置时，顶梁能上摆 10°，或顶梁与掩护梁近似成 180°。

5. 确定侧推千斤顶的控制方式和位置

侧推千斤顶伸出时，活动侧护板外移，可密闭架间间隙，起到防矸、导向、防倒和调架等作用；侧推千斤顶缩回时，活动侧护板缩回，可减小移架阻力。

（1）侧推千斤顶的控制方式。当无锁紧回路且不操作时，侧推千斤顶处于浮动状态，靠弹簧筒的弹簧力控制活动侧护板与邻架的间隙。其优点是防止顶板岩石从架间冒落，移架时摩擦阻力小。

有锁紧回路时，用液控单向阀锁紧。其优点是防矸、防倒效果好；缺点是移架时要操纵侧推千斤顶，移架操作更复杂，且架间易掉矸。

（2）侧推千斤顶布置。由于顶梁在顶板载荷作用下，只有侧推千斤顶的推拉力足够大，才能灵活操纵顶梁侧护板，因此，一般在顶梁上布置两个侧推千斤顶和两个弹簧筒。

一般仅在掩护梁的中间布置一个侧推千斤顶，两端对称布置一个弹簧筒。

由于顶梁和掩护梁上焊有横筋板，因此侧推千斤顶的安装位置要与横筋板相适应，一般为对称布置，使侧护板受力平衡，具体布置方式有如下三种：二孔式，采用两个侧推千斤顶，在侧推千斤顶处布置弹簧筒，靠弹簧力实现架间密封；三孔式，中间孔布置侧推千斤顶，两侧对称布置弹簧筒；四孔式，中间两孔布置侧推千斤顶，侧面两孔布置弹簧筒。

6. 确定立柱缸体内径

立柱缸体内径按下式计算：

$$D_{\mathrm{d}}=\sqrt{\frac{4R}{\pi n p_{\mathrm{a}}\cos\alpha_{\mathrm{m}}}} \tag{3.33}$$

式中，D_{d} 为立柱缸体内径，m；R 为支架承受的顶板载荷，kN；n 为每架支架的立柱数量；p_{a} 为安全阀调整压力，kPa，按产品样本或参考同类产品选取；α_{m} 为立柱最大倾角，°，当支架降到最低工作位置时值最大。

要对计算出的缸体内径进行圆整，按标准系列值选取。

7. 确定立柱初撑力

立柱初撑力按下式计算：

$$P_1=\frac{1}{4}\pi D_{\mathrm{d}}^2 p_{\mathrm{b}}' \tag{3.34}$$

式中，P_1 为立柱初撑力，kN；p_{b}' 为乳化液泵站的额定工作压力 p_{b} 减去从泵站到支架压力损失的值（乳化液泵站的额定工作压力 p_{b} 是泵站产品目录中给定的值），kPa。

8. 安全阀压力和立柱工作阻力的确定

安全阀压力由选定的立柱缸体内径 D_{d} 和支架承受的顶板载荷 R 确定，即

$$p_{\mathrm{a}}=\frac{4R}{\pi D_{\mathrm{d}}^2 n\cos\alpha_{\mathrm{n}}} \tag{3.35}$$

式中，p_{a} 为安全阀压力，kPa；α_{n} 为支架在最高工作位置时的立柱倾角，°。

求出 p_{a} 值后，选定一种动作压力与 p_{a} 相近的标准安全阀，该标准安全阀的动作压力即安全阀的调整压力。

立柱的工作阻力 P_2 按下式计算：

$$P_2 = \frac{1}{4}\pi D_d^2 p_a \tag{3.36}$$

泵站和安全阀都选定后，立柱的初撑力和工作阻力便确定。液压支架的设计和使用经验表明，初撑力与工作阻力满足一定关系，初撑力过小，不能有效地支撑顶板；初撑力过大，易压碎顶板。

9. 确定推移千斤顶缸体内径和行程

推移千斤顶缸体内径与推移方式有关。直接推移方式千斤顶的缸体内径

$$D_t = \sqrt{\frac{4F_t}{\pi p_b'}} \tag{3.37}$$

式中，F_t 为推移千斤顶的推力，kN，一般取 F_t =100kN。

框架推移方式千斤顶的缸体内径

$$D_t' = \sqrt{\frac{4F_y}{\pi p_b'}} \tag{3.38}$$

式中，F_y 为推移千斤顶的移架力，kN，在薄煤层中，一般取 F_y =100 ～ 150kN；在中厚煤层中，一般取 F_y =150 ～ 250kN；在厚煤层中，一般取 F_y =300 ～ 400kN。

浮动活塞式推移千斤顶的缸体内径

$$D_t'' = \sqrt{\frac{4F_y}{\pi p_b'} + d_t^2} \tag{3.39}$$

$$d_t = \sqrt{\frac{4F_t}{\pi p_b'}} \tag{3.40}$$

式中，d_t 为活塞杆直径，m。

以上计算出的尺寸值需圆整成标准系列值。

推移千斤顶的行程与推移步距有关，当推移步距为 0.6m 时，推移千斤顶的行程为 0.7 ～ 0.75m。

同理，可确定其他千斤顶的行程和缸径等技术参数。

3.7.6 计算支护强度、对底板比压和支架构件结构强度

1. 支架载荷工况

支架有以下三种载荷工况。

（1）从在开切眼安装支架到第一次顶板冒落，顶梁支撑顶板，掩护梁上无矸石。

（2）第一次顶板冒落后，顶梁仍支撑顶板，掩护梁上堆有冒落矸石。

（3）顶梁上部的顶板冒空，只有掩护梁上作用有矸石力。

第（1）种和第（2）种载荷工况是支架的正常工况。在计算支护强度、对底板比压和支架构件结构强度前，应计算出在第（1）种和第（2）种载荷工况下，限位千斤顶推、拉

顶梁，摩擦系数f（0、0.15、0.3），以及在$H_{min}\sim H_{max}$范围内每隔一定高度（通常为0.2m）的有关参数、支撑力及其作用位置和各构件受力。

2. 计算支护强度和对底板比压

（1）载荷假定。

①煤层顶板、底板起伏不平，与支架接触情况复杂。为便于计算，假定它们之间为均匀接触，载荷沿支架纵向呈线性分布，横向呈均匀分布；②顶板作用于支架顶梁的摩擦力方向，只考虑指向采空区侧情况；③立柱千斤顶、前梁千斤顶和限位千斤顶的计算载荷按各自的工作阻力计算。

（2）验算支护强度（图3.56）。

验算最小支护强度是否满足顶板要求。

对于刚性顶梁［图3.56（a）］，当$l/3<X$（忽略顶梁后端长度Δ）时，顶梁载荷呈梯形分布，前端支护强度

$$q_1=\frac{6X-2l}{Al^2}R \tag{3.41}$$

式中，R为支撑力，kN；A为支架中心距，m；l、X——意义如图，m。

后端支护强度

$$q_2=\frac{4l-6X}{Al^2}R \tag{3.42}$$

当$X<l/3$时，顶梁载荷三角形分布：

$$\begin{cases}q_1=0\\[2mm] q_2=\dfrac{2}{Al}R\end{cases} \tag{3.43}$$

对于铰接顶梁［图3.56（b）］，一般前梁载荷呈三角形分布。主梁载荷分布取决于R_2的作用位置X_2，有三角形和梯形两种，其计算与刚性梁相同。

（3）计算对底板比压（图3.57）。

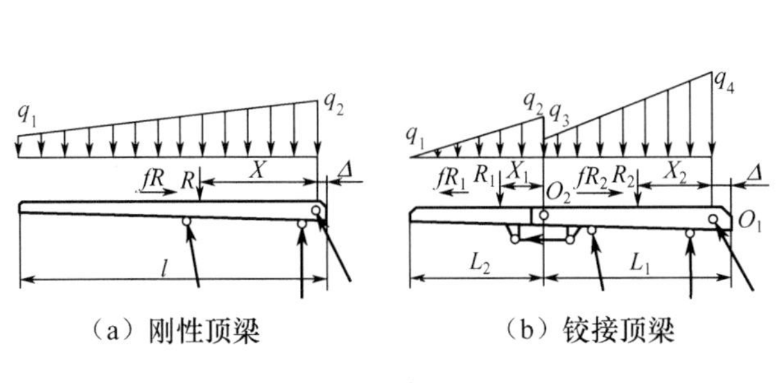

图3.56　验算支护强度

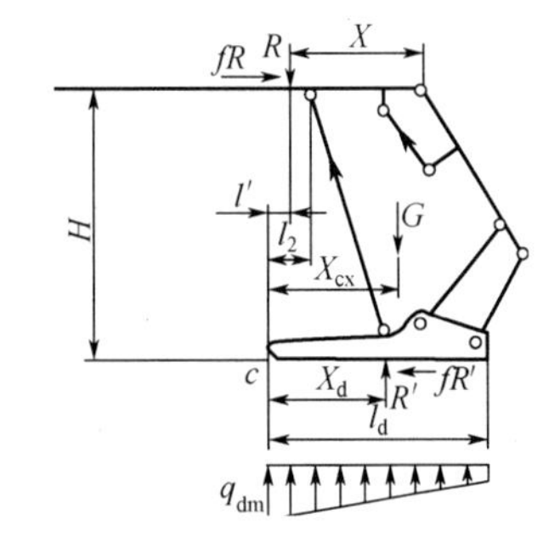

图3.57　计算对底板比压

支架作用于底板的力包括由支撑力引起的对底板作用力R（与支撑力值相等、方向相反）和由支架质量引起的重力G，即

$$R' = R + G \tag{3.44}$$

取支架为分离体，由 $\sum M_c = 0$ 得作用位置

$$X_d = \frac{R(l' + fH) + GX_{cX}}{R'} \tag{3.45}$$

当 $X_d < l_d / 3$ 时，对底板比压呈三角形分布，其前端比压最大。

$$q_{dm} = \frac{2}{l_d B} R' \tag{3.46}$$

式中，B 为底座与底板接触宽度，m。

当 $l_d / 3 < X_d < l_d / 2$ 时，对底板比压呈梯形分布，前端比压最大。

$$q_{dm} = \frac{4l_d - 6X_d}{l_d^2 B} R' \tag{3.47}$$

当 $l_d / 2 < X_d < 2l_d / 3$ 时，对底板比压呈倒梯形分布，后端比压值最大，算法与上述方法类似。

在支架方案设计阶段，无法计算质量、形心位置，可省略 G 值进行粗略估算。这种估算是安全的，因为支架质量形心位置因支架工作高度的不同而不同，为使计算偏安全，一般按支架最低工作高度和摩擦系数 $f = 0$ 的第（1）种载荷工况计算对底座尖端比压。

计算出的前端最大比压 q_{dm} 应小于或等于底板岩层（或煤）的允许比压 q_c。

选用支架时，如果没有 q_{dm} 值，则可参考表 3-8 确定支架架型。

表 3-8　适用于不同类型底板的支架

底板类别		优先选用支架	参数要求
代号	容许比压 q_{dm}/MPa		
Ⅰ	<3.0	轻型插入掩护式支架、轻型支撑掩护式支架、轻型掩护式支架	根据使用工作面的底板允许比压，应限定支架的额定工作阻力及底座对底板作用合力的位置
Ⅱ	3.0 ～ 6.0	支撑掩护式支架、轻型掩护式支架、中型掩护式支架	
$Ⅲ_a$	6.0 ～ 9.7	掩护式支架、支撑掩护式支架	
$Ⅲ_b$	9.7 ～ 16.1	不限	需要验算对底板比压
Ⅳ	16.1 ～ 32.0	不限	一般不需要验算对底板比压
	>32.0		

对于松软以下底板，如果验算不满足 $q_{dm} \leqslant q_c$，则应采取改善比压分布的结构设计，如采用插入式底座；适当减小工作阻力；对于掩护式支架，适当增大立柱上铰接点至底座前端的水平距离（图 3.57 中的 l_2，一般 l_2>0.3m）；适当增大底座宽度；采用带靴板的底座；倾斜放置推移千斤顶；加设底座提升装置；等等。

3. 计算支架构件的结构强度

计算支架构件的结构强度是在型式试验的基础上进行的。试验时，构件均按最不利的情况加载。图 3.58 所示是支架型式试验加载方式（部分）。将支架置于试验台上，在顶梁上、底座下的一些位置放置一定尺寸的垫块，校核支架达到工作阻力时危险断面的强度。

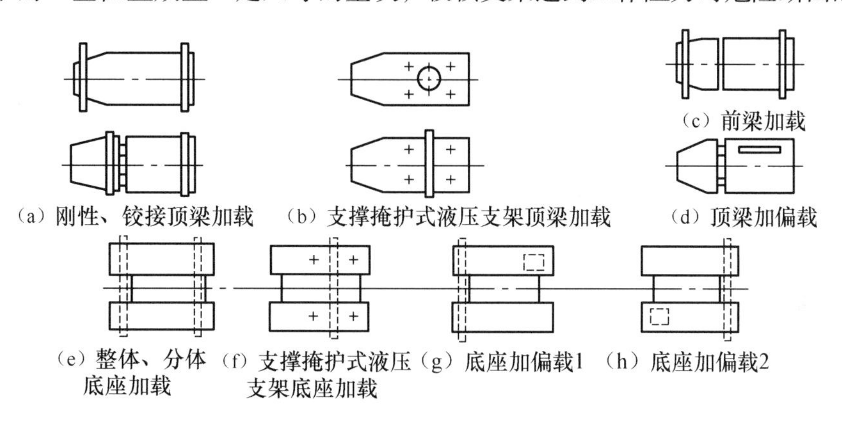

图3.58 支架型式试验加载方式（部分）

液压支架构件的实际载荷为空间力系，但计算强度时，通常按平面力系考虑。掩护梁按前、后连杆受力最大的位置计算强度。

强度计算包括顶梁、底座、掩护梁、连杆、所有连接销轴、耳座等危险断面的应力计算和安全系数计算。应按有关规范对危险断面处的焊缝进行强度校核。强度计算的步骤如下。

（1）找出构件受力最大的支撑高度及相应的载荷值（力和作用位置）。

（2）按型式试验加载方法作出构件受力图（图 3.59），并将受力分析中求得的最大载荷 R 换算为垫块处的支承反力 R_A、R_B。

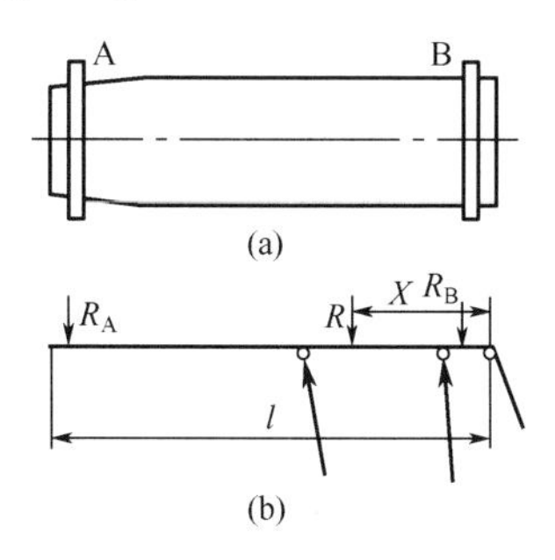

图3.59 构件受力图

（3）计算并绘制梁的剪力图、弯矩图，找出危险断面及其载荷。

（4）计算应力。

弯曲应力和剪切应力分别按如下公式计算：

$$\sigma=\frac{MY}{J_{\Sigma}} \tag{3.48}$$

$$\tau=\frac{QS}{bJ_{\Sigma}} \tag{3.49}$$

式中，M 为弯矩，kN；Y 为最外边缘到中性轴的距离，m；J_{Σ} 为惯性矩，m^4；Q 为剪力，kN；S 为中性轴一侧截面面积对中性轴的静矩，m^3；b 为截面宽度，m。

焊缝剪应力按下式计算：

$$\tau=\frac{QS}{0.7bJ_{\Sigma}} \tag{3.50}$$

截面的合成应力按第四强度理论计算。

图 3.58（b）中用圆垫块加载，其合成应力为纵向弯曲应力与横向弯曲应力的直接叠加。

（5）安全系数校核。

$$n_{\sigma}=\frac{\sigma_{s}}{\sigma}\geqslant[n]_{\sigma} \tag{3.51}$$

$$n_{\tau}=\frac{\tau_{s}}{\tau}\geqslant[n]_{\tau} \tag{3.52}$$

式中，$[n]_{\sigma}$ 为许用弯曲应力安全系数，一般顶梁、底座取 1.2，掩护梁取 1.5，连杆取 1.5 ～ 2.0；$[n]_{\tau}$ 为许用剪应力安全系数，一般取 1.5 ～ 2.0；σ_{s} 为材料抗拉强度屈服极限，对于 16Mn 板材，$\delta12$ 、$\delta16$ 为 3.5MPa，$\delta25$ 为 3.3MPa，$\delta40$ 为 2.9MPa（δ 为钢板厚度，mm）；τ_{s} 为材料的抗剪切强度屈服极限，一般为 $(0.55\sim0.6)\sigma_{s}$。

以上按材料力学方法计算弯曲强度，对支架构件受力的多数情况是准确的，但对某些受载［图 3.58（d）、图 3.58（g）、图 3.58（h）所示受偏载］情况，这种计算方法往往与实际情况存在较大出入。

图 3.60（a）、图 3.60（b）所示是支架受偏载情况，支架不仅受载荷 R，而且受扭转力矩 T。扭转力矩通过销轴传递到掩护梁、前后连杆和底座，使这些构件产生扭转变形和扭转剪切应力，焊缝开裂，或因扭转变形过大而不能正常工作。

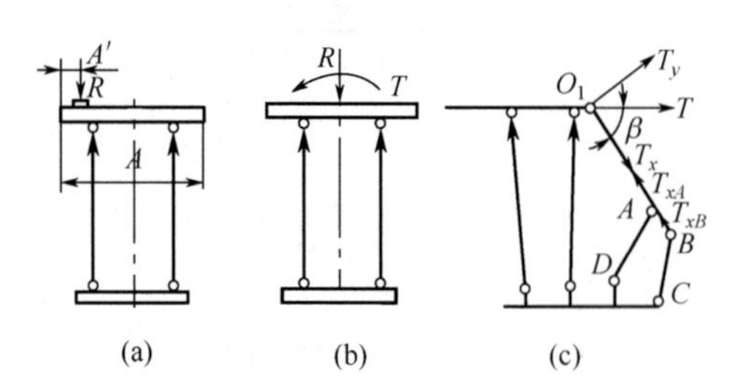

图3.60　受偏载时的支架受力分析

在 O_1 处将偏载力矩 $T=R(A/2-A')$ 分解为垂直于掩护梁的分力矩 T_y 和平行于掩护梁的分力矩 T_x［图 3.60（c）］。$T_x=T\sin\beta$ 使掩护梁绕垂直于梁面的轴横方向扭转，由于该方向梁的截面模量较大，弯曲应力不大，因此可不考虑。$T_y(=T\cos\beta)$ 使掩护梁绕其长度方向的轴扭转，对掩护梁的影响较大。

前后连杆的扭转力矩分析如图 3.61 所示。将力矩 T 平移至瞬心 O，并分解为作用于前连杆的力矩分量 T_A 和作用于后连杆的力矩分量 T_B，即

$$T=T_A+T_B \tag{3.53}$$

再将它们分解为平行和垂直于各自构件轴线的分向量，即平行于前连杆轴线的力矩 $T'_A=T_A\cos\psi$，垂直于前连杆轴线的力矩 $T''_A=T_A\sin\psi$，作用于后连杆的力矩 $T'_B=T_B\cos\gamma$，垂直于后连杆的力矩 $T''_B=T_B\sin\gamma$。

因为平行于连杆轴线的力矩分量 T'_A 和 T'_B 使前后连杆扭转，垂直于轴线的力矩分量 T''_A 和 T''_B 使前后连杆沿横向弯折，所以一对前连杆或一对后连杆中的一个受拉，另一个受压。T_A、T_B 的关系如下：

$$T_A=\frac{l_B C_A\cos^2\gamma}{l_A C_B\cos^2\psi}T_B \tag{3.54}$$

式中，l_A、l_B 分别为前后连杆的有效长度，m；C_A、C_B 分别为前后连杆的总扭转刚度，N • m/°。

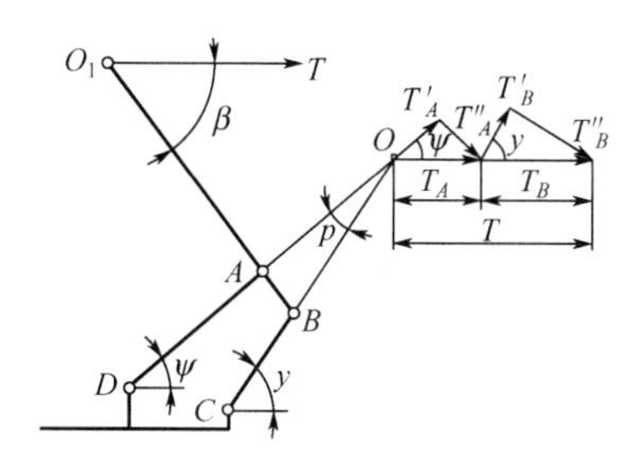

图3.61 前后连杆的扭转力矩分析

3.7.7 设计案例

已知支架工作高度为 1900 ~ 2800mm，载荷为 2100kN，中心距为 1500mm，试设计一架掩护式液压支架，力求结构简单、成本低。

下面给出部分设计过程和结果。

1. 确定底座长度

通常掩护式液压支架的底座长度取移架步距的 3.5 倍——2.1m（一个移架步距为 0.6m），取底座长度为 2400mm。

2. 设计四连杆机构

下面只给出采用作图法得到的设计结果，设计过程省略。

后连杆长度 A=1010mm；掩护梁长度 G=1740mm；前连杆长度 C=940mm；前后连

杆上铰点的距离 B=400mm，前后连杆下铰点的高度 D=480mm；支架在最高工作位置时，后连杆与底座平面的夹角为 79°；支架在最高工作位置时，顶梁与掩护梁平面的夹角为 55°。

3. 计算顶梁长度

采用整体顶梁，参照图 3.47，初步取顶梁长度为 2900mm。

4. 确定支架立柱数量

掩护式液压支架有两个立柱。

5. 确定立柱的上柱窝位置

取顶梁为分离体，顶梁的受力分析如图 3.62 所示。

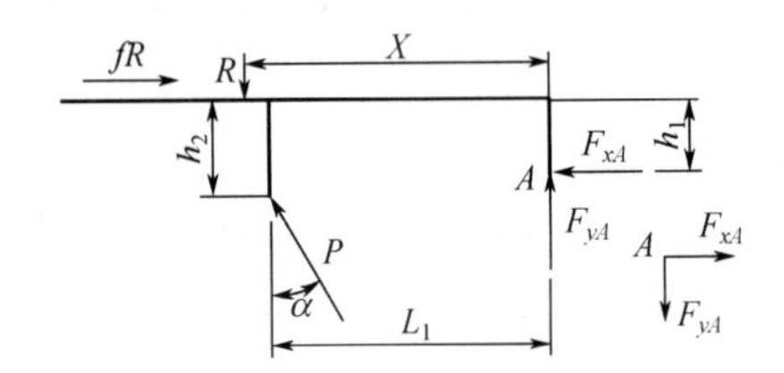

图3.62　顶梁的受力分析

对 A 点取矩，有

$$fRh_1 + P\cos\alpha L_1 + P\sin\alpha(h_2 - h_1) - RX = 0$$

$$L_1 = \frac{RX - fRh_1 - P\sin\alpha(h_2 - h_1)}{P\cos\alpha}$$

在上两式中，各变量取值如下：摩擦系数 $f = 0.3$，载荷 $R = 2100\text{kN}$，立柱工作阻力之和初步取 $P = 2400\text{kN}$，顶梁和掩护梁铰点至顶梁顶面的距离 $h_1 = 0.14\text{m}$，立柱上柱窝中心至顶梁顶面的距离 $h_2 = 0.2\text{m}$，立柱在最高工作位置的倾角 $\alpha = 21°$，载荷作用点至顶梁与掩护梁铰点的距离 $X = (2.9/3)$ m。

$$L_1 = \frac{2100 \times 2.9/3 - 0.3 \times 2100 \times 0.14 - 2400\sin 21 \times (0.2 - 0.14)}{2400 \times \cos 21°} \approx 0.844\text{m}$$

6. 确定立柱的下柱窝位置

假设立柱的最大倾角小于 30°，立柱下柱窝位置计算如图 3.63 所示。

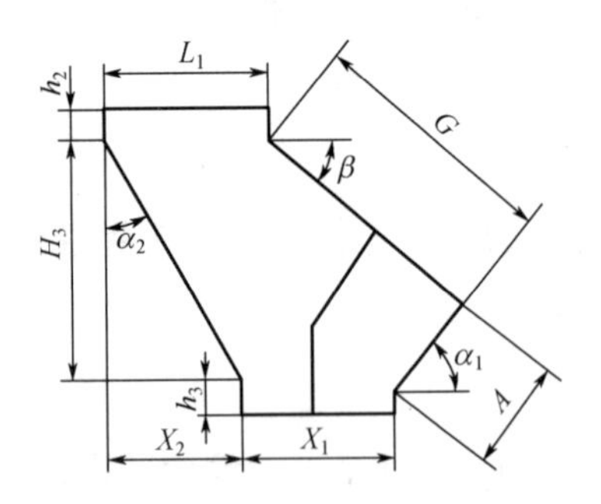

图3.63　立柱下柱窝位置计算

由图 3.63 得到下列几何关系：

$$X_1 + X_2 + A\cos\alpha_1 = L_1 + G\cos\beta$$

$$X_2 = H_3\tan\alpha_2 = (H_{\min} - h_2 - h_3)\tan\alpha_2$$

由上两式得

$$X_1 = L_1 + G\cos\beta - (H_{\min} - h_2 - h_3)\tan\alpha_2 - A\cos\alpha_1$$

在上式中，各变量取值如下：支架在最低工作位置时，后连杆与水平面的夹角 $\alpha_1 = 27°$，立柱倾角 $\alpha_2 = 28°$，掩护梁与水平面的夹角 $\beta = 45°$，h_2 =0.2m，h_3 = 0.25m，其他值同前。

$$X_1 = 0.844 + 1.74\cos 45° - 1.01\cos 27° - (1.9 - 0.2 - 0.25)\tan 28° \approx 0.403\text{m}$$

7. 确定立柱技术参数

暂取立柱工作压力为 40MPa，则立柱缸体内径

$$D_{\mathrm{d}} = \sqrt{\frac{4R}{\pi n p_{\mathrm{a}} \cos\alpha_{\mathrm{m}}}} = \sqrt{\frac{4\times 2100\times 10^3}{3.14\times 2\times 40\times 10^6\times \cos 28°}} \approx 0.195\text{m}$$

取缸体内径为标准值 200mm，活柱外径为 185mm，立柱行程为 900mm。

立柱初撑力

$$P_1 = \frac{1}{4}\pi D_{\mathrm{d}}^2 p_{\mathrm{b}}' = \frac{1}{4}\times 3.14\times 0.2^2\times 28\times 10^6 = 879200\text{N} = 879.2\text{kN}$$

安全阀的调定压力

$$p_{\mathrm{a}} = \frac{4R}{\pi D_{\mathrm{d}}^2 n\cos\alpha_{\mathrm{n}}} = \frac{4\times 2100\times 10^3}{3.14\times 0.2^2\times 2\times \cos 21°} \approx 35819\text{Pa} \approx 36\text{MPa}$$

支架工作阻力

$$P = \frac{1}{4}\pi D_{\mathrm{d}}^2 n p_{\mathrm{a}} = \frac{1}{4}\times 3.14\times 0.2^2\times 2\times 36\times 10^6 = 2260800\text{N} = 2260.8\text{kN}$$

8. 确定平衡千斤顶在顶梁上的位置

取顶梁为分离体，如图 3.64 所示。对 A 点取矩，有

$$RX - P_4\sin\alpha_2 L_2 - P_4\cos\alpha_2(h_4 - h_1) - P\cos\alpha(L_2 + L_3) - P\sin\alpha(h_2 - h_1) - fRh_1 = 0$$

$$L_2 = \frac{RX - P_4\cos\alpha_2(h_4 - h_1) - P\cos\alpha(L_2 + L_3) - P\sin\alpha(h_2 - h_1) - fRh_1}{P_4\sin\alpha_2}$$

在上式中，各变量取值如下：平衡千斤顶的推力 P_4 = 760kN，支架在最高位置时的平衡千斤顶倾角 α_2 = 55°，平衡千斤顶活塞杆铰点至顶梁顶面的距离 h_4 = 0.365m，平衡千斤顶在推力作用下载荷作用点至顶梁和掩护梁铰点的距离 $X = (0.35\times 2.9)$ m，其他参数同前。

$$L_2 = \frac{2100\times1.015 - 760\times\cos55°\times0.225 - 2260\times\cos21°\times0.844 - 2260\times\sin21°\times0.06 - 88.2}{760\times\sin55°}$$

$\approx 0.186\text{m}$

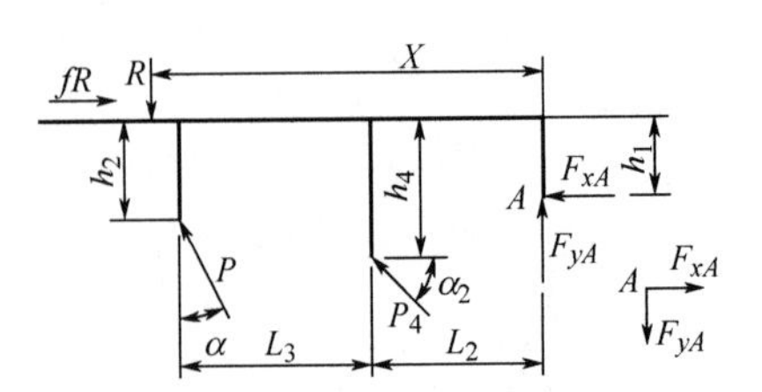

图3.64 顶梁分离体受力图

9. 确定推移千斤顶的技术参数

采用框架式推移千斤顶，其内径

$$D_t = \sqrt{\frac{4F_y}{\pi p_b'}} = \sqrt{\frac{4\times200\times10^3}{3.14\times28\times10^6}} \approx 0.095\text{m}$$

取内径为标准值100mm，活塞杆外径为70mm，行程为700mm。

10. 校核顶梁强度

作出顶梁受力图，如图3.65（a）所示。其中各变量取值如下：$h_1 = 0.14\text{m}$，$h_2 = 0.2\text{m}$，$h_4 = 0.365\text{m}$，$X = 1.015\text{m}$，$L_2 = 0.186\text{m}$，$L_3 = 0.658\text{m}$，$R = 2100\text{kN}$，$fR = 630\text{kN}$，$F_{Ax} = 616\text{kN}$，$F_{Ay} = 633\text{kN}$，$P_{4x} = 436\text{kN}$，$P_{4y} = 623\text{kN}$，$P_x = 810\text{kN}$，$P_y = 2110\text{kN}$。

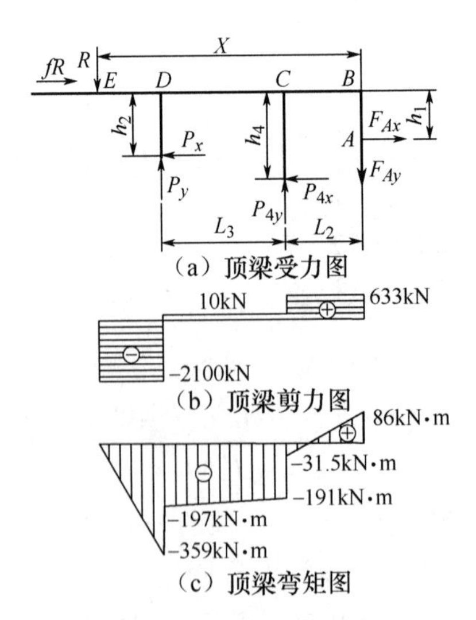

图3.65 顶梁结构受力图

作出顶梁剪力图，如图3.65（b）所示。从右向左计算剪力，向上的力为负，向下的力为正。计算各点剪力值如下。

B 点：

$$Q_{B左} = F_{Ay} = 633\text{kN} = 633\times10^3\text{N}$$

C 点：

$$Q_{C右} = F_{Ay} = 633\text{kN} = 633\times10^3\text{N}$$

$$Q_{C左} = F_{Ay} - P_{4y} = 633\times10^3 - 623\times10^3 = 10\times10^3\text{N}$$

D 点：

$$Q_{D右} = Q_{C左} = 10\times10^3\text{N}$$

$$Q_{D左} = Q_{D右} - P_y = 10\times10^3 - 2110\times10^3 = -2100\times10^3\text{N}$$

E 点：

$$Q_{E右} = Q_{D左} = -2100\times10^3\text{N}$$

作出顶梁弯矩图，如图 3.65（c）所示。从 B 点向 E 点取矩，计算如下。

B 点：

$$M_{B左} = F_{Ax}h_1 = 616\times10^3\times0.14 = 86.24\times10^3\ \text{N}\cdot\text{m}$$

C 点：

$$M_{C右} = M_{B左} - F_{Ay}L_2 = 86.24\times10^3 - 633\times10^3\times0.186 = -31.498\times10^3\ \text{N}\cdot\text{m}$$

$$M_{C左} = M_{C右} - P_{4x}h_4 = -31.498\times10^3 - 436\times10^3\times0.365 = -190.638\times10^3\ \text{N}\cdot\text{m}$$

D 点：

$$\begin{aligned}M_{D右} &= M_{B左} - F_{Ay}(L_2+L_3) - P_{4x}h_4 + P_{4y}L_3\\&= 86.24\times10^3 - 633\times10^3\times(0.186+0.658) - 436\times10^3\times0.365 + 623\times10^3\times0.658\\&= -197.218\times10^3\text{N}\cdot\text{m}\end{aligned}$$

$$M_{D左} = M_{D右} - P_xh_2 = -197.218\times10^3 - 810\times10^3\times0.2 = -359.218\times10^3\ \text{N}\cdot\text{m}$$

E 点：

$$\begin{aligned}M_{E右} &= M_{B左} - F_{Ay}X - P_{4x}h_4 + P_{4y}(X-L_2) - P_xh_2 + P_y(X-L_2-L_3)\\&= 86.24\times10^3 - 633\times10^3\times1.015 - 436\times10^3\times0.365 + 623\times10^3\times(1.015-0.186) -\\&\quad 810\times10^3\times0.2 + 2110\times10^3\times(1.015-0.186-0.658)\\&= -0.118\times10^3\text{N}\cdot\text{m}\end{aligned}$$

按最大弯曲应力校核强度。如图 3.65 所示，在 D 截面处弯曲应力最大，D 截面如图 3.66 所示。为钢板编号，为位置状态相同、截面面积相等的钢板编一个号。图中各变量取值如下：$\delta = 20\text{mm}$，$l_1 = 870\text{mm}$，$l_2 = 1400\text{mm}$，$l_3 = 205\text{mm}$，$l_4 = 125\text{mm}$，$l_5 = 235\text{mm}$，$l_6 = 555\text{mm}$。

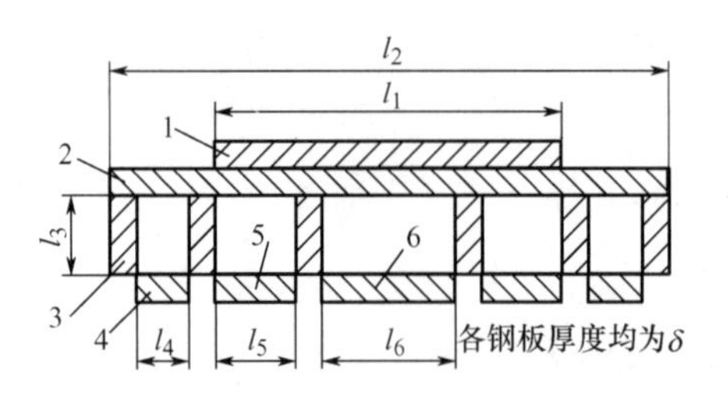

图3.66　D截面

计算各截面面积F_i、各截面形心至顶面的距离y_i和总截面形心至顶面的距离y_c：

$F_1 = l_1\delta = 870 \times 20 = 17400\text{mm}^2$，$y_1 = \delta/2 = 20/2 = 10\text{mm}$

$F_2 = l_2\delta = 1400 \times 20 = 28000\text{mm}^2$，$y_2 = 3\delta/2 = 3 \times 20/2 = 30\text{mm}$

$F_3 = l_3\delta \times 6 = 205 \times 20 \times 6 = 24600\text{mm}^2$，$y_3 = 2\delta + l_3/2 = 2 \times 20 + 205/2 = 142.5\text{mm}$

$F_4 = l_4\delta \times 2 = 125 \times 20 \times 2 = 5000\text{mm}^2$，$y_4 = 5\delta/2 + l_3 = 5 \times 20/2 + 205 = 255\text{mm}$

$F_5 = l_5\delta \times 2 = 235 \times 20 \times 2 = 9400\text{mm}^2$，$y_5 = 5\delta/2 + l_3 = 5 \times 20/2 + 205 = 255\text{mm}$

$F_6 = l_6\delta = 555 \times 20 = 11100\text{mm}^2$，$y_6 = 5\delta/2 + l_3 = 5 \times 20/2 + 205 = 255\text{mm}$

$$y_c = \frac{\sum F_i y_i}{F_i}$$

$$= \frac{17400 \times 10 + 28000 \times 30 + 24600 \times 142.5 + 5000 \times 255 + 9400 \times 255 + 11100 \times 255}{17400 + 28000 + 24600 + 5000 + 9400 + 11100}$$

$$\approx 115.4\text{mm}$$

计算每块钢板形心至总截面形心的距离a_i：

$a_1 = y_c - y_1 = 115.4 - 10 = 105.4\text{mm}$，$a_2 = y_c - y_2 = 115.4 - 30 = 85.4\text{mm}$，

$a_3 = y_3 - y_c = 142.5 - 115.4 = 27.1\text{mm}$，$a_5 = a_6 = a_4 = y_4 - y_c = 255 - 115.4 = 139.6\text{mm}$

计算每块钢板至总截面形心的惯性矩J_{zi}和总惯性矩J_z：

$$J_{z1} = l_1\delta^3/12 + a_1^2F_1 = 870 \times 20^3/12 + 105.4^2 \times 17400 = 193879384\text{mm}^4 \approx 193880000\text{mm}^4$$

$$J_{z2} = l_2\delta^3/12 + a_2^2F_2 = 1400 \times 20^3/12 + 85.4^2 \times 28000 \approx 205141813.3\text{mm}^4 \approx 205140000\text{mm}^4$$

$$J_{z3} = \delta l_3^3 \times 6/12 + a_3^2F_3 = 20 \times 205^3 \times 6/12 + 27.1^2 \times 24600 = 104217736\text{mm}^4 \approx 104220000\text{mm}^4$$

$$J_{z4} = l_4\delta^3 \times 2/12 + a_4^2F_4 = 125 \times 20^3 \times 2/12 + 139.6^2 \times 5000 \approx 97607466.7\text{mm}^4 \approx 97610000\text{mm}^4$$

$$J_{z5} = l_5\delta^3 \times 2/12 + a_5^2F_5 = 235 \times 20^3 \times 2/12 + 139.6^2 \times 9400 \approx 183502037.3\text{mm}^4 \approx 183500000\text{mm}^4$$

$$J_{z6} = l_6\delta^3/12 + a_6^2F_6 = 555 \times 20^3/12 + 139.6^2 \times 11100 = 216688576\text{mm}^4 \approx 216690000\text{mm}^4$$

$$J_z = \sum J_{zi} \approx (19388 + 20514 + 10422 + 9761 + 18350 + 21669) \times 10^4 = 1001040000\text{mm}^4$$

最大弯曲应力

$$\sigma_{\max} = \frac{M_{\max}y_{\max}}{J_z} = \frac{M_{\max}(l_3 + 3\delta - y_c)}{J_z} = \frac{359.218 \times 10^5 \times (205 + 3 \times 20 - 115.4)}{1001040000} \approx 53.68\text{N}/\text{mm}^2$$

钢板材料选用16Mn钢，屈服应力 $\sigma_s = 343.35\text{N} / \text{mm}^2$，安全系数

$$n = \frac{\sigma_s}{\sigma_{\max}} = \frac{343.35}{53.68} \approx 6.4 > [n] = 1.1$$

所以，顶梁强度满足要求。

11. 装配图

液压支架装配图如图3.67所示。

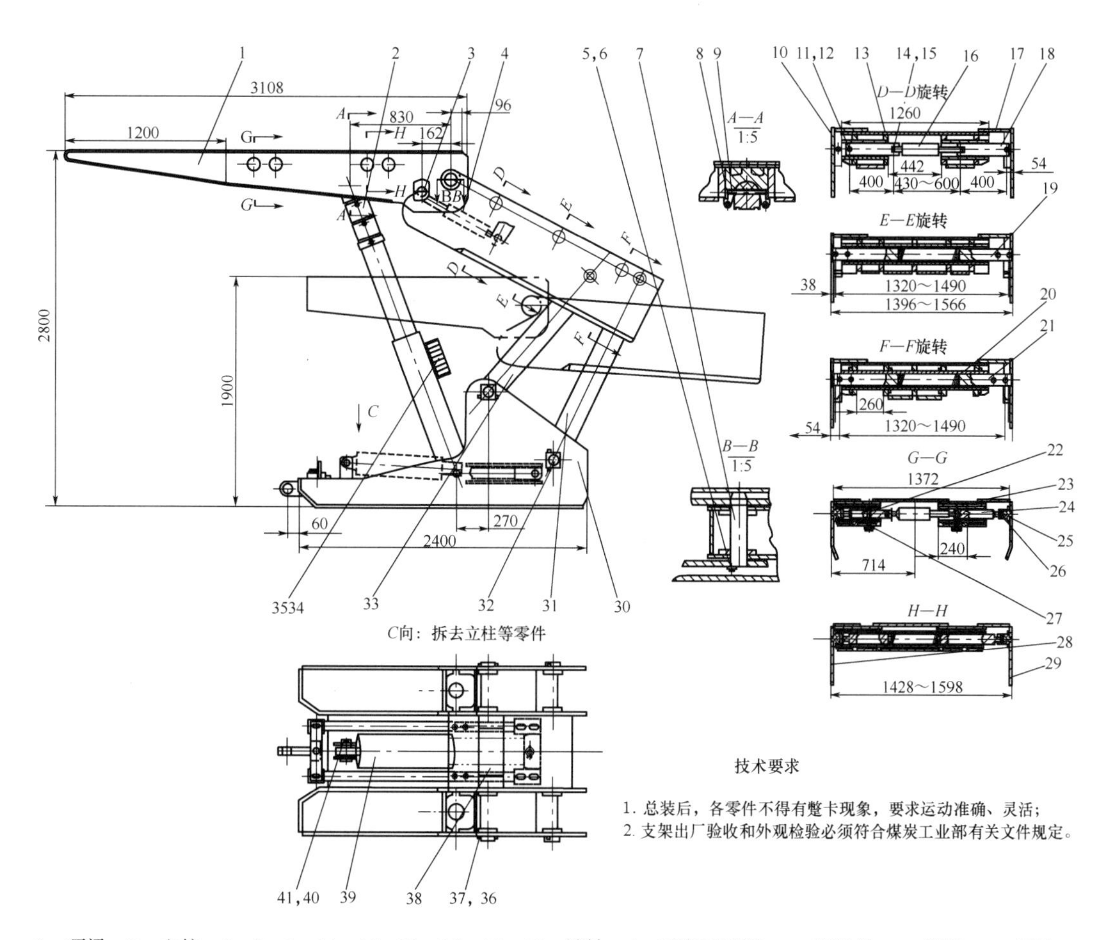

1—顶梁；2—立柱；3，7，9，11，15，22，26，32，40—销轴；4—平衡千斤顶；5—挡轴板；6—螺栓；8—压块；10—右掩侧护板；12，25，36，37，41—销；13—掩护梁；14—挡圈；16—侧推千斤顶；17—左掩侧护板；18—连接杆；19—长轴；20—弹簧；21—撑杆；23—顶板；24—接长杆；27—U形卡；28—右顶侧护板；29—左顶侧护板；30—底座；31—后连杆；33—前连杆；34—阀组；35—管路系统；38—框架；39—推移千斤顶

图3.67 液压支架装配图

思 考 题

1. 简述液压支架的发展趋势。
2. 说明液压支架的分类方法。
3. 简述液压支架的组成和工作原理。
4. 说明液压支架的主要参数和确定方法。
5. 绘图说明掩护式液压支架、支撑掩护式液压支架的承载能力及其影响因素。
6. 说明立柱和千斤顶的组成。
7. 简述支架四连杆机构的优化设计。
8. 绘制框图，说明液压支架的设计过程。

第4章 典型零部件结构设计

本章要点

本章介绍应用 AutoCAD 进行机械设计的具体实例——某型号薄煤层采煤机截割部三轴组件及其典型零件，具体内容包括轴类零件的设计、盘套类零件的设计、齿轮类零件的设计、装配图的设计和零部件三维设计等。实例操作中使用的软件版本是 AutoCAD 2014 中文版。每个实例都说明了特点、设计构思、操作技巧、重点掌握内容或操作命令，使读者整体把握实例设计，学习更有针对性。本章实例既能使读者更快、更深入地理解 AutoCAD 软件中的概念、命令及功能，又能使读者快速掌握各类机械零件的设计技巧。

AutoCAD（Autodesk Computer Aided Design）是 Autodesk 公司开发的计算机辅助设计软件。AutoCAD 软件具有良好的用户界面，可通过交互菜单或命令行方式进行操作。它的多文档设计环境让非计算机专业人员也能很快上手，在不断实践的过程中更好地掌握各种应用和开发技巧，提高工作效率。

AutoCAD 软件的基本特点如下。

（1）具有完善的图形绘制功能。

（2）具有强大的图形编辑功能。

（3）可以采用多种方式进行二次开发或用户定制。

（4）可以进行多种图形格式的转换，具有较强的数据交换能力。

（5）支持多种硬件设备。

（6）支持多种操作平台。

4.1 轴类零件的设计

下面介绍图 4.1 所示花键轴零件图的创建过程。其中，主视图表示花键轴的主要结构形状，断面图表示其内部结构和局部细节结构的形状。

1. 创建主视图

下面介绍图 4.1 中主视图的创建方法和步骤。

Step 1. 绘制图 4.2 所示的两条中心线。

（1）将图层切换至“中心线层”，确认状态栏中的 +（显示 / 隐藏线宽）和 ∟（正交模式）按钮处于激活状态。

（2）绘制水平中心线。选择下拉菜单 绘图(D) → 直线(L) 命令，绘制长度值为 125 的水平中心线，按两次 Enter 键。

（3）绘制垂直中心线。选择下拉菜单 绘图(D) → 直线(L) 命令，捕捉并单击绘制好的水平中心线的中点，垂直向上移动鼠标指针，在命令行中输入数值 87.5 后按 Enter 键。单击选中绘制好的垂直中心线，然后单击其下侧的夹点，接着用鼠标向下移动，在命令行中输入数值 87.5 后按 Enter 键。

Step 2. 创建图 4.3 所示的花键轴轮廓线。

（1）将图层切换至“轮廓线层”，选择下拉菜单 绘图(D) → 直线(L) 命令，在中心线上选取一点作为直线的起点，绘制图 4.4 所示的直线。

说明：如果中心线不够长，则可以单击中心线，拾取其下侧的夹点并垂直向下移动。

（2）镜像图形。确认状态栏中的 □（对象捕捉）按钮处于激活状态，选择下拉菜单 修改(M) → 镜像(I) 命令，选取图 4.4 所示的轮廓线为镜像对象，在垂直中心线上选取任意两点，按 Enter 键，结束命令。

Step 3. 创建轴上的内花键。

（1）选择下拉菜单 修改(M) → 偏移(S) 命令，将图 4.4 所示的水平中心线分别向上侧和下侧偏移，偏移值均为 35，按 Enter 键，结束命令。再将图 4.3 所示的轴左侧内部轮廓线向右侧偏移三次，偏移值分别为 1.25、3.5 和 4.835。将线型修改成相应的线型（轮廓线或中心线）。

（2）选择下拉菜单 修改(M) → 修剪(T) 命令，修剪图中的多余线条。

（3）选择下拉菜单 修改(M) → 镜像(I) 命令，选取内花键的大径线、分度线和小径线为镜像对象；在垂直中心线上选取一点作为镜像第一点，在垂直中心线上选取另一点作为镜像第二点；在命令行中输入 N 后按 Enter 键，创建完成轴上的内花键。

Step 4. 创建轴上的外花键。

（1）选择下拉菜单 修改(M) → 偏移(S) 命令，将图 4.4 所示的水平中心线分别向上侧和下侧偏移，偏移值均为 27，按 Enter 键，结束命令。再将图 4.3 所示的轴左侧外部轮廓线向左侧偏移三次，偏移值分别为 1.25、5 和 7.5。将线型修改成相应的线型（轮廓线或中心线）。

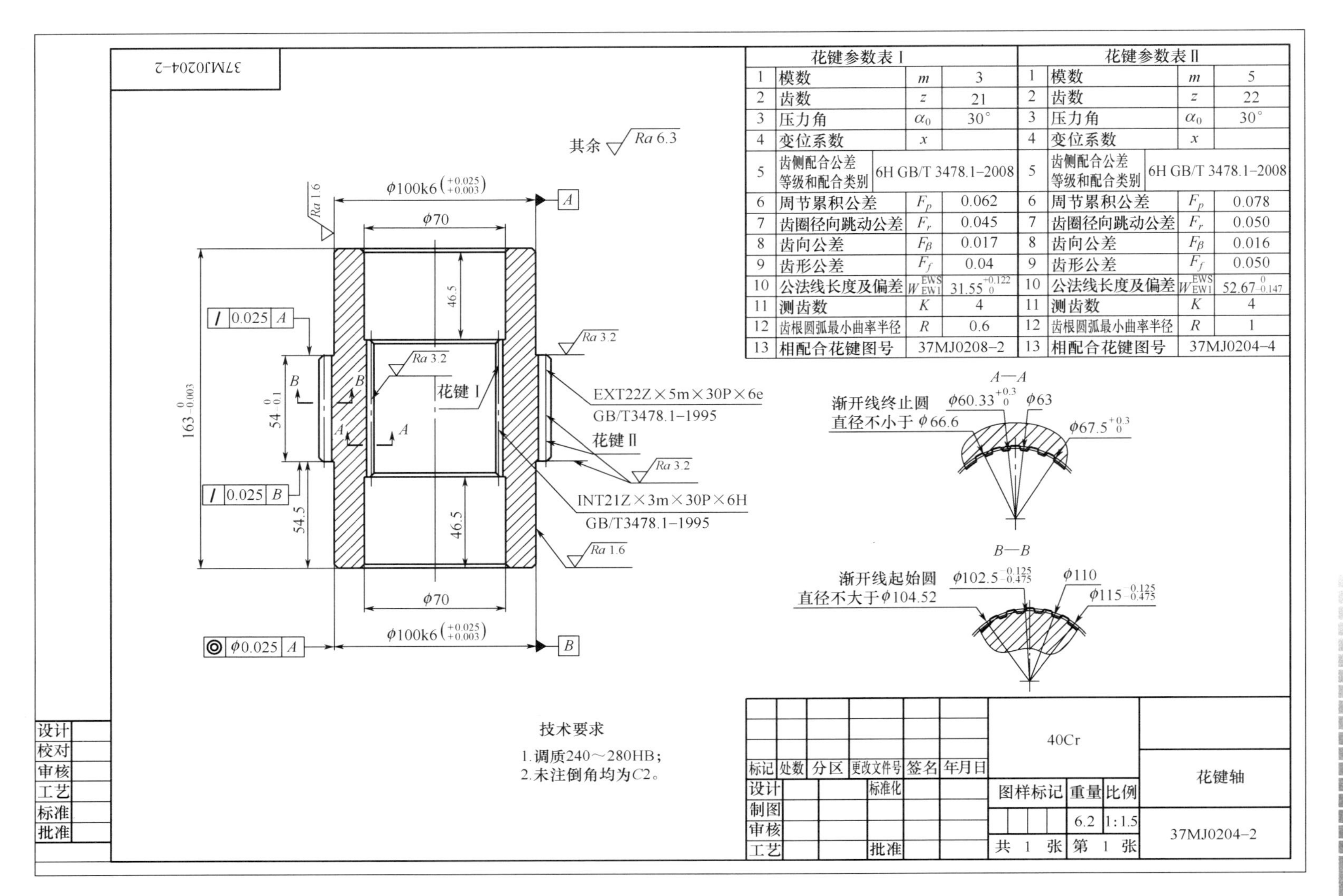
花键参数表 I
1 模数 m 3
2 齿数 z 21
3 压力角 α_0 30°
4 变位系数 x
5 齿侧配合公差等级和配合类别 6H GB/T 3478.1—2008
6 周节累积公差 F_p 0.062
7 齿圈径向跳动公差 F_r 0.045
8 齿向公差 F_β 0.017
9 齿形公差 F_f 0.04
10 公法线长度及偏差 W^{EWS}_{EWI} $31.55^{+0.122}_{0}$
11 测齿数 K 4
12 齿根圆弧最小曲率半径 R 0.6
13 相配合花键图号 37MJ0208—2
花键参数表 II
1 模数 m 5
2 齿数 z 22
3 压力角 α_0 30°
4 变位系数 x
5 齿侧配合公差等级和配合类别 6H GB/T 3478.1—2008
6 周节累积公差 F_p 0.078
7 齿圈径向跳动公差 F_r 0.050
8 齿向公差 F_β 0.016
9 齿形公差 F_f 0.050
10 公法线长度及偏差 W^{EWS}_{EWI} $52.67^{0}_{-0.147}$
11 测齿数 K 4
12 齿根圆弧最小曲率半径 R 1
13 相配合花键图号 37MJ0204—4
A—A
渐开线终止圆直径不小于ϕ66.6
$\phi 60.33^{+0.3}_{0}$
ϕ63
$\phi 67.5^{+0.3}_{0}$
B—B
渐开线起始圆直径不大于ϕ104.52
$\phi 102.5^{-0.125}_{-0.475}$
ϕ110
$\phi 115^{-0.125}_{-0.475}$
EXT22Z×5m×30P×6e
GB/T3478.1—1995
花键 II
INT21Z×3m×30P×6H
GB/T3478.1—1995
花键 I
其余 Ra 6.3
Ra 3.2
Ra 1.6
$\phi 100k6(^{+0.025}_{+0.003})$
ϕ70
46.5
54.5
$54^{0}_{-0.1}$
$163^{0}_{-0.003}$
0.025 A
0.025 B
ϕ0.025 A
技术要求
1.调质240～280HB；
2.未注倒角均为C2。
40Cr
花键轴
37MJ0204—2
图样标记 重量 比例
6.2 1:1.5
共 1 张 第 1 张
标记 处数 分区 更改文件号 签名 年月日
设计 标准化
制图
审核
工艺 批准
设计
校对
审核
工艺
标准
批准

图4.1 花键轴零件图

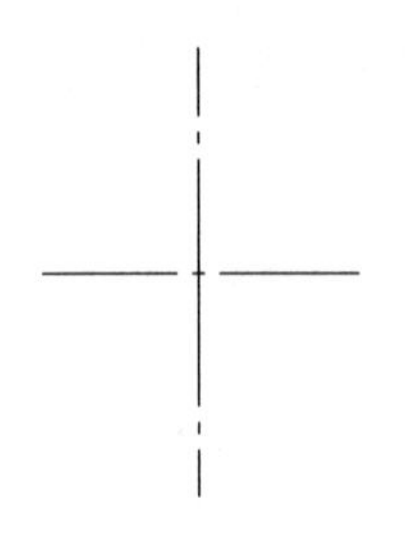

图4.2　绘制两条中心线

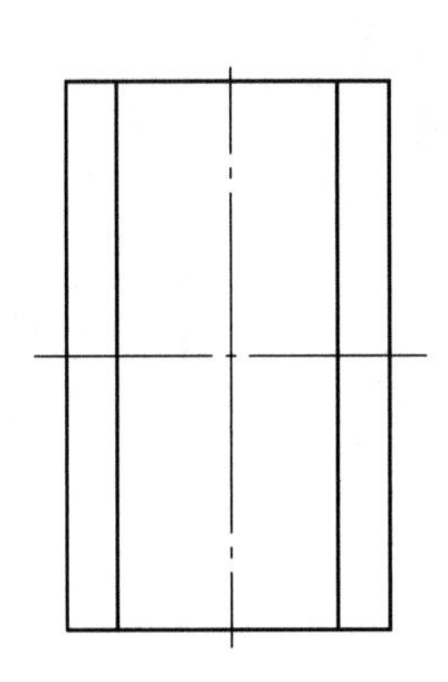

图4.3　花键轴轮廓线

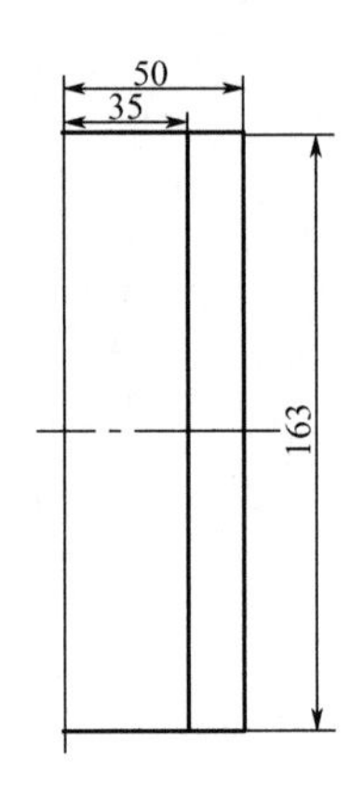

图4.4　绘制直线

（2）选择下拉菜单 修改(M) → 修剪(T) 命令，修剪图中的多余线条。

（3）选择下拉菜单 修改(M) → 镜像(I) 命令，选取外花键的大径线、分度线和小径线为镜像对象；在垂直中心线上选取一点作为镜像第一点，在垂直中心线上选取另一点作为镜像第二点；在命令行中输入 N 后按 Enter 键，创建完成轴上的外花键。

创建内、外花键的轴如图 4.5 所示。

Step 5. 创建图 4.6 所示的轴和花键的倒角。

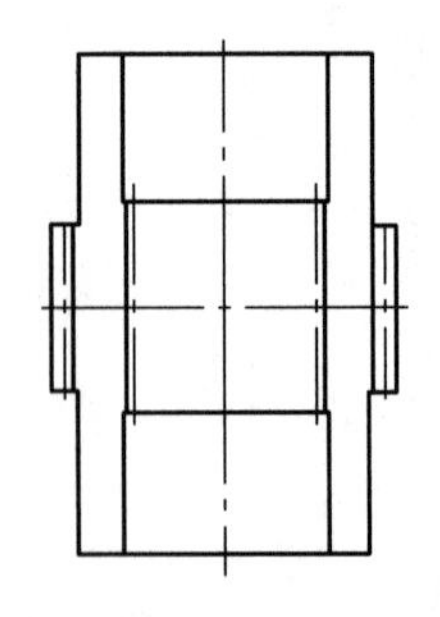

图4.5　创建内、外花键的轴

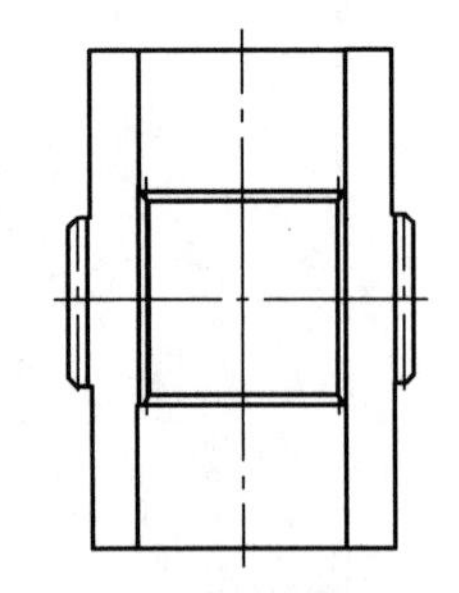

图4.6　创建轴和花键的倒角

（1）对轴两端面的内侧和外侧进行倒角。选择下拉菜单 修改(M) → 倒角(C) 命令，在命令行中输入 D 后按 Enter 键，输入第一个倒角值 2 后按 Enter 键，输入第二个倒角值 2 后按 Enter 键，分别选取轴端面需要倒角的两条直线。

轴两端面内侧和外侧的倒角值均为 2。

（2）对内、外花键的端面进行倒角。选择下拉菜单 修改(M) → 倒角(C) 命令，在命令行中输入 D 后按 Enter 键，输入第一个倒角值 2 后按 Enter 键，输入第二个倒角值 2 后按 Enter 键，分别选取需要倒角的两条直线。

重复执行“倒角”命令，用相同方法创建花键轴的所有倒角。

（3）将图层切换至“轮廓线层”，选择下拉菜单 绘图(D) → 直线(L) 命令，分别在轴端面内孔倒角处和内花键倒角处绘制倒角线。

创建倒角后的花键轴如图 4.6 所示。

Step 6. 图案填充。将图层切换至“剖面线层”，选择下拉菜单 绘图(D) → 图案填充(H)... 命令，创建图 4.7 所示的图案填充。其中，填充类型为 用户定义，填充角度值为 45，填充间距值为 5。

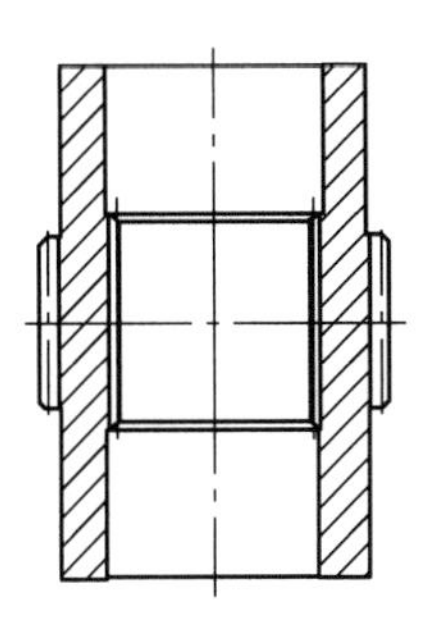

图4.7　创建图案填充后的花键轴

2. 创建局部视图

Step 1. 下面介绍图 4.8 所示的花键轴内花键局部视图的创建过程。

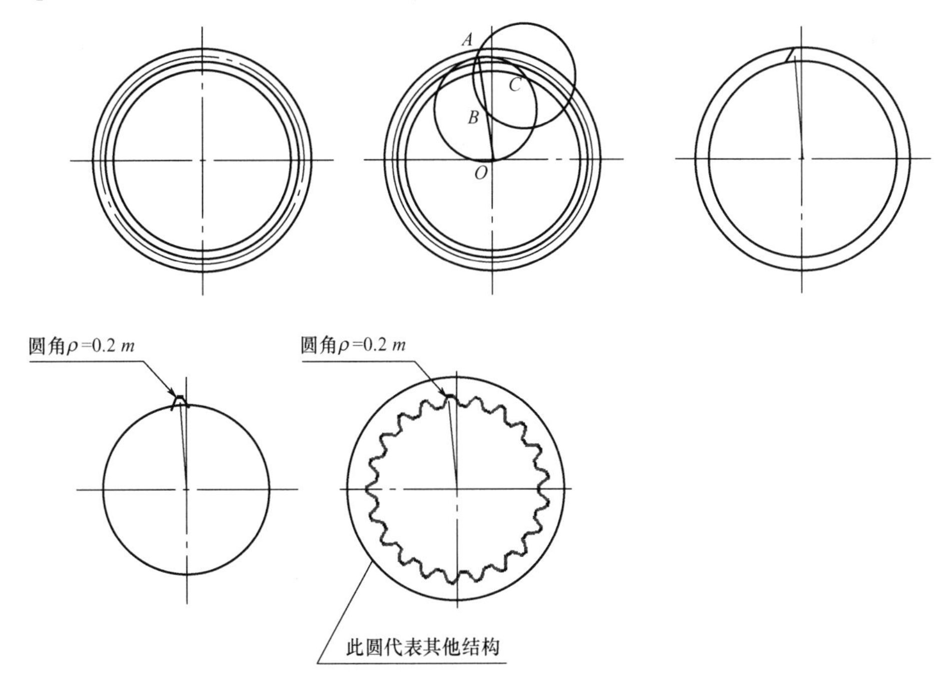

图4.8　花键轴内花键局部视图的创建过程

花键轴内花键的参数如下：模数 $m=3$，齿数 $z=21$，压力角 $\alpha=30^\circ$。

（1）计算相关尺寸数据。

① 分度圆直径 $D=mz=3\times21=63$ mm。

② 基圆直径 $D_\text{b}=mz\cos30^\circ\approx3\times21\times0.866\approx54.6$ mm

③ 内花键大径 $D_\text{ei}=m(z+1.5)=3\times(21+1.5)=67.5$ mm

④ 内花键小径 $D_\text{ii}=m(z-1.5)+0.5m=3\times(21-1.5)+0.5\times3=60$ mm

（2）绘制内花键。

① 画出基圆直径 D_b、内花键大径 D_ei 和内花键小径 D_ii。

用到的命令有 绘图(D) → 直线(L) 和 绘图(D) → 圆(C) → 圆心、半径(R)。

② 用多边形（边数 =2z）按内接于圆的方式画出分度圆 D。

用到的命令为 绘图(D) → 多边形(Y)。

③ 由圆心 O 向多边形的任一角点 A 引线段 OA。

用到的命令为 绘图(D) → 直线(L)。

④ 以线段 OA 的中点 B 为圆心，以 AB 为半径画圆，交基圆于 C 点。

用到的命令为 绘图(D) → 圆(C) → 圆心、半径(R)。

⑤ 以 C 点为圆心，以 AC 为半径画圆，与内花键大径、内花键小径间的相交部分是花键的齿形（为近似齿形，以圆弧替代渐开线）。

用到的命令为 绘图(D) → 圆(C) → 圆心、半径(R)。

⑥ 修剪，去掉多余线条。

用到的命令为 修改(M) → 修剪(T)。

⑦ 镜像、修剪，再次去掉多余线条，保留小径圆，倒齿根圆弧（圆角 $\rho=0.2m$）。

用到的命令有 修改(M) → 镜像(I)、修改(M) → 修剪(T) 和 修改(M) → 圆角(F)。

⑧ 阵列、修剪，绘制其他结构。至此，基本绘制完成。绘制局部视图时，截取内花键的一部分即可。

用到的命令为 修改(M) → 阵列 → 环形阵列 和 修改(M) → 修剪(T)。

Step 2. 下面介绍图 4.9 所示的花键轴外花键局部视图的创建过程。

花键轴外花键的参数如下：模数 m=5，齿数 z=22，压力角 $\alpha=30^\circ$。

（1）计算相关尺寸数据。

① 分度圆直径 $D=mz=5\times22=110\text{mm}$。

② 基圆直径 $D_\text{b}=mz\cos30^\circ\approx5\times22\times0.866\approx95.3\text{mm}$。

③ 外花键大径 $D_\text{ee}=m(z+1)=5\times(22+1)=115\text{mm}$。

④ 外花键小径 $D_\text{ie}=m(z-1.5)=5\times(22-1.5)=102.5\text{mm}$。

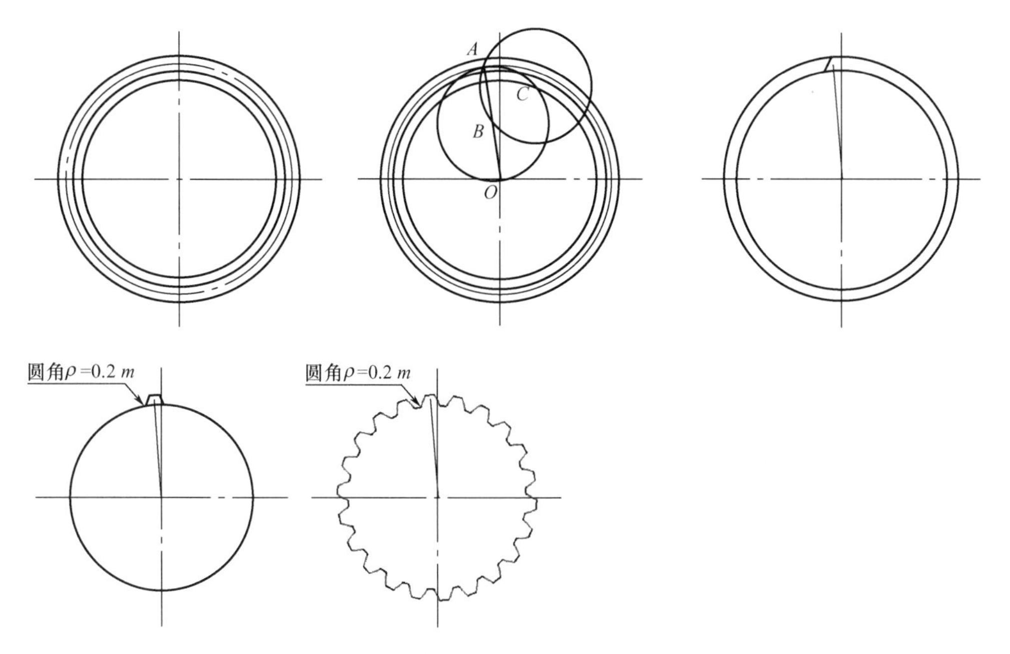

图4.9　花键轴外花键局部视图的创建过程

（2）绘制外花键。

① 画出基圆直径 D_b、外花键大径 D_{ee} 和外花键小径 D_{ie}。

用到的命令有 绘图(D) → 直线(L) 和 绘图(D) → 圆(C) → 圆心、半径(R)。

② 用多边形（边数 =2z）按内接于圆的方式画出分度圆 D。

用到的命令为 绘图(D) → 多边形(Y)。

③ 由圆心 O 向多边形的任一角点 A 引线段 OA。

用到的命令为 绘图(D) → 直线(L)。

④ 以线段 OA 的中点 B 为圆心，以 AB 为半径画圆，交基圆于 C 点。

用到的命令为 绘图(D) → 圆(C) → 圆心、半径(R)。

⑤ 以 C 点为圆心，以 AC 为半径画圆，与外花键大径、外花键小径间的相交部分是花键的齿形（为近似齿形，以圆弧替代渐开线）。

用到的命令为 绘图(D) → 圆(C) → 圆心、半径(R)。

⑥ 修剪，去掉多余线条。

用到的命令为 修改(M) → 修剪(T)。

⑦ 镜像、修剪，再次去掉多余线条，保留小径圆，倒齿根圆弧（圆角 $\rho = 0.2m$）。

用到的命令有 修改(M) → 镜像(I)、修改(M) → 修剪(T) 和 修改(M) → 圆角(F)。

⑧ 阵列、修剪。至此，基本绘制完成。绘制局部视图时，截取外花键的一部分即可。

用到的命令为 修改(M) → 阵列 → 环形阵列 和 修改(M) → 修剪(T)。

3. 对图形进行尺寸标注

下面介绍图 4.1 所示图形的尺寸标注过程。

Step 1. 将图层切换至“尺寸线层”。

Step 2. 创建图 4.10 所示的线性尺寸标注。

（1）选择下拉菜单 标注(N) → 线性(L) 命令，创建图 4.10 所示主视图中无公差的线性尺寸标注。

（2）创建图 4.11 所示带公差的线性尺寸标注。

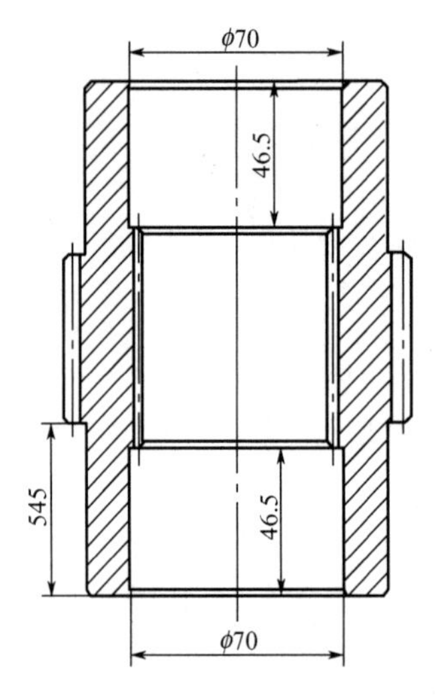

图4.10　创建线性尺寸标注

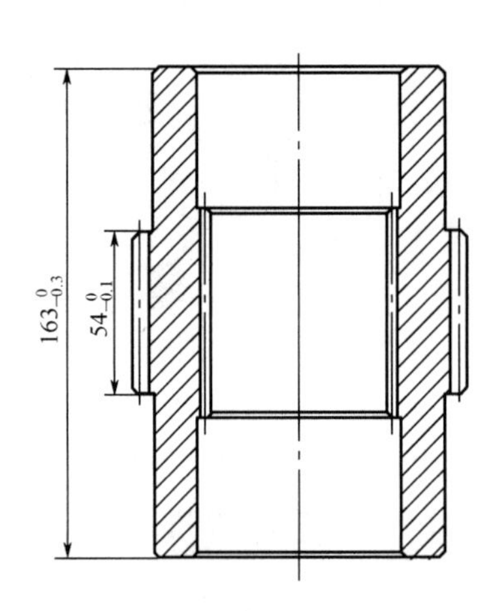

图4.11　创建带公差的线性尺寸标注

① 选择下拉菜单 标注(N) → 线性(L) 命令，分别捕捉并选取花键轴的外花键尺寸界线的两个端点。

② 在命令行中输入 M 后按 Enter 键，在弹出的窗口中输入“54 0^ –0.1”。

③ 选取公差文字“0^ –0.1”并右击，在弹出的快捷菜单中选择 堆叠 命令，再单击“文字格式”对话框中的 确定 按钮。

注意：如果上极限偏差是 0，则输入主尺寸值 54 后，需空一格后输入上极限偏差 0。

④ 使用相同方法创建图 4.11 所示的其他带公差的线性尺寸标注。

（3）创建图 4.12 所示轴径的尺寸标注。

① 创建直径值为 100 的尺寸标注。

a. 选择下拉菜单 标注(N) → 线性(L) 命令，捕捉并单击要标注的两个端点。

注意：选取要标注的两个端点后，不要单击。

b. 在命令行中输入 M 后按 Enter 键，在弹出的“文字格式”对话框中输入文本“%%C100k6（+0.025^+0.003）”，并删除原有数字 100，再次选取“+0.025^+0.003”后右击，在弹出的快捷菜单中选择 堆叠 命令，单击“文字格式”对话框中的 确定 按钮；移动鼠标指针，在图形上选取一点以确定尺寸线的位置。

② 参照步骤①的操作方法，完成图 4.12 所示其他轴径的尺寸标注。

Step 3. 创建图 4.13 所示的剖切符号。

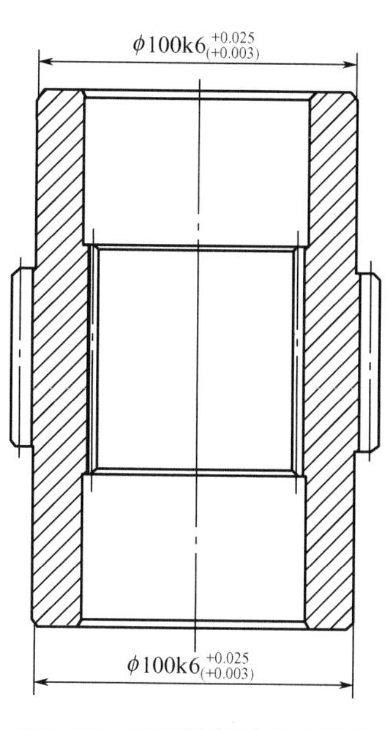

图4.12　创建轴径的尺寸标注

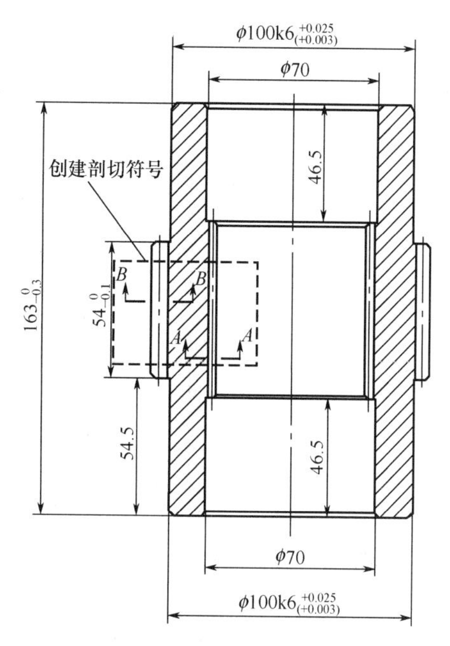

图4.13　创建剖切符号

（1）在命令行中输入命令 QLEADER 后按 Enter 键，输入 S 后按 Enter 键，在“引线设置”对话框的 注释 区域选中 ⊙无(O) 单选项，单击 确定 按钮。

（2）在图中合适位置绘制引线，将图层切换至“轮廓线层”，绘制图 4.13 所示的引线水平部分。

4. 创建文字

Step 1. 将图层切换至“文字层”。

Step 2. 选择下拉菜单 绘图(D) → 文字(X) → A 多行文字(M)... 命令，创建图 4.14 所示的文字。

技术要求

1.调质240~280HB；

2.未注倒角均为C2。

图4.14　创建文字

说明：也可以在命令行中输入命令 MTEXT 或 MT 后按 Enter 键。

5. 创建表格

下面介绍创建图 4.15 所示表格的方法及步骤。

花键参数表 I			
1	模数	m	3
2	齿数	z	21
3	压力角	α_0	30°
4	变位系数	x	
5	齿侧配合公差等级和配合类别	6H GB/T 3478.1–2008	
6	周节累计公差	F_p	0.062
7	齿圈径向跳动公差	F_r	0.045
8	齿向偏差	F_β	0.017
9	齿形偏差	f_f	0.04
10	公法线长度及偏差	W_{EWI}^{EWS}	$31.55_{0}^{+0.122}$
11	测齿数	K	4
12	齿根圆弧最小曲率半径	R	0.6
13	相配合花键图号	37MJ0208–2	

图4.15　创建表格

Step 1. 设置表格样式。

（1）选择下拉菜单 格式(O) → 表格样式(B)... 命令，弹出“表格样式”对话框。

（2）单击 新建(N)... 按钮，弹出“创建新的表格样式”对话框，在 新样式名(N): 文本框中输入 1，单击 继续 按钮，弹出“新建表格样式：1”对话框，进行如下设置。

① 在 单元样式 下拉列表中选择“数据”选项。

② 在 文字 选项卡中，将字体设置为“汉字文本样式”，将字体高度设置为 3.5。

③ 在 常规 选项卡中，将水平边距和垂直边距均设置为 0.18。

④ 单击“新建表格样式：1”对话框中的 确定 按钮。

⑤ 单击“表格样式”对话框中的 置为当前(U) 按钮，单击 关闭 按钮。

Step 2. 插入表格。

（1）选择下拉菜单 绘图(D) → 表格... 命令，弹出“插入表格”对话框。

（2）设置表格。设置插入方式为“指定插入点”，分别设置数据列数与行数为 4 与 15，设置列宽为 25、行高为 1。

（3）设置单元样式。在 第一行单元样式: 下拉列表中选择 数据 选项，在 第二行单元样式: 下拉列表中选择 数据 选项，单击 确定 按钮。

（4）确定表格放置位置。在绘图区选择一个合适的点为表格放置点，插入图 4.16 所示的空表格。

（5）在“特性”对话框中将第一列单元格宽度设置为 15，第二列单元格宽度设置为 65，第三列单元格宽度设置为 18，第四列单元格宽度设置为 38；选中所有单元格，将高度设置为 8。

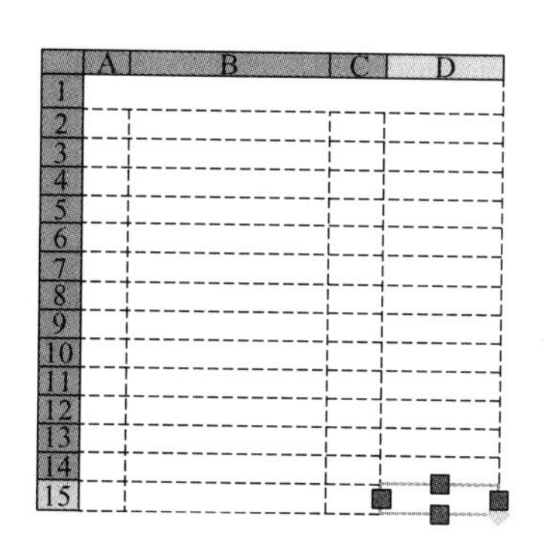

图4.16　插入空表格

说明：创建表格时需要合并单元格，操作方法是选中要合并的一个单元格，在按住 Shift 键的同时选中另一个单元格，松开 Shift 键并右击，在弹出的快捷菜单中选择合并→全部命令（或单击按钮，选择全部选项）。

（6）双击单元格，重新打开文字编辑器，在各单元格中输入相应的文字或数据，如图 4.15 所示。

说明：在表格中输入相应的数据，并修改数据的样式，如图 4.15 中的汉字采用“汉字文本”样式，其他数据采用“standard”样式。

Step 3. 移动插入的表格。选择下拉菜单修改(M)→移动(V)命令，选取插入的表格为移动对象并按 Enter 键，选取右上端点为移动的基点，移动鼠标指针，捕捉图框的右上端点并单击，按 Enter 键。

Step 4. 在标题栏中创建文字。选择下拉菜单绘图(D)→文字(X)→A 多行文字(M)...命令，在标题栏中输入文字。

Step 5. 创建其他文字及表面粗糙度符号。

6. 保存文件

选择下拉菜单文件(F)→保存(S)命令，将图形命名为“花键轴.dwg”，单击保存(S)按钮。

4.2　盘套类零件的设计

4.2.1　隔套

在机械设计中，有时需要用多个视图表达清楚零件。本节实例中的隔套零件比较简单，只需一个主视图即可表达清楚。隔套零件图如图 4.17 所示。

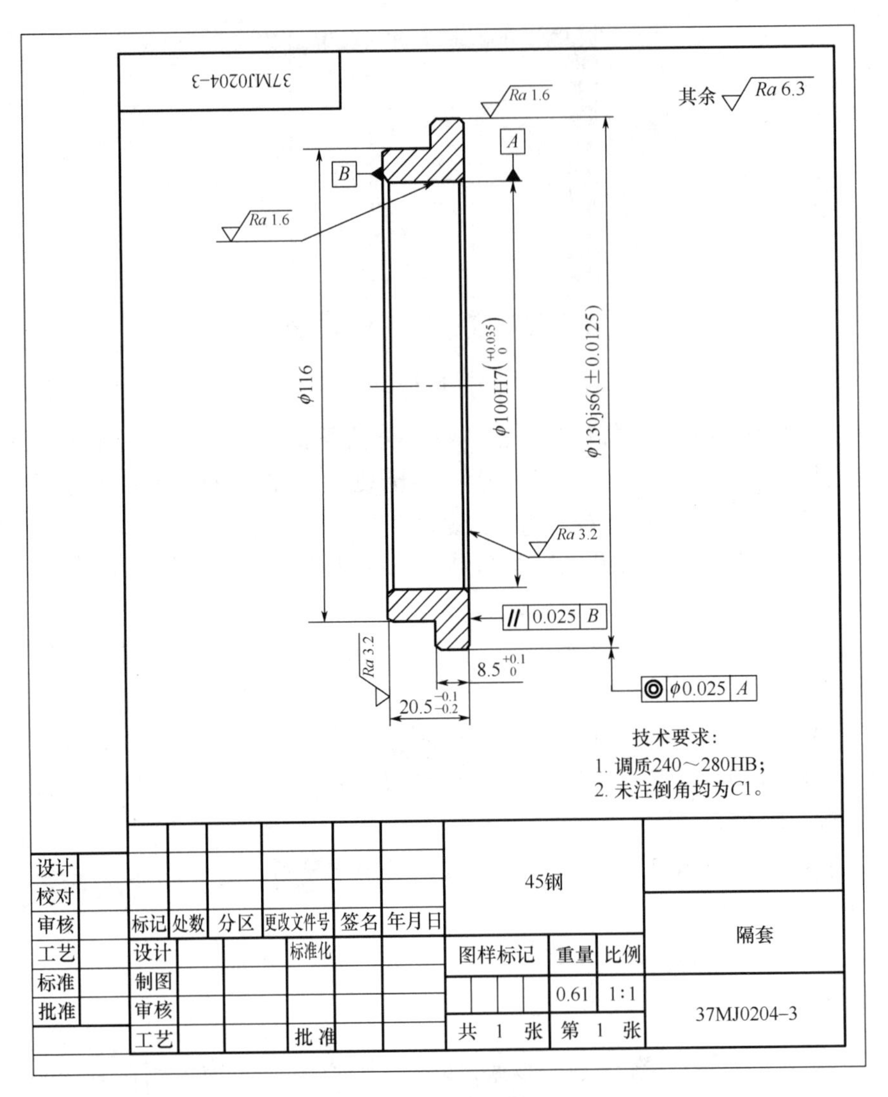

图4.17　隔套零件图

下面介绍隔套的创建过程。

1. 创建主视图

Step 1. 绘制中心线。

（1）切换图层。将图层切换至“中心线层”。

（2）选择下拉菜单 绘图(D) → 直线(L) 命令，绘制长度为 30 的水平中心线。

Step 2. 绘制隔套的轮廓图。

（1）选择下拉菜单 修改(M) → 偏移(S) 命令，将水平中心线向上侧偏移，偏移值为 50。

（2）绘制隔套的轮廓线。选择下拉菜单 绘图(D) → 直线(L) 命令，捕捉水平中心线偏移线的左端点（不要单击），水平向右移动鼠标指针，在命令行中输入 5 后按 Enter 键。以该点为起点，绘制图 4.18 所示的隔套轮廓图。

（3）对隔套的轮廓图进行倒角。选择下拉菜单 修改(M) → 倒角(C) 命令，在命令行中输入 D 后按 Enter 键，输入第一个倒角值 1 后按 Enter 键，输入第二个倒角值 1 后按 Enter 键，分别选取要进行倒角的两条直线。

重复执行“倒角”命令，对隔套的多处进行倒角，并由隔套内孔处的倒角向水平中心线作四条垂线，得到倒角线，结果如图 4.19 所示。

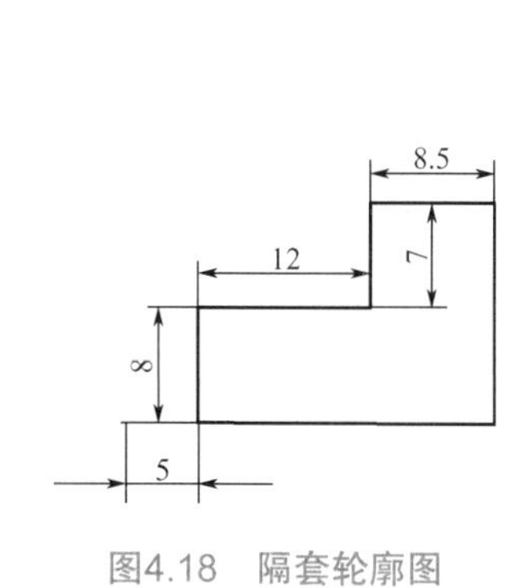

图4.18　隔套轮廓图

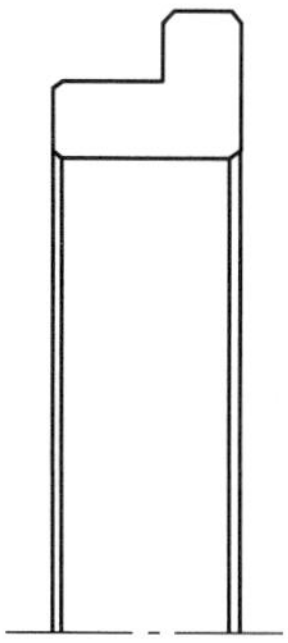

图4.19　对隔套的轮廓进行倒角

Step 3. 镜像图形。选择下拉菜单 修改(M) → 镜像(I) 命令，选取图 4.19 所示水平中心线以上的所有特征为镜像对象；在水平中心线上选取一点作为镜像第一点，在水平中心线上选取另一点作为镜像第二点；在命令行中输入 N 后按 Enter 键。

Step 4. 图案填充。将图层切换至“剖面线层”，选择下拉菜单 绘图(D) → 图案填充(H)... 命令，创建图 4.20 所示的图案填充。其中，填充类型为 用户定义，填充角度值为 45，填充间距值为 5。

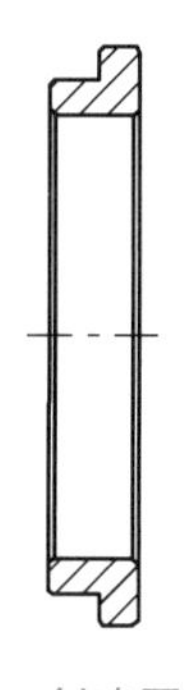

图4.20　创建图案填充

2. 对图形进行尺寸标注

下面介绍图 4.17 所示图形的尺寸标注过程。

Step 1. 修改标注样式。选择下拉菜单 格式(O) → 标注样式(D)... 命令，弹出“标注样式管理器”对话框，单击 修改(M)... 按钮，弹出“修改标注样式”对话框，单击 文字 选项卡，在 文字高度(T): 文本框中输入 7；单击 符号和箭头 选项卡，在 箭头大小(I): 文本框中输入 5；单击 确定 按钮，再单击“标注样式管理器”对话框中的 关闭 按钮。

Step 2. 将图层切换至“尺寸线层”。

Step 3. 创建图 4.21 所示无公差的直径尺寸标注。

选择下拉菜单 标注(N) → 线性(L) 命令，分别捕捉并选取要标注直线的两个端点，在命令行中输入 T 后按 Enter 键，输入文本“%%C116”后按 Enter 键。移动鼠标指针，在绘图区的空白区域选取一点，确定尺寸的放置位置。

Step 4. 创建图 4.22 所示带公差的尺寸标注。

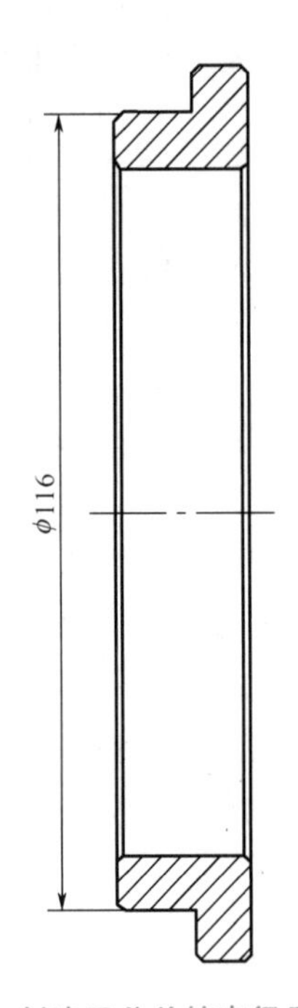

图4.21 创建无公差的直径尺寸标注

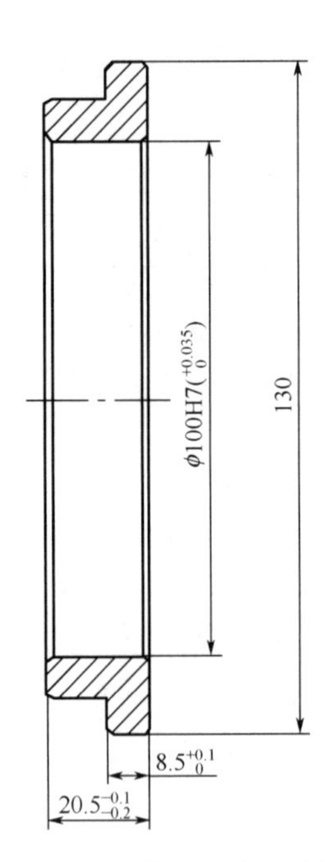

图4.22 创建带公差的尺寸标注

（1）选择下拉菜单 标注(N) → 线性(L) 命令，分别捕捉并选取要标注直线的两个端点，在命令行中输入 M 后按 Enter 键，在弹出的“文字格式”对话框中输入文本“%%C100H7（+0.035^0）”，并删除原有数字 100，再次选取“+0.035^0”后右击，在弹出的快捷菜单中选择 堆叠 命令，单击“文字格式”对话框中的 确定 按钮；移动鼠标指针，在合适位置单击，确定尺寸放置的位置。

（2）参照步骤（1）的操作，创建图 4.22 所示的直径值为 130 的带公差的尺寸标注。

（3）参照步骤（1）的操作，创建图 4.22 所示的长度值分别为 8.5 和 20.5 的带公差的尺寸标注。

3. 创建文字

Step 1. 将图层切换至“文字层”。

Step 2. 选择下拉菜单 绘图(D) → 文字(X) → A 多行文字(M)... 命令，创建图 4.23 所示的文字。

技术要求：

1.调质240~280HB;

2.未注倒角均为C1。

图4.23　创建文字

说明：也可以在命令行中输入命令 MTEXT 或 MT 后按 Enter 键。

Step 3. 在标题栏中创建文字。选择下拉菜单 绘图(D) → 文字(X) → A 多行文字(M)... 命令，在标题栏中输入文字。

Step 4. 创建其他文字及表面粗糙度符号。

4. 保存文件

选择下拉菜单 文件(F) → 保存(S) 命令，将图形命名为“隔套.dwg”，单击 保存(S) 按钮。

4.2.2　轴承杯

轴承杯属于盘套类零件，如无特殊情况需要表达，只需一个视图即可。在技术要求上，安装轴承的内孔与外圆柱要保证一定的同轴度；止口的外圆柱与端面有垂直度要求，内侧安装轴承的凸台高度不得大于轴承外圈的尺寸。轴承杯零件图如图 4.24 所示。

1. 创建主视图

下面介绍图 4.24 所示主视图的创建过程。

Step 1. 创建图 4.25 所示的中心线。

（1）将图层切换至“中心线层”，确认状态栏中的（正交模式）和（对象捕捉）按钮均处于激活状态。

（2）绘制水平中心线。选择下拉菜单 绘图(D) → 直线(L) 命令，绘制长度值为 70 的水平中心线，按两次 Enter 键。捕捉此中心线的右端点（不要单击），水平向右移动鼠标指针，在命令行中输入 130 后按 Enter 键，再将鼠标指针水平向右移动，在命令行中输入 324 后按两次 Enter 键。

（3）绘制垂直中心线。选择下拉菜单 绘图(D) → 直线(L) 命令，捕捉并单击右侧水平中心线的中点，垂直向上移动鼠标指针，在命令行中输入 162 后按 Enter 键。单击绘制好的垂直中心线，然后单击其下侧夹点，接着用鼠标向下移动，在命令行中输入 162 后按 Enter 键。

Step 2. 创建轴承杯的轮廓线。

（1）绘制轴承杯的轮廓线。选择下拉菜单 绘图(D) → 直线(L) 命令，捕捉图 4.25 所示左侧中心线的左端点（不要单击），水平向右移动鼠标指针，在命令行中输入 8 后按 Enter 键。以该点为起点，绘制图 4.26 所示的轴承杯轮廓图。

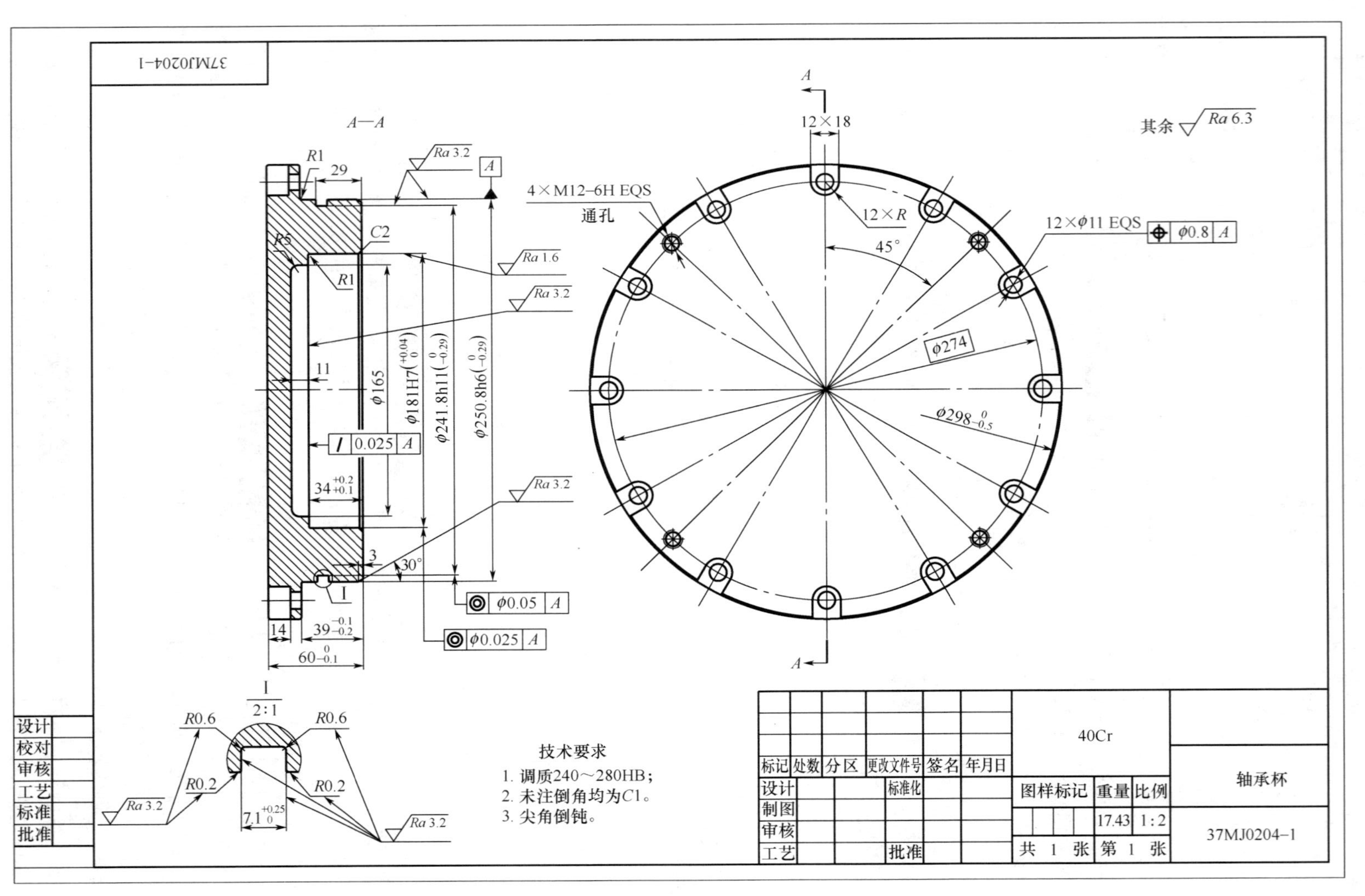

A—A
R1
29
Ra 3.2
A
C2
R5
R1
11
φ165
φ181H7(+0.04 0)
φ241.8h11(0 -0.29)
φ250.8h6(0 -0.29)
Ra 1.6
Ra 3.2
0.025 A
34 +0.2 +0.1
Ra 3.2
3
30°
I
14
39 -0.1 -0.2
60 0 -0.1
φ0.05 A
φ0.025 A
A
12×18
其余 Ra 6.3
4×M12-6H EQS
通孔
12×R
45°
12×φ11 EQS
φ0.8 A
φ274
φ298 0 -0.5
I
2:1
R0.6
R0.6
R0.2
R0.2
Ra 3.2
7.1 +0.25 0
Ra 3.2
技术要求
1. 调质240～280HB；
2. 未注倒角均为C1。
3. 尖角倒钝。
40Cr
轴承杯
37MJ0204-1
标记 处数 分区 更改文件号 签名 年月日
设计 标准化
制图
审核
工艺 批准
图样标记 重量 比例
17.43 1:2
共 1 张 第 1 张
设计
校对
审核
工艺
标准
批准
37MJ0204-1

图4.24 轴承杯零件图

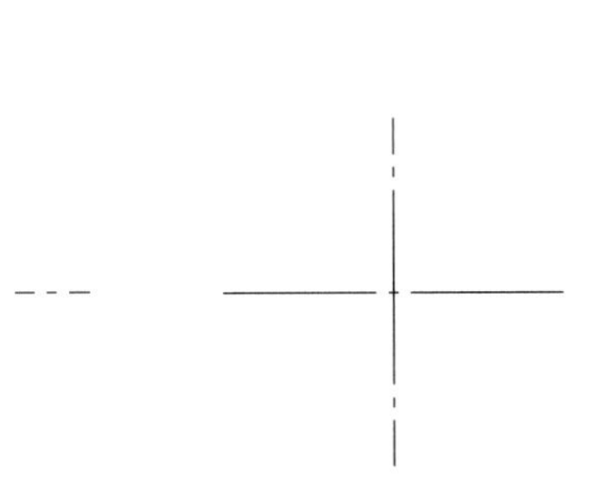

图4.25　创建中心线

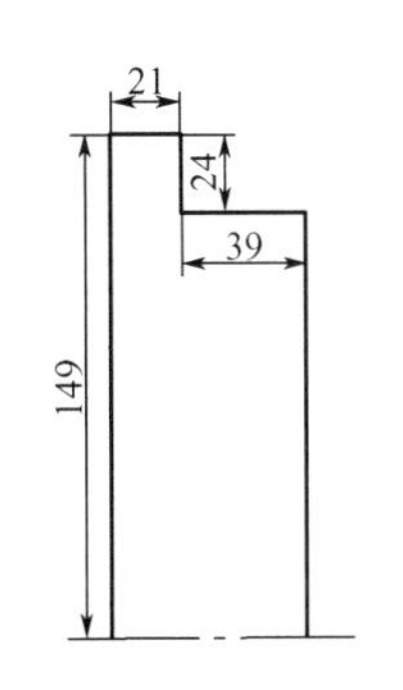

图4.26　轴承杯轮廓图

（2）绘制轴承杯内部的阶梯孔。选择下拉菜单 修改(M) → 偏移(S) 命令，将图 4.26 所示的水平中心线向上侧偏移，偏移值分别为 82.5 和 90，按 Enter 键，结束命令。将图 4.26 所示的最右侧轮廓线向左侧偏移，偏移值分别为 34 和 45，按 Enter 键，结束命令。

（3）转换线型。将水平中心线偏移后得到的两条线转移至“轮廓线层”图层。

（4）修剪图形。选择下拉菜单 修改(M) → 修剪(T) 命令，修剪图中多余线条，结果如图 4.27 所示。

Step 3. 创建轴承杯的孔和沉孔槽。

（1）偏移直线。选择下拉菜单 修改(M) → 偏移(S) 命令，将图 4.27 所示的水平中心线向上侧偏移，偏移值分别为 128、131.5、137 和 142.5，按 Enter 键，结束命令。将图 4.27 所示的最左侧轮廓线向右侧偏移，偏移值为 14，按 Enter 键，结束命令。

（2）转换线型。水平中心线偏移后，将除孔中心线外的其他线条都转移至“轮廓线层”图层。

（3）修剪图形。选择下拉菜单 修改(M) → 修剪(T) 命令，修剪图中多余线条。

（4）选中孔的中心线，单击其左端夹点和右端夹点，用鼠标拖拽夹点，将孔的中心线调整到合适的长度和位置，结果如图 4.28 所示。

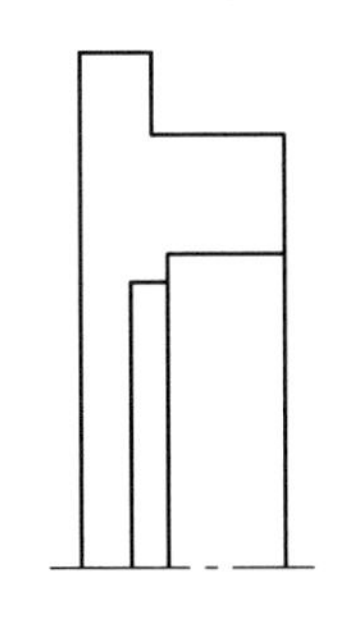

图4.27　修剪图形结果

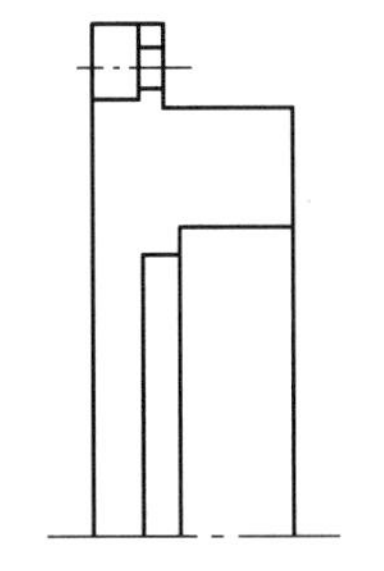

图4.28　调整孔的中心线

Step 4. 创建轴承杯上的 O 形密封圈沟槽。

（1）偏移直线。选择下拉菜单 修改(M) → 偏移(S) 命令，将图 4.28 所示的水平中心线向上侧偏移，偏移值为 120.9，按 Enter 键，结束命令。将图 4.28 所示的最右侧轮廓线向左侧偏移，偏移值分别为 21.9 和 29，按 Enter 键，结束命令。

（2）转换线型。将水平中心线偏移后得到的线条转移至“轮廓线层”图层。

（3）修剪图形。选择下拉菜单 修改(M) → 修剪(T) 命令，修剪图中多余线条，结果如图 4.29 所示。

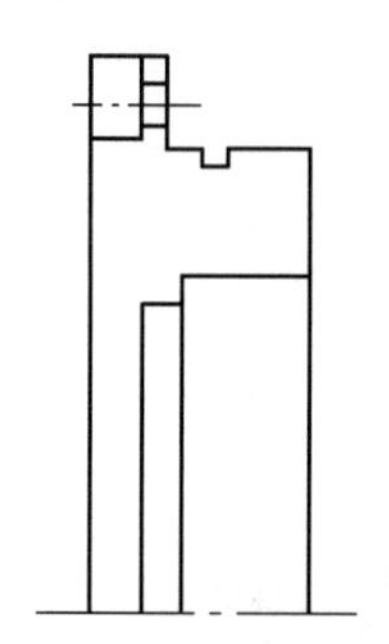

图4.29　创建O形密封圈沟槽

Step 5. 创建轴承杯上的倒角和倒圆角。

（1）对轴承杯进行倒角。选择下拉菜单 修改(M) → 倒角(C) 命令，在命令行中输入 D 后按 Enter 键，输入第一个倒角距离值 2 后按 Enter 键，输入第二个倒角距离值 2 后按 Enter 键，分别选取轴承杯内孔处需要进行倒角的两条直线。倒角后，自倒角点向水平中心线作垂线，得到倒角线。

重复步骤（1），对轴承杯最大外径的两处进行倒角，倒角距离值均为 1。

为使 O 形密封圈不被刮伤，在轴承杯安装 O 形密封圈的圆周处倒角的距离值为 3，角度值不是 45°，而是 30°。

（2）对轴承杯进行倒圆角。选择下拉菜单 修改(M) → 圆角(F) 命令，在命令行中输入 R 后按 Enter 键，输入半径值 5 后按 Enter 键，选取轴承杯需要进行倒圆角的两条直线。

重复步骤（2），完成两处 R0.2、两处 R0.6 和两处 R1 的倒圆角操作，结果如图 4.30 所示。

Step 6. 镜像图形。选择下拉菜单 修改(M) → 镜像(I) 命令，选取图 4.30 所示水平中心线以上的所有特征为镜像对象；在水平中心线上选取一点作为镜像第一点，在水平中心线上选取另一点作为镜像第二点；在命令行中输入 N 后按 Enter 键，镜像后的轴承杯如图 4.31 所示。

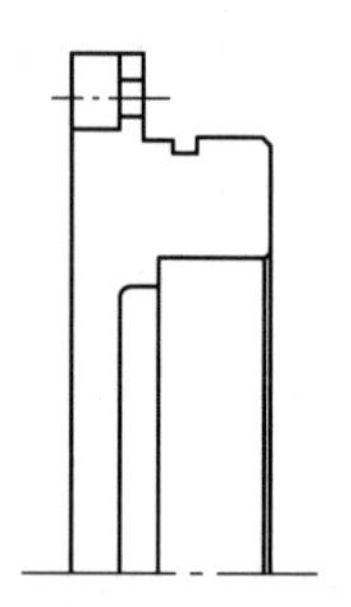

图4.30　倒角和倒圆角后的轴承杯

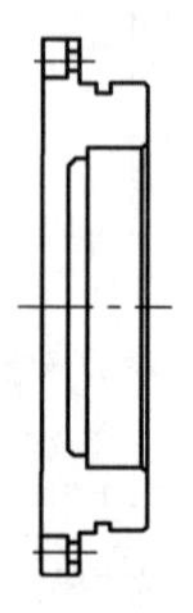

图4.31　镜像后的轴承杯

Step 7. 图案填充。将图层切换至“剖面线层”，选择下拉菜单 绘图(D) → 图案填充(H)... 命令，创建图 4.32 所示的图案填充。其中，填充类型为 用户定义，填充角度值为 45，填充间距值为 5。

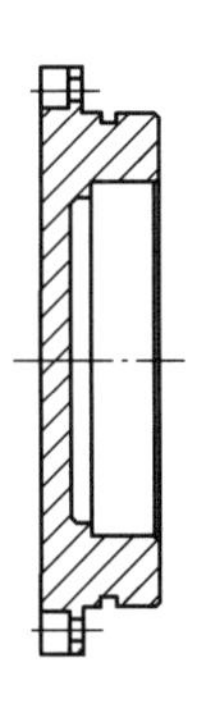

图4.32 创建图案填充

2. 创建左视图

下面介绍图 4.24 所示左视图的创建过程。

Step 1. 创建轴承杯的倒角圆和外圆。选择下拉菜单 绘图(D) → 圆(C) ▸ → 圆心、半径(R) 命令，以图 4.25 中水平中心线与垂直中心线的交点为圆心，分别输入半径值 148 和 149，创建轴承杯的倒角圆和外圆，如图 4.33 所示。

Step 2. 创建轴承杯的孔和沉孔槽。

（1）创建孔和沉孔槽的中心线。

① 将图层切换至“中心线层”。

② 选择下拉菜单 绘图(D) → 圆(C) ▸ → 圆心、半径(R) 命令，捕捉图 4.33 所示的圆心，捕捉水平中心线的端点为半径，绘制一个辅助圆。

③ 在图 4.33 中的第一象限，选择下拉菜单 绘图(D) → 直线(L) 命令，分别在与水平中心线的右段呈 30°、60° 处绘制两条直线。

④ 选择下拉菜单 修改(M) → 延伸(D) 命令，将步骤③中绘制的两条直线向另一侧延伸到辅助圆上。

⑤ 镜像图形。选择下拉菜单 修改(M) → 镜像(I) 命令，选取步骤④中得到的两条直线为镜像对象；在垂直中心线上选取一点作为镜像第一点，在垂直中心线上选取另一点作为镜像第二点；在命令行中输入 N 后按 Enter 键。

⑥ 创建孔的分布圆。选择下拉菜单 绘图(D) → 圆(C) ▸ → 圆心、半径(R) 命令，捕捉图 4.33 中的圆心，输入半径值 137，创建孔的分布圆，如图 4.34 所示。

（2）创建孔和沉孔槽。

① 选择下拉菜单 绘图(D) → 圆(C) ▸ → 圆心、半径(R) 命令，以图 4.34 中的 *A* 点为圆心，分别输入半径值 5.5 和 9。再通过 *A* 点作一条水平辅助直线，与半径为 9 的圆相交，过两个交点垂直向上作线，与半径为 149 的大圆相交，删除水平辅助直线。

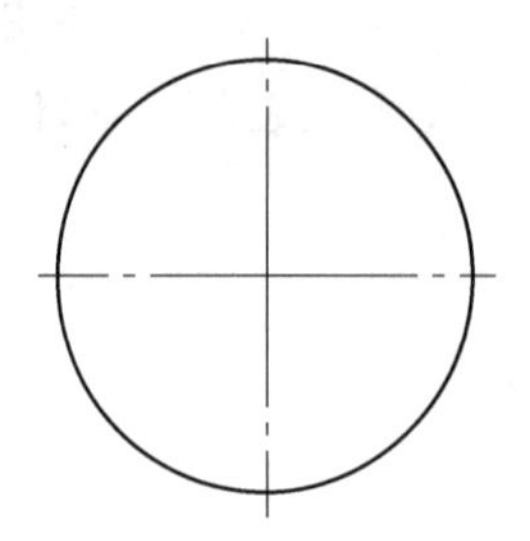

图4.33　创建轴承杯的倒角圆和外圆

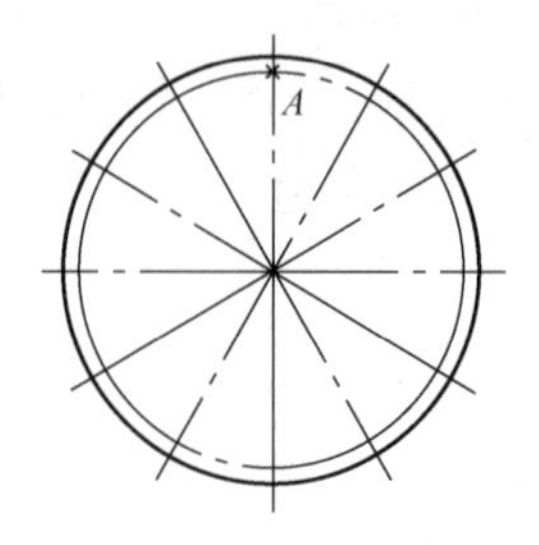

图4.34　创建孔的分布图

② 修剪图形。选择下拉菜单 修改(M) → 修剪(T) 命令，修剪图中多余线条，结果如图 4.35 所示。

③ 阵列孔和沉孔槽。选择下拉菜单 修改(M) → 阵列 ▸ → 环形阵列 命令，选取步骤②中绘制的孔和沉孔槽为阵列对象，选取图 4.35 中的圆心为阵列中心，数目为 12，填充角度为 360°。

④ 修剪图形。选择下拉菜单 修改(M) → 修剪(T) 命令，修剪沉孔槽内的多余线条，结果如图 4.36 所示。

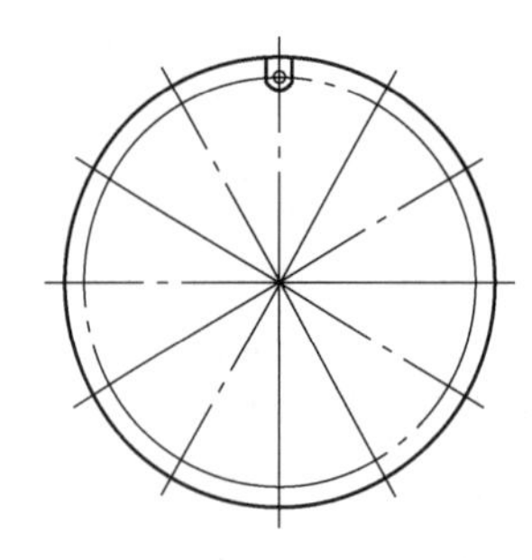

图4.35　创建孔和沉孔槽的轴承杯

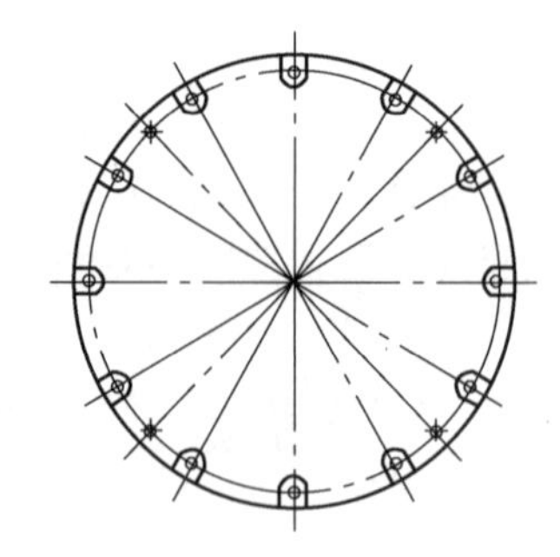

图4.36　阵列孔和沉孔槽

Step 3. 创建轴承杯上的螺纹孔。

（1）创建螺纹孔的中心线。

① 将图层切换至“中心线层”。

② 选择下拉菜单 绘图(D) → 圆(C) ▸ → 圆心、半径(R) 命令，捕捉图 4.36 中的圆心，再捕捉水平中心线的端点为半径，绘制一个辅助圆。

③ 在图 4.36 中的第一象限内，选择下拉菜单 绘图(D) → 直线(L) 命令，在与水平中心线的右段呈 45° 处绘制一条直线。

④ 选择下拉菜单 修改(M) → 延伸(D) 命令，将步骤③中绘制的直线向另一侧延伸至辅助圆，删除辅助圆。

⑤ 镜像图形。选择下拉菜单 修改(M) → 镜像(I) 命令，选取步骤④中得到的直线为镜像对象；在垂直中心线上选取一点作为镜像第一点，在垂直中心线上选取另一点作为镜像第二点；在命令行中输入 N 后按 Enter 键。

（2）创建螺纹孔。

① 绘制螺纹孔的十字中心线。选择下拉菜单 绘图(D) → 直线(L) 命令，绘制螺纹孔的两条十字中心线。

② 绘制螺纹孔。选择下拉菜单 绘图(D) → 圆(C) → 圆心、半径(R) 命令，以步骤①中绘制的十字中心线交叉点为圆心，分别输入半径值 5.1 和 6，绘制完成螺纹孔。

③ 打断螺纹孔的大径。选择下拉菜单 修改(M) → 打断(K) 命令，选取步骤②中绘制的半径为 6 的圆为打断对象（选取该圆时，单击的点就是断开的第一点），再指定断开的第二点。

④ 阵列螺纹孔。选择下拉菜单 修改(M) → 阵列 → 环形阵列 命令，选取步骤③中绘制的螺纹孔为阵列对象，选取图 4.37 中的圆心为阵列中心，数目为 4，填充角度为 360°，结果如图 4.37 所示。

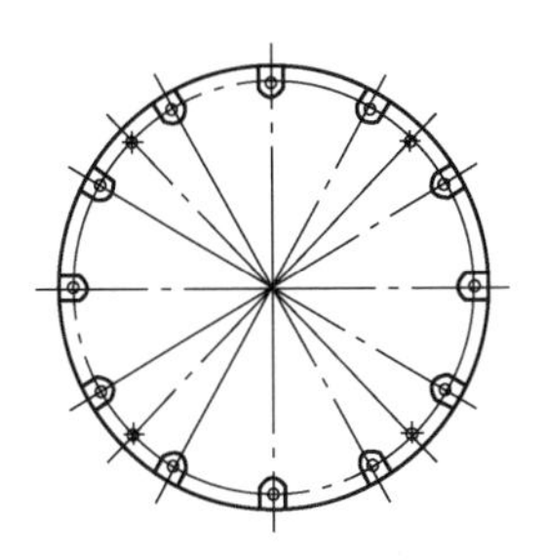

图4.37 阵列螺纹孔

步骤②也可以采用镜像命令实现。

3. 对图形进行尺寸标注

下面介绍图 4.24 所示图形的尺寸标注过程。

Step 1. 修改标注样式。选择下拉菜单 格式(O) → 标注样式(D)... 命令，弹出“标注样式管理器”对话框，单击 修改(M)... 按钮，在弹出的“修改标注样式”对话框中单击 文字 选项卡，在 文字高度(T): 文本框中输入 7；单击 符号和箭头 选项卡，在 箭头大小(I): 文本框中输入 5；单击 确定 按钮，再单击“标注样式管理器”对话框中的 关闭 按钮。

Step 2. 将图层切换至“尺寸线层”。

Step 3. 创建图 4.38 所示无公差的尺寸标注。

（1）选择下拉菜单 标注(N) → 线性(L) 命令，分别捕捉并选取所要标注直线的两个端点，在命令行中输入 T 后按 Enter 键，输入文本“%%C165”后按 Enter 键。移动鼠标指针，在绘图区的空白区域选取一点，确定尺寸的放置位置。

（2）使用相同方法创建图 4.38 中其他无公差的线性尺寸标注。

Step 4. 创建图 4.39 所示带公差的尺寸标注。

（1）选择下拉菜单 标注(N) → 线性(L) 命令，分别捕捉并选取要标注直线的两个端点，在命令行中输入 M 后按 Enter 键，在弹出的“文字格式”对话框中输入文本“%%C180H7（+0.04^0）”，并删除原有数字 180，再次选取“+0.04^0”后右击，在弹出的快捷菜单中选

择 堆叠 命令，单击“文字格式”对话框中的 确定 按钮；移动鼠标指针，在合适位置单击，确定尺寸放置的位置。

（2）参照步骤（1）的操作，创建图 4.39 所示的直径值分别为 241.8 和 250 的带公差的尺寸标注。

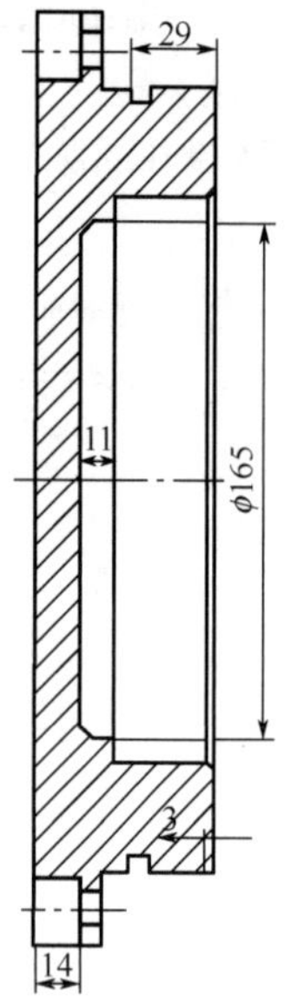

图4.38　创建无公差的尺寸标注

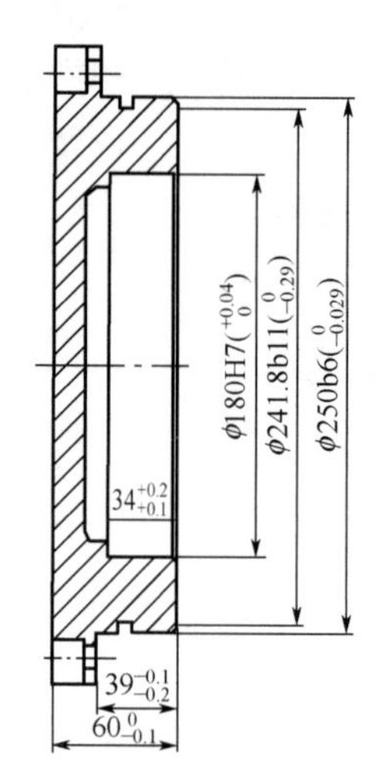

图4.39　创建带公差的尺寸标注

（3）参照步骤（1）的操作，创建图 4.39 所示的长度值分别为 34、39 和 60 的带公差的尺寸标注。

Step 5. 创建图 4.40 所示的倒角标注。

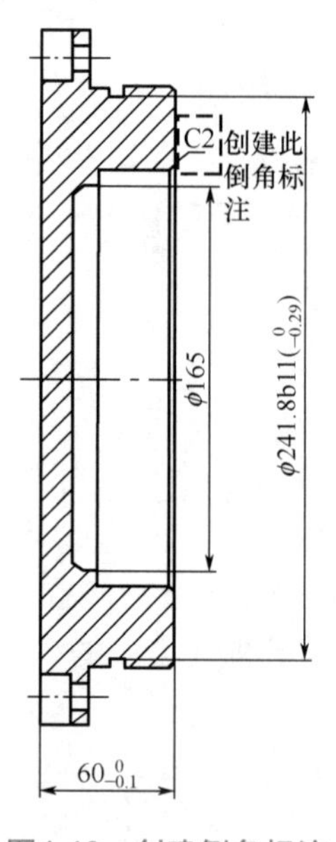

图4.40　创建倒角标注

（1）在命令行中输入命令 QLEADER 后按 Enter 键，在命令行指定第一个引线点或 [设置(S)] <设置>:的提示下按 Enter 键，在弹出的“引线设置”对话框中单击注释选项卡，在注释类型选项组中选择 无(O) 单选项；单击引线和箭头选项卡，在引线选项组中选择 直线(S) 单选项，在箭头下拉列表中选择 无复选项，将点数选项组中的最大值设置为 3，将角度约束选项组中的第一段:设置为任意角度，单击 确定 按钮。

（2）选取图中倒角的端点为起点，在图形空白处选取两点，确定引线的位置。

（3）选择下拉菜单 绘图(D) → 文字(X) → 单行文字(S) 命令，在引线上创建文字“倒角 C2”。

4. 添加技术要求

下面介绍图 4.24 所示多行文字的创建过程。

Step 1. 设置文字样式。选择下拉菜单 格式(O) → 文字样式(S)... 命令，弹出“文字样式”对话框，其中 样式(S): 选择 Standard ；在 字体名(F): 下拉列表中选择 仿宋_GB2312 选项；在 高度(T) 文本框中输入 10。单击 应用(A) 按钮，再单击“文字样式”对话框中的 关闭 按钮，完成设置。

Step 2. 将图层切换至“文字层”，创建图 4.41 所示的文字。选择下拉菜单 绘图(D) → 文字(X) → 多行文字(M)... 命令（或者在命令行中输入命令 MTEXT 后按 Enter 键），绘图区出现图 4.42 所示的“多行文字”编辑器，拖动鼠标，调整矩形文本框尺寸，输入图 4.41 所示的文字，然后在空白位置单击完成文字创建。

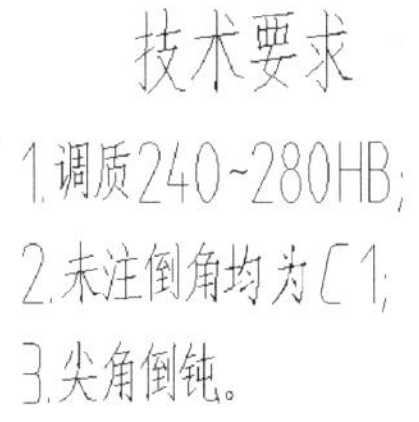

技术要求

1.调质240~280HB;

2.未注倒角均为C1;

3.尖角倒钝。

图4.41　创建文字

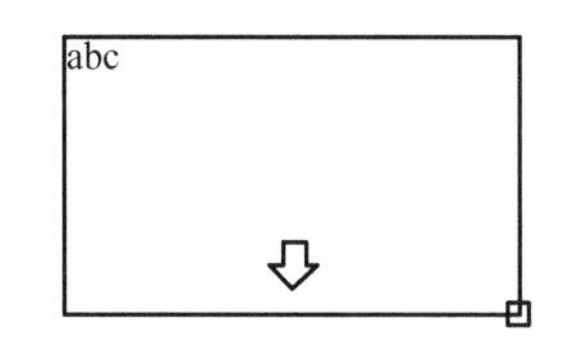

图4.42　“多行文字”编辑器

Step 3. 创建其他文字及表面粗糙度符号。

5. 保存文件

选择下拉菜单 文件(F) → 保存(S) 命令，将图形命名为“轴承杯.dwg”，单击 保存(S) 按钮。

4.3　齿轮类零件的设计

圆柱齿轮是机械设备中应用广泛的传动零件，可以传递动力和运动，也可以改变轴的旋转方向和转速。绘制零件图时，通过分析圆柱齿轮结构发现，其主视剖视图呈对称形状（图 4.43），在创建过程中可以充分利用镜像命令绘制零件图。

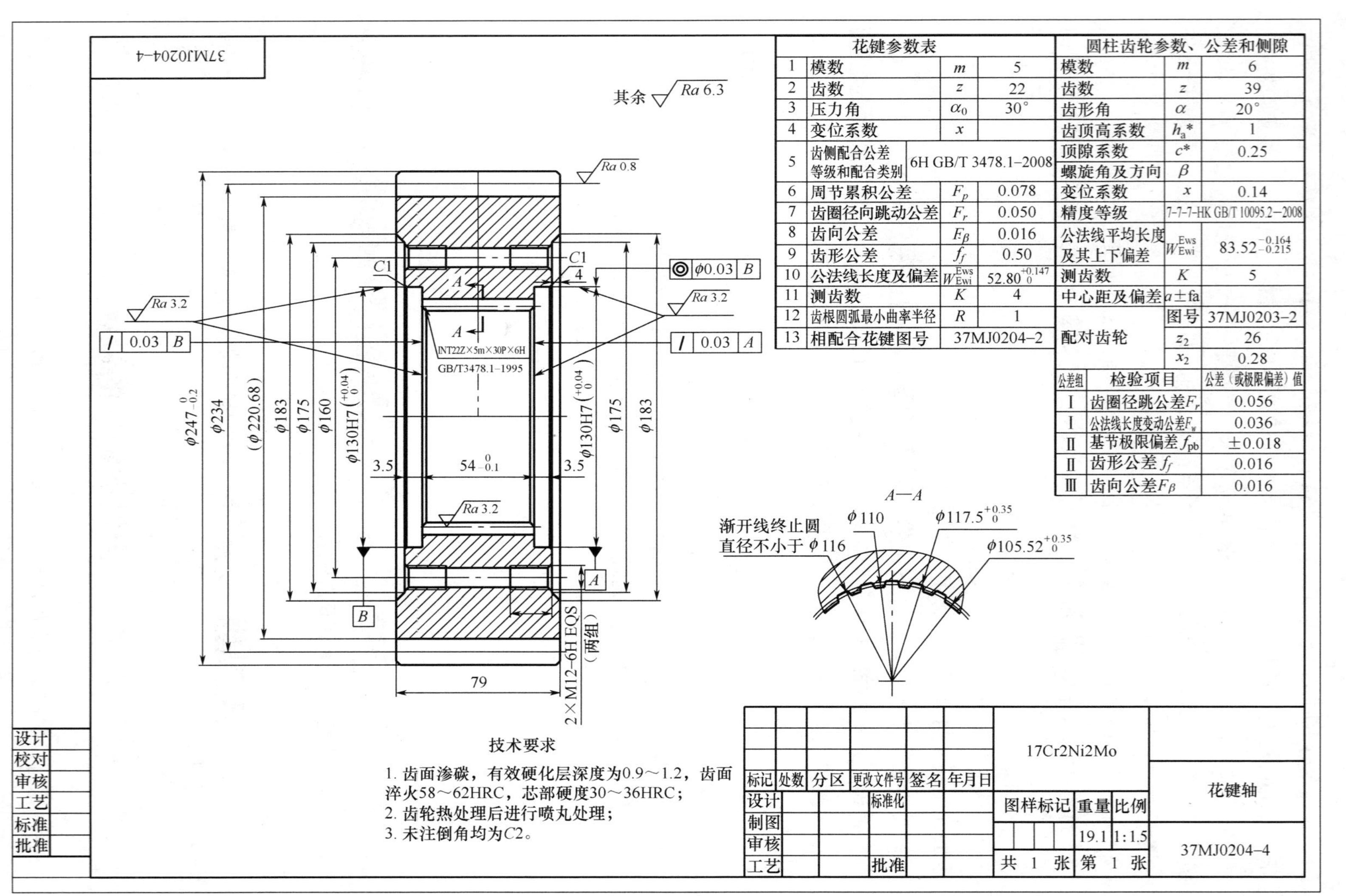
花键参数表
1 模数 m 5
2 齿数 z 22
3 压力角 α_0 30°
4 变位系数 x
5 齿侧配合公差等级和配合类别 6H GB/T 3478.1–2008
6 周节累积公差 F_p 0.078
7 齿圈径向跳动公差 F_r 0.050
8 齿向公差 F_β 0.016
9 齿形公差 f_f 0.50
10 公法线长度及偏差 W_{Ewi}^{Ews} $52.80^{+0.147}_{0}$
11 测齿数 K 4
12 齿根圆弧最小曲率半径 R 1
13 相配合花键图号 37MJ0204–2
圆柱齿轮参数、公差和侧隙
模数 m 6
齿数 z 39
齿形角 α 20°
齿顶高系数 h_a^* 1
顶隙系数 c^* 0.25
螺旋角及方向 β
变位系数 x 0.14
精度等级 7-7-7-HK GB/T 10095.2–2008
公法线平均长度及其上下偏差 W_{Ewi}^{Ews} $83.52^{-0.164}_{-0.215}$
测齿数 K 5
中心距及偏差 a±fa
配对齿轮 图号 37MJ0203–2
z_2 26
x_2 0.28
公差组 检验项目 公差（或极限偏差）值
Ⅰ 齿圈径跳公差F_r 0.056
Ⅰ 公法线长度变动公差F_w 0.036
Ⅱ 基节极限偏差f_{pb} ±0.018
Ⅱ 齿形公差f_f 0.016
Ⅲ 齿向公差F_β 0.016
A—A
φ110
φ116
$\phi117.5^{+0.35}_{0}$
$\phi105.52^{+0.35}_{0}$
渐开线终止圆直径不小于φ116
其余 Ra 6.3
Ra 0.8
Ra 3.2
φ0.03 B
0.03 A
0.03 B
φ183
φ175
$\phi130H7(^{+0.04}_{0})$
φ160
(φ220.68)
φ234
$\phi247^{\ 0}_{-0.2}$
$54^{\ 0}_{-0.1}$
79
3.5
4
C1
2×M12–6H EQS （两组）
INT22Z×5m×30P×6H GB/T3478.1–1995
技术要求
1. 齿面渗碳，有效硬化层深度为0.9～1.2，齿面淬火58～62HRC，芯部硬度30～36HRC；
2. 齿轮热处理后进行喷丸处理；
3. 未注倒角均为C2。
17Cr2Ni2Mo
花键轴
37MJ0204–4
标记 处数 分区 更改文件号 签名 年月日
设计 标准化 图样标记 重量 比例
制图 19.1 1:1.5
审核
工艺 批准 共 1 张 第 1 张
37MJ0204–4
设计 校对 审核 工艺 标准 批准

图4.43　圆柱齿轮

下面介绍圆柱齿轮的创建过程。

1. 创建主视图

下面介绍图4.43所示主视图的创建过程。

Step 1. 创建图4.44所示的中心线。

（1）将图层切换至“中心线层”，确认状态栏中的（正交模式）和（对象捕捉）按钮处于激活状态。

（2）绘制水平中心线。选择下拉菜单 绘图(D) → 直线(L) 命令，绘制长度值为90的水平中心线，按两次Enter键。

（3）绘制垂直中心线。选择下拉菜单 绘图(D) → 直线(L) 命令，捕捉并单击绘制的水平中心线中点，垂直向上移动鼠标指针，在命令行中输入130后按Enter键。单击绘制好的垂直中心线，然后单击其下侧夹点，接着用鼠标向下拉动，在命令行中输入130后按Enter键。

Step 2. 创建齿轮的轮廓线。

（1）绘制齿轮的外轮廓线。选择下拉菜单 绘图(D) → 直线(L) 命令，捕捉图4.44所示的*A*点（不要单击），水平向左移动鼠标指针，在命令行中输入39.5后按Enter键；将鼠标指针垂直向上移动，在命令行中输入123.5后按Enter键；将鼠标指针水平向右移动，在命令行中输入79后按Enter键；向下捕捉并单击水平中心线的垂足。

（2）绘制齿轮的分度线和齿根线。选择下拉菜单 修改(M) → 偏移(S) 命令，将图4.44所示的水平中心线向上侧偏移，偏移值分别为110和117，按Enter键，结束命令，结果如图4.45所示。

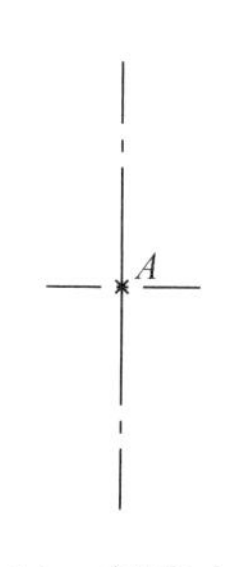

图4.44 创建中心线

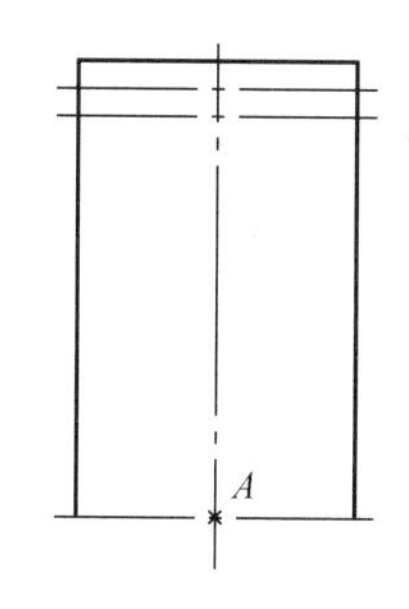

图4.45 绘制分度线和齿根线

（3）修剪图形。选择下拉菜单 修改(M) → 修剪(T) 命令，按Enter键，单击图4.45中要剪掉的线条，按Enter键，结束命令。

（4）转换线型。单击图4.45中的齿根线，将其转移至“轮廓线层”图层。

（5）对齿轮进行倒角。选择下拉菜单 修改(M) → 倒角(C) 命令，在命令行中输入D后按Enter键，输入第一个倒角距离值2后按Enter键，输入第二个倒角距离值2后按Enter键，分别选取要进行倒角的两条直线。

Step 3. 创建齿轮上的孔和螺纹。

（1）选择下拉菜单 修改(M) → 偏移(S) 命令，将图4.45中的水平中心线向上侧偏移，偏移值为80，按Enter键，结束命令，得到图4.46中的线1。将线1向上侧偏移两次，偏移值分别为 4.8 和 6，得到图 4.46 中的线 2 和线 3。

选择下拉菜单 修改(M) → 镜像(I) 命令，选取图 4.46 中的线 2 和线 3 为镜像对象；在线 1 上选取一点作为镜像第一点，在线 1 上选取另一点作为镜像第二点；在命令行中输入 N 后按 Enter 键。

（2）选择下拉菜单 修改(M) → 偏移(S) 命令，将图 4.45 中的垂直中心线向右侧偏移，偏移值为 15.5，得到图 4.46 中的线 4。

选择下拉菜单 修改(M) → 镜像(I) 命令，选取图 4.46 中的线 4 为镜像对象；在垂直中心线上选取一点作为镜像第一点，在垂直中心线上选取另一点作为镜像第二点；在命令行中输入 N 后按 Enter 键。

（3）选择下拉菜单 修改(M) → 修剪(T) 命令，修剪图中多余线条。

（4）转换线型。将内螺纹小径线、螺纹终止线和孔径线转移至“轮廓线层”图层，将内螺纹大径线转移至“细实线层”图层。创建的带有孔和螺纹的齿轮如图 4.47 所示。

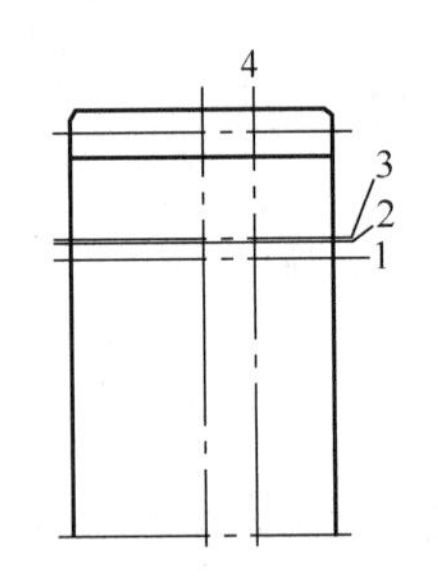

图4.46　创建齿轮上的孔和螺纹

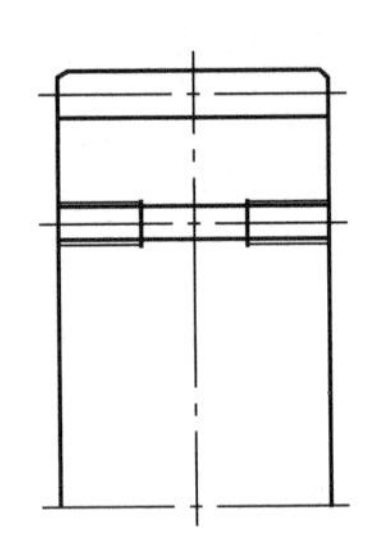
图4.47　创建的带有孔和螺纹的齿轮

Step 4. 创建齿轮上的内花键。

（1）选择下拉菜单 修改(M) → 偏移(S) 命令，将图 4.47 中的水平中心线向上侧偏移，偏移值为 55，按 Enter 键，结束命令。将偏移后的线分别向上侧和下侧偏移，偏移值分别为 3.75 和 2.24，按 Enter 键，结束命令。

（2）选择下拉菜单 修改(M) → 修剪(T) 命令，修剪图中多余线条。

（3）转换线型。将花键小径和大径线转移至“轮廓线层”图层。

Step 5. 在齿轮上绘制槽和倒角、花键倒角、螺纹孔端部倒锥面。

（1）在齿轮上绘制槽。选择下拉菜单 修改(M) → 偏移(S) 命令，将图 4.47 中的齿轮右端面线向左侧偏移，偏移值分别为 4 和 12.5，按 Enter 键，结束命令。将图 4.47 中的中心线向上侧偏移，偏移值分别为 65 和 87.5，按 Enter 键，结束命令。

（2）选择下拉菜单 修改(M) → 修剪(T) 命令，修剪图中多余线条，得到图 4.48 中绘制槽后的齿轮。

（3）对齿轮上的槽和花键进行倒角。选择下拉菜单 修改(M) → 倒角(C) 命令，在命令行中输入 D 后按 Enter 键，输入第一个倒角距离值 4 后按 Enter 键，输入第二个倒角距离值 4 后按 Enter 键，分别选取第一个槽（大槽）需要进行倒角的两条直线。

重复步骤（3），对第二个槽（小槽）和齿轮内花键进行倒角，第二个槽（小槽）的倒角距离值为 1，齿轮内花键的倒角距离值为 2。

（4）螺纹孔端部倒锥面。选择下拉菜单 修改(M) → 偏移(S) 命令，将图 4.49 中的齿轮右端面线向左侧偏移，偏移距离值为 6，按 Enter 键，结束命令。

选择下拉菜单 修改(M) → 倒角(C) 命令，在命令行中输入 D 后按 Enter 键，输入第一个倒角距离值 2 后按 Enter 键，输入第二个倒角距离值 2 后按 Enter 键，分别选取需要进行倒角的两条直线，再重复做一次。槽倒角和螺纹孔端部倒锥面的齿轮如图 4.49 所示。

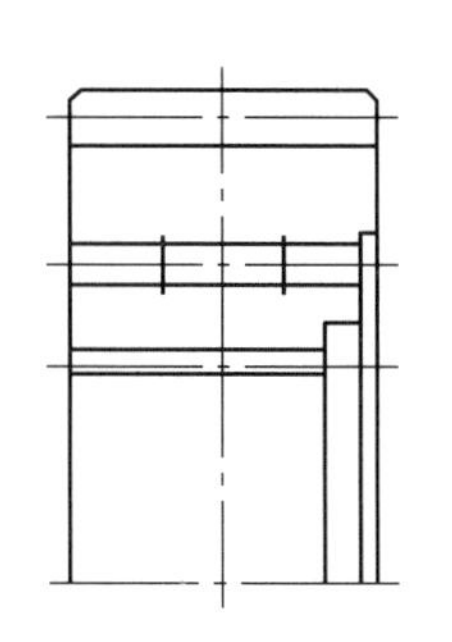

图4.48　绘制槽后的齿轮

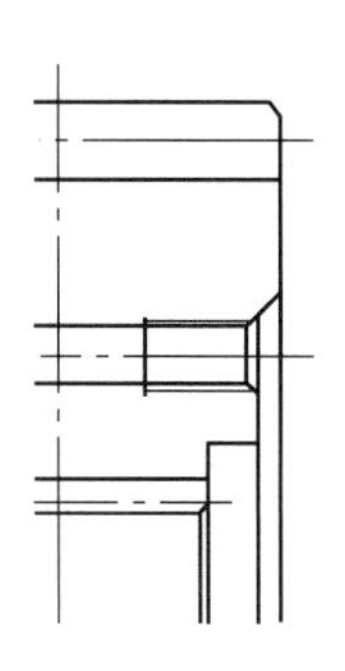

图4.49　槽倒角和螺纹孔端部倒锥面的齿轮

Step 6. 镜像图形。

（1）选择下拉菜单 修改(M) → 镜像(I) 命令，选取图 4.50 所示虚线内的特征为镜像对象；在垂直中心线上选取一点作为镜像第一点，在垂直中心线上选取另一点作为镜像第二点；在命令行中输入 N 后按 Enter 键。

选择下拉菜单 修改(M) → 修剪(T) 命令，修剪图中多余线条。对垂直中心线镜像和修剪后的齿轮如图 4.51 所示。

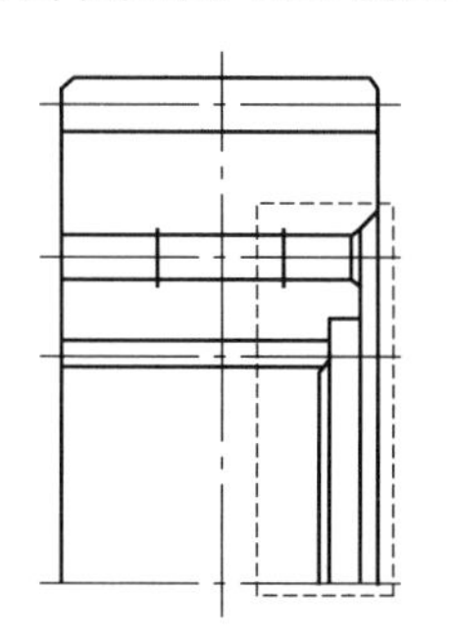

图4.50　对垂直中心线镜像

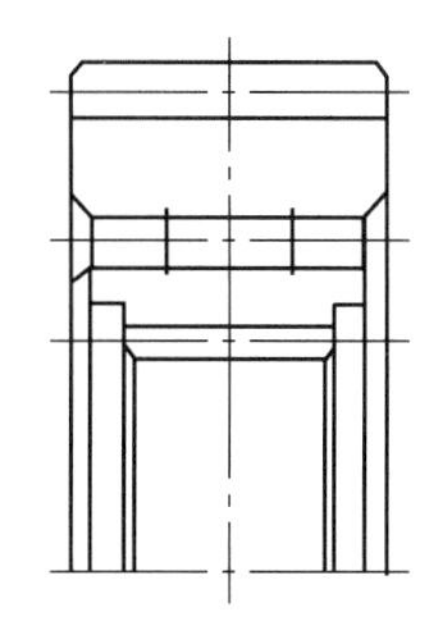

图4.51　对垂直中心线镜像和修剪后的齿轮

（2）选择下拉菜单 修改(M) → 镜像(I) 命令，选取图 4.51 所示图形内的所有特征为镜像对象；在水平中心线上选取一点作为镜像第一点，在水平中心线上选取另一点作为镜像第二点；在命令行中输入 N 后按 Enter 键。对水平中心线镜像后的齿轮如图 4.52 所示。

（3）图案填充。将图层切换至“剖面线层”，选择下拉菜单 绘图(D) → 图案填充(H)... 命令，创建图 4.53 所示的图案填充。其中，填充类型为 用户定义，填充角度值为 45，填充间距值为 5。

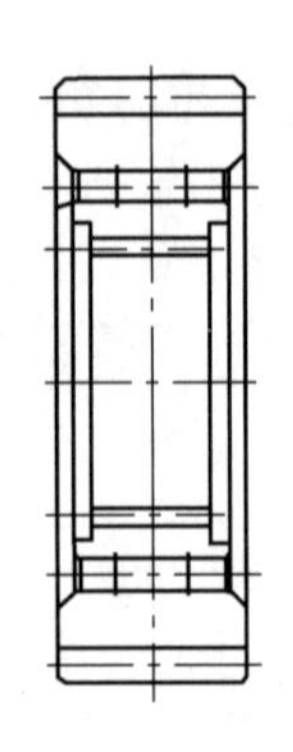

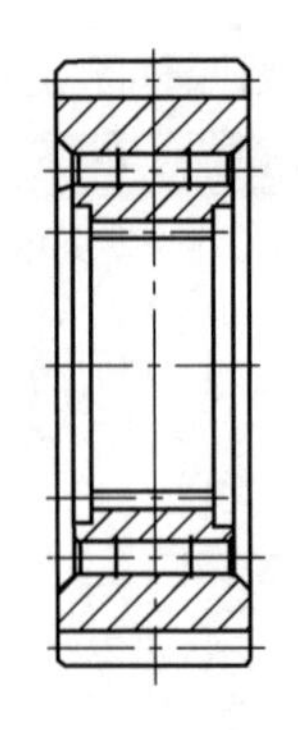

图4.52 对水平中心线镜像后的齿轮　　图4.53 创建图案填充

2. 创建局部视图

下面介绍图 4.54 所示齿轮内花键局部视图的创建过程。

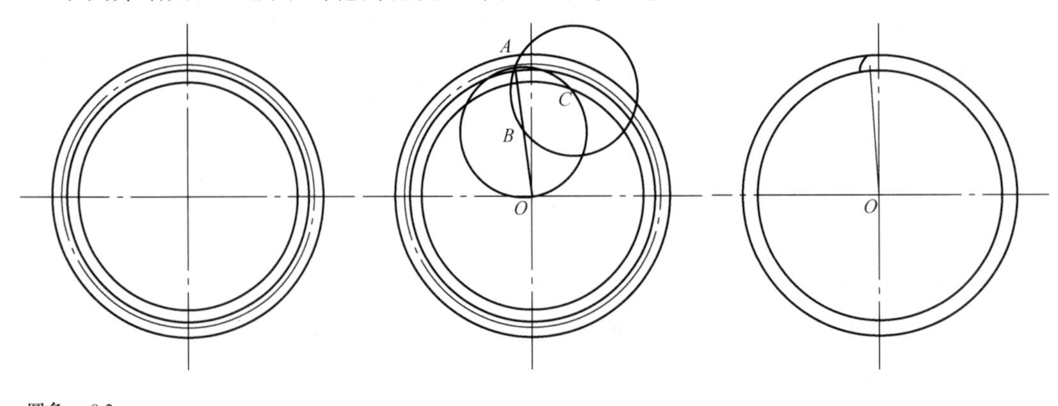

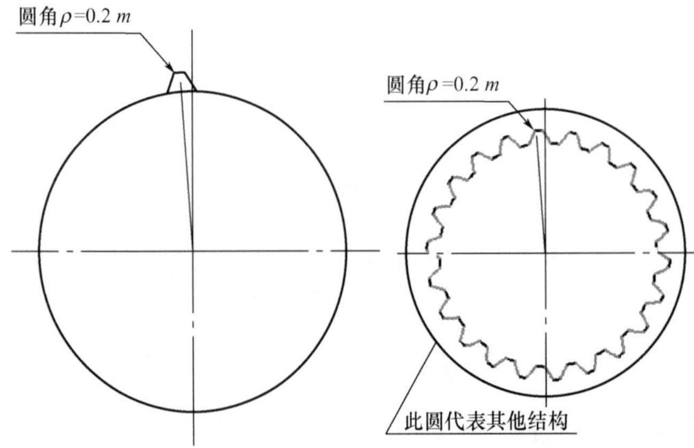

图4.54 齿轮内花键局部视图的创建过程

齿轮内花键的参数如下：模数 $m=5$，齿数 $z=22$，压力角 $\alpha=30°$。

（1）计算相关尺寸数据。

① 分度圆直径 $D=mz=5\times22=110\text{mm}$。

② 基圆直径 $D_{\text{b}}=mz\cos30°\approx5\times22\times0.866\approx95.3\text{mm}$。

③ 内花键大径 $D_{\text{ei}}=m(z+1.5)=5\times(22+1.5)=117.5\text{mm}$。

④ 内花键小径 $D_{ii} = m(z-1.5)+0.5m = 5\times(22-1.5)+0.5\times5 = 105\text{mm}$。

（2）绘制内花键。

① 画出基圆 D_b、大径 D_{ei} 和小径 D_{ii}。

用到的命令有 绘图(D) → 直线(L) 和 绘图(D) → 圆(C) ▸ → 圆心、半径(R)。

② 用多边形（边数 =2z）按内接于圆方式画出分度圆 D。

用到的命令为 绘图(D) → 多边形(Y)。

③ 由圆心 O 向多边形的任一角点 A 引直线 OA。

用到的命令为 绘图(D) → 直线(L)。

④ 以线段 OA 中点 B 为圆心，以 AB 为半径画圆，交基圆于 C 点。

用到的命令为 绘图(D) → 圆(C) ▸ → 圆心、半径(R)。

⑤ 以 C 点为圆心，以 AC 为半径画圆，与大径、小径间的相交部分是花键的齿形（为近似齿形，以圆弧替代渐开线）。

用到的命令为 绘图(D) → 圆(C) ▸ → 圆心、半径(R)。

⑥ 修剪，去掉多余线条。

用到的命令为 修改(M) → 修剪(T)。

⑦ 镜像、修剪，再次去掉多余线条，保留小径圆，倒齿根圆弧（圆角 $\rho = 0.2m$）。

用到的命令有 修改(M) → 镜像(I)、修改(M) → 修剪(T) 和 修改(M) → 圆角(F)。

⑧ 阵列、修剪，绘制其他结构。至此，作图基本完成。绘制局部视图时，截取内花键的一部分。

用到的命令为 修改(M) → 阵列 ▸ → 环形阵列 和 修改(M) → 修剪(T)。

3. 对图形进行尺寸标注

下面介绍图 4.43 所示图形的尺寸标注过程。

Step 1. 修改标注样式。选择下拉菜单 格式(O) → 标注样式(D)... 命令，弹出“标注样式管理器”对话框，单击 修改(M)... 按钮，在弹出的“修改标注样式”对话框中单击 文字 选项卡，在 文字高度(T): 文本框中输入 7；单击 符号和箭头 选项卡，在 箭头大小(I): 文本框中输入 5；单击 确定 按钮，再单击“标注样式管理器”对话框中的 关闭 按钮。

Step 2. 将图层切换至“尺寸线层”。

Step 3. 创建图 4.55 所示无公差的尺寸标注。

（1）选择下拉菜单 标注(N) → 线性(L) 命令，分别捕捉并选取要标注直线的两个端点，在命令行中输入 T 后按 Enter 键，输入文本“%%C160”后按 Enter 键。移动鼠标指针，在绘图区的空白区域内选取一点，确定尺寸的放置位置。

（2）使用相同方法创建图 4.55 中其他无公差的尺寸标注和直径尺寸标注。

Step 4. 创建图 4.56 所示带公差的尺寸标注。

（1）选择下拉菜单 标注(N) → 线性(L) 命令，分别捕捉并选取所要标注直线的两个端点，在命令行中输入 M 后按 Enter 键，在弹出的“文字格式”对话框中输入文本“%%C130H7（+0.04^0）”，并删除原有数字 130。再次选取“+0.04^0”后右击，在弹出的快捷菜单中选择 堆叠 命令，单击“文字格式”对话框中的 确定 按钮；移动鼠标指针，在合适位置单击，确定尺寸放置的位置。

（2）参照步骤（1）的操作，创建图 4.56 所示的直径值分别为 130 和 247 的带公差的尺寸标注。

（3）参照步骤（1）的操作，创建图 4.56 所示的长度值为 54 的带公差的尺寸标注。

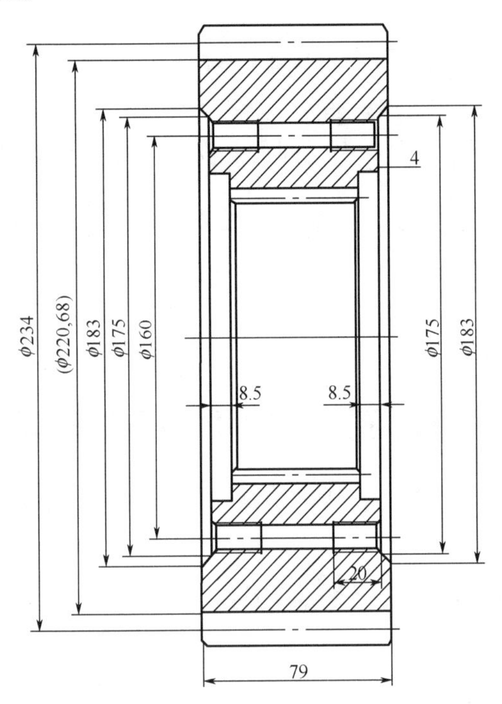

图4.55　创建无公差的尺寸标注

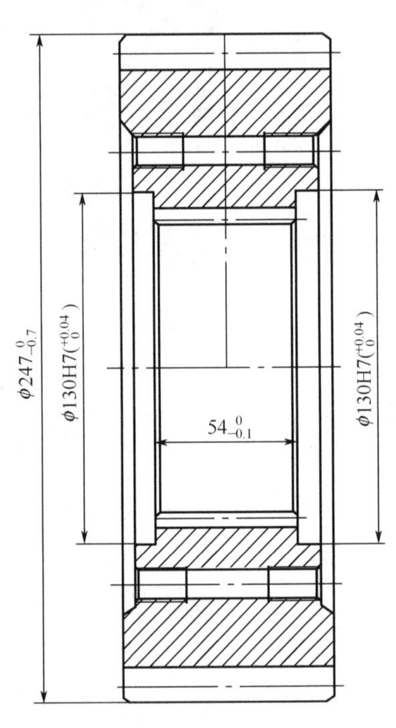

图4.56　创建带公差的尺寸标注

Step 5. 创建图 4.57 所示的倒角标注。

（1）在命令行输入命令 QLEADER 后按 Enter 键，在命令行 指定第一个引线点或 [设置(S)] <设置>: 的提示下按 Enter 键，在弹出的“引线设置”对话框中单击 注释 选项卡，在 注释类型 选项组中选择 ⊙无(O) 单选项；单击 引线和箭头 选项卡，在 引线 选项组中选择 ⊙ 直线(S) 单选项，在 箭头 下拉列表中选择 □无 复选项，将 点数 选项组中的 最大值 设置为 3，将 角度约束 选项组中的 第一段: 设置为任意角度，单击 确定 按钮。

（2）选取图中倒角的端点为起点，在图形空白处选取两点，确定引线的位置。

（3）选择下拉菜单 绘图(D) → 文字(X) → A 单行文字(S) 命令，在引线上创建倒角 C1。

4. 添加参数表与技术要求

下面介绍图 4.43 所示参数表和多行文字的创建过程。

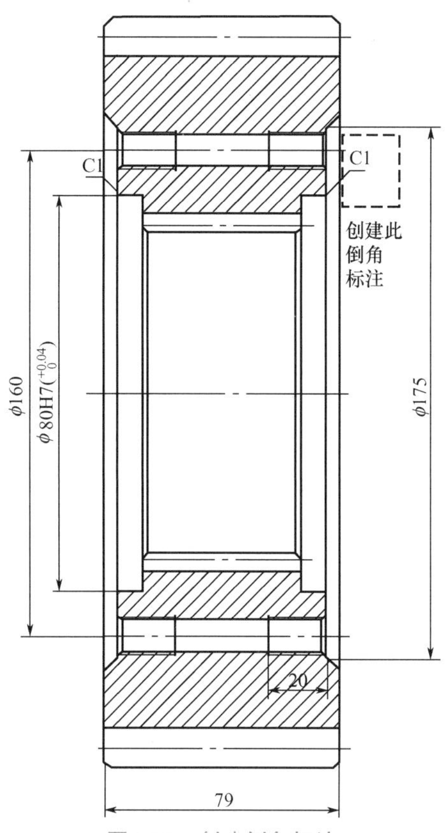

图4.57　创建倒角标注

Step 1. 设置表格样式。选择下拉菜单 格式(O) → 表格样式(B)... 命令，在弹出的“表格样式”对话框中单击 修改(M)... 按钮，弹出“修改表格样式”对话框，进行如下设置：在 文字 选项卡的 文字高度(I): 文本框中输入 7，单击 文字样式(S): 后的 ... 按钮，在弹出的“文字样式”对话框中将字体设置为 仿宋_GB2312；在 常规 选项卡的 填充颜色(F): 下拉列表中选择 □无 复选项，在 对齐(A): 下拉列表中选择 正中 选项，单击 格式(O): 后的 ... 按钮，在弹出的“表格单元格式”对话框中将数据类型设置为 文字；单击 确定 按钮后，单击“表格样式”对话框中的 关闭 按钮，完成设置。

Step 2. 创建表格（图 4.58）。

（1）选择下拉菜单 绘图(D) → 表格... 命令，弹出“插入表格”对话框，在 插入方式 选项组中选择 ⊙ 指定插入点(I) 单选项；在 列和行设置 选项组中将列数和数据行数分别设置为 3 和 21，将列宽设置为 20，行高设置为 1；在 设置单元样式 选项组的 第一行单元样式: 下拉列表中选择 数据 选项；在 第二行单元样式: 下拉列表中选择 数据 选项，单击 确定 按钮，在绘图区设定一个插入点；在空白位置单击，插入表格，如图 4.59 所示。

（2）选中表格，在“特性”窗口中将行高更改为 10，并设置合适的列宽。

（3）双击单元格，弹出“多行文字”编辑器，输入相应的文字和数据并指定文字样式，结果如图 4.58 所示。

模数	m	6
齿数	z	39
齿形角	α	20°
齿顶高系数	ha^*	1
顶隙系数	C^*	0.25
螺旋角及方向	β	
变位系数	x	0.14
精度等级	7-7-7-HK GB 10095-1988	

图4.58 创建表格

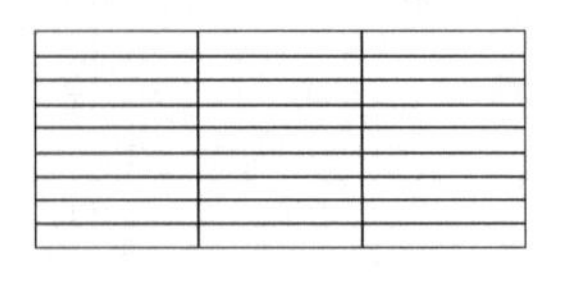

图4.59 插入表格

（4）使用“移动”命令，将表格移至图4.43所示位置。

Step 3. 将图层切换至“文字层”，创建图4.60所示的文字。选择下拉菜单 绘图(D) → 文字(X) → A 多行文字(M)... 命令（或者在命令行中输入命令MTEXT后按Enter键），绘图区出现图4.61所示的“多行文字”编辑器，拖动鼠标，调整矩形文本框尺寸，输入图4.60所示的文字，在空白位置处单击完成文字创建。

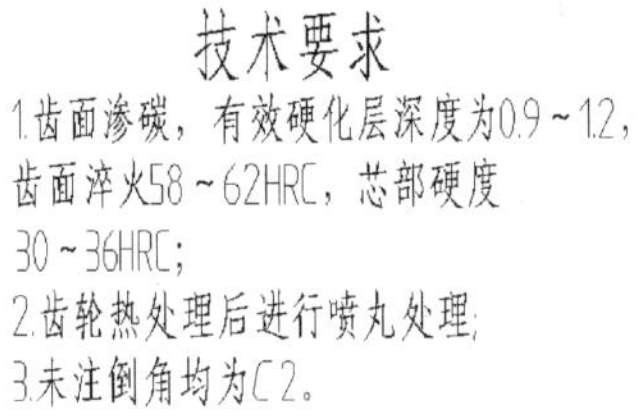

技术要求

1.齿面渗碳，有效硬化层深度为0.9~1.2，
齿面淬火58~62HRC，芯部硬度
30~36HRC；
2.齿轮热处理后进行喷丸处理；
3.未注倒角均为C2。

图4.60 创建文字

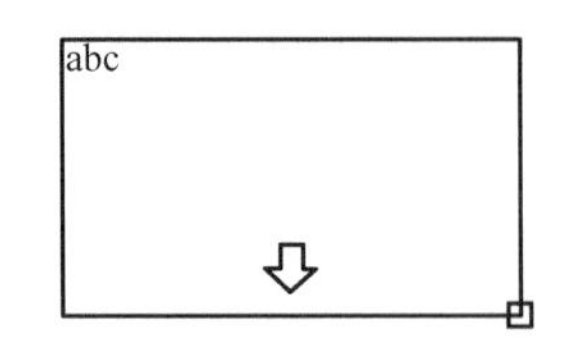

图4.61 “多行文字”编辑器

Step 4. 创建其他文字及表面粗糙度符号。

5. 保存文件

选择下拉菜单 文件(F) → 保存(S) 命令，将图形命名为“齿轮.dwg”，单击 保存(S) 按钮。

4.4 装配图的设计

装配图是表示产品及其组成部分的连接、装配关系的图样，表达产品中各零件之间的装配与连接关系、产品的工作原理、生产该产品的技术要求等。

下面以图4.62所示的某型号薄煤层采煤机截割部三轴组件为例，介绍创建装配图的方法。

创建装配图的方法如下：先绘制产品中的各零件图，再利用AutoCAD中的“创建块”“写块”（将块保存在指定的文件夹）和“插入块”等命令，将绘制的零件图拼装成装配图，具体思路和步骤如下。

（1）绘制各零件图，各零件的比例应一致，可以暂时不标注零件尺寸，用WBLOCK命令将每张零件图都定义为.dwg文件。定义时，需选好插入点，插入点应该是零件间相互有装配关系的特殊点。

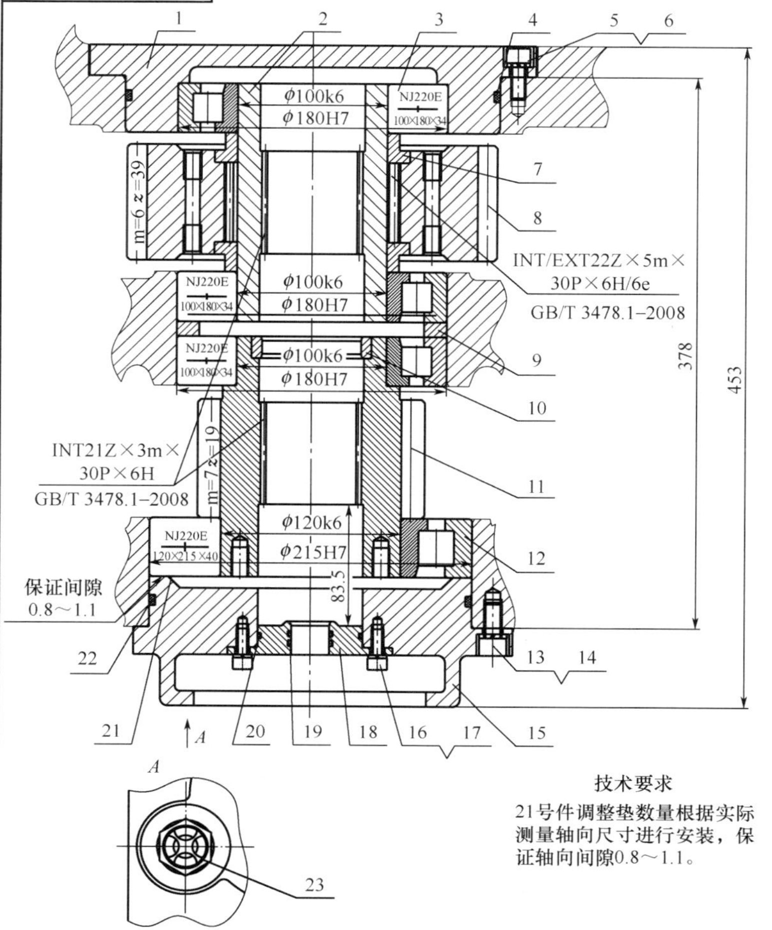

序号	代号	名称	数量	材料	单件重量	总计重量	备注
25							
24							
23	2100304001	Q/JM 193-2005 油标 M30×1.5	1		0.06	0.06	
22	10601220468	GB/T 3452.1-2005 O形密封圈 203×5.3	1	YⅡ7444	0.013	0.013	外购
21	37MJ0204-7	调整垫	4	0.25钢板 1Cr18Ni9Ti	0.0001	0.0004	
20	1060102033	GB/T 3452.1-2005 O形密封圈 70×3.1	1	橡胶Ⅰ-4	0.003	0.003	外购
19	1060102021	GB/T 3452.1-2005 O形密封圈 30×3.1	2	橡胶Ⅰ-4	0.001	0.001	外购
18	21MJ0305-9	压盖	1	45	0.6	0.6	
17	2040501005	GB 93-1987 垫圈 8	4	65Mn	0.002	0.008	
16	2071504004	GB/T 70.1-2008 螺钉 M8×20	4		0.013	0.052	10.9
15	37MJ0204-6	端盖	1	ZG30Mn2	16.42	16.42	
14	2040502007	GB 93-1987 垫圈 12	9	65Mn	0.005	0.045	
13	2071506002	GB/T 70.1-2008 螺钉 M12×25	9		0.035	0.315	10.9
12	1011206005	GB/T 283-2007 滚动轴承 NJ224E/120×215×40	1		6.41	6.41	外购
11	37MJ0204-5	齿轮	1	17Cr2Ni2Mo	9.68	9.68	
10	21MJ0305-5	套	1	ZCuAl10Fe3	0.18	0.18	
9	21MJ0305-6	垫	1	45	0.6	0.6	
8	37MJ0204-4	齿轮	1	17Cr2Ni2Mo	19.1	19.1	
7	37MJ0204-3	垫	2	45	0.61	1.22	
6	2040502006	GB 93-1987 垫圈 10	12	65Mn	0.003	0.036	
5	2071505004	GB/T 70.1-2008 螺钉 M10×25	12		0.025	0.3	10.9
4	10601220476	GB/T 3452.1-2005 O形圈 239×5.3	1	YⅡ7444	0.015	0.015	外购
3	1011205007	GB/T 283-2007 滚动轴承 NJ220E/100×180×34	3		3.9	11.7	外购
2	37MJ0204-2	花键轴	1	40Cr	6.2	6.2	
1	37MJ0204-1	轴承杯	1	40Cr	17.43	17.43	

保密申明

本图纸所载内容为保密信息，均属鸡西煤矿机械有限公司的专有财产，未经本公司授权，不得复制、传播或以其它方式披露给第三方，否则本公司有权追究其法律责任。

					图样标记	重量	比例
设计	曹立民	2010-4-9	标准化			90.3894	1:2.5
制图	曹立民	2010-4-9			共 1 张	第 1 张	
审核							
工艺			批准				

鸡西煤矿机械有限公司

三轴

37MJ0204

技术要求

21号件调整垫数量根据实际测量轴向尺寸进行安装，保证轴向间隙0.8～1.1。

图4.62 某型号薄煤层采煤机截割部三轴组件装配图

（2）调入装配干线上的主要零件，沿装配干线展开，逐个插入相关零件。插入后，若需要修剪不可见的线段，则应分解插入块。调入插入块时，应注意确定轴向定位和径向定位。

（3）根据零件间的装配关系，检查各零件的尺寸是否有干涉现象。

（4）标注装配尺寸，注写技术要求，添加零件序号，填写标题栏和明细表。

下面介绍用“零件图组合装配图”方法创建三轴组件装配图的过程。

1. 创建块与写块

先绘制零件，包括花键轴、轴承杯、齿轮、端盖、压盖、滚动轴承、内六角头螺钉、弹簧垫圈、隔套和套；再将这些零件逐个创建成图块，便于装配时使用。

说明：

●本书主要介绍对这些零件逐个创建成图块。由于装配图中有时不需要零件的所有视图，因此仅绘制零件的单个视图。

●三轴组件图中各零件的设计在前面章节进行了详细介绍，此处不再赘述。

Step 1. 创建图 4.63 所示的花键轴零件图块。

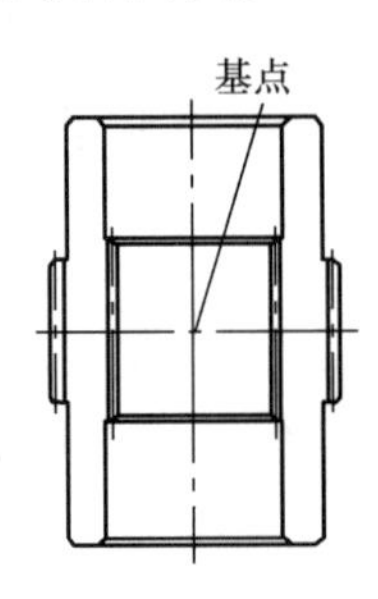

图4.63 创建花键轴图块

（1）选择下拉菜单 绘图(D) → 块(K) ▸ → 创建(M)... 命令，弹出“块定义”对话框，在 名称(N): 文本框中输入块名“花键轴”，选取花键轴上两条中心线的交点为插入基点，如图 4.63 所示，选取全部图形为块定义对象，单击 确定 按钮，完成块的定义。

（2）保存花键轴零件图块。在命令行中输入命令 WBLOCK 后按 Enter 键，弹出“写块”对话框。在 源 选项组中选择 ⊙ 块(B): 单选项，在下拉列表中选择“花键轴”选项，在 目标 选项组中指定 文件名和路径(F): 为“D:\AutoCAD2014\work_file\ch04.04\零件图\花键轴.dwg”，保存零件图块。以后使用此花键轴零件时，可直接以块的形式插入目标文件。

说明：可自行设定 目标 选项组中的文件名和路径（用来保存零件图块的文件夹）。

注意：“写块”对话框中的插入单位应设置为“毫米”，以免在装配过程中由单位不统一导致装配失败。

Step 2. 创建图 4.64 所示的轴承杯主视图零件图块。打开轴承杯主视图，参照 Step 1 的操作完成轴承杯主视图零件图块的创建，捕捉图 4.64 所示的点为插入基点。

Step 3. 创建图 4.65 所示的齿轮零件图块。打开齿轮视图，参照 Step 1 的操作完成齿轮零件图块的创建，捕捉图 4.65 所示的点为插入基点。

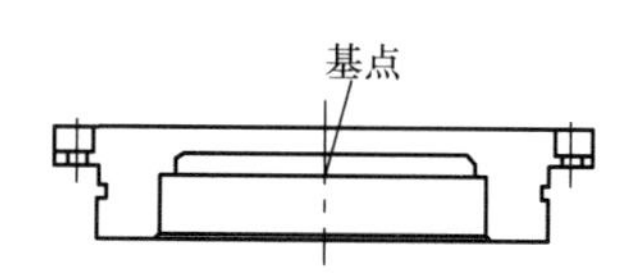

图4.64　创建轴承杯主视图零件图块

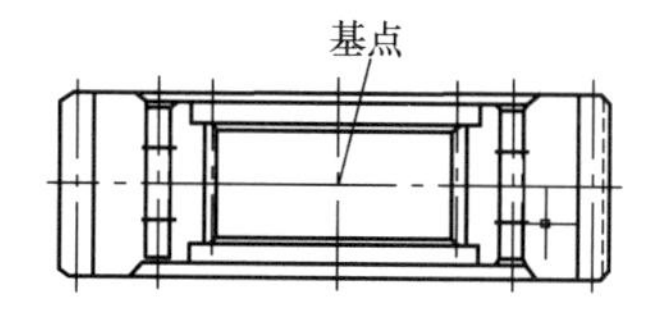

图4.65　创建齿轮零件图块

说明：写块时，可以将块的路径保存到同一个文件夹里。

Step 4. 创建其他零件图块。

说明：下面创建其他零件图块的操作与创建花键轴图块完全相同，目的是把所有零件图都创建成图块的形式，以便拼装装配图时插入这些图块。

（1）创建并保存图 4.66 所示组件图中另一个齿轮的图块。

（2）创建并保存图 4.67 所示的端盖和压盖图块。

（3）创建并保存图 4.68 所示的两种规格滚动轴承的图块。

（4）创建并保存图 4.69 所示的三种规格内六角头螺钉的图块。

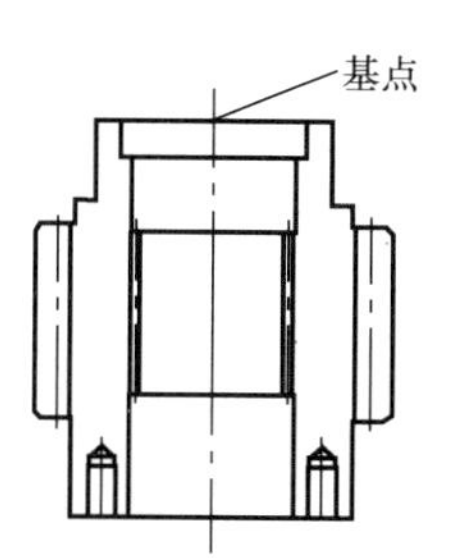

图4.66　创建另一个齿轮的图块

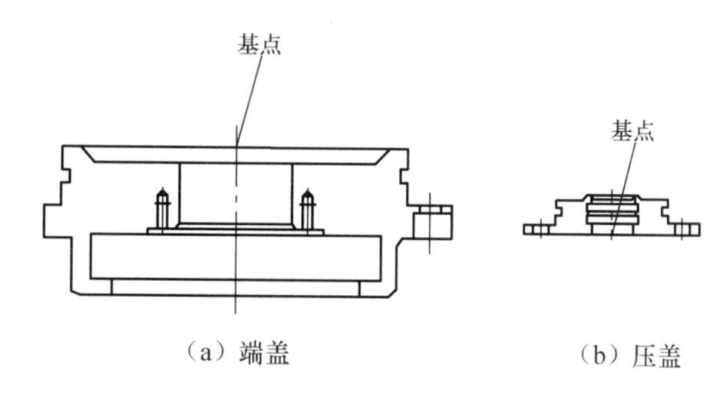

图4.67　创建端盖和压盖图块

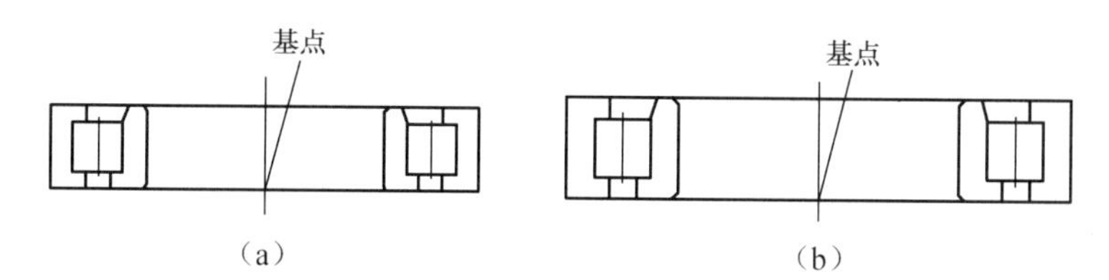

图4.68　创建两种规格滚动轴承的图块

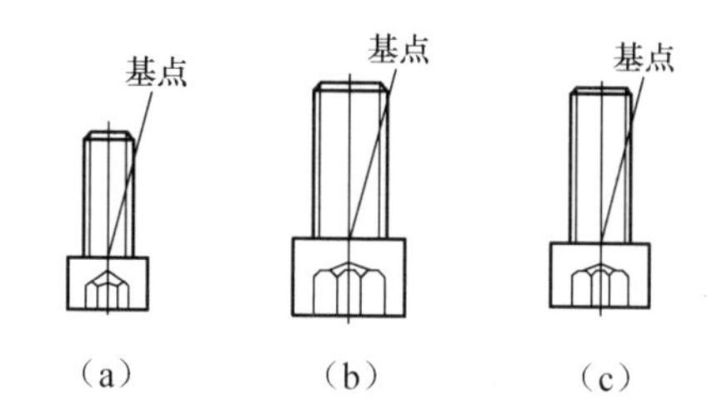

图4.69　创建三种规格内六角头螺钉的图块

（5）创建并保存图 4.70 所示的三种规格弹簧垫圈的图块。

（6）创建并保存图 4.71 所示隔套和套的图块。

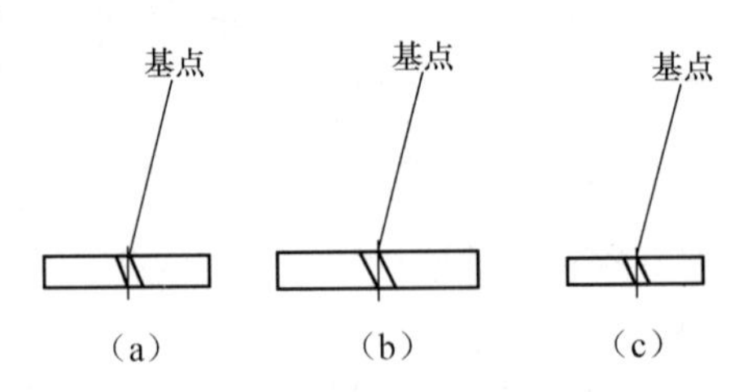

图4.70　创建三种规格弹簧垫圈的图块

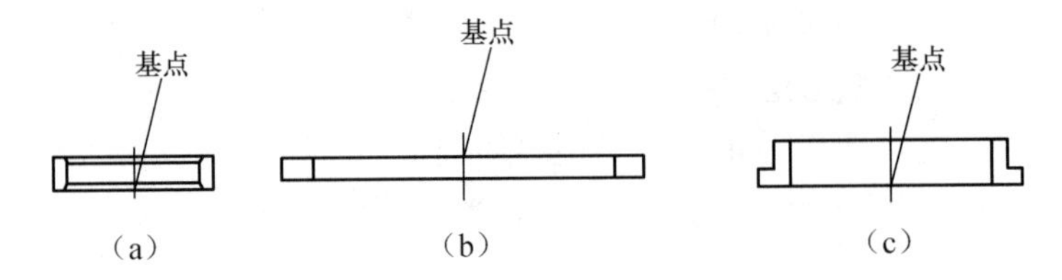

图4.71　创建隔套和套的图块

Step 5. 创建并保存图 4.72 所示的明细表图块。

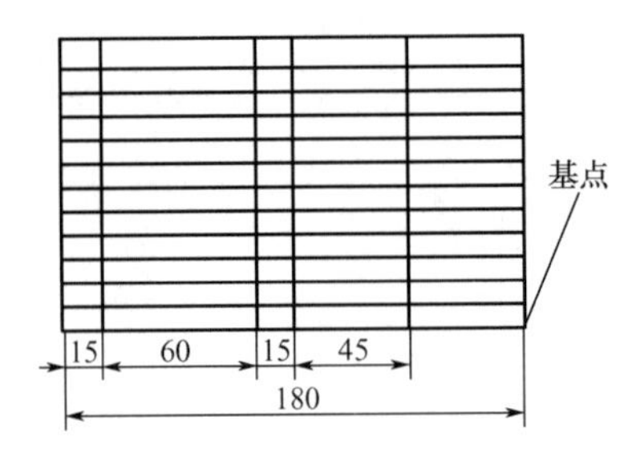

图4.72　创建明细表图块

2. 插入块

插入块的思路如下：先将花键轴零件图块插入预先设计的装配图样，为后续零件装配起定位作用，再分别插入三轴组件中的零件图块，必要时调用“移动”命令，使其安装到三轴组件中的合适位置，修剪装配图并删除图中的多余线条，补画漏缺的轮廓线。

Step 1. 拼装装配图。插入已有图块。

① 插入“花键轴”。选择下拉菜单 插入(I) → 块(B)... 命令，弹出“插入”对话框，单击“浏览”按钮，在弹出的“选择图形文件”对话框中选择“花键轴 .dwg”选项；单击 打开(O) 按钮，返回“插入”对话框，设定插入点为“在屏幕上指定”，“比例”和“旋转”采用系统默认设置，单击 确定 按钮，在图样的合适位置单击，确定图形的放置位置。

② 参照步骤①的操作，在视图中依次插入“齿轮”、上部的“隔套”和“轴承”。

③ 使用镜像命令完成下部的“隔套”和“轴承”的装配，结果如图 4.73 所示。为了使后续装配更清晰明了，应删除装配图中的多余线条。

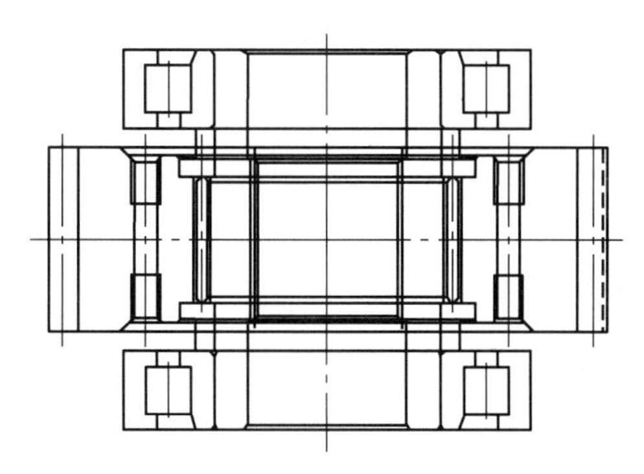

图4.73 插入齿轮、隔套和轴承

a. 选择下拉菜单 修改(M) → 分解(X) 命令，选取需要进行修剪的零件为分解对象。

b. 选择下拉菜单 修改(M) → 修剪(T) 和 修改(M) → 删除(E) 命令，对装配图进行细节修剪。

说明：插入下部隔套和下部轴承时，也可以将旋转角度值设置为 180°，插入花键轴。

① 插入图 4.74 所示的轴承杯、螺钉、垫圈、隔套，并修剪装配图。

② 插入图 4.75 所示的轴承、另一个齿轮、套，并修剪装配图。

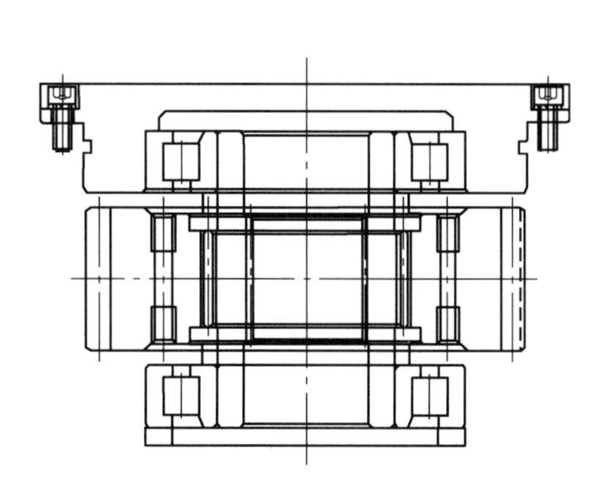

图4.74 插入轴承杯、螺钉、垫圈、隔套

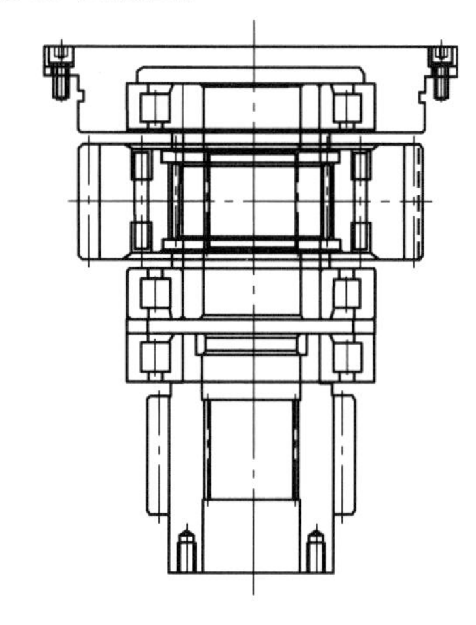

图4.75 插入轴承、另一个齿轮、套

③ 插入轴承、端盖、压盖、螺钉、弹簧垫圈，如图 4.76 所示。

④选择下拉菜单 修改(M) → 分解(X) 命令，分解需要进行修剪的图块；选择下拉菜单 修改(M) → 修剪(T) 和 修改(M) → 删除(E) 命令，修剪装配图。

Step 2. 将图层切换至“剖面线层”，选择下拉菜单 绘图(D) → 图案填充(H)... 命令，填充三轴组件装配图，结果如图 4.77 所示。

说明：在装配图中，不同零件的剖面线应不同，同一零件剖面线在不同视图中必须保持一致。

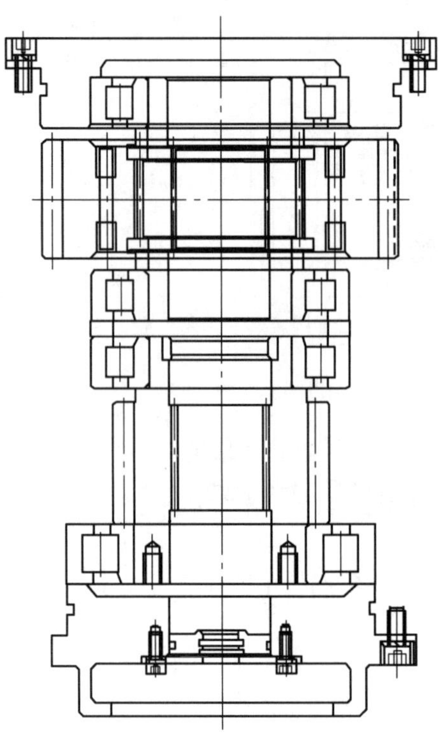

图4.76　插入轴承、端盖、压盖、螺钉、弹簧垫圈

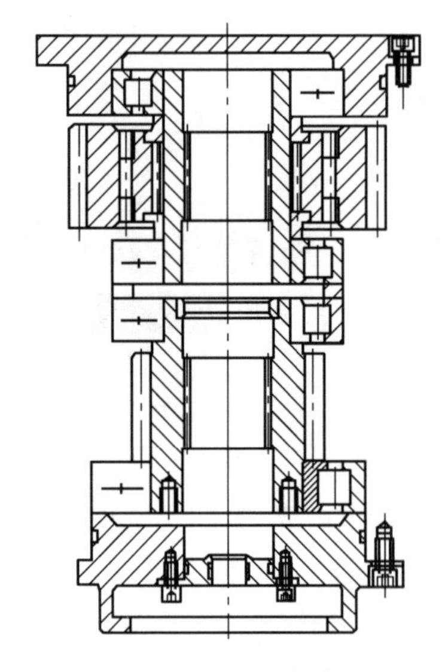

图4.77　创建图案填充

3. 完成装配图

对装配图进行必要的标注，创建技术要求，填写零件明细表，完成装配图的创建。

Step 1. 创建图 4.78 所示的尺寸标注。

（1）创建安装尺寸、外形尺寸和规格尺寸的标注。将图层切换至“尺寸线层”，选择下拉菜单 标注(N) → 线性(L) 命令，创建图 4.79 所示的尺寸标注。

说明：在装配图中，不需要标注每个零件的尺寸，只需标注装配图的规格尺寸、装配尺寸、外形尺寸、安装尺寸及其他重要尺寸。

（2）创建配合尺寸及其他重要尺寸的标注。选择下拉菜单 标注(N) → 线性(L) 命令，对三轴组件装配图进行标注，结果如图 4.78 所示。

Step 2. 选择下拉菜单 绘图(D) → 文字(X) → A 多行文字(M)... 命令，创建图 4.80 所示的技术要求。

Step 3. 创建图 4.81 所示的零件序号标注。

（1）在命令行中输入命令 QLEADER，对三轴组件装配图进行引线标注。

（2）选择下拉菜单 绘图(D) → 文字(X) → 单行文字(S) 命令，完成文字创建。

（3）选择下拉菜单 修改(M) → 移动(V) 命令，将创建的文字移动到合适位置。

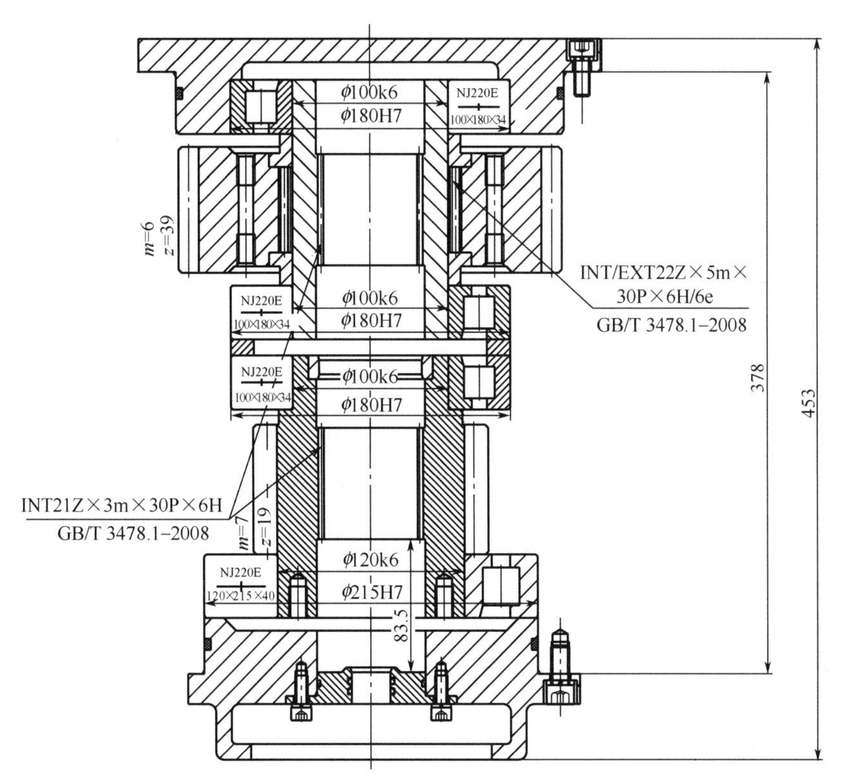

图4.78　创建尺寸标注

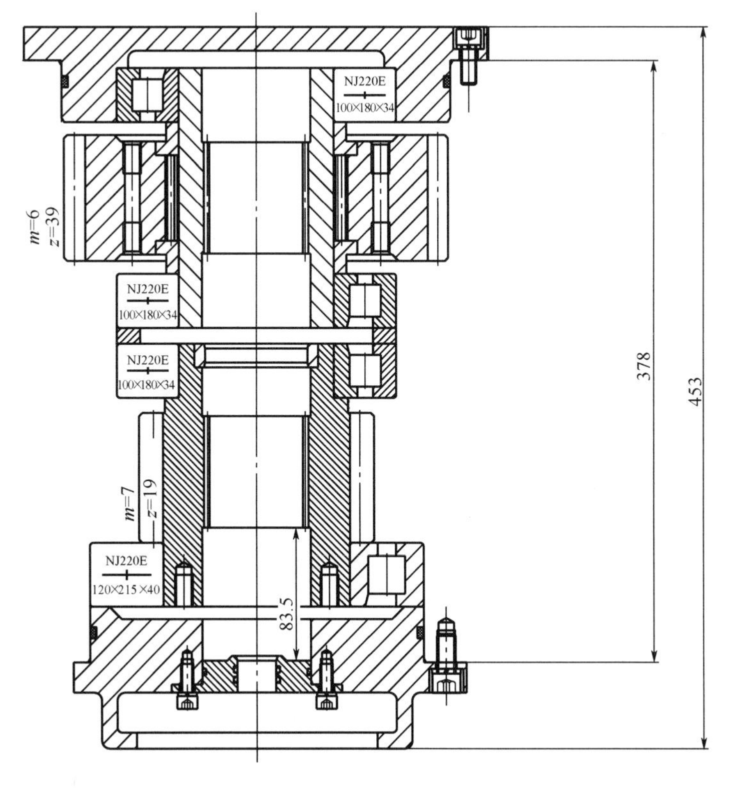

图4.79　创建尺寸标注

技术要求

21号件调整垫数量根据实际测量轴向尺寸进行安装，保证轴向间隙0.8~1.1。

图4.80　创建技术要求

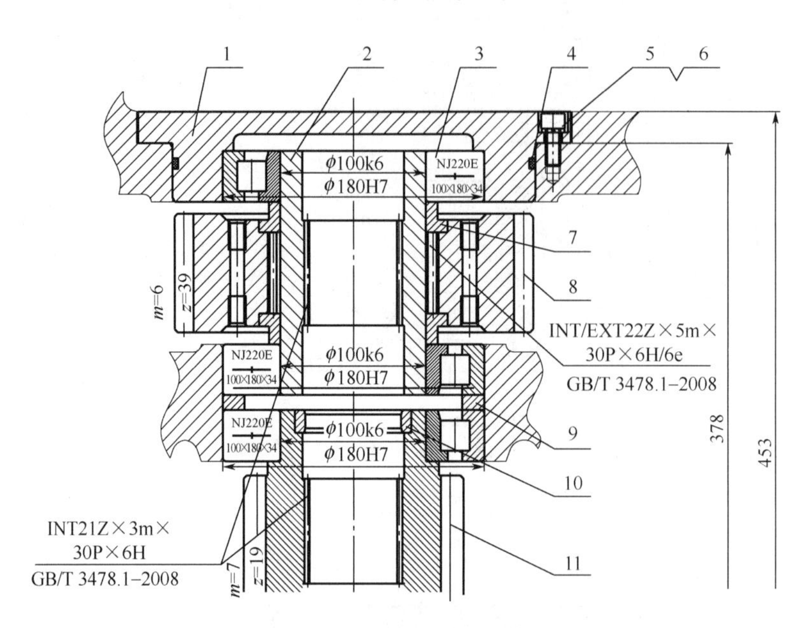

图4.81　创建零件序号标注

Step 4. 填写明细表。

（1）插入明细表。选择下拉菜单 修改(M) → 移动(V) 命令，捕捉明细表的右下端点，将明细表移动到合适位置。

（2）选择下拉菜单 修改(M) → 分解(X) 命令，分解明细表。

（3）双击单元格，弹出”多行文字”编辑器，在单元格中输入相应的文字或数据，结果如图4.82所示。

注意：一般装配图中的所有零件都必须编写序号，为每个零件编写一个序号，同一装配图中相同的零件序号相同，装配图中的零件序号应与明细表中的相关信息对应。

（4）选择下拉菜单 修改(M) → 特性匹配(M) 命令，对表格进行特性匹配，结果如图4.82所示。

Step 5. 填写装配图的标题栏。选择下拉菜单 绘图(D) → 文字(X) → A 多行文字(M)... 命令，填写图框中的标题栏，结果如图4.62所示。

4. 保存文件

选择下拉菜单 文件(F) → 保存(S) 命令，将图形命名为“三轴组件.dwg”，单击 保存(S) 按钮。

序号	代　号	名　　称	数量	材　料	单件（重量）	总计（重量）	备　注
23	2100304001	Q/JM 193–2005 油标M30×15	1		0.06	0.06	
22	10601220468	GB/T 3452.1–2005 O形密封圈 203×5.3	1	Yn7444	0.013	0.013	外购
21	37MJ0204–7	调整垫	4	钢板	0.0001	0.0004	
20	1060102033	GB/T 3452.1–2005 O形密封圈 70×3.1	1	橡胶I–4	0.003	0.003	外购
19	1060102021	GB/T 3452.1–2005 O形密封圈 30×3.1	2	橡胶I–4	0.001	0.002	外购
18	21MJ0305–9	压盖	1	45	0.6	0.6	
17	2040501005	GB 93–1987 垫圈8	4	65Mn	0.002	0.008	
16	2071504004	GB/T 70.1-2008 螺钉 M8×20	4		0.013	0.052	10.9
15	37MJ0204–6	端盖	1	2G30Mn2	16.42	16.42	
14	2040502007	GB 93–1987 垫圈12	9	65Mn	0.005	0.045	
13	2071506002	GB/T 70.1-2008 螺钉 M12×25	9		0.035	0.315	10.9
12	1011206005	GB/T 283–2007 滚动轴承NJ224E/120×26×40	1		6.41	6.41	外购
11	37MJ0204–5	齿轮	1	17Cr2Ni2Mo	9.68	9.68	
10	21MJ0305–5	套	1	2CuAl10Fe3	0.18	0.18	
9	21MJ0305–6	垫	1	45	0.6	0.6	
8	37MJ0204–4	齿轮	1	17Cr2Ni2Mo	19.1	19.1	
7	37MJ0204–3	垫	2	45	0.61	1.22	
6	2040502006	GB 93–1987 垫圈10	12	65Mn	0.003	0.036	
5	2071505004	GB/T 70.1-2008 螺钉 M10×25	12		0.025	0.3	10.9
4	10601220476	GB/T 3452.1–2005 O形密封圈239×5.3	1	Yn7444	0.015	0.015	外购
3	1011205007	GB/T 283–2007 滚动轴承NJ220E/100×180×34	3		3.9	11.7	外购
2	37MJ0204–2	花键轴	1	40Cr	6.2	6.2	
1	37MJ0204–1	轴承杯	1	40Cr	17.43	17.43	

图4.82　填写明细表并对表格进行特性匹配

4.5　零部件三维设计

图 4.83 所示为轴承杯三维实体模型。本节主要介绍轴承杯的创建过程。

1. 创建过程

下面介绍图 4.83 所示轴承杯三维实体模型的创建过程。

图4.83　轴承杯三维实体模型

Step 1. 创建三维实体对象。

（1）将图层切换至“轮廓线层”，确认状态栏中的（正交模式）按钮和（对象捕捉）按钮处于激活状态。

（2）由于前面章节已详细讲解轴承杯零件图的绘制，此处不再赘述。轴承杯的回转断面图如图 4.84 所示。

（3）创建轴承杯三维实体模型时，需要在图 4.84 的基础上稍做调整，孔、沉孔槽和螺纹孔需在利用断面图，调用“旋转”命令生成三维实体后进行下一步。调整后的轴承杯断面图如图 4.85 所示。断面图中包含密封圈沟槽、倒角和倒圆角的相关信息，可以通过“旋转”命令生成。

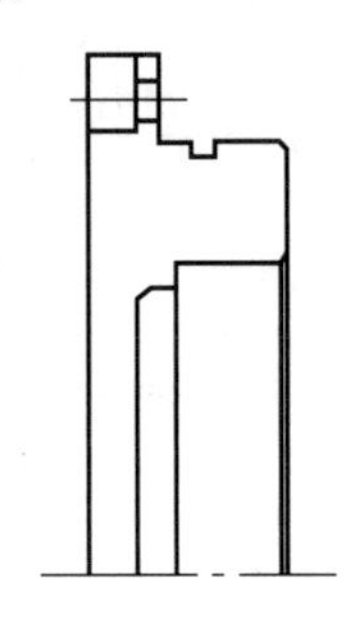

图4.84　轴承杯的回转断面图

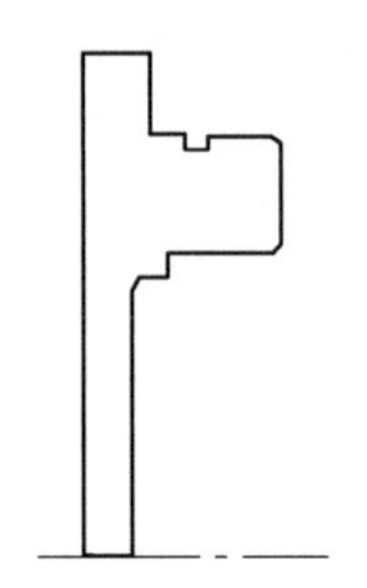

图4.85　调整后的轴承杯断面图

（4）将封闭的二维图形转换为面域。选择下拉菜单 绘图(D) → 面域(N) 命令，选取步骤（3）中的二维图形（选取轮廓线）为转换对象，按 Enter 键，创建一个面域。

（5）将面域旋转为实体。选择下拉菜单 绘图(D) → 建模(M) ▸ → 旋转(R) 命令，选取步骤（4）创建的面域为旋转对象。

（6）着色处理。创建三维实体模型后，还要进行着色处理，以更立体、更逼真。

选择下拉菜单 视图(V) → 视觉样式(S) ▸ → 真实(R) 命令，进行着色处理。着色后，如果颜色很深，则双击三维模型，在弹出的“特性”下拉菜单中将三维实体对象的颜色改为较浅的颜色，结果如图 4.86 所示。

图4.86　修改三维实体对象的颜色

（7）启动三维动态观察器，查看并旋转三维实体。

① 选择下拉菜单 视图(V) → 动态观察(B) ▸ → 自由动态观察(F) 命令，进入三维观察模式。

② 按住 Shift 键不放，再按住鼠标中键不放，任意拖动鼠标指针，对图形进行任意角度的动态观察。

③ 将三维实体调整到图 4.86 所示位置。

④ 按 Enter 键或 Esc 键，退出三维动态观察器。

说明：启动三维导航工具中的任一种时，按数字键 1、2、3、4、5 可以切换三维动态的观察方式。

操作技巧：按住鼠标中键不放，任意拖动鼠标指针，可在屏幕上平移三维实体模型。

Step 2. 创建孔。

（1）移动用户坐标系。在命令行中输入命令 UCS，输入 O 后按 Enter 键，捕捉并选取图 4.87 所示的坐标系原点。

（2）选择下拉菜单 绘图(D) → 圆(C) ▸ → 圆心、半径(R) 命令，捕捉图 4.87 所示坐标系的顶点为圆心，输入半径值 137，绘制孔的分布圆。

（3）创建孔对应的圆柱体。选择下拉菜单 绘图(D) → 建模(M) ▸ → 圆柱体(C) 命令，以断面图位置线与步骤（2）中绘制的分布圆的交点为圆柱体底面的中心点，输入圆柱体的半径值 5.5，输入圆柱体的高度值 25。

（4）阵列圆柱体。选择下拉菜单 修改(M) → 三维操作(3) ▸ → 三维阵列(3) 命令，选取步骤（3）中创建的圆柱体为对象，输入阵列类型为环形（P），输入阵列数 12，指定填充角度为 360°，旋转阵列对象选择默认值（Y）。选取坐标系的顶点为阵列中心点，并指定旋转轴的第二点，按 Enter 键，结果如图 4.88 所示。

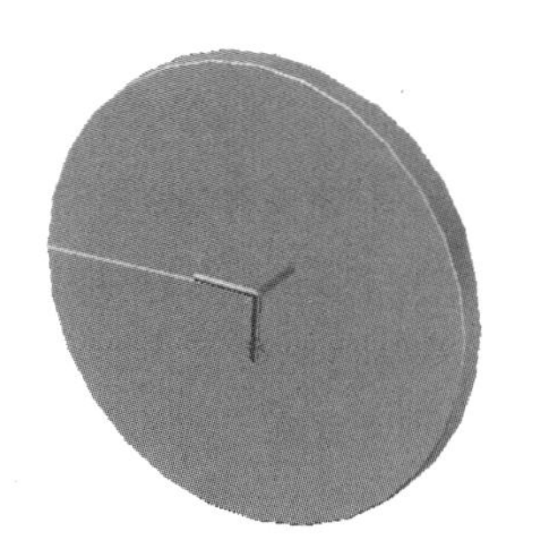
图4.87　捕捉定位坐标系

图4.88　阵列圆柱体

（5）对图 4.88 所示的图形进行布尔差集运算。选择下拉菜单 修改(M) → 实体编辑(N) ▸ → 差集(S) 命令。

① 选择要从中减去的实体、曲面和面域。先选择图 4.88 中的所有特征，再按住 Shift 键不放，同时单击 12 个圆柱体，以其余特征为对象，按 Enter 键，弹出图 4.89 所示的提示对话框。单击“继续从曲面中减去实体或曲面”按钮。

② 选择要减去的实体、曲面和面域。选择 12 个圆柱体，按 Enter 键，结果如图 4.90 所示。

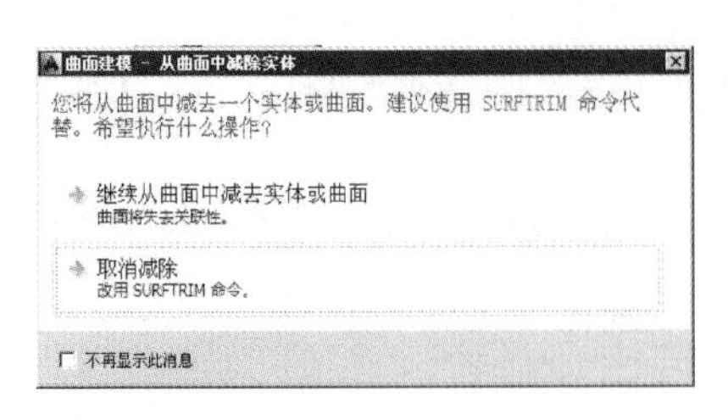

图4.89　提示对话框

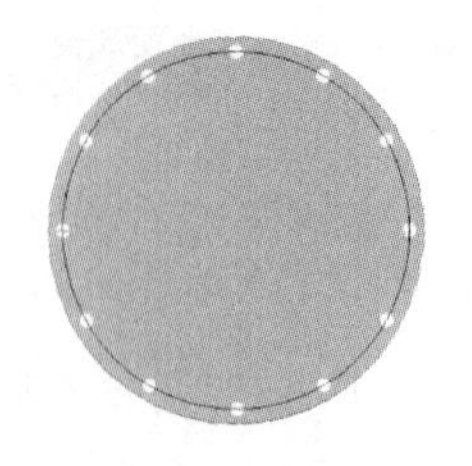

图4.90　创建孔的轴承杯

Step 3. 创建沉孔槽。

（1）绘制沉孔槽的拉伸断面图。

① 选择下拉菜单 绘图(D) → 圆(C) → 圆心、半径(R) 命令，捕捉孔的底面圆心为圆心，输入半径值 9，绘制沉孔槽的圆弧部分。

② 绘制直线。选择下拉菜单 绘图(D) → 直线(L) 命令，从半径值为 9 的圆与分布圆的交点出发，绘制两条断面图位置线的平行线（绘制得长些，因轴承杯上已创建倒角，无法精确绘制），连接两平行线的端部。

③ 修剪线条。选择下拉菜单 修改(M) → 修剪(T) 命令，修剪图中多余线条，形成封闭的二维图形，如图 4.91 所示。

（2）将拉伸断面图形转换为面域。选择下拉菜单 绘图(D) → 面域(N) 命令，选取步骤（1）中创建的拉伸断面图为转换对象，按 Enter 键，创建一个面域。

（3）将面域拉伸为实体。选择下拉菜单 绘图(D) → 建模(M) → 拉伸(X) 命令，选取步骤（2）中创建的面域为拉伸对象，结果如图 4.92 所示。

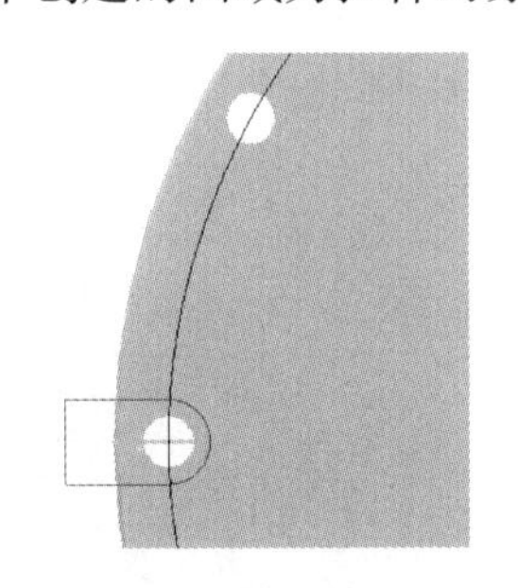

图4.91　形成封闭的二维图形

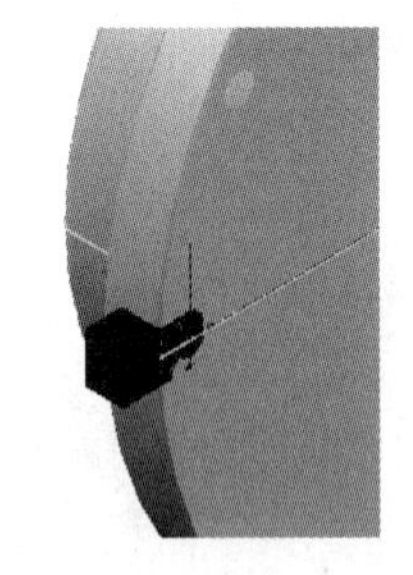

图4.92　将面域拉伸为实体

（4）阵列实体。选择下拉菜单 修改(M) → 三维操作(3) → 三维阵列(3) 命令，选取步骤（3）中创建的沉孔槽对应实体为对象，输入阵列类型为环形（P），输入阵列数 12，指定要填充的角度 360°，旋转阵列对象选择默认值（Y）。选取坐标系的顶点为阵列中心点，并指定旋转轴的第二点，按 Enter 键，结果如图 4.93 所示。

（5）通过布尔差集运算创建沉孔槽。选择下拉菜单 修改(M) → 实体编辑(N) → 差集(S) 命令。

① 选择要从中减去的实体、曲面和面域。先选择图 4.93 的所有特征，再按住 Shift 键不放，同时单击 12 个沉孔槽对应的实体，以剩下的特征为对象，按 Enter 键。

② 选择要减去的实体、曲面和面域。选择 12 个沉孔槽对应的实体，按 Enter 键，结果如图 4.94 所示。

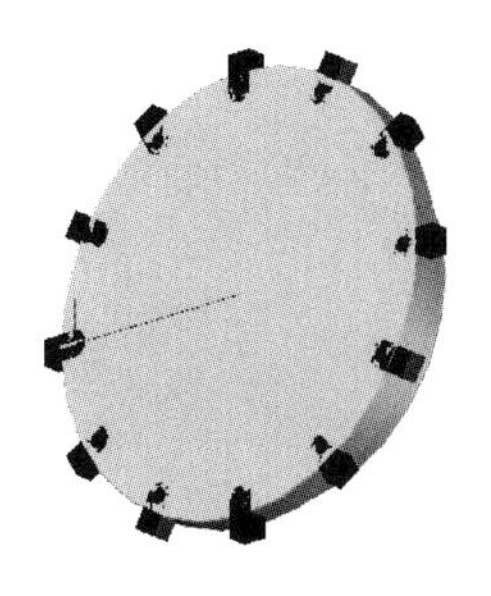

图4.93　阵列沉孔槽对应的实体

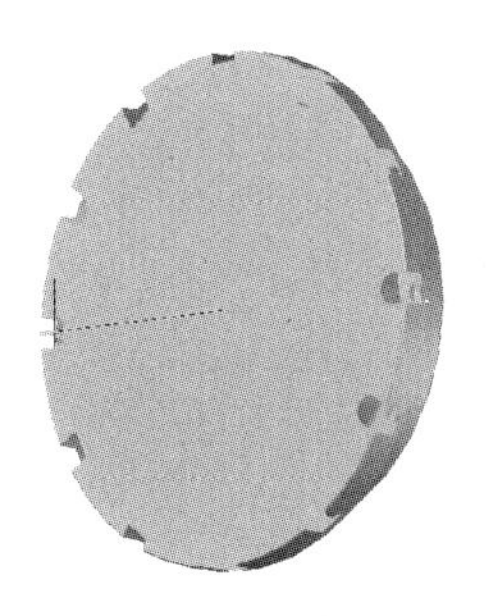

图4.94　创建沉孔槽的轴承杯

Step 4. 创建图 4.95 所示的螺纹孔。

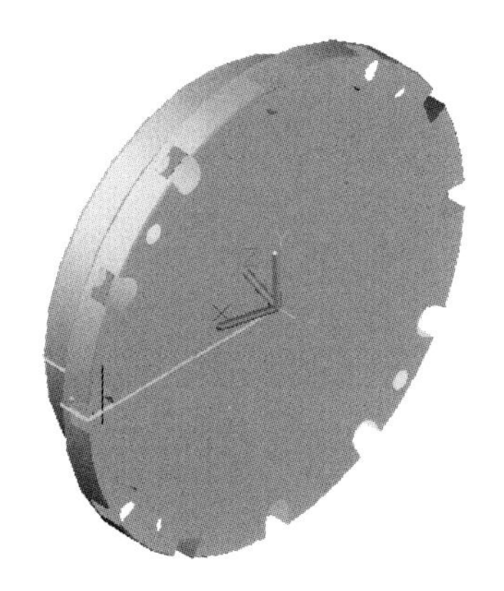

图4.95　创建螺纹孔

绘制孔，孔径为攻丝前的钻孔直径。选择“螺旋”工具，以内螺纹孔的圆心为准，根据螺纹规格确定底直径、顶直径、圈高（螺距）和螺旋高度，绘制螺旋线，使用的命令为 绘图(D) → 螺旋(I)。

在螺旋线的一端，根据螺纹的牙形绘制一个正三角形（边长小于螺距）。使用“扫掠”工具，对象为正三角形，路径为螺旋线，绘制螺纹形状。在 AutoCAD 中，可能需多次试画，绘制螺纹形状后，使用“差集”命令去除材料，画出内螺纹。用到的命令有 绘图(D) → 建模(M) → 扫掠(P) 和 修改(M) → 实体编辑(N) → 差集(S)。

2. 保存文件

选择下拉菜单 文件(F) → 保存(S) 命令，将图形命名为“轴承杯三维实体图 .dwg”，单击 保存(S) 按钮。

思　考　题

1. 典型机械零件有哪几种？

2. AutoCAD 软件有哪些基本特点？
3. 创建轴类零件的内、外花键有哪些步骤？
4. 对于轴承杯，安装轴承的内孔与外圆柱需要保证哪种形位公差？
5. 将绘制的零件图拼装成装配图的具体思路和步骤分别是什么？
6. 在对图形进行尺寸标注时，需要使用哪些命令？

参考文献

成大先，2004. 机械设计手册：单行本　联接与紧固［M］. 北京：化学工业出版社 .
戴庆辉，2009. 先进设计系统［M］. 北京：电子工业出版社 .
丁继斌，封士彩，2007. 机械系统设计及其控制技术［M］. 北京：化学工业出版社 .
李锋，刘志毅，2007. 现代采掘机械［M］. 北京：煤炭工业出版社 .
李瑞琴，2008. 机构系统创新设计［M］. 北京：国防工业出版社 .
刘泉声，黄兴，时凯，等，2012. 煤矿超千米深部全断面岩石巷道掘进机的提出及关键岩石力学问题［J］. 煤炭学报，37（12）：2006–2013.
刘跃南，1999. 机械系统设计［M］. 北京：机械工业出版社 .
刘志强，2017. 竖井掘进机凿井技术及装备研究［J］. 中国矿业，26（5）:137–141，172.
鲁忠良，景国勋，肖亚宁，2006. 液压支架设计使用安全辨析［M］. 北京：煤炭工业出版社 .
陆小泉，2016. 我国煤炭清洁开发利用现状及发展建议［J］. 煤炭工程（3）:8–10，14.
饶振纲，2003. 行星齿轮传动设计［M］. 北京：化学工业出版社 .
王国法，2008. 高效综合机械化采煤成套装备技术［M］. 徐州：中国矿业大学出版社 .
王启广，李炳文，黄嘉兴，2006. 采掘机械与支护设备［M］. 徐州：中国矿业大学出版社 .
谢锡纯，李晓豁，2000. 矿山机械与设备［M］. 徐州：中国矿业大学出版社 .
张红俊，2008. 综合机械化采掘设备［M］. 北京：化学工业出版社 .
张宏林，2005. 人因工程学［M］. 北京：高等教育出版社 .
赵韩，黄康，陈科，2005. 机械系统设计［M］. 北京：高等教育出版社 .
朱龙根，2001. 机械系统设计［M］.2 版 . 北京：机械工业出版社 .
邹慧君，2008. 机构系统设计与应用创新［M］. 北京：机械工业出版社 .